中公文庫

制限戦争指導論

J・F・C・フラー
中村好寿訳

中央公論新社

訳者まえがき

本書はJ. F. C. Fuller少将著『The Conduct of War（1789-1961）：A Study of the Impact of the French, Industrial, and Russian Revolutions on War and its Conduct』の全訳である。邦題を『制限戦争指導論』としたのは、フラー少将が本書を通じて、制限戦争の真に意味するところを説き、無制限戦争を回避するため、如何なる戦争指導をすべきであるかを論じているからである。

フラー少将はまず制限戦争の原形を絶対君主時代の戦争に求めている。戦争の真の目的は平和であり、勝利ではない。したがって、妥協の原則・中庸の原則が戦争指導の一般法則でなければならない。すなわち、敵を撃滅し、一方的にわが意志を強制することがあってはならない。このように少将は説いている。

ついで、フランス革命以降の無制限戦争を分析し、いかなる戦争指導が戦争を拡大し、野蛮化してきたかを解明している。フラー少将は政治家と将軍の責任を追及する。第一に民主主義の原動力は友愛ではなく、憎悪であることを認知できなかったこと。第二に戦争と政治に関するクラウゼヴィッツの理論を理解していなかったこと。第三に戦争と戦闘の本質的変化にきづかなかったことを。もし政治家や軍人達が一七八九年以降の政治的、社会的、経済的大変革が戦いに及ぼした衝撃、その衝撃の中に戦争指導の指針を求めようとしたなら、このようなことにはならなかったであろうと。

最後に、少将は将来の戦争を予測する。核兵器の時代において、物理的戦争は政策の道具としても、また殲滅の道具としても急速に廃物化している。したがって、人間は自らの戦場を物理的な戦いの場以外の闘争領域、特に経済領域に求めざるを得ないであろう。それにつけても、将来を左右するのは人口問題である、と。

ベトナム戦争以降、「物理的戦争をいかに制限し、いかに早期に終結させるか」が重要な命題となってきた。これは単に国防政策を策定し、実施する人々のみの命題ではない。戦闘指導に任ずる防衛専門家もまた、伝統的軍事教義を再検討し、〝戦いの制限と終結〟に寄与する運用法を見出さなければならない。本書は、この命題に取り組むすべての人々に対して、一つの示唆を与えてくれるであろう。すなわち、解答の鍵は、産業社会から知識社会への変革が戦いに及ぼす衝撃、その衝撃の中にあるであろうということを。

原著者、J・F・C・フラー少将は一八七八年、英国に生まれた。一八九八年、陸軍に入隊し、ボーア戦争に従軍した。第一次世界大戦においては、各種の参謀勤務を経験し、一九一七年四月、戦車軍団の参謀長に就任した。彼は一九一七年一一月のカンブレーの戦いで戦車による奇襲作戦を立案し、会戦を成功に導いた。

当時、英国においては、フラー大佐の理論はあまりにも極端すぎるとか、非実際的であると非難されていた。しかし海外において大きな反響を呼び、グデーリアンの電撃戦に応用された。一九二二年、英陸軍大学校主任教官、一九三三年、退役。事後、「デイリー・メール」

紙の特派員として軍事問題の取材にあたるとともに、多くの戦史書を書き残した。代表的著書として、「Tanks in the Great War, 1914-1918（1920）」、「Foundations of The Science of War（1926）」、「Armament and History（1945）」、「The Decisive Battles of the Western World and their Influence upon History（1954-1956）」等がある。

なお本書の邦訳にあたっては、陸上自衛隊幹部学校教官として、英国兵学の研究、教育にあたっておられる浅野祐吾先生の御指導をあおいだ。また米陸軍指揮幕僚大学連絡将校ドナルド・S・フジタニ中佐をはじめ、北郷誠、久木原英雄、磯島恒夫各氏の指導と鞭撻なくしては、本邦訳書は完成しなかったであろう、ことを申し添え、心から御礼申し上げたい。

目次

付　録　

制限戦争指導論

The conduct of War by John Frederick Charles Fuller
Library of Congress Catalogue Card Number: 61-10261
Printed in Great Britain by
Staples Printers Ltd, Rochester, Kent
Published in England in 1961 *by*
Eyre & Spottiswoode (Publishers) Ltd, London
Reprinted 1962

序 文

戦争指導というものは、医者の診療行為がそうであるように、一つの技術である。内科医や外科医が人体の疾病を予防し、治療し、あるいは軽くすることを目的とするように、政治家と軍人の目的は、国際共同体に害を与える戦争という疾病を予防し、治療し、あるいは軽くすることでなければならない。不幸にも、このことはほとんど認識されていない。しかも、最近では、治療技術が科学的基盤に立脚してきたのに対して、戦争指導は錬金術の段階に留まっている。その上、悪いことに、二十世紀において、それは破壊と殺りくの野蛮な形に逆戻りしてしまったのである。

読者諸兄がこのことに疑問を持つなら、二つの世界大戦をふり返って見たまえ。読者がそれらの戦争指導に満足しているなら、本書は役に立たない。もし満足していないとすれば、読者は、それらが治療するよりも害になったことを理解できるであろう。その治療法は、疾病をますます悪化させてしまった。だからこそ一つの時代がクラカトア火山島#のように爆発し、隆起し、そして沈んでしまったのである。いくつかの帝国が滅び、ヨーロッパがまっ二つに割れ、ドイツは分割されてしまった。その上、革命が世界に蔓延している。今日、絶滅の恐怖があらゆる人々の心を捉えている。もはや、いかなる安定の徴候も、あるいは安全感も存在しないのである。しかも、悪いことに、いかなる名誉の絆も、また共通の礼儀さえも、諸国民を結びつけてはいないのである。

＃　東インド諸島中の小火山島で、一八八三年大噴火をおこした。

ヨーロッパは多くの戦争を経験してきた。一千年もの間、ヨーロッパの諸国民は戦争にあけくれてきた。それでも、三十年戦争以来のどの戦争をとりあげてみても、二十世紀における戦争ほど破滅的なものはなかった。だが、その理由は、戦争それ自体の中に求めるべきではなく、一七八九年以来の諸革命に関連した戦争指導に求めるべきである。貴族政治の衰退と民主主義の誕生、産業と資本主義の発達、大衆と社会主義の出現、科学の進歩と技術の発展、人口の増大と大衆向け新聞雑誌のはんらん、宗教の腐敗と唯物主義の常続的進歩、これらすべての大変革が文明を改造してきた。そして、戦争に対するそれらの影響が分析され、それら分析に応じた戦争指導が行われていれば、今日の世界が現在のような混乱の中にあるはずがなかったのである。

「政治家や将軍がまず下すべき最高の判断は、彼らがこれから遂行しようとしている戦争を、その戦争が置かれている諸関係において正確に認識し、種々の事情から、その戦争に求め得ないようなものを望んだり、押しつけたりしないことである。」

クラウゼヴィッツは一三〇年前にこのように書いた。二つの世界大戦において、政治家と将軍がこの言葉に留意していたならば、彼らは、あのようなへまをやらなくてすんだであろう。

「種々の事情から、求め得ないようなもの」を戦争から求めてはならないということは、歴史の問題であり、文明の変革が人類の闘争に与える衝撃の問題である。これらの変革を検討し、戦争指導に及ぼしてきたその衝撃を解明することが、本書のテーゼである。私の知る限り、それは、これまで深く検討されたことがない主題であり、私のそれに関する研究が不完全かつ試行的な域を脱し得ないほど複雑にして多岐にわたるものである。

したがって、本書は、いかなる意味においても、一七八九年以来戦われてきた戦争の歴史ではなく、また主として軍事的観点からそれらの戦争における指導を論じるものでもない。本書は、政治的、経済的、社会的発展が戦争指導に及ぼした圧力について論じるものである。本書を中程度の頁数に止めるため、私はあらゆる発展を検討することを止め、私が比較的重要であると考えるものを選択した。私は、どの章においても個々の戦争について詳細に論じることを避けてきた。その代わり、私は、それらの戦争の指導を、そしてそこにおける誤まりを最も良く例証し得る、と考えられる局面をそれらの戦争から抽出した。

最も重要な章は、近代戦の父、クラウゼヴィッツに関する章である。この章において、私は、彼の理論を要約する代わりに、彼の『戦争論』から自由に引用した。それには二つの理由がある。一つは、彼が戦争を「社会生活の範ちゅうに属するもの」と理解した最初の人であり、このことを理解している人は現在でも数少ないからである。二つには、私はこれまで彼の理論を引用したり、批判したりする多くの軍人、政治家等に会ってきたが、彼の偉大な業績を注意深く研究していた者はわずか三-四人に過ぎなかったからである。その中の一人は、『戦争論』第二版の編集者である故F・N・マウデ大佐であった。同大佐は、五〇年以上も前に、クラウゼヴィッツを私に教えてくれた。もちろん、他にも多くの人々がいるに違いない。しかしながら、西側連合国の側にあって、第二次世界大戦の戦争指導に責任を有していた人々の中にはいなかったようである。もしいたならば、西側連合国は、あのようなめちゃくちゃな戦争指導をやらなかったであろう。

私はまた、他の著作から、特にフォッシュ元帥、レーニン、及びヒトラーの著作から自由に引用した。これは読者諸兄にとって、ある程度冗長なものであるかもしれないが、私が彼らの理論を代弁するよりも、彼ら自身をして語らせた方が、より適切であると確信したからである。

産業革命に関しては、私は、そのはっきりしない発端から現在までを一つの事件としてそれを考え続けてきた。したがって、私は、最近若干の著作者達がやっているように産業革命を二つの部分——核エネルギーの導入とオートメーションの発達までを一つの革命とし、その出現以後をもう一つの革命とする——に分割しなかった。

私が読者諸兄の手引のために言及しておきたいその他の諸点は次のものである。

検討対象となる全期間において、戦争は二つのカテゴリーに分類し得る。すなわち、制限された政治目的を伴う戦争と無制限の政治目的を伴う戦争の二つである。勝者にとって利益となった戦争は前者であり、後者ではない。

戦争においては決して絶対的なるものに束縛されてはならない。変更できない約束や決定によって自らを拘束してはならない。運まかせの勝負と同じように、戦争にはあらかじめ予定された結末はない。全期間を通じて、行動は常に状況に適合させられるべきである。しかも、その状況は常に流動的なものである。

戦争における野蛮行為はめったに報われるものではない。このことは、ほとんど例外のない自明の理である。今一つは、敵を決して絶望の淵にまで追込まぬことである。それというのは、なるほど諸兄はその戦争には勝つかもしれないが、それはほとんど確実に長期戦となり、したがって諸兄の不利益となるからである。

戦史を通じて注目すべきことは、敵と味方がしばしばその立場を変えていることである。したがって、一度諸兄が敵を打倒した後には、再び敵が立ち直れるようにしてやることが賢明である。なぜなら、諸兄は次の戦争において、かつての敵の援助を必要とする機会が生ずるかもしれないからである。

最後に、私は、次のことに言及して結びとしたい。戦争に関する入門書の数は多い。もっとも、私は公的な教科書をあまり好まないが、私が本書を書いた時、『The Conduct of War』をその表題とするには書くべきことがあまりに多いことがわかった。これは政治家と軍人のために書かれたものであり、しかも必読書であるということを前面におしだすべきであったかもしれない。それなら本書は二つの部分、「いかに戦争を指導すべきか」及び「いかに戦争を指導してはならないか」に分けた方が良かったかもしれない。というのは、「いかに戦争を指導してはならないか」についても、本書は多過ぎるほど生の材料を提示していると思うからである。

一九六〇年一二月

J・F・C・フラー

第一章　絶対君主の制限戦争

三十年戦争とイタリアの傭兵隊長

絶対君主の時代は、宗教戦争の廃墟の中から生まれた。宗教戦争は三十年戦争（一六一八－一六四八）で頂点に達し、三十年戦争の後半期は大急ぎで雇い入れた傭兵による見るも恐ろしい闘争期であり、しばしば飢えた人民の大群を生み出した。[*1] 一六四八年、ウエストファリア条約[#]が無秩序と混乱に終止符を打った時、中央ヨーロッパは廃墟となっていた。そこでは、戦場で殺された約三五万人を除いても、約八〇〇万人の人々が死亡したと言われている。チューリンゲンの一地方においては、一九の村、一七一七戸の家屋中、わずかに六二七戸が残ったに過ぎなかった。ボヘミアにおいては、三万五〇〇〇の村の中で居住可能な村は六〇〇〇足らずとなり、その人口は二〇〇〇万人から七〇〇万人に減少した。戦争中には、人肉食いもあった。また、人民は迷信に深く惑わされ、一六二五年と一六二八年には、ヴュルツブルグの司教は魔法のために九〇〇〇人の人々を焼き殺したと言われており、さらに一六四〇年から四一年にかけてシレジア公国のナイセでは一〇〇〇人が焼き殺されたとも言われている。

＃　三十年戦争終結のための条約。講和会議は、一六四五年以来諸国代表者が多数参会し、ヨーロッパ最初の国際会議といわれる。

このことは、この戦争が如何に残酷なものであり、嫌悪すべきものであったかを示している。この残虐行為は十五世紀中のイタリアにおける比較的人間的な戦争行為と極めて対照的なものであった。フィレンツェ、ミラノ、あるいはその他の公国において、専制君主達は、彼らの傭兵隊長あるいは請負人頭によって雇われ、高度に訓練された職業専門的傭兵により徒党間の紛争を解決しようとした。彼ら兵士は、ある年にはある君主のために、次の年にはその敵対君主にその技能を売るといったように、金のためにのみ戦った。彼らにとって、戦争は一つの技能であると同時に一つの商売であり、そこにおいては、自己の雇主の敵を殺すよりも捕虜の身のしろ金を取る方がはるかに金になった。戦争は彼らの商売であり、したがってそれを終結させるより長引かせる方が当然ながら彼らの利益となった。これについて、歴史家グイッチャルディーニ[#]は次のように書いている。「彼らは一つの要塞を攻囲するのに一夏を費やした。そのために戦争は果しなく続いたが、そこにおける作戦行動はわずかな戦死者を出すだけで、時には全く戦死者を出さずに終了することもあった。[*2]十五世紀末になると、パオロ・ヴィテリーやプロスペロ・コロナといった著名な傭兵隊長は、「戦争は武器による実際の衝突よりも、むしろ勤勉さとか器用さによって勝つものである。」と揚言した。[*3]

グイッチャルディーニ（Guicciardini, Francesco）一四八三－一五四〇。イタリアの歴史家、政治家。著書『イタリア史』はイタリア歴史記述の記念碑的存在。

こういった軍人について、チャールズ・オーマン卿[#]は次のように書いている。

「戦争指導を著名な傭兵隊長に委ねた結果、戦争はしばしば、単なる戦術演習の如く、あるいはチェス・ゲームの如く遂行されるようになった。そして当然ながら、そこにおける目的は、一連の犠牲の多い戦闘によって敵に出血させることよりも、むしろ敵を動きのとれない状況に追い込み、しかる後、敵を捕虜にすることであった。傭兵隊長は、不正なボクサーのように、時にはそのゲームを引分けにすることをあらかじめ決めていた、と疑われることさえあった。戦闘が行われても、それはしばしば無血の小ぜり合いであった……。マキアヴェリは、戦死者がわずか二－三人であったのに、捕虜が数百人にも達した戦闘例を指摘している。[*4]」

オーマン（Oman, Charles）一八六〇－一九四六。英国の戦史家。

こういった傭兵間の戦闘において、外国との駆け引きという考え方が根づき始め、また軍人の力と市民の権利との区別が見られるようになった。このように、イタリアは、十六世紀から十七世紀の初期にかけて外交官と法学者のための実験室の役目を果たすことになった。

＊1　ジンドレイは、その著「History of the Thirty Years' War（1884）」（Vol. II, p. 334）において、一二万七〇〇〇人の婦人、子供、及び従者を引きつれた三万八〇〇〇人の戦闘集団について言及している。

＊2　「The Cambridge Medieval History」Vol. VIII, p. 656. に引用されている。

＊3　「The Art of War in Italy 1494-1529（1921）」, F. L. Taylor に引用されている。

＊4　前掲「The Cambridge Medieval History」Vol. VIII, p. 656.

法学者と戦争の制限

最も著名な法学者、フーゴ・グロティウス（一五八三－一六四五）は、三十年戦争の間、国際法の著作である『戦争と平和の法』を発表し、国際的な無秩序と混乱、及び戦争における無制限な破壊に対して攻撃した。彼は、同書において、戦闘、征服、敵国の略奪、及び敵国民の処遇に当って、中庸を旨とすべきことを勧告した。三十年戦争の直後、トマス・ホッブズ（一五八八－一六七九）は、その著『リヴァイアサン』において、「各人は平和を獲得する望みが存在する限り、それへ向って努力すべきである。そして平和を得ることができない時は、戦争のあらゆる援助と利益を求めかつ利用してもよい。これが〝理性〟の戒律あるいは一般法則である。」と書いた。この最初の部分は、彼が〝基本的な自然法〟と呼ぶものであり、それは平和を求めかつそれに従え、というものである。後の部分は、〝自然権〟の要約であって、それは「われわれがなし得るすべての手段によってわれわれ自身を防衛せよ」[*1]というものである。

彼もグロティウスも、また一七世紀、一八世紀のその他の法学者も、戦争は禁止されるべきであるとは主張しなかった。彼らは、そのようなユートピア的な可能性を排除するだけの賢明さを持っており、そしてその代り、戦争の暴力性と破壊性を緩和し、中庸の道を歩むべきである、と主張した。この中庸の問題は、一七五八年ノイシャテルで出版された『国際公法』の中でエメリッヒ・デ・ヴァッテル[#]によって初めて論じられ、成文化された。その中で、彼は、「すべての交戦国が自己の大義の正当性を主張するけれども、いったい誰が彼らを裁くのであろうか」と問い、「裁判官はいないのであるから、賠償請求権が法文化されなければならない。それによって、戦争を規制し得る。」と答えた。彼は、これらの規制を「自発的国際公法」と呼んだ。

ヴァッテル（Vattel, Emmerich de）一七一四－一七六七。スイスの法学者、外交官。

「この法の第一の規則は、交戦国双方が、戦争——正規戦——の結果がどのようなものであるかについて正しく計算することである。……もし人々が武力による非常に暴力的な戦闘になんらかの秩序、あるいは規則を導入することを望み、あるいはそれが生み出す惨禍になんらかの限界を設け、そして平和の回復のために常に扉を開いておくことを望むならば、このことは絶対に必要である。諸国間で遵守されるべき他のいかなる行動基準も指摘することはできないのである。なぜなら、国家は、いかなる至上の裁判官も認めないからである。」と彼は書いた。

「かくして、戦争状態の中に見出される諸権利、戦争がもたらす結果の合法性、武力によってなされた獲得の有効性は、外見上そして人類間において、大義の正当性に基づくものではなく、手段自体の正当性、すなわち正規戦を構成するに必要なあらゆる要素に基づくものである。[*2]」

戦争においてとるべき適当な方法について、彼は次のように書いている。

「不必要に敵に与えたすべての損害、勝利を獲得しかつ戦争を終結させるに役立たないあらゆる敵対行為は自然法によって許されない逸脱である。」

「しかし、この逸脱は、やむをえず罰せられずに見のがされ、しかもある程度、国家間で黙認されているのである。では、われわれは、特定の場合において、戦争を望ましい終結に導くためにどの程度の敵対行為が必要かについて、いかにして明確に決定するのか。その上、たとえそれについて各国が正確に確定し得たとしても、諸国家はいかなる共通の裁判官をも認めていないのである。各国は、自国の義務を果すために実行する行動について独自の判断を下している。もし諸君の敵対行為が過度に残虐、非道であるという相手国の非難に対して諸君が耳を傾けてみるなら、諸君は、その非難の内容があまりにも一方的なので憤懣やるかたないであろう。かくして、敵対国相互の憎悪感はますます高まってゆき、もっとひどい残虐行為や非道な手段が使用されるようになるであろう。つまり、剣は、敵対国の一方が完全に破壊されるまで、さやにおさめられないであろう。それ故に交戦国間の平和回復のため必要とされる一般的規則は、諸情勢と関係なく、その適用が確実かつ容易な普遍的原則であることが必要である。そこで、一般的規則がこのような要件をみたすためには、その規則が、物事を絶対的な意味でとらえるよう――物事をその原点にたち返って、物事の本質をとらえるよう――われわれに教える必要がある。[*3]」

　したがって、中庸が基本となるのであり、平和の回復を妨害するようなことは何もしてはならないのである。これについて、ヴァッテルは次のように書いている。

「和平条約は妥協の産物以外の何物でもない。仮に和平条約中に、遵守されるべき厳格かつ強直な正義の規定があって、善悪を明確にし、一方の当事国のみを裁き、他方に対しては、正当な名目があるとして、すべての物を規定どおりに与えるようなことをすれば、平和を達成することは不可能となるであろう。第一に、戦争を引き起した目的に関して、当事国の一方は自らを悪いと認めたり、自らの主張を不正なものであったとわびたりする必要性を認めないであろう。要するに、窮地に追い込まれない限り、何もしないであろう。もしその国が自らの大義の非正当性を認めるならば、その国は同時に、それを実現するために遂行してきたすべての手段について非を認めなければならないことになる。その国は不正に獲得したものを返還しなければならず、戦争の費用を賠償しなければならず、さらに被害を修復しなければならない。では、いかにして、あらゆる損害を正当に見積ることができるか。流された血に、多くの市民の死傷に、そして家族の没落に、どのような価格を設定し得るのか。これがすべてではない。さらに厳格な正義にのっとり裁くとすれば、正義の戦争をやった国が満足し、その国がこうむった損害に見合ったような罰を、不正義な戦争を起した国に与えるべきである、ということになるであろう。それは、例えば、攻撃を受けた正義の国の将来の安全を保障すること等である。こういった罰の種類を如何に決定するのか。またその程度を如何に明確に規定するのか。つきつめれば、正義の戦争を遂行した側も正当な自衛行動の限度を超えたこともあったであろう。また戦争の目的が当初の間は正当なものであったとしても、戦争の遂行中に過度に不当な罪をおかしたかもしれない。ここに、厳格な正義にのっとり賠償を要求することの誤りが存在するのである。正義の側が侵略して、征服戦争をおこない、自らの主張を超える額の戦利品を取ったかもしれない。いったい誰が正確にこの計算をやり、正当な評価を下すのか。したがって、戦争を継続させること、あるいは相手国を完全に破壊するまで戦争をやることは恐るべきことなのである。そこで、われわれの求めている大義が如何に正当なものであろうとも、われわれは結局、平和の達成に向ってわれわれの思考を転換しなければならず、かつあらゆる手段をその有益な目的達成のために指向すべきなのである。これらの理由から、われわれがとりうる唯一の方策は交戦国双方の要求と苦情とを妥協に導き、四周の状況が許す限り、公平かつ正当な協議によりあらゆる紛争を中止させることである。このような協議において、戦争当初の大義や、交戦国間の論争の焦点となった各種の敵対行為についてその善悪を決定するようなことはおこらない。また交戦国の一方のみが不正義である、といった非難決議もなされない――実際に、非難決議に屈するような君主などほとんどいないのであるが――、しかし各当事国が要求するすべての権利を取消すかわりに、平等に受取るものを定めた簡単な協定が作成されるのである。[*4]」

さらに、「和平条約の効果は戦争をまず終結させ、ついで終戦処理の諸問題を解決する」[*5]ことにあるのであるから、「もし不正義で、強欲な征服者が一国を征服し、その国に屈辱的で、至難な条件を受諾するよう強制するなら――被征服国はやむをえず屈せざるを得ない。しかしこの外観だけの平穏さは平和ではない。それは圧制であって、被征服国は、これを無効にする手段がない間は、この圧制に耐える。そして好機が到来するや、勇気ある人々がこの圧制に対して立ちあがるのである。[*6]」

＊1　「Leviathan」Part I, Chap. XIV.
＊2　「The Law of Nations（trans. Joseph Chitty, 1834）」pp. 381–2.
＊3　同右　p. 369.
＊4　同右　p. 437-8.
＊5　同右　p. 438.
＊6　同右　p. 445.

絶対君主の軍隊

法学者がどんな提案をしたとしても、法皇の権威が宗教改革によって大幅に削減されなければ、ほとんど役に立たなかったであろう。宗教改革以前においては、神権君主は、その領内においてあらゆる世俗的目的のための権能を与えられた神の代理、と見なされていた。宗教改革以後においては、プロテスタントの諸国では、君主は、宗教的目的のための神の代理となった。一方、カトリックの諸国では、君主は、大司教による戴冠式を単なるその称号の聖別式[#]と見なすようになった。一六六一年に、ルイ十四世がフランスを親政するに及んで、彼は絶対君主としての権能をものにした。彼の処世上の理論は神権論であった。彼は神の摂政として、絶対的確実性を保有した。そして彼とその宮廷は全ヨーロッパの王国により模倣されたモデルとなった。結局、政治的にみれば、イタリアの専制君主支配に逆もどりしたことになる。

聖別式。神聖な用にあてるためにあるものを一般的・世俗的使用から区別する儀式のこと。

しかしながら、一五世紀の専制君主と一七・一八世紀の君主との間には、一つの大いなる相違があった。それは軍事的なものである。前者の権力が職業的傭兵に依存したのに対して、後者は職業的常備軍にその権力の基礎を置いた。常備軍の成立は一四四五－一四四八年におけるフランスのシャルル七世による親衛隊の編成にまでさかのぼるが、一世紀以上にわたって常備軍の範となるようなフランス軍が初めて誕生したのは、一六四三年、大コンデ#の率いるフランス軍がロクロアの戦闘で旧式のスペイン軍を破った時である――その後じきに、陸相ルーボアによりこの常備軍は拡張・再編成された。初期のものと異なり、これらの新しい常備軍は、常時戦時態勢のもとにあり、しかもそれぞれの君主が自由に独占し、その掌握下においていた。

コンデ（Condé）はフランスの将軍　一六二一－一六八六。ルイ十四世に仕え、フランドル戦、オランダ戦に功をたて「大コンデ」とよばれた。彼は北・東フランスの要塞都市ロクロアで一六四三年スペイン軍を破り、一六五八年に同市を占領した。ロクロアはフランス、アルデンヌ地方、ベルギー国境付近の町。

これらの常備軍について、オッペンハイムはその著『国際法』において、以下のように書いている。

「…常備軍の設立なくしては、法規の発達も、慣用戦法の変化も起らなかったであろう。

……戦争をヒューマニズム的にやるには必らず（常備軍の）規律を必要とした。……また常備軍があったからこそ、軍隊の構成員と一般社会の個人との重大な差異も生じてきたのである。[*1]」

一般市民と兵士を区別した理由は、三十年戦争において一般市民が恐ろしい野蛮行為の犠牲になったからである。三十年戦争がもたらしたもう一つの影響は、中部ヨーロッパ各国の人口、資源、及び富の消耗が非常に大きかったので、新常備軍はその規模を制限しなければならなかったことである。また、交通、農業の貧弱な国は大きな常備軍を持つことを制限された。[*2]各国において、軍隊は、長期勤務兵による訓練された集団の形をとり、一般市民から分離され、しかも平戦両時におけるその行動に厳重な制限を受けたのである。

*1　第四版（一九二六）第Ⅱ巻一三六頁。

*2　サックス元帥は、理想的な軍の大きさを歩兵三万四〇〇〇、騎兵一万二〇〇〇の合計四万六〇〇〇人と考え、砲兵を入れた場合のそれを五万人とした。

制限戦争

一八世紀の最も著名な将軍の一人であるサックス元帥は、その著『空想』[*1]の冒頭において次のように書いている。「兵士は、自発的な入隊または条件つき降服（契約）によって徴集される。時には強制によることもあるが、最も一般的なのは人のポケットにこっそり金を入れ、その後で、兵士になることを拒否している者に兵士になることを強要する等の術策をろうするやり方である」。兵士達は主として社会のくずから徴集されたために規律は厳格なものでなければならなかった。名誉は彼らにとって無意味なものであったので、フリードリッヒ大王の言葉をかりれば、「彼らに危難よりも将校達を恐ろしがらせるようにしなければならない。また規律の緩和は彼らを野蛮化させる」[*2]のである。

そんなにまでしなければならなかったかどうかは論議の余地があるかもしれないが、厳格な規律が戦術を密集隊形による作戦に限定する主因となったことに間違いはない。むち打ちから逃がれる唯一の方法が脱走であったために、こういった密集隊形の作戦は、将校の監視下で遂行された。一八世紀において、フリードリッヒ大王が脱走を阻止するために念入りな規定を作成しなければならないほど脱走が流行となった。夜間行軍は避けなければならなかった。食糧探しに派遣されたり、入浴に行ったりする兵士には将校をつけなければならなかった。また、追撃はめったに行われなかった。というのは、混乱にまぎれて、兵士が脱走するからであった。資金の不足している中にあって常備軍が非常に高くつくということ、及び当時の戦闘においてはしばしば三〇－五〇歩の距離で一斉射撃が行われたので、非常に損害が大きかったこともまた、戦争の限定要因であった。「私は（至近距離で）行われた一斉射撃で四人しか殺されなかったのを見てきた。[*3]」とサックス元帥は書いているが、恐らくその理由は、相対する戦線間において、相互の頭上を射撃するという暗黙の協定がしばしば存在したことにあったのであろう。というのは、通常は、驚くほど損害が出たからである。ニッカーソン大佐は、七年戦争のマルプラッケにおける連合軍の損害について三三－二二％という数字を引用している。七年戦争（一七五六－一七六三）間の損害は一五－二〇％というのが普通であった。フリードリッヒ大王はトルガウの戦闘#（一七六〇年）において三〇％を失った。ツォルンドルフの戦闘#（一七五八年）においてロシア人は五〇％を失ったが、「これは、敗者といえども壊滅もしなければ抵抗不能なほど殺されもしない当時の一日の戦闘において、野戦軍が被った損害の世界記録であった。[*4]」

オーストリアのダウン将軍が守るトルガウ防御陣地に対して、フリードリッヒ大王が攻撃をかけ、ダウン将軍に後退を余儀なくさせたが、両軍共多大の損害を出した。

オーデル河とワルタ河の合流点にある要塞クストリンを攻囲しているロシア軍に対して、フリードリッヒ大王がかけつけ、勢力劣勢ながらこれを攻撃、ロシア軍を退却させた戦闘。

このことは、なぜ戦闘が避けられ、機動が流行するようになったかを非常に良く説明するものである。給養制度の変化がいま一つの理由であった。略奪が禁止されたために、軍は補給部隊によるか、あるいはまた地方の産物を現金によって購入することにより給養されなければならなかった。したがって補給部隊は、母国の作戦根拠地から補給される食糧を貯蔵する食糧庫を導入した。通常、食糧庫は要塞内あるいは要塞化された町に設置された。そのために、これらを奪取するための攻囲がしばしば行われた。食糧庫システムの最も不利な点は、軍が適切に給養されるとしても、軍はその前進を最も近い要塞から七日行程、そして最も近い野外製パン所から二日行程に制限されたことであった。補給システムが破壊された時に限り、止むなく徴発に頼った。一般市民の生活と戦争が完全に分離されていた証拠に、ローレンス・スターンの著『センチメンタル・ジャーニー』の中に次のような文章がある。七年戦争の頃、彼はロンドンからパリに向った。その時、彼は非常に急いでいたので「英国がフランスと交戦中であるということなどまったく忘れてしまっていたし、またドーバーに着いた時、自分がパスポートを持っていないことを思い出した。」しかしながら、このことで彼の旅行に支障をきたすことにはならなかった。彼がヴェルサイユに着いた時、フランス外相ショアズル公は、彼にパスポートを送った。パリにおいて、彼はフランスの愛読者達に歓迎され、フロンチニアックではイギリス居留民団により演劇に招待された。[*5]

　活用された戦略はせん滅戦略ではなく、疲弊戦略であった。つまり、敵を殺すことではなく、疲労させることであり、通常その目的は敵軍そのものではなく、敵の補給線とその要塞を攻撃することであった。一六七七年初め、オルレリイ伯は、「われわれは獅子よりも狐の如く戦争をする。したがって、諸君は一回の戦闘よりも二〇回の攻囲戦をやることになろう[*6]。」といっている。二〇年後、ダニエル・デフォーは、「今や、それぞれ五万人からなる軍が互に目視できる草原で対峙し、身をかわしたり、良く言えば偵察したりしながら全会戦を過ごし、そして冬営の場所に出発していくのがしばしば見受けられる。[*7]」と書いている。一七九三年のピジゲトーネの攻囲戦はまさに、〝限定された〟攻囲戦の典型的な例であるといえよう。

「休戦が成立し、破壊口に架けられた一本の橋が攻囲軍と被攻囲軍との間のコミュニケーシヨンを可能にした。各陣営では食卓が並べられ、将校達はかわるがわるお互に招待し合った。要塞の内外のテントの中では、舞踏会、演芸会、音楽会が催された。その周囲に住んでいる人々は皆、徒歩や乗馬や馬車などで集ってきた。各陣営から食料が持ち込まれ、たちまち一杯になった。演出家や曲芸師にはこと欠かなかった。それは楽しいお祭りであり、歓喜にみちたものであった。[*8]」

　結局、制限戦争時代に立案されたこれらの作戦は、疲弊戦をその基本原則としていた。資金がほとんどないのに、民兵軍と異なり、常備軍には一年中給与を支払わねばならなかった。このために、この時代の明断な軍人達は、敵の国庫を涸渇させることが戦争に勝つための効果的な手段であり、戦闘により敵撃破をはかるよりも、その方が自軍の損害を減少させることができるということを良く理解していた。つまり血ではなく、金が決定的要素であった。したがって、高度な技能と適確な判断を必要とはしたが、絶えず敵を機動させることによって敵の資金を消費させ、それが涸渇し始めた段階で、交渉により争いを相互に解決しようとしたのであった。だから国が倒産に直面するようなことはむしろなかったのである。このことこそが戦闘についてサックス元帥が説こうとしたことである。

「私は一般的な戦闘について長々と論じてきたが、それでもその戦闘を実行に移すことには賛成しかねる。緒戦において、特にこのことはいえる。私は、有能な将帥は戦闘を避け、なおかついつまでもやりたいだけ戦争をやれるであろうと考える。このような戦争指導法こそ敵を降服させ、非常に多くの利益を生む最良のものである[*9]」と。

現代の軍事専門家達、特にフォッシュ元帥のような人は、サックスが、戦闘をやることに全く反対であったと見なし、戦闘について尚武的でない見解を持っているとして彼を冷笑した。この誤解は、彼らがサックスの『空想』を読み誤まったか、あるいは彼らの主張を裏付けるために彼の著書の残りの章を意図的に省略したかのいずれかである。

フォントノアの戦い、ロクール及びラウフェルトの戦いにおける勝利者であるサックス元帥は、フリードリッヒやフォッシュと同様に、戦闘の価値を十分に評価していた。彼は以下の如く結論づけている。

「ことわっておくが、私は、どう考えても勝利を獲得できるような行動をも否定しているのではない。私は、偶然を信ずることなく、戦争をやることが可能であり、それは将帥の地位にある者が最高の手腕・完璧の技能を持っていることを要求する、ということを示唆しようとしたのである。諸君に有利な状況で戦闘を遂行できるならば、次の段階においては、諸君は続いてやってくる勝利の利益をいかにして獲得するかを知る必要がある。そしてなかんずく、諸君は、たとえ目下流行している風潮であるとはいえ、戦場における勝利者であることだけに満足するようなことがあってはならない。敗北した敵軍に対して戦場から去る花道を与えてやるのが最も分別ある行為である、という金言は非常によく守られている。しかし、それは誤った原則に基づいている。諸君は、これとは反対に、諸君の戦果を引き続き拡張し、最大の力を以って敵を追撃すべきである。そうすれば、整然とうまく行われるはずであった敵の退却は、確実な敗走に変るであろう。」[*10]

この時代において、その機動と攻囲戦にもかかわらず、多くの大戦闘がおこなわれた。そして、少なくともそれらのうち八つの戦闘は、決戦であった。またそれらの戦闘は、多くの偉大な将帥を生んだ。例えば、ヴォーバン、テュレンヌ、オイゲン、マールバラ、カール十二世、ヴィラール、サックス、フリードリッヒ、スヴォーロフ等の将帥である。[#]

＃　ヴォーバン（Vauban, Sebastien Le Prestre Marquis de）一六三三－一七〇七。フランスの築城家、戦術家。ダンケルクからピレネーに至るフランス国境各地の築城に功をとげた。一七〇三年元帥となった。

テュレンヌ（Turenne, Henri de la Tour d'Auvergne. Vicomte de）一六一一－一六七五。フランスの名将。一六四〇年イタリア出征において、いたるところで敵を撃破し、四三年元帥になった。一六五三年ルイ十四世のもとで陸軍大臣をつとめ、終始フランスの侵略戦争を指導した。オランダ戦争でドイツ軍と戦い戦死。

オイゲン（Eugen, Franz, Prinz Von Savoyen）一六六三－一七三六。オーストリアの名将。レオポルト一世、カール六世につかえ、対イタリア戦、トルコ戦、フランス戦で活躍、オーストリアの興隆を築き上げた。

マールバラ（Marlborough, 1st Duke of. John Churchil）一六五〇－一七二二。英国の軍人、政治家。スペイン継承戦争における英・オランダ連合軍総司令官。アン女王の下で多くの勝利をおさめた。

ヴィラール（Villars, Claude Louis Hector de）一六五三－一七三四。フランスの元帥。

スヴォーロフ（Suvorov, Aleksandr Vasilevich）一七二九－一八〇〇。ロシアの元帥。一七九九年トレビアの戦いではオーストリア・ロシア連合軍司令官として活躍。

一八世紀の戦闘に関するサー・ジョン・フォーテスキューの解説は、記録する価値がある。

「この時代における会戦の目標は、必らずしも敵を捜し求め、それを撃破することではなかった。最も権威ある専門家達の言によれば、そこには別の目標があった。すなわち、それは有利な状況で戦うこと、あるいは気楽に生命を保つことであった。気楽に生命を保つとは、敵の費用で最善の生活をすることを意味した。敵国内で軍が生活するという会戦は、……たとえ一発の弾丸を発射しなくても、非常な成功であった。敵にその補給品の消費を強いることが得策であった。敵をしてわが軍へ補給をさせるならばさらに良策であった。だから敵の領土内において冬営することは一層の得策であった。したがって、敵の領内に侵入し、われに一撃を加えるチャンスを敵に与えることなく、敵をして数週間にわたって右往左往させることだけでも、決して小さな成功とはいえなかった。このような成功は、例えばオレンジ公ウィリアムのような愚将をいらだたせ、自暴自棄に走らせ、ついには破滅へ追いやることができる程のものであった。[*11]」

そしてこの合理的で、それだけに無感動な戦争方式について、イタリアの歴史家ガリエルモ・フェレーロは次のように結論づけている。

「制限戦争は、一八世紀の最も崇高な実績の一つであった。それは、温室植物の種類に属し、したがって貴族的かつ良質の文明の中にだけしか繁茂し得ないものであった。われわれはもはやそれを繁茂させることができない。それは、われわれがフランス革命の結果失ってしまった素晴しいものの一つである。」[*12]

＊1　彼の死後、一七五七年にフランス語と英語で出版された。カーライルの酷評——奇妙な軍事的寄せ集め——にもかかわらず、それは、非常に想像力に富んだ型破りの軍人の労作である。

モーリス・ド・サックス伯（一六九六－一七五〇）は、ザクセン選帝侯アウグスト（後のポーランドのアウグスト二世）とアウロラ・ケーニヒスマルク伯爵夫人との間に生まれた私生子であった。彼は、オイゲンの下で、一七〇九年トゥルネー及びモンスの攻囲戦、マルプラッケの会戦に参加した。一七一二年にはピョートル大帝の下で勤務した。一七一五年にはシュトラルズントの攻囲戦に参加した。一七一七年には対トルコ戦に従軍した。一七三四年にはベルヴィク元帥のもとでスペイン戦役に参加した。一七四一年、プラハを奇襲・占領し、フランスの元帥に昇進した。一七四五年、フォントノアでカンバランド公を破り、一七四七年ロクール及びラウフェルトの戦闘に勝利を占め、一七四八年にマーストリヒトを占領した。

＊2　「Makers of Modern Strategy」edit. Edward Mead Earle（1943）p. 55 に引用されている。

＊3　前掲　Saxe　p. 20.

＊4　「The Horde Army 1793–1939」Hoffman Nickerson（1940）p. 59.

＊5　York edition（1904）, pp. 231–93.

＊6　「A Treatise on the Art of War, etc.（1677）」p. 15.

＊7　「The Earlier Life and Chief Earlier Works of Daniel Defoe」Henry Morley（1889）, p. 135.

＊8　「Memoirs of Goldoni」（trans. John Black, 1814）, Vol. I. p. 207.

＊9　前掲　Saxe pp. 163–4.

＊10　同右　p. 164.

＊11　「A History of the British Army（1899）」Vol. I. p. 355.

＊12　「Peace & War（1933）」pp. 63–64.

第二章　無制限戦争の復活

ルソーとフランス革命

一七八二年に、エドワード・ギボン（一七三七－一七九四）はその歴史書、『ローマ帝国衰亡史』中、ローマ帝国の滅亡と一八世紀後半のヨーロッパとの差異を検討した第四巻で、将来の政治情勢は平穏なものであろうと予見した。

「……哲学者はその視野を拡大し、ヨーロッパを同一レベルの文華と教養とを有する諸民族から成る一大共和国だと考えるであろう。バランス・オブ・パワーは変動し続けるであろうし、わが国や隣接諸国の隆盛は交互に消長するであろう。しかしこれらの局部的事象が幸福の一般的状態すなわち社会組織・法政・習慣・風俗を根本的に傷つけることはできない。しかもこれらこそが、わがヨーロッパ列国とその植民地をして、残余の人類以上に卓出せしめるところのものである。……平和時にあっては、活発な競争が知識と産業の進歩・発展を促し、戦時にあっては、節度があり、決定的な状態に至らない争いがヨーロッパ列国の軍隊の戦いである。[*1]」と。

それにもかかわらず、穏やかな天気が急変し、宗教改革以来の最も激しい政治的台風が発生しつつあった。そしてド・ギベール伯（一七四三－一七九〇）がこの台風の接近を予想した。彼は、八〔一二〕年前の一七七四〔一七七〇〕年に『一般戦術論』という書をあらわし、儀式ばったていねいさや、血をみることのない機動や、名誉ある降服といった戦争はただ表面上安価であるにすぎない、なぜならそんな戦争は少しも政治的大解決をもたらさないからであると説いた。これに代って、彼は従来とまったく異った種類の戦いを提示した。

「すぐれた才能とすぐれた手段とすぐれた政府とをもった、力強いある民族がヨーロッパに勃興したと仮定しよう。この民族は、きびしい徳と国民的軍事組織とに加えて、一つの確固たる勢力拡大計画とをもっており、その実施を飽くことなく追求するとしよう。さらにその民族は戦争を少ない費用でおこなうすべと、勝利をもって自らを養うすべとを知っているとしよう。そのような民族は財政的打算により戦いをやむを得ず制限するようなことはしないであろう。このような民族は、近隣の民族を従え、文弱に堕したわれわれの社会組織を打ちのめすであろう。北風がひ弱な葦をなぎ倒すごとく。[*2]」

　さらに一二〔一二〕年前、即ち一七六二年、ジャン・ジャック・ルソー〔一七一二―一七七八〕は『社会契約論』をあらわしたが、その中に、新時代の到来をもたらす台風――今日でもその台風は〝ひ弱な葦〟をなぎ倒している――が未発達のまま停滞していた。それは〝民主主義〟といわれるもので、その基盤とするところは、キリスト教の基礎でもある〝人間すべて平等なり〟ということにあった。たしかに、大昔から、道徳家や哲学者達もそれを強調してきたし、特に十八世紀前半においてそうであった。しかしルソーの熱烈な警句「人間は生れつき自由でありながら、あらゆるところで鉄の鎖につながれている」が〝理性の時代〟

という爆弾の導火線に点火したとき、その爆発は不可避なものとなったのである。

ルソーは、その初期における著述『人間不平等起源論』（一七五五年出版）の中で、人間は自然状態において、高尚な野蛮人であると主張した。[*3]『社会契約論』の中では、ルソーは自分を、場所・時間・環境に無関係な観念上の人間という位置にまで高めた。彼は質問型式で議論を展開する。自由に生れる人間がどうしていたるところで奴隷にされるのか。彼の答はこうである。自然（神）の権利による唯一の合法的政府は大多数の人民の統治であるからである。「契約とは……われわれ各々が身体とすべての力を共同のものとして一般意志の最高の指導の下におくことであり……各人は自己をすべての人に与えて、しかも誰にも自己を与えない。[*4]」と彼は書いている。そして個人がそうすることを拒否するなら、団体全体によってそれに服従するよう強制されなければならないか、ないしは、ルソーの言葉を借りれば、「自由であるように強制されなければならない」と説く。ルソーは、人民の主権の意志は常に正しい、という神話をつくりあげることにより、準宗教的な強制力を国家に付与した。そして最も強力な武器で民主的革命をもたらした。ルソーは、組織化されたキリスト教は宗教と政治を分離するから、国家の有機的観念は組織化されたキリスト教と対立し、そしてそれにより国家の統一を破壊する、と主張したけれど、組織化された宗教が社会の必要物であることは認めたのである。キリスト教の代りに、彼は純粋に市民的な信仰告白を提案した。彼の提案によると、「主権者が宗教の教理としてではなく、それなくしてはよき市民、忠実な臣民たりえぬ〝社交性の感情〟として、厳密にその個条を決定する[*5]」というのである。

大多数の民衆が常に、全般的利益を見分けることができ、しかもその全般的利益を追求する意志を持っている、という仮定は明らかに誤っているが、[6] この仮定は大衆のイマジネーションを過度に刺激し、信仰個条として軽率にも受けいれられてしまった。それ故に、絶対大衆主義の悪霊が君主の真ちゅう瓶から飛び出し、絶対君主主義を追放し、バベルの塔を再建し、[#] 従来競売場にすぎなかった戦場を虐殺の場に変えてしまったのである。

#ノアの洪水の後、人々はバベルの都に天まで届く塔を建てようとした時に、神の怒りに触れ、人々の言語が混乱し、塔は完成されなかったという旧約聖書の中の話。ここではフランス革命とそれによる混乱を意味する。

ルソーを公平に評価するためには、彼はそのアイデアを古代都市国家から引き出したということを念頭におくべきであり、しかも大衆による統治はある限られた地域と人口の国においてのみ有効である、ということを心にとめておくべきである。ルソーは、彼のアイデアがフランスのような大国に適用されるべきだとは決していわなかったのである。

P・F・ウィラート氏は「革命の哲学」の中で次のように書いている。

「フランス革命は個人の自由の原則を実行に移す一つの試みであった。それは有効性と意味を失い、しかも有害となった諸々の制限を打ちこわす道具として重要な価値を持っている否定的な原則であった。[7] しかし宗教的信仰の熱情がこの否定的原則に奉じたことは特筆すべきことである。哲学者達は、この熱情を高揚させるのに加担したのである。そしてその原則が熱狂的に受けいれられたのは、哲学者達の教えにあまり独創的なものがないためであった。[8]」

一七八九年七月一四日、パリの暴徒がバスチーユを襲撃し、その守備隊を虐殺した。そしてこのニュースがルイ十六世のもとに達した時、彼は「これは反乱である」と叫んだ。これに対してリアンクール公は「陛下、違います。これは革命であります。[*9]」と答えた。一七九一年六月二一日、ついにルイ十六世はフランスからの逃亡生活に終止符を打たされた。ルイ十六世がヴァレンヌで捕えられたとの報が、オーストリア皇帝レオポルト二世（一七九〇－一七九二）に届くと、皇帝はルイ十六世の逮捕は全君主の名誉を傷つけるものだと宣言し、プロシアのウィルヘルム二世（一七八六－一七九七）に、ルイ十六世とマリー・アントアネット皇后――レオポルトの妹――の救出を提唱した。その結果、一七九二年四月二〇日、フランスはオーストリアに宣戦したのである。かくてこの戦争は、一度だけ短期間の合間があったが、一八一五年までつづいたのである。宣戦布告の二年前、すなわち一七九〇年五月二〇日、ミラボー[#]はフランス国民会議で、戦争がどんな形態のものとなるか、卓越した洞察力をもって予言した。

ミラボー（Mira beau, Comte de. Honoré Gabriel Victor Riqueti）一七四九－一七九一。フランス革命の政治家。一七九一年国民議会議長。

「私は諸君にお尋ねする。戦争を宣する権利の行使を七〇〇人の議会に委任する時、公正で正当な戦争しか起こらなくなることをより強く確信することができるであろうか。激情にかられた運動や勇気と偽りの自尊心の高揚が、どの程度まで思慮の無さを増大させ、またそれを正当化し得るものか、諸君は見越しているのであろうか。……議員の一人が熟慮することを提案している一方で、戦争を要求する叫び声が大きいであろう。諸君の周囲には市民が群がることであろう。諸君は大臣によってあざむかれることはないとしても、自分自身によってあざむかれることはないであろうか。……自由な諸民族を見たまえ。彼らが常に名を成しているのは、より野心的な、より野蛮な戦争によってである。政治的な集会を見たまえ。それが戦争を宣するのは、常に激情の虜になった時である。[*10]」

＊1　「The History of the Decline and Fall of the Roman Empire」Edward Gibbon（edit. J. B. Bury, 1925), Vol. IV, pp. 176, 178.

＊2　「Oeuvres Militaires de Guibert（1803）」Vol. I, p.16.

＊3　一八〇三年一月一一日、レドレルとの食後の会談で、ボナパルトは言った。「私は東洋をみてから、ルソーが特にいやになった。野蛮人は犬と同じだ。」(Oeuvres de Roederer, 1854, Vol. III, p. 461.)

＊4　「The Social Contract」Bk. I, Chap. VI.

＊5　同右　Bk. IV, Chap. VIII.

＊6　ベンジャミン・フランクリン（一七〇六－一七九〇）も同じ意見であった。彼は書いている。「……全人民の判断、特に自由人のそれは、絶対に誤りがないものとみなされる。」と。（「Lectures on the French Revolution（1932）」Lord Acton, pp. 21–22 参照）

＊7　二〇〇〇年以上前、アイソクラーズはその著『Philippus』の中で、マケドニア王フイリップに対して非常に良く似たことを言っている。

「イオニアの諸都市に自由を約束せよ。そしてこの言葉をアジアに伝播せしめよ。それはギリシャの地に伝わり、ラケデーモン人の帝国同様、われわれの帝国をも崩壊させてきた言葉である。」

（「The Orations of Isocrates」trans. J. H. Freese, Vol. I）

＊8 「The Cambridge Modern History（1904）」Vol. VIII, pp. 34-35.

＊9 「The French Revolution」Thomas Carlyle Bk. V, Chap. VII に引用されている。

＊10 「A Study of History（1939）」Arnold J. Toynbee Vol. IV, p. 150 に引用されている。

徴兵制度――野蛮主義への復帰――

フランスの戦争準備はほとんどなされていなかった。そこでその国庫は破算し、軍隊は無秩序となり、国民はヒステリックになった。唯一の利点は、フランス兵のほとんどがあまり訓練されていない新兵であったため〝君主達のスポーツ〟のルールに従って戦うわけにはいかなかったこと、そして実際的で、フランス独自のものを生みだすだけの英知を有していたことである。そしてその上に、フランス革命を讃美してくれる人々が多数、周辺諸国にはいた。英国のチャールス・ジェームス・フォックス[#]はこの革命を歓迎し、革命の罪を認めることさえしなかった。ドイツでは、支持者が非常に多く、オランダでは、人間の自由というドクトリンが熱狂的に歓迎され、人々はオーストリアの支配から脱することを熱望した。

＃　フォックス（Fox, Charles James）一七四九－一八〇六。英国の政治家。ホイッグの名門出。名誉革命における自由の伝統をになう彼は、フランス革命を専制に対する人民の抵抗とみなし、これを讃美した。

いまや古臭くなった制限戦争と、いまだ未発達の無制限戦争という二つの戦争形態がはじめてぶつかったのは一七九二年九月二〇日のヴァルミー#の戦いである。この日、ブラウンシュヴァイク公カール・ヴィルヘルム・フェルディナントのひきいるプロシア兵とチャールス・フランソア・デュムーリエ麾下のフランス兵が相対した。ブラウンシュヴァイク公はフリードリッヒ大王の甥で、非常に教養のある学者風の人物であった。彼はオランダでの一七八七年戦役における完全無血戦で一躍名声をはくし、当時、ヨーロッパ最大の名将だといわれた。デュムーリエの方は、フランス近衛軍の一兵站将校の息子で、彼自身もその程度であろうと考えていた。しかし彼は、狂信的な大胆不敵さを有し、臨機応変主義を唯一の原則としていた。両者が遭遇した時、ブラウンシュヴァイク公が策略でデュムーリエをアルゴンヌの陣地外に誘い出したので、両軍は各々相手の作戦根拠地をつく戦いとなった。戦闘は事実上おこなわれなかったが、かなり熾烈な砲撃戦がかわされた。戦闘の終盤において、プロシア軍がヴァルミーの山背に突撃せんとした時、ブラウンシュヴァイク公は急に作戦会議を召集し、彼の決心を示した。それは、彼がこの会戦間で下した唯一のもので、「われわれはここでは戦わない」というものであった。そして彼は部隊に野営させた後、九月三〇日の夜、ほとんど無血の戦場から巧妙に撤退した。

ヴァルミーはフランス、マルヌ地方の小村。

九月二〇日の夕、プロシア軍と共に戦場にあったゲーテは落胆している仲間達と論じていた。そして一人の兵士の質問に対して、「この日、この場所から世界史に新しい時代が始まる。そして諸君はみなその新時代の誕生に際し、そこに居合わせていたということができるのである。[*1]」と述べた。一〇〇年後、フォッシュ元帥はこの砲撃戦の意味するところを次のように要約した。「君主の戦争は終りを告げた、国民戦争が始まったのだ。[*2]」と。

カーライルの表現をかりれば、一七九三年一月二一日、「斧がガチャンと鳴って落ち、一人の王の命が奪われた」。それはルイ十六世の生命であった。ダントン[#]は叫ぶ、「連合した諸君主はわれわれをおどす。われわれは挑戦のしるしとしてルイ十六世の首を彼らの足もとに投げつける。[*3]」と。しかしこの冷酷な挑戦を実践するための兵士達がどこにいるのか。一カ月後に、国民議会が五〇万人の強制徴集を宣言した。それはラ・ヴァンデーの暴動をもたらした。そして共和国はその臣民の死体を乗り越えて自由のための前進を開始した。[*4]これが徴兵制のためにとられた第一歩であった。まさに部族間戦争への復帰といえよう。

ダントン (Danton, Georges Jacques) 一七五九－一七九四。フランスの革命政治家。一七九三年ジャコバン・クラブ議長。

原始部族は武装した遊牧民の集団であり、各々が戦士であった。部族全員が戦争に従事するので、戦争は総力戦である。しかし人類が野蛮時代に代って農業文明の時代を迎えると、ごく少数の例外を除き、人々は狩や遊牧の生活をすてるようになった。以来、非戦闘員である食物生産者と戦士との間に差別が生れたのである。古代の都市国家においては、十分な資格を有する市民のみが都市の市民軍に入隊できた。封建時代には、騎士とその家来達が召集の主体となったが、それは全人口のごく一部にすぎなかった。そしてすでに述べた如く、絶対君主の時代には、一般市民はまったく戦争の域外に立った。この区別がいまや廃止され、武装した遊牧民の集団に復帰することになった。ただし、今度は国家的立場においてである。

それは別に新しいアイデアではなかった。それはアングロ＝サクソンのフュルド#のような国家的召集に基礎をおく軍隊と混同してはならない。アングロ＝サクソンのフュルドは戦時にのみ召集されたが、徴兵制軍隊は、常備軍であった。徴兵制軍隊のアイデアを最初に提案した人がマキアヴェリであったかどうかさだかではないが、ただ彼が一五〇六年の〝徴兵法〟の基礎となった覚書の作成者であったことは良く知られている。それはフィレンツェ市民の内、一八歳から三〇歳に至る年齢層の人々に兵役の義務を課すべく規定づけた法令であった。その後、フランシス・ベーコンはこのアイデアを非難し、彼の論文『宗教における統一性について』において、「剣を一時的にせよ、庶民の手ににぎらせることは恐ろしいことである。」と主張した。しかし前述したように、一八世紀においてギベールがこのアイデアを擁護し、サックス元帥もその著『空想』の中で部隊の徴集について言及し、同じような態度をとった。元帥はいっている。「人生のあらゆる境遇にある人々に対して、五カ年間、国王と国家のため奉仕させる法律を設定することはよいことではなかろうか。」と。そしてさらにその適用と利点について詳しく説明した。しかし国民議会の宣言によって、〝国民皆兵〟がフランス軍全編成の基礎となったのは一七九三年八月二三日のことであった。

＃　フェルドはノルマン人征服以前の英国で、自由農民が参与して構成した部族軍。

この法令の第一条は「今から、われわれの敵が共和国の領土から追い払われる時まで、フランス人はすべて、軍務に常時徴集されるものとする。」

「若者は戦い、既婚の男子は武器をつくり、補給品を輸送し、婦女子は天幕及び衣服をつくり、病院に勤務し、子供は古い下着を裂いて包帯を作り、老人は公共広場において、戦士達を鼓舞し、諸国王への憎悪と共和国の統一とを人々に説くものとする。」

「公共建物は兵舎に、公共広場は軍需品工場に転用されるものとする。穴倉の土間は硝石を抜き取るため、アルカリ液を塗るものとする。」

「適当な口径の銃砲は軍隊に引き渡すものとする。国内は猟銃及び刃剣をもって警備すべきものとする。」

「乗用馬はすべて騎兵用として没収され、農耕に使用されない荷車用馬はすべて砲兵及び補給車のけん引に使用されるものとする。[*5]」

トインビーは「この条項は代議員たちを非常に感動させたので、彼らはこの報告者に二度読み上げるように頼んだほどであった。そしてその度ごとに、圧制から自分達は解放されつつあるのだと心から信じる人々によって、やんやの喝采をあびた。[*6]」と書いている。またF・N・マウデ陸軍大佐はブリタニカ百科事典の第一一版〝徴兵〟の項で「いかなる国の法令全書といえども、この余り知られていないフランスの法令よりも、人類の未来に大きな影響を及ぼした法令、ないしは将来及ぼすことになった法令は恐らくないであろう。」とコメントしている。

その年の八月から、戦争はますます無制限になっただけでなく、遂には総力戦となった。一九四〇年代においては、一般市民の大量虐殺が戦略目的と解され、かつての戦闘同様、生命は安価なものだとされた。一五〇年の間に、徴兵制は世界を部族の野蛮主義に復帰させたのである。

＊1 「Campaign in France in the Year 1792 (trans. Robert Farie 1918)」Goethe, p. 31.

＊2 「The Principles of War (trans. Hilaire Belloc, 1918)」, Foch p. 29.

＊3 「The French Revolution」Bk. II Chap. VIII.

＊4 ウエスタマン将軍はラ・ヴァンデーの暴動について次のように報告した。「私は馬蹄で子供を押しつぶし、婦人達を皆殺しにした。女達は今後、馬賊の子を産むことはないだろう。私は一人とて捕虜にしなかった。私は彼らを全部一掃した。……道路には至るところ死体が遺棄されていた。……われわれが捕虜としなかったのは、捕虜にすれば〝自由〟というパンで彼らを養わなければならないからである。(「The Armed Horde 1793–1939」p. 91 に引用されている。)

＊5 「Réimpression de l'Ancien Moniteur depuis la Réunion des Etats Généraux Jusqu'au Consulat 25th August 1793 (Paris 1840–1845), Vol. XVII, p. 478. ルイ一六世を裁判にかけていた頃、国民議会議長バレールは全フランス国民の要望に関する彼の報告書の中で問うている。「諸君は何を欲するか。分担すべき賦課か……。フランスが自由を得るために分担すべき賦課は、そのすべての住民、すべての才智、すべての労働、すべての天分を包含する。……われわれは一つの大いな

る真実を明らかにしよう。すなわち、自由はすべての市民が債権者になったということである。ある者たちはその才智を自由に負うており、他の者たちはその幸運を、またある者たちはその助言を、さらに他の者たちはその腕をそれぞれ自由に負うている。そしてすべての者がその血管のなかを流れる血を自由に負うているのである。」

（「A Study of History」Vol. IV, p. 151）に引用されている。

＊6　同右　Vol. IV, p. 151.

徴兵制度がもたらした変化

民主主義は、理論の上ではすべての人間を平等にした。しかしこれを実行に移したのが徴兵制である。そこでコンドルセー[#]は、その著『人間精神進歩の歴史』の中で、民主主義の発展により歩兵の地位が高くなったと述べた。

＃　コンドルセー（Condorcet, Marquis de, Marie Jean Antoine Nicolas de Caritat）一七四三－一七九四。フランス革命までは数学者として啓蒙主義者のグループに属し、革命後は政治家・自由思想家。

しかしながら、もしコンドルセがこの因果関係を逆にしたなら、もっと正しかっただろう。なぜなら、小銃が歩兵を生み出し、歩兵が民主主義を作ったからである。すなわち、殺害する力、そしてそれ故に、銃剣の先では人間はみな平等にならざるを得ない、ということが問題の本質であった。そこで、一挺の小銃をもった人間は一票の価値をもった。そして数百万の兵士が誕生したことから、数百万の票が生れたのである。このことは、世界がいまだ経験したことのないような政治的・軍事的変化をもたらした。この変化について、フォッシュは、クラウゼヴィッツの言を引用して書いている。

「フランス革命は、その原理の力と、エネルギーと、全国民を引きずり込んだ情熱の渦巻きによって、全国民とその全力との全重量を天秤皿の上にほうりのせた。この天秤には、以前は質量に限りある軍隊と、国家の限りある財力とだけが、掛けられていたに過ぎなかった。

各国政府は政治同盟について打算し、それにより戦争か、同盟かを慎重に比較考量したが、この打算は国力を弱め、戦いの苛烈さという要素よりも、外交の用心深い習性の方を優先させることになった。ところがフランス軍は、このような打算には見向きもせず、各国を縦断して、進撃しつづけた。つまりフランス軍は、一国の自然の力と、単純でしかも大きな動機というものが政治同盟などという他人行儀な交りをしている諸国の人為的寄合世帯よりも、いかに優れたものであるかまざまざと見せつけたのである。そしてそれは彼我とも目をみはるものであった。

フランス革命のもたらした異常な作用は、全く変質した政治的・行政的制度や、政府の性格、そして国民の状態等に起因するものであって、新しい軍事手段の使用に基くものではない……。他の諸国政府はこれら新しい情勢の意味するところを正しく評価できず、従来の手段で、圧倒的力の誇示に対抗しようとした。これがすべて彼らの政治的誤りのみなもとである。」

これに関するフォッシュ元帥の説明はこうである。

「しかり、新時代が始まったのであった。狂乱怒濤の勢いをもってする国民的戦争の時代だ。というのは、一国のありとあらゆる力を戦争にささげることになったからである。目的は一地方の征服、所有ではなく、先ずもって哲学的観念の擁護または普及のため、次いで、国家独立、統一の原則、各種の非物質的な利益の擁護または普及のためであったからだ。また兵士各個の欲望、感情、熱情等、すなわち従来顧みられていなかったところの、力の要素を良く用いたからである。[*1]」と。

補充所に送り込まれる数千の新兵を激励するために、今日でいう〝宣伝〟がおこなわれた。一七九二年四月二五日には、あらゆる軍歌の中で最も熱情をかきたたせる歌、ルージェ・ド・リールの〝ラ・マルセイエーズ〟が初めて歌われ、大衆を陶酔させた。民衆指導者達は、兵士達のけんか好きをあおり立て、敵に対する憎悪心をはぐくむため、ありとあらゆる手段をとった。「憎悪なくして宣伝はない。私に、何でも良い、憎むべきものを与えてくれたら、二四時間以内に何処にでも強力な宣伝運動を組織することができる。[*2]」とジョージ・シルベスター・ヴィエレックは書いている。憎悪がフランスを支配した。だから戦争は無期限に続いたのである。

宣伝は人間の内部に存在する野獣性をめざめさせた。フランス王党員マレ・デュ・パンは宣伝を〝極悪非道な戦術〟と呼んだ。「それは極悪非道な人がつくりだしたにふさわしい戦術であった……。五万の野獣が、狂暴な泡を口からふき、異様な叫びをあげながら、情熱によって冷静さを失うようなことのない勇気ある兵士達に向って全速力で襲いかかった。」[3]

徴兵制は戦いの基礎を変えた。これまで兵士は高くついていたが、いまや安価になった。戦闘はこれまで回避されてきたが、いまやこれを求めるようになった。そして兵士の損害がどんなに大きくても、いまや兵員名簿で迅速にこれを補うことができるようになった。徴兵制なしでは、ナポレオンの征服政策は不可能であっただろう。一八〇五年、シェーンブルンで、ナポレオンはメッテルニッヒ#に対し、自分は一カ月三万人を損耗してもかまわないと誇った。人間はいまや〝ほこり〟よりも安価になった。

メッテルニッヒ (Metternich, Klemens Wenzel Lothar, Fürst Von) 一七七三－一八五九。オーストリアの政治家・外交官。ヨーロッパにおけるバランス・オブ・パワー外交が彼の理念であった。

武装した部族集団は軍隊の運用や兵站に急激な変化を要求した。これまで軍は天幕野営をおこない、延々たる大途上縦隊で前進し、戦闘開始前に整然と集結した。そして各軍は補給隊、野外製パン所、パン輸送隊、倉庫等から糧秣を得ていた。これらはすべて、廃止されるか、ないしは徹底的に改善された。天幕はなくなった。したがって、これを輸送していた数百の荷馬車も姿を消した。その代りに、兵士達は天幕なしで露営した。

長蛇の途上縦隊は各兵種からなるコンパクトな師団縦隊に分割された。つまり小型の野戦軍である。この結果、戦闘前はもちろんのこと、戦闘間における集中も可能になった。輸送縦隊は最小限度まで縮小された。そして組織的糧食補給にかわって、強制徴発が実施された。

しかしこの徴発はしばしば田舎での略奪を意味した。数千両に及ぶ物資輸送用荷馬車の削減をもたらしたこれらの変革は革命軍の戦略的・戦術的機動性を増大させ、その行軍距離をのばした。野外における天幕なしの宿営は、かつての快適な露営に比し、人命の損耗率を高めたが、これとて徴兵により容易に補充することができた。

さらにその上、徴兵制度は別の大きな影響を戦争に及ぼした。フランス軍の兵士達は社会のあらゆる階層から徴集されていたため、かつての絶対君主の軍隊より、訓練練度は劣っても、平均的に、知識の高いものが多かった。だから彼らは、従来の機械的な密集隊形戦法をやってのけるほど訓練されていなかったが、自分達の戦闘的で、鋭気盛んな特質によく適合した戦術をすぐ案出した。一斉射撃は廃止されるか、ないしは、良く照準して慎重におこなう射撃を大幅にとりいれるかした。分散隊形が密集隊形に追加された。そして狙撃兵大隊がつくられ、突撃縦隊に先行して、その縦隊の行動の自由と前進の渋滞を防止する任務が付与された。サー・ロバート・ウィルソンがいっているように、「狙撃兵はシロイタチのように目が鋭く、リスのように軽快であった」[*4]。さらにヨーク公の専属副官は「ほとんど包囲され四周から襲撃されるような状況になった場合においても、〝きつね〟はいともやすやすと逃げ去った。」[*5]と書いた。徴兵部隊についてあるプロシア将校は次のように語っている。

「森林内で、兵士達が隊形を乱し、教練のような移動ができず、ただ樹木に隠掩ぺいして射撃するのがやっとの時、彼らはわれわれよりまさるとも劣らなかった。わが兵士達は広々とした戦場で密集して戦うことには馴れていたが、無秩序な戦闘と思えるような戦法を採用することには抵抗を感じた。しかしこの一見無秩序な戦闘法も、敵の好目標にならないようにしようとするなら、必須の要件であった。[*6]」

旧式の絶対君主の軍隊に比して、フランス革命の徴兵制軍隊はこれらの戦略上及び戦術上の圧倒的利点を有していた。にもかかわらず、この軍隊には一つの重大な欠陥があった。そしてその欠陥が徴兵制軍隊の利点をすべてだいなしにしてしまったのである。それは、徴兵制国家――すなわち、国家全体が武装している国――、激烈な宣伝により成長した国家が永続的平和を確立することは至難の業である、というところにあった。被征服国から絞り取った和平条約は一般に極めて非合理なものであったので、それは不安定な休戦に過ぎなかった。つまり敗者は脅迫されてやっと調印した、そこで機会さえあれば、その履行を拒否しようともくろんでいたのである。

フェレーロは書いている。

「フランス革命とフランス帝国がヨーロッパに押しつけたこの種の戦争、すなわち〝衝動的な戦争〟の根底には、素晴しい勝利、圧倒的勝利は平和の確保を助けるものだという考えがある。これは心理的誤りである。それは実際、平和の確保をより困難にするか、不可能にする。この誤りこそが、フランス革命、フランス帝国、そして十九世紀から現在の混乱に至る全歴史をひもとく鍵なのである。[*7]」と。

＊1 「The Principles of War」pp. 29–30.フォッシュはこの引用文をクラウゼヴィッツのどの著作か

ら引用したか書いていない。『戦争論』の中にはないので、これ以外のクラウゼヴィッツの著作にあるものと思われる。

＊2　「Spreading Germs of Hate (1931)」p. 16.

＊3　「The Armed Horde」p. 91に引用されている。

＊4　「Life of Sir Robert Wilson」H. Randolph (1862), Vol. I, p. 86.

＊5　「Journals and Correspondence of Sir Henry Calvert (1853)」p. 220.

＊6　「Les Guerres de la Révolution」A. Chuquet, Vol. II, p. 96.

＊7　「Peace and War」p. 127.

民主主義と部族の道義

宗教戦争を除けば――これとて類似したものであるが――、ヨーロッパにおいて〝衝動的な戦争〟といわれる戦争はすべて民主主義の闘争であった。そしてこの闘争はその〝鋭気〟を〝一般意志〟から引き出した。A・E・フリーマン教授[#]の説を引用すると、古代ギリシャの民主的都市国家は戦争にあけくれていたため、〝破壊と惨害〟及び〝あらゆる種類の荒廃〟を経験した。[*1] さらにサー・チャールズ・オーマンによれば、「民主主義国スイスにおける中世期頃の戦争はあらゆる隣国の権利を無視し、驚くほど残忍なものであった。……それは故意に冷酷、無慈悲なことで有名であった。[*2]」といわれる。フランス革命の民主的軍隊がやったこともこれと似たりよったりである。その代表的例がラ・ヴァンデーにおけるウエスタマン将軍の行為である。したがって、アーノルド・トインビー教授は「フランス革命から生れた民主主義が戦争に反対する働きをしなかったのみならず、積極的に戦争を発生、拡大させる力となった理由を理解できない。」と書いているが、それは、教授が民主主義を平和的制度である、と考えて解答を見出そうとしたからである。教授は書いている。「なんと説明すれば良いのか。民主主義が一つの反社会的な力として作用することが、先験的に、なぜ可能なのであろうか。というのは、民主主義は〝福音書の精神を吸い込み、はき出す……しかもその原動力は愛にあるからである〟。[*3]」と。

フリーマン (Freeman, Augustus Edward) 一八二三―一八九二。英国の歴史家。オックスフォードの教授であった。

これはルソーの〝気高い野蛮人〟と同じように、神話にすぎない。このような神話が存在する限り、そして民主主義が平和愛好の制度であるとされる限り、トインビーの疑問に答える合理的解答は見出せない。にもかかわらず、疑問それ自体は有益なものである。というのは、戦争に関する問題を理解するには彼の疑問に答える正解を見出す必要があり、しかもそれに対する正しい答がないかぎり、戦争を中庸にとどめる可能性はほとんど無いし、戦争をなくすることなどいわんやありえないからである。

その答は人間の本能にある。ハーバード・スペンサー#は人間の本能について、かつて「諸君はある一人の人を――彼の経歴については少しも知っていないで――一時間凝視することにより、その人の性質を理解できると考えてさしつかえない。これと同様に、過去数千年の人類の進化を研究することにより、人間性なるものを推測できると考えても、なんら非合理なところはない、と私は信じる。[*4]」と述べている。

スペンサー（Spencer, Herbert）一八二〇－一九〇三。英国の哲学者、社会学者、進化論哲学の樹立者。

半世紀にわたる思考の後、スペンサーは一八九二年から一八九三年にかけて『倫理学原理』なる二巻をしるし、彼の広汎な〝哲学大系〟を完成した。彼は進化について研究することにより、人間の行動（倫理）を科学的立場にもとづかせる一つの法則が見出されるのではないかと考えた。しかしながら彼が発見したことは、人間社会において作用する進化をみてみると、それは各々別々の法則を唱える二種類の声を持っているということであった。彼はその一つを〝親交の法則〟と呼び、もう一つを〝敵対の法則〟と呼んだ。これについて彼は書いている。

「乱暴な部族と……文明社会とは……絶えず外敵からの自衛と内部の協力――外部に対する敵意と内部の友情――を継続的に保持しなければならなかった。そこで、人々はこれら二種の行動にふさわしい二組の異った感情と観念を手にしたのである。[*5]」

「絶え間のない外部からの敵意に対処する生活が、侵略、征服、復讐といったことを植え付ける一方、平和な営みを排斥する法則を生む。逆に、安定した内部の親交を求める生活が調和のとれた協力関係をもたらす善徳――各々が相手の主張を尊重する正義、正直、誠実――を植え付ける法則を生む。[*6]」

「外的・内的状況に応じて、各社会に生じる敵対の倫理と親交の倫理を同時に受けいれなければならないので、まったく相いれない感情と観念の集合体ができる。」[*7] かくして、「同じことでも非難されたり、是認されたりする二種類の義務と善徳とが存在するようになる。しかしその内、一方（親交の法則）は倫理的概念を連想させるが、他方（敵対の法則）はそうではない。」[*8]

　したがって、人間は二組の衝動によって行動を起こす。それらは、先天的で、本能となったところの性格からくるものと、社会環境の圧力からくるものである。部族が生存するためには、部族民は戦闘で、その生命を喜んで犠牲にしなければならない。部族が団結するためには、部族民はタブーに従わなければならない。ディヴィは次のように指摘している。部族間の相互関係は孤立、猜疑、敵意の関係にあるが、部族内では、他の部族に対抗するという共通の利益から、自己保存のため団結をはかろうとする。そこで自分達の部族――〝われわれ集団〟――と他の部族――〝彼ら集団〟――の区別が生まれる。〝われわれ集団〟では平和と協力が非常に大切であり、〝彼ら集団〟に対しては、憎悪と敵意の先天的感情がある。このように論ずるディヴィは、さらにサムナー[#]の『習俗論』から次のように引用して、〝われわれ集団〟と〝彼ら集団〟の相互関連性を説く。

　# サムナー (Sumner, William Graham) 一八四〇－一九一〇。アメリカの社会学者、経済学者。

「外部と戦争をやるに際しての急務は、内部の不和が戦争に対するわれわれ集団の力を弱化させることのないように、内部の平和を確立する諸策をこうじることである。けんかを防止し、訓練を強制するため、われわれ集団に政府と法律をつくることが急務である。かくして集団内の平和と集団相互間の戦争はお互に作用しあい、発展してきた。隣人とのつながりが密接になればなるだけ、彼らは強力になり、戦争は激しくなる。戦争が激しくなれば、内部組織は強くなり、訓練はきびしくなる。[*9]」

それ故に、二組の道義——しきたり——が存在する。一つはわれわれ集団のためのもの、もう一つは彼ら集団のためのものである。そしてこの二組の道義は同じ集団から生じている。「外部に対しては、殺すこと、掠奪すること、血をもって復讐すること、婦女子を盗むことは賞賛に値する……」がしかし、われわれ集団ではその逆のことが善行とされるのである。[*10]

このことは、各種の関連から、幾世紀にわたり指摘されてきた。例えば、クセノフォン[#]の教えを受けたキュロスは、次のような彼の父の助言に対して否定的態度をとった。すなわち、将軍というものは、いつでも相手をだし抜くほどずるがしこい陰謀者であり、ペテン師であり、盗賊であり、強盗であることを自証しなければならない、と。これに対してキュロスが、それはこれまで教えられてきたことに反すると拒否した時、父は答えた。「いままで教えられてきたことは友人や仲間達に対するものであり、そのような人々に対してのみ、それは通用する。しかしお前の敵に対しては、ありとあらゆる害を加えるように教えられた、ということを覚えておきなさい。[*11]」プラトンはその著『共和国』の中で、主人公ボレマチュースをしてソクラテスの問いに答えさせている。「正義とは何ぞや」、「正義とは友を助け、敵に害を加えることとなり」と。[*12]ホッブズは『リヴァイアサン』の中で、「力とペテンとは戦争における二つの基本的善徳である。しかし平和時にあってはその二つは基本的悪徳である。[*13]」と書いた。そしてデイヴィッド・ヒュームはその著『評論と論説』で「戦争においては、われわれは正義と同情というわれわれの感情を撤回し、不正の敵意がこれらにとってかわることを許容する。」[14]と述べている。第一次及び第二次世界大戦中に発行された新聞をみれば、どんなに懐疑的な読者でも、いまもいっこうにかわらないな、と感じることだろう。

クセノフォン（Xenophon）紀元前四三〇頃－三五五。ギリシャの軍人、歴史家。ソクラテスの徒となり、その影響をうけた。ギリシャ人の理想とする〝美にして善なる人〟であったといわれる。ペルシヤ王族の小キュロスに仕え、その遠征軍に加わった。

原始人の最も危険な敵は自分の属している人種の敵であった。今日でも、人間が人間の唯一の敵である。そして人が人を攻撃するのは五〇万年前と全く同じである。戦争と狩猟は昔からアピールする。これは本能的に、どんな子供でも鉄砲が好きで、大人が殺害にスリルを感じるゆえんである。

石器時代の人々にとって、戦争は選ばれた少数の人々のビジネスではなかった。それはすべての大人たる男子の職業であった。野蛮な戦争では、その目的は敵の全男子を殺し、婦人や子供を誘拐することであった。犠牲の区別を不可能にしてしまう兵器――殺戮がいまやすべてである――の発明がその目的達成を一層容易なものとしてきた。

現在の人間がどのようなものであるかは過去の人間がどのようなものであったかにより説明しうる。しかし将来の人間はこうあってほしいということ――平和主義者の希望的考え――によって、現在の人間を説明することは決してできない。人間は何千世代も前の野蛮で、血にうえた先祖の産物である。この先祖が人間に、その本能を残していったのである。人間の本能の内、最も影響力のある恐怖は、野蛮人にとっても、文明人にとっても、等しく番兵である。恐怖は防護メカニズムの内で最も古いものであり、しかも赤ん坊は生後三カ月の終り頃までに恐怖を示すようになる。[*15] 絶滅は、部族の心にある最大の恐怖であった。そして現代人にとって、その恐怖は従来のどの時代にもないほど大きなものなのである。

トインビーの疑問に対して、いまや解答が明らかにされる。民主主義の原動力は他人を愛することではない。それは外部のすべてのもの、部族、徒党、党派、あるいは国民に対する憎悪である。このような〝一般意志〟は総力戦を予言する。そして憎悪こそが最も権力のある新兵募集官なのである。

＊1　「Historical Essays」Second Series（1875）, p. 173-4.
＊2　「The Art of War in the Middle Ages（1924）」Vol. II, p. 253.
＊3　「A Study of History」Vol. IV. pp. 156-7.「Les Deux Sources de la Morale et de la Religion」Henri Bergson から引用している。
＊4　「Life and Letters of Herbert Spencer」D. Duncan（1908）, p. 62.
＊5　「The Principles of Ethics（1892）」Vol. I, p. 322.
＊6　同右　Vol. I, p. 471.
＊7　同右　Vol. I, p. 316.「Essays on Human Evolution」Sir Arthur Keith（1946）, pp. 104-5 も参照。

＊8　同右　Vol. I, p. 324.

＊9　「The Evolution of War ; A Study of the Role in Early Societies」Maurice R. Davie. (1929), p. 16;「Folkways」W. G. Sumner, (1906), p. 12.

＊10　前掲　Davie, p. 17.

＊11　「Cyropaedia」I, VI, 27–28.

＊12　I, 334.

＊13　Part I, Chap. XIII.

＊14　Edit, 1772, Vol. II, p. 273.

＊15　「This Human Nature」Charles Duff (1917), p. 41.

第三章　ナポレオンの戦争

ナポレオン・ボナパルト

政府の権力は、その性質のいかんを問わず、物理的力に基いている。[*1] したがって革命の主要目的は軍事力の支援を得ることか、あるいは軍事力を崩壊させることである。第一の場合には、革命はクーデターの形をとり、限定的混乱以上になることはめったにない。第二の場合には、それは無政府状態を作り出す。そして人民は、自分達が革命的理想をどんなに熱狂的に支持しようとも、長期間無政府状態であることに我慢できなくなる。そしてこのような国民感情がひろまると、国民は自分達をそのような無政府状態から救い出してくれる人をじきに探し求めるのである。そのような人が現われると、普通、無政府状態により生れたエネルギーを対外戦争という形で外部に指向することになる。これがかえって国民を団結させ、通常、威圧的な政権を樹立させる。この種の政権は軍の全面的支持を得て、本来の政府にとってかわることになるのである。

一七七九年、すなわちバスチーユ襲撃の十年前、ギベールは次のように予言していた。

「一人の男が現われるだろう。多分その男はそれまで無名であり、演説や文筆活動により名を成しえなかった人である。その男は黙想にふけっており、恐らく自分自身の才能を知らず、人々からその才能を彼らのために行使するように要請されて、初めてそれに気付くだろう。その男はあまり勉学したことのない人であろう。そんな人物が世論をひきつけ、幸運と機会を得て、偉大なる理論家達に向って次のように言ってのけるであろう。それは、かつてアテネの市民への演説で実際的建築家が雄弁な建築家に向って言った言葉『私のライバルが市民諸兄に語るすべてのことを、私は実行してみせる』というものである。[*2]」

ナポレオン・ボナパルトこそがそのような男であった。ボナパルト（一七六九－一八二一）はフランス共和国暦で四年ブドウ月の一三日（一七九五年一〇月五日）に、〝ブドウ弾の二・三発〟で全パリに知れわたるようになった。「この男は危険をかえりみず実行する勇気があった。彼はなんなく皇帝となった。すべての人々が彼を皇帝にふさわしい人物だとみた。[*3]」彼はこの上もない利己主義者であり、開拓者であった。彼は孤立無援、自己中心的人物で、自分のみを頼り、どのような権力も自分の手中におさめた。メネバルはナポレオンについて次のように述べている。

「彼は思考面でイニシアチブをとっただけでなく、あらゆる業務に、微にいり細をうがち立入った。……彼は自らの天才と実行面での超人的能力に夢中になった。彼は何事でもできる手段と時間を持っていると思った。実際に彼はあらゆることをやってのけた。[*4]」

ボナパルトの回顧録作成者の内、最も著名なコランクール[#]もやはり同じようなことを言っているが、もっと洞察力のある見方をしている。

「彼は自分の目的を達成するのに、苦痛も、難儀もいとうようなことはなかった。このことは大事、小事いずれの場合もそうであった。彼は自らの目標に対してすべてのものを指向した、と言って良いだろう。彼は常に、その時の行動や討議に、自らのあらゆる手段、能力、注意を集中した。何事にも彼は熱情をそそいだ。そこで彼は相手より著しく有利な立場を保ちえた。なんとなれば、一時点に、一つの思考、一つの行動にすべてを没頭しうる人は少ないからである。[*5]」

コランクール（Caulaincourt, Armand Augustin Louis de）一七七二－一八二七。フランス軍人、外交官。ロシア大使、ナポレオン副官、外務大臣等をつとめた。ナポレオンに関する著作が多い。

ボナパルトは、自らの運命に完全に支配されていた。そして彼はこのことを、一八一二年、モスクワ遠征に出発する際に語っている。「私は自分でもわからない一つの目的に向ってまっしぐらにかりたてられているような気がする。そこに到達するや否や、つまり私がもはや不要となるや否や、アトムが私を粉々にすることだろう。それまで、人類のいかなる力といえども私に対抗するようなことは何もできない。[*6]」

その頃のこんとんとした情勢からしても明らかなように、彼の任務は征服することであった。そしてその結果、ナポレオンは自分自身にもわからない何物かをつくりだすことになったのである。一時代の破壊の中に、ボナパルトは一つのエポックをもたらした。あるいはまた、シュペングラー[#]が書いたように、「ナポレオンの生涯は非常な労苦に満ちたものであった。その労苦は彼自身のためでもなければ、フランスのためでもなかった。それはただ〝未来〃のためであった」[*7]といえよう。

シュペングラー（Spengler, Oswald）一八八〇－一九三六。ドイツの哲学者、文化類型論をといた。

ナポレオンがやった戦争は大規模な征服戦争であった。それはカール大帝[#]の時代以来、前例のないもので、ナポレオンはこの皇帝と自分とをしばしば比較したほどである。

カール大帝（Charles the Great）七四二－八一四。西ローマ帝国の王。ゲルマン民族を一つの帝国、一つの宗教（キリスト教）に統合した。

ナポレオンの最初の遠征であるイタリア会戦（一七九六－一七九七）において、彼は敵部隊を捜し出して、戦闘を求め、これを撃破することをねらった。このことに加えて、彼は中立地域に侵入し、その国を食いものにし、強制取り立てと掠奪により彼の軍隊を自給自足させ、呵責なき追撃により一方的勝利を獲得した。このようなやり方は同時代の人々をびっくりさせた。そして人々はこれらの無作法極まりない作戦を、合法的な戦争行為とはみなさず、野蛮人の侵略とみなした。戦慄とまでは言わなくても、この激変をその時代の風刺漫画家クルクシャンク[#]が象徴的に描いている。彼の漫画の内、一七九七年四月一四日付のものには、フランス軍が火と煙と大砲を吐き出している一匹の龍として画かれ、その背中には〝ボナパルト〃と記された自由帽のグロテスクな人物がまたがっていた。そしてその前には二人の将軍と軍隊が必死になって退却していた。[*8]それは、まさに無制限戦争時代の主役を冷酷に描いたものであったのである。

＃ クルクシャンク（Cruikshank, George）一七九二－一八七八。英国の風刺漫画家、挿絵画家。

＊1 ナポレオンは言っている。「軍隊なくしては、政治的独立も、市民の自由もない。」と。
(Correspondance de Napoléon Ier（1858-1869), III, No. 1800)

＊2 「Oeuvres de Guilbert（1803)」, Vol. IV, p. 74.

＊3 「Heroes and Hero-Worship, "The Hero as King"」T. Carlyle

＊4 「Mémoires pour servir a l'Histoire de Napoléon Ier（1894)」Vol. III, pp. 50-51.

＊5 「Memoirs of General de Caulaincourt Duke of Vicenza (English trans. 1925)」Vol. I, p. 93.

＊6 「The Decline of the West（1925)」Oswald Spengler Vol. I, p. 144 に引用されている。オリバー・クロムウェルも同じような観察をした。彼は「ナポレオンがそのような高い地位についた理由は、ナポレオンが自分に対する神の定めを知らなかったことにある。」と言っている。

＊7 同右 Vol. I, p. 363.

＊8 「Napoleon in Caricature 1795-1821」A. M. Broadley（1911), Vol. I, pp. 99-100.

ナポレオン戦争の基本要素

ナポレオン戦争の特色を示す基本要素として、ここにとりあげて考察するのは、㈠指揮の統一、㈡統帥と統御、㈢ナポレオン式の計画策定要領、この三点である。

ナポレオンは、「指揮の統一が戦争において最も必要な事項である。」[*1]と考えた。しかも彼は、政治指導も軍事指導も共に一人の人間が掌握することにより――一八〇〇年一月に彼が第一執政になってから、両方の指導権を握ったように——、完全な意味での指揮の統一が可能であると常々考えていた。このような完全なる統一は、政治決定が軍事行動とかけはなれる場合には——戦争においてはこれが通常である——達成されない。執政内閣の下でも政治決定と軍事行動は分離しており、ナポレオンはそのことを知っていた。そこで、彼はイタリア遠征軍の指揮を執るにさいして、指揮の統一のなんたるかを明確にした。一七九六年一月一九日、執政官達に「政府はその将軍に全幅の信頼を置かなくてはならない。将軍には行動の自由を許さなければならない。将軍に示すことはその達成すべき目的のみである」[*2]と書き送った。達成すべき目的が合理的なものであるなら、ナポレオンの定義は正しい。軍事指揮の単一化についてナポレオンは「軍事作戦に関して、私は自分にだけ相談する。外交問題に関しては、だれにでも相談する。[*3]」と書いている。そして一七九六年の会戦において、「私はこの会戦に関して誰にも相談しなかった。もし私が私の作戦指導を他の人達の考えと調和させなければならなかったとしたら、輝かしい戦果をあげることはできなかっただろう」[*4]と述べた。

　指揮の統一は、状況の許す限り、主作戦正面に使用しうる全兵力を集中し、それを一将軍の指揮下に置くことを要求する。一方、無知、ないしは貧弱な政府に共通する傾向は、あらゆる重要地点をカバーするため、兵力を分散してしまうということである。一八〇六年に、ナポリ王ジョセフ・ボナパルト[#]がとった行動方針はまさにそれであった。六月七日、ナポレオンは彼に次のような辛らつな書簡を送った。「もし貴下が王国のすみからすみまで守ろうとするなら、全フランス軍でも不十分でしょう。[*5]」と。

ジョセフ・ボナパルト (Joseph Bonaparte) 一七六八－一八四四。ナポレオンの兄、後にスペイン王になった。

指揮の統一は、ナポレオンが勝利した多くの会戦指導の基礎であった。ところがそれが——詳細は後述するが——、くしくもナポレオンの終局をもたらす一要素になったのである。それにもかかわらず、彼の金言「戦争では全兵力を一つにするのは一人の人間であって、二人以上ではどうしようもない。[*6]」とか、「指揮官たる一人の愚将は二人の良将に匹敵する[*7]」というのは今日でも依然真実である。

ナポレオンが部下の将軍や兵士達に望んだことは、彼が統帥や統御に関し書いたり、述べたりしたことから知ることができる。

統帥について次のようないくつかの名言を残している。「将帥としての必須の資質は決断力である。[*8]」「将帥は状況図を描いてみるようではだめだ。つまり将帥の聡明さは望遠鏡のレンズのようにすみきった状態にあるべきだ。[*9]」「他人の眼によりもの事を見なければならない将帥は決して意のままに軍隊を指揮できないであろう。[*10]」「戦勝は軍事眼や戦闘における心理的モーメントの感知いかんによる。もしアウステルリッツ[#]で、私が六時間早く攻撃していたら、私は敗北を喫していたにちがいない。[*11]」「今日の私があるのは、意志と性格と大胆不敵さとによるものである。[*12]」そして逆に言うなら「去勢した牛によって率いられている獅子の軍隊は決して獅子の軍隊とはならないのである。[*13]」

アウステルリッツの会戦。一八〇五年フランスとオーストリア・ロシア連合軍の間で戦われた。ナポレオンは増援軍の到着するまで防勢をとり、敵軍を誘致導入し、事後攻勢に転じて勝利をおさめた。

兵士達に対しては、ナポレオンはその虚栄心を刺戟し、ばか正直さを利用して、自信を持たせ、恐怖心をなくさせた。そしてこれにより、ナポレオンは慎重かつ用心深い人間を、大義のため喜んで自らの生命を犠牲にする人間――当人がその大義を理解していないことがよくあるのだが――、すなわち戦士に変えたのである。「国家の名誉や仲間達の敬服以上に自分の生命を重んずる人間は断じてフランス軍兵士となりえない。[*14]」とナポレオンは断言した。彼はお金に訴えるようなことはしなかった。「勇敢は金で買えない。[*15]」と彼は書いた。金の代りに、彼は栄光に対する兵士達の感覚、これに訴えた。「戦火の中で、私は隊列の中へ馬を進めて叫んだ。『軍旗を揚げろ。戦機がついにやってきたのだ』と。この叫びでフランス軍兵士達は敵中に突入していった。[*16]」そして「ロナートの戦いの後、私は『第三二旅団がそこにいて、私は冷静であった』と書いているから、第三二旅団は私のため死んでくれたであろう。兵士達に及ぼす言葉の影響力は驚くべきものがある。[*17]」「イタリアでは、兵力比は一対三で常にわれわれが劣勢であった。しかし兵士達は私を信頼し切っていた。士気こそが兵力数よりも勝利を決定する」[*18]しかも「軍隊の力は兵力数ではない、それは兵士達の忠誠心と戦闘意欲である」[*19]。ナポレオンは将校と兵士の個人的接触が統率の秘訣であると確信していた。ある日々命令の中に、次のような文章がある。「大隊長はあらゆることに精通するまで休息をとるな。六カ月間、大隊の指揮をとったなら、大隊内の全将兵の名前と能力を掌握せよ。」[*20]兵士達の健康について、彼は非常な関心を示した。「病気こそが最も恐るべき敵である。」[*21]とナポレオンは記している。さらに「部隊を非衛生的な地域に駐とんさせるより、最も激烈な戦闘をおこなわせた方が良い。」[*22]とも書いている。一般的にいって「勇敢なことが兵士の第一の資質であるなら、ついで重要なのは不撓不屈である。」[*23]と彼は言った。セント・ヘレナで、モントロン夫人[#]がナポレオンに最強の部隊はどれであったか尋ねた時、「数々の戦闘で勝利を収めた部隊ですね。」[*24]と答えたのである。

モントロン（Montholon, Albine de）一七七九－一八四八。夫のモントロン将軍とともにナポレオンに最後まで随行した。

作戦計画の策定者としてのナポレオンの成功は、彼が独裁者の地位にあったことに直接起因する。つまり独裁者たるナポレオンは政治面と戦略面における戦争指導を自分自身で結びつける権力を保有していたのである。この利点は、目的達成にすべてを集中できる彼の性格、それに並み並みならぬ彼の勤勉さとあいまって、自らの天才を作戦計画に反映させることを可能にした。それは時として、ナポレオンの将軍達が彼の作戦計画を理解できなかったほどであった。戦争がながびき、ナポレオンの直面している問題が複雑になってくるにつれて、部下将軍達のナポレオンの企図に対する理解不足がますます危険なものとなった。特に、ライプツィヒやワーテルローの会戦において、ナポレオンは素晴しい機動をやってのけたが、部下将軍の愚鈍さから、その成果もだいなしになってしまった例などがそうであった。これが、セント・ヘレナで「もしテュレンヌのような男が私の作戦を補助してくれたら、私は世界の王者として君臨できたであろう。[*25]」と述べたゆえんである。

彼にとって、作戦計画の策定は、次の引用文が示すように、骨の折れる技術的な仕事であった。「戦争が布告される時には難問が山積みしており、数年前からそれを見通しておくことが賢明である……。[*26]」「私は、自分が三ないし四カ月先に何をすべきかを前もって考え抜くことに慣れているし、しかも私は最悪の状態を計算の基礎としている……。[*27]」「戦争においては計算なくしては何も得られない……。[*28]」「非常に多くの予防策をとるのが私の習性である。だから運にまかせるようなことは皆無である。[*29]」「計画を周密に考えた時にだけ、戦争に勝つことができる。[*30]」

これらすべての秘話をナポレオンはレドレルにあかしたが、その際「もし私がどんな事態にも即座に対処できるように見えるなら、それは、私が何事にも前もって十分熟考しているからである。すなわち、私は何が起こるかを予測していたからである。他の人は予想しなかったような状況において、私が何を言うべきか、何を為すべきかを、突然私に告げるのは霊感ではない。それは黙考である。[*31]」と述べている。

ナポレオンはねりにねった計画をもって会戦に臨んだ。その計画は状況の変化に即応しうる融通性を持っていた。そしてどの会戦も、見積った敵の可能行動に基づいて設定された設想と一致していた。計画は彼がやろうと企図していることであり、状況の変化がその計画に修正をほどこした。計画がひとたび実行に移されると、彼の関心は情報収集の問題となった。

偵察騎兵の一般的運用は敵部隊について解明し、これを報告するにあった。ところがナポレオンは敵部隊の位置よりも、自分の作戦計画を実行する方に関心を持っていたということと、加えて通常、騎兵の報告を受領する頃には、すでに敵部隊はその位置を変えているという二つの理由から、ナポレオンの情報収集組織——スパイ、特務機関、郵便局で押えた書簡等——の目的は自分の設想した事項を除去するか、ないしは事実として確認することにあった。したがって、ナポレオンの騎兵や諜報機関等は疑わしい諸点を明確にするため、あらかじめ決められた方向に収集努力を指向され、その収集した情報資料は彼の設定した設想事項を除去するか、あるいは事実として確認するために必要不可欠なものであった。それ故に、不確定事項を最小限にすること、及び彼の設想を除去、ないしは事実として確認することにより、ナポレオンは自分の計画を単純化するとともに、敵の計画をも暴露させたのである。敵の企図を解明することが、敵の位置を発見することより重要であり、これこそがナポレオンの情報収集の目的であった。

＊1　Corresp. XXXI, p. 418.
＊2　同右　I, No. 83.
＊3　同右　I, No. 399.
＊4　同右　I, No. 420.
＊5　同右　XII, No. 10329.

＊6　同右　XVII, No. 14283.

＊7　同右　XXIX, p. 107.

＊8　「Sainte-Héléne Journal inédit (1815–1818)」General Gourgaud, (edit. 1899), Vol. II, p. 423.

＊9　「Napoléon en Exil, ou l'écho de Sainte-Héléne (1822)」B. E. O'Meara, Vol. II, p. 248.

＊10　O' Meara (English edit., 1822), Vol. II, p. 377.

＊11　「Mémorial de Sainte-Héléne」Comte de Las Cases (1823), Vol. II, p. 210.

＊12　Corresp., X, No. 8832.

＊13　同右　XXX, p. 176.

＊14　同右　I, No. 925.

＊15　同右　IX, No. 7527.

＊16　同右　XXXI, p. 416.

＊17　Gourgaud, Vol. II, p. 109.

＊18　同右　Vol. II. p. 119.

＊19　「Lettres Inédites de Napoléon Ier」Leon Lecestre (1897), No. 155.

＊20　「Correspondance inédite de Napoléon Ier, conservée aux Archives de la Guerre Ernest Picard et Louis Tuetey (1912)」, No. 247.

＊21　Corresp., XI, No. 9105.

＊22　同右　XXII, No. 18041.

＊23　同右　VII, No. 4855.

＊24　Las Cases, Vol. VI, p. 85.
＊25　Gourgaud, vol. II, p. 135.
＊26　Corresp., X, No. 8075.
＊27　同右　XIII, No. 10810.
＊28　同右　XII, No. 10325.
＊29　同右　XVI, No. 13652.
＊30　同右　XVII, No. 14307.
＊31　「Napoleon at Work（English trans. 1914）」Colonel Vachée に引用されている。

ナポレオンの戦争原則

ナポレオンは、戦争の原則についておりにふれ述べているが、それを列挙した書物はみあたらない。かつてサン・シールの陸軍士官学校で、「私は、暇ができたら、すべての軍人が親しめるような戦争の原則書を書いてみたい。そうすれば、科学と同じようにたやすく戦争というものを学ぶことができるであろう。[*1]」と話したことがある。不幸にして、それは実現しなかった。しかしながら、彼の作戦を研究すると次のことがわかる。それは、㈠攻撃の重視、㈡速度の重視による時間の節約、㈢戦略的奇襲の追求、㈣戦場、特に攻撃における決定的時期と場所への優勢な兵力の集中、㈤警戒防護策の案出、である。

〈攻撃〉　彼は攻撃について「私はフリードリッヒ大王同様、何人も常に自分から攻撃に出るべきであると考える。[*2]」そして「攻撃されることは大きな誤りである。[*3]」と言っている。「アレキサンダー、ハンニバル、シーザー、グスタフ・アドルフ、#テュレンヌ、オイゲン、フリードリッヒのように攻撃により戦え。これらの将帥を手本にせよ。それこそが偉大な指揮官になる道であり、軍事術の秘訣を見抜く方策である。[*4]」とナポレオンは述べた。

グスタフ・アドルフ（Gustavus-Adolphus）一五九四－一六三二。スウェーデン王。スウェーデンに絶対主義権力を樹立、ヨーロッパの大強国たらしめた。彼の戦術は画期的で、その軍隊は士気旺盛、精鋭無比といわれた。

しかし、ナポレオンはカール十二世のように向こう見ずなところがなかった。「会戦の開始にあたり、何人も前進すべきか、否か注意深く検討すべきである。しかしひとたび攻撃が開始されたら、とことんまで押しまくらなければならない。[*5]」と彼は説く。さらに彼はいう、「ひとたび他国に侵攻することを決したなら、戦闘をおこなうことを恐れてはならない。敵を捜し求め、これに戦いをいどむべきである。[*6]」と。

ナポレオンが追撃を考え出したわけではないが、彼がこれを体系化したといわれる。なぜなら、彼は戦闘における追撃の地位を不動のものとし、そして追撃をナポレオン戦術の一大特徴としたからである。一八〇五年一〇月一七日のウルムの会戦において、彼は次のようなメッセージをミュラ将軍#に送った。「貴下のあげた戦勝を祝す。しかし休息してはならない。敵の背後に貴下の剣をつきつけて追撃し、あらゆる後方連絡線を遮断せよ。[*7]」と。しかしながら、間断仮借なき追撃は至難な行動であるため、その成功例はわずか四つである。リヴォリの会戦（一七九七年）、アウステルリッツの会戦（一八〇五年）、イエナの会戦（一八〇六年）、エックミュールの会戦（一八〇九年）がそれである。

＃　ミュラ（Murat, Joachim）一七六七－一八一五。騎兵総司令官。ナポレオンの妹と結婚。ウルムの会戦ではオーストリア軍を陽動し、大規模な戦略包囲作戦を成功に導いた。

〈機動〉「迅速な機動はナポレオン戦争の本質的かつ根本的要素である。」とコリン将軍は書いている。さらにデルビュー伯はこの問題について、その著『偉大なる将軍の勝利の概念』の中で次のような引用文をかかげ、コリン将軍の指摘を支持している。

「決戦が戦争の勝敗を決する手段であるように、移動はナポレオン戦争の精髄である。ボナパルトは自分の部隊を計算された速度で移動させた……。速度により力を倍増するとか……、迅速な行軍により兵力数を補うといった金言を彼は絶えず口にした。『行軍は戦争なり……、戦争の成否は移動の適否にある……、勝利は機動する軍隊の頭上に輝く。[*8]』と彼はいった。」

ナポレオン自身も次のような言葉を残している。「戦争の術は機械力学と同じで、時間と重さと力の三要素からなっている。[*9]」また「時間の浪費は戦争において取返しのつかないことである。すなわち、時間を浪費した理由はどんな場合においても正当な理由となりえない。なぜなら、作戦は遅延によってのみ失敗に終るからである。[*10]」ライプツィヒの戦いとリニーの戦いで、[#]ナポレオンの部下将軍が遅延したため、前者でははなはだしい敗北を喫し、後者ではどっちつかずの戦いで終ってしまった。これはナポレオンの作戦が失敗した例であるが、反面、ウルムの会戦では大勝利をおさめ、ナポレオン軍の兵士達が次のようにいったほどである。「皇帝陛下は新しい戦争法を考えだされた。陛下は銃剣のかわりに、われわれの足を武器として使用された。[*11]」と。

リニーの戦い。一八一五年、ナポレオンはリニーにおいて、プロシア軍の中央を突破してこれを撃退したが、自らは追撃せず、グルーシーの行動が緩漫であったためプロシア軍は退却した。

〈奇襲〉　ナポレオンの奇襲は、戦場に部隊を不意に集中することを除けば、戦略的なものがほとんどで、戦術的奇襲はまれであった。例えば、マレンゴの戦い[#]（一八〇〇年）、ウルムの戦い（一八〇五年）、イエナの戦い（一八〇六年）、ワーテルローの会戦の初期段階等が代表的戦略奇襲であった。「戦略とは時間と地域とを活用する術である。私は地域より時間を大切にする。地域は取り返せるが、失った時間は取り返せない。」とスタインに、一八一四年一月七日、書き送っている。

マレンゴの戦い。一八〇〇年、ナポレオンは逐次投入によりオーストリア軍をマレンゴで撃破せんとしたが反撃にあい退却した。しかし後続部隊をもって敵追撃部隊の左側背に打撃させたことから態勢は一変し、攻守ところをかえ、逆にオーストリア軍の後方を遮断した。

〈集中〉　決戦正面に、なしうる限り最大の兵力を集中するため、ナポレオンは支作戦正面の兵力を最小限に切りつめた。コリンはナポレオンを引きあいに出して、次のようにいっている。「軍隊は集結し、そして戦場に可能な限り最大の兵力を集中しなければならない。[*12]」

ここで使用されている〝集結〟と〝集中〟の用語には重要な意味の相違がある。〝集結〟

については、一八〇六年八月八日、ナポレオンがナポリの国王にあてた書簡の中に、次のように説明されている。「部隊を展開する術が戦争の術であります。敵がどんな行動をとろうと、貴下の部隊を数日内に合一させうるよう配置しておくべきです。[13]」集結というのは、戦場地域#に師団や軍団を配置することであり、集中とは戦場に師団や軍団を集めることをいう。一八〇六年二月一四日、ナポレオンは兄ジョセフに「貴下の軍は分散し過ぎています。部隊は一日で戦場に合一できるような位置に常時行軍しておくべきであります。[14]」と書き送っている。敵に接近するにつれて、集結地域を収縮しておけ、そしてその地域内にいる縦隊は、行軍中のもの、休息中のものを問わず、すべて数時間以内に集中できるようにせよ、とナポレオンは説いている。その理由として彼は次の二つをあげている。一つは「戦争の第一原則は全部隊を戦場に合一した後に、はじめて戦闘を開始すべきである[15]」からであり、もう一つは「兵力数において敵より劣勢である場合も、戦場において敵より優位に立つことが統帥の術であり、それによって劣勢軍がうまく集結すれば、集結に困難をきたす優勢軍を通常打ち破ることになる[16]」からだと指摘している。

#戦場地域《(battle area)》は戦場《(battle field)》より若干広大な地域をさす。

〈警戒防護策〉　ナポレオンがかかわりばえのしない貧乏大尉として　全くの偶然からツーロンの攻城戦におけるジャコバン砲兵の指揮をとったのは、一七九三年九月一六日のことであった。彼はこの日から、フランス皇帝として、近衛歩兵第一連隊に守られながらワーテルローから後退した一八一五年六月一八日までに、一度として純然たる防御戦闘をやったことがなかった。

たしかにライプツィヒの戦い（一八一三年）や、ラ・ロテールの戦い（一八一四年）、それにアルシス＝スル＝アウベの戦い#（一八一四年）においては防勢にたたされるはめに至ったし、また彼の方が劣勢であったので、一八一四年の戦役においては、戦略守勢をとったことも事実である。にもかかわらず、それは一連の迅速な行軍と猛烈な攻撃からなっていた。彼は作戦計画の策定段階において、防勢をとらざるを得ないことがわかっているような戦闘を完全に回避した。しかしそれでいて、彼の攻勢作戦は警戒防護の原則に基づいていた。彼はこの点について次のように述べている。「戦争の術はすべて、慎重かつ良くねられた防御に引きつづき、迅速かつ大胆な攻撃に転移することにある。[*17]」と。

アルシス＝スル＝アウベの戦い。スペイン国境においてウェリントン軍に、イタリアにおいてオーストリア軍に拘束されているナポレオンは甚しい数的劣勢で同盟軍と戦うことになり防勢にたたされた。

この警戒防護組織の基礎を成すものが会戦地域の後方にもうけられる要塞、ないしは砦の都市で、そこは奇襲される心配などなく、弾薬庫、軍需品集積所、病院等がそこに配置された。つまりこれがナポレオンの作戦根拠地であった。軍がここから前方に移動する際、警戒防護に任ずる騎兵は作戦計画や軍の移動を秘とくするのが主任務である。それはちょうど偵察騎兵の任務が、前述したように、敵の作戦計画を暴露させることであり、それによって自分の計画を修正しえたのとあい通ずる考えである。警戒防護に任ずる騎兵部隊がそのカーテンにより部隊の前進をもはや秘とくできない状況になると、迅速な行軍により秘とくをはかろうとした。この好例がイエナやエックミュールの戦い[#]に先だつ迅速な行軍の開始である。

＃　エックミュールの戦い。一八〇九年、仏墺戦争の緒戦。ナポレオンはアベンスベルグでオーストリア軍の中央を戦略的に突破し、事後迅速な機動によりオーストリア軍の右翼を攻撃、エックミュールで撃破した。

要するに、ナポレオンの攻勢・防勢に関する見解は常識的なものであったといえよう。彼は言った。「攻勢作戦はほとんど防御することを許さない。しかし防勢作戦はそれほどまでに攻撃を除外するものではない。[*18]」「劣勢な部隊は地形を利用しなければならない。[*19]」すなわち、彼は地形に工事をほどこすことにより劣勢な部隊も強力になりうることを述べたのである。このことはまた孤立した分遣隊にも適用された。「分遣された軍団はすべて地形工事をほどこすべきである。これは戦争の原則である。その部隊はなにはともあれ、まず陣地を占領・確保する処置をこうじるべきである。[*20]」と彼は説いている。しかし軍になると話は別であった。一七九三年八月——それはナポレオンがツーロンで砲兵部隊の指揮をとる以前であるが——有名な彼の小冊子『ボーケールの晩餐』[*21]の中で次のように書いた。「戦争術に関する金言として、塹壕の中にいつまでもいる者は撃破されるであろうというのがある。理論的にも、経験的にもこの金言はそのとおりである。」と。ナポレオンにとって固定した戦いは禁物であったのである。

＊1 「Mémoires pour servir à l'Histoire Militaire sous la Directoire, le Consulat et l' Empire, Maréchal Gouvion Saint-Cyr (1831)」Vol. IV, p. 149.

＊2 Gonrgaud, Vol. II, p. 336.

＊3 Corresp., XXVII, No. 21428.

＊4 同右 XXXI, p. 418.

＊5 同右 XXXII, p. 209.

＊6 Gourgaud, Vol. I, p. 327.

＊7 Corresp., XI, No. 9386.

＊8 「The Transformations of War (English edition)」1912, p. 254.

＊9 Corresp., XVIII, No. 14707.

＊10 同右 XII, No. 9997.

＊11 同右 XI, No. 9392.

＊12 「The Transformations of War」p. 243.

＊13 Correp., XIII, No. 10629.

＊14 同右 XII, No. 9808.

＊15 同右 XXXII, p. 227.

＊16 Gourgaud, Vol. II, p.32.

＊17 Corresp., XIII, No. 10558.

＊18 同右 XXXI, p. 347.

＊19　同右　XIV, No. 12111.
＊20　同右　V, No. 4083.
＊21　Included in Panckoucke's「Oeuvres de Napoléon Bonaparte」Vol. V.

ナポレオン戦争の欠陥

ナポレオンは最終的勝利をおさめることができず、またフランスにとって利益になるとともに、他国にとっても受けいれられるような和平をも達成することができなかった。この原因として、彼の戦争指導における三つの本質的欠陥を指摘できよう。第一の欠陥は軍事的なもので、指揮を過度に集権化したことである。第二は彼の非現実的な政策で、これは政治的欠陥である。第三は大戦略の欠陥で、それは政策を実現するための手段がせいぜい一つの休戦をもたらしたにすぎなかった点にある。

〈指揮〉　第一の欠陥に関して、この章の初めで、指揮を自分一人に統一するというナポレオンの考えが多くの勝利をおさめることになったが、しかし究極的には、それは彼の没落の要因になったと述べた。これはどうしてそうなったのであろうか。

その答えは二つある。第一は、戦争がながく続いたため、戦争が極めて広範、かつ複雑なものとなり、しかも投入される部隊もかなりのものとなった。そこで、たとえナポレオンが天才であっても、戦争を効率的にやるには、必らず良く組織された参謀本部を必要とするようになったからである。第二に、ナポレオンの敵が逐次、次の点を認識するに至ったからである。それは、彼らが統一性に欠けており、これが彼らの軍隊を共同連携してナポレオンに対抗しにくいものとしているということであった。そして彼らは、自分達が連合しない限り、各個撃破されつづけるであろうということを理解したのである。最終的には、ライプツィヒの会戦の中途で成立した夏季休戦間に、ライヒェンバッハ条約により英国、ロシア、オーストリア、プロシア、スウェーデンの連合が達成された。これらの連合諸国はこの条約で、いかなる状況下においても、連合国のいずれか一カ国が単独でナポレオン軍と交戦するリスクを招くようなことはしない、ということに同意した。ナポレオンと遭遇したら、どの軍隊も直ちに後退し、全軍が合体した後にナポレオンにぶつかった。これがナポレオンの攻勢戦略の牙を抜くことになったのである。

　ナポレオンの司令部幕僚組織は参謀総長室と参謀本部室の二つに区分されていた。参謀総長はニューシャテル公のベルティエ元帥で、その下に、秘書官と、皇帝の連絡将校である皇帝副官達[*1]がいた。参謀本部室には通常三名の参謀次長がいて、現在の兵站部長と類似した職務をはたした。その他この参謀本部室には兵要地誌班もあった。

「参謀は皇帝の知的業務にまったく参加しなかった。皇帝は参謀を信頼しておらず、参謀はただ皇帝の命令に従うだけであった。皇帝は命じた。『私が付与する命令を厳格に遵守せよ。私がやらなければならないことは私のみが承知している。』と。そしてベルティエ参謀総長はこのような皇帝の命令をそのまま参謀総長命令として発行した。ベルティエ参謀総長は自分自身の人格を否定することになんらの疑問も抱いていなかった。『私は軍にあって取るに足らない人間です。私は、皇帝の名において、元帥の報告を受け、皇帝にかわってこれらの命令に署名します。しかし私は個人的に全く無価値であります。』（一八〇七年三月一日、オステロードのスルト元帥#に宛てたベルティエの書簡）『元帥閣下、皇帝は会戦の助言も、計画の立案も必要とされていないのです。だれも皇帝のお考えになっていることを知っておりません。われわれの義務は服従あるのみです。』（一八〇七年一月一八日、ワルシャワのネイ元帥#に宛てたベルティエの書簡）」[*2]とヴァシー大佐は書いている。さらに大佐は次のような事実をも記している。「参謀本部は最高司令部中、最も不必要なものだ、と皇帝自身が言った。[*3]」と。悪いことには、これと同じようなごうまんな態度で、ナポレオンは部下司令官達に接したのであった。

#　スルト（Soult, Nicholas Jean de Dieu）一七六九－一八五一。ナポレオンの主要作戦にはすべて参加した将軍。

#　ネイ（Ney, Michel）一七六九－一八一五。ウルムの会戦、ワーテルローの会戦等に参加、特にモスクワ退却戦で偉功があった。

この点についてのフエゼンサック公爵の説明はこうだ。

「彼の命令はいかなる指揮機関であろうと、これを実行しなければならなかった……。十分な手段もないのにあらゆることを実行に移すこの習性、不可能を認めないこの決意、必勝のこの信念こそが当初におけるわれわれの勝利の要因であった。しかし末期においては、これらが敗北への致命的要因になってしまった。[*4]」と。

ある歴史家は、ナポレオンがその末期の会戦で勝利をおさめ得なかったのは、病気、ないしは体力上の衰えによるものだといっている。しかしこの見解には同意しかねる。真の原因はナポレオンの活動力にあるのであって、彼の無気力にあるのではない。[*5]これが彼の台頭の原因であったと同時に彼の没落の原因でもあった。というのは、彼は、自分の活動力をもってすれば、総司令官と参謀総長の任務を兼務できると考えた。そしてやがて戦争が複雑となり、練達の参謀を必要とするようになったが、その頃には、そのような参謀がいようはずがなかったからである。コランクールは一八一二年頃の皇帝と参謀の関係を次のように記している。「参謀が将来を予測し、見積りをやるようなことはなかった。しかし、かといって、とるにたりないささいな命令さえも、参謀がみずから進んで起案し、発行しようとはしなかった。これは参謀本部の幕僚でさえもそうであった。なぜなら、皇帝が全命令の発行をも含めて、何ごとも自分でやりたがったためである。[*6]」デ・オデレベンは言う。「一八一三年の参謀は前年よりさらに能力が低下しており、しかも全般に、この年の会戦における軍の機構はあまりにも複雑かつ欠陥の多いものであったため、さまざまな移動をやってのけるのに必要な調整ができなかった……。それはナポレオンのあらゆる権威により、必ずしも切り抜けることができない困難な問題であった。[*7]」と。

ナポレオン麾下の元帥達は指揮をとるようには教育されておらず、ただ服従するのみの従者や臣下であり、指揮官とはいえなかった。彼らの多くは家柄や、政治的・個人的理由で元帥に出世したものであった。ナポレオンは失脚して、エルバ島に流される直前に、コランクールに語った。

「私は晩年、元帥達をあまりにも信頼し過ぎた。彼らはあまりにも金持ちで、大地主で、しかも戦争に飽き飽きしてしまっていた。もし師団長級の優秀で、勝利を目ざしてもえる将軍を司令官に起用していたら、事態はもっとよかったであろう。[*8]」と。

このことは事実である。しかし元帥達を骨抜きにしてしまったものは、これらの欠陥よりも、むしろナポレオンの指揮システムにあったのである。

〈政策〉　ナポレオンの主敵は、終始英国であった。英国は大陸にあるその同盟諸国に対し、奨励金を与えることによりナポレオンに対抗する連合を次から次に作った。英国とナポレオンの争いは不正に対する正義の戦いといったものではなく、初期産業革命から起こった二つの生存価値の戦いであった。英国は、自国が繁栄した国、勢力を有した国でありつづけるには、自国の製品を輸出せねばならなかった。そしてフランスもまた、繁栄とその繁栄による国力保持のためには、その初歩的な産業を保護しなければならなかった。メッテルニッヒがいったように、「英国は、その死活にかかわるこの問題（海上権の問題）で譲歩することができないことを、だれもが認めていた。[*9]」そしてナポレオンはこのことを知っていたからこそ、いわゆるナポレオンの〝大陸封鎖〟なるものを考え出したのである。これにより彼は全大陸の港湾から英国の船舶を閉め出し、英国の貿易を締めつけ、その威信を失墜させようとした。つまりナポレオンは、貿易のできない英国、威信のない英国は自分の敵となりえない、と考えていたのである。[*10]

「英国の力は……他国に対して行使する貿易上の独占権、これに依存している。そしてこれがあってこそ、その力を維持できるものである。どうして英国だけがそのような利益を享受しうるのか。他の国の数百万の国民も当然、それを受けることができるはずだ。[*11]」とナポレオンは主張した。さらに「ヨーロッパは善意をもって自らを包んでいるようであるが、そのような善意はロンドンの商人達にとって、とるにたりないものなのである。彼らは投機による利益拡大のためヨーロッパ諸国はもちろんのこと、全世界をも犠牲にするだろう。彼らの負債がそんなに大きなものでないなら、彼らはもっと合理的であるはずだ。彼らが猪突猛進するのは負債を支払い、信用を維持する必要性があるからだ……[*12]」ともいった。

ナポレオンは「対英闘争における諸問題の根本的解決策は、全世界を、そして一人一人を対英闘争に扇動することである。[*13]」と考えた。したがって、コランクールに彼が語ったように、英国こそが彼の唯一の敵であった。「彼は英国だけを敵として戦っていた」。そして「英国商人の貿易はいたるところに根をひろげていたので、ナポレオンは四方八方、彼らを追いまわさなければならなかった。[*14]」そこで彼が考え出したのが連邦帝国である。〝大陸封鎖〟は、英国を撃破するための武器であったが、いまやそれは新しい世界概念——平和な統一ヨーロッパのビジョン——を実現する道具になったのである。

セント・ヘレナ島において、ナポレオンはラス・カーズに[#]、自分のねらいとしていたことを世界に知らせるよう頼んだ。それによると、「彼のねらいは、革命と政策により分割・区分されたヨーロッパ諸国を統一して、法則、主義、意見、感情、利益の一体化により結ばれた一つの連合国にすることにあった。」

＃　ラス・カーズ（Las Cases, Emmanuel Augustin Dieudonné）一七六六－一八四二。フランスの歴史家。反革命軍に参加。ナポレオン一世没落後、セント・ヘレナ島に随行、その口述にもとづき回想録を書いた。

ナポレオンは、自分の絶対支配権を頂点として、その庇護下に、〝アメリカ議会やギリシヤのアンフィクチォン会〟[#]をモデルにした中央議会を設置し、〝大ヨーロッパ民族〟の共和国を監視する、という夢を持っていたのである。この夢は彼の没落により消えてしまった。けれどもナポレオンは語っている。

「遠からず、何らかのきっかけを得て、このような夢が実現される日がくるであろう。推進力は与えられたのである。私が没落し、封鎖体制が崩壊したからには、主要諸国の連合・集中化以外の方法で、ヨーロッパにおける大々的均衡状態が達成されるであろうとは私は考えない。きたるべき最初の大紛争において、国民の大義をまともに捉える君主が全ヨーロッパの長となり、そして自分がやりたいことを何でもやろうとするであろう。[*15]」と。

＃　アンフィクチォン会。古代ギリシャにおいて相互の利益保護のため設けられた同盟都市会議。

〈大戦略〉　連邦制度のヨーロッパは、英国にとって承認できないものであった。なぜなら、ヨーロッパ連邦と対抗した場合、英国は海上支配国として生存できないであろうからであった。そこで英国とフランスはいずれか一方が倒れるまで争うことになった。ナポレオンが英国の連合国を一つ破ると、その廃墟からあらたな連合国が台頭した。ナポレオンが目的を達成するためには、大陸諸国を敵対させることなく、英国をして彼に服従させることが必要であった。というのは、もし大陸諸国がナポレオンに敵対したなら、それらの諸国は簡単に英国と合体してしまうからである。ところがナポレオンの〝大陸封鎖〟はまさにこのような最悪の事態を惹起した。なぜなら、封鎖は、英国のみが供給できる物資を大陸諸国が取得できなくしたのみならず、英国との戦争に大陸諸国を巻き込んだからである。それ故に、彼の大戦略は破たんをきたしてしまった。その戦略は一八〇五年、トラファルガーの海戦で失ったナポレオン艦隊の代用として、当座しのぎの処置策にすぎず、それ以上期待できる戦略とはいえなかったのである。

　イエナの会戦直後、皇帝はベルリン布告により大陸封鎖を開始した。これに対し、英国はフランス及びその同盟国との貿易を禁じた勅令で報復した。かくて経済戦争が始まったのである。一八〇七年六月一四日、ナポレオンはフリートラントでロシア軍を破った。事後、ロシアはプロシアとともに対英共同行動をとることをフランスに約した。かくして彼の勢望は高まり、〝封鎖〟をデンマーク、ポルトガル、スペイン、そしてオランダにまで拡大していった。一八〇九年三月〔一八〇八年五月〕、彼は兄ジョセフをスペインの王位につけた。この結果が半島戦争#の勃発であった。次いでオーストリアとの戦争が始まった。そしてエックミュール及びワグラムの会戦でオーストリア軍を破った直後、ロシアとフランスの同盟関係が悪化しだした。一八一〇年には、ロシア皇帝アレクサンドルは英国商人のロシア港入港を許可するに至った。それからというもの両国の関係は急速に悪化した。ナポレオンはコランクールに語っている。「戦争は起こる、私の願いに反して、アレクサンドル皇帝の願いに反して、フランスの利益に反して、ロシアの利益に反して。過去の経験から私には、将来が見通せる。私はそれほどこのような経験をなんどもしてきたのだ……。それはすべて、英国が演出しているオペラの一場面である。」彼はまたセント・ヘレナ島でラス・カズに「ロシアは英国の最後の頼みであった。全世界の平和はロシアにかかっていた。残念だが、英国の黄金の方が私の計画よりも強力な影響力を発揮したのだ。」と話した。

半島戦争。イベリア半島におけるナポレオンの戦争（一八〇八－一八一四）。ナポレオンはスペインゲリラになやまされ、フランス軍を涸渇させてしまった。

ナポレオンの悲惨なモスクワ遠征がそれに続いた。一八一三年、彼はロシア、オーストリア、プロシア、スウェーデン軍によりライプツィヒで決定的敗北を蒙った。そして一八一四年四月一一日、彼は退位した。かくてナポレオンの政策と大戦略は完全な失敗に終った。英国が戦場にある限り、たとえ彼がヨーロッパ全域を席捲したとしても、全ヨーロッパに君臨する王となることはできなかった。というのは、ヨーロッパ諸国の征服にあたり、ナポレオンはフランスのいいなりになるヨーロッパ大陸を考えていたからである。

フランス革命で覚醒されたフランス人の国民主義精神は、一七九二年、フランス軍の精神となった。そしてもしこのことがなかったら、ナポレオンのような人物は出現しなかったであろう。やがて、イエナの会戦以降、ナポレオンは自分の遺産を浪費し始めた。ナポレオン軍を大陸の縦横に進撃させたと同じ精神が全ヨーロッパ――最初スペイン、次いでオーストリア、プロシア、最後に全ヨーロッパ――に芽ばえた。ナポレオンの不当な要求がこのような結果を生んだのである。スペインでは、ウェリントンの小さな軍と同程度のスペイン人ゲリラが十数万の部隊をくぎづけにした。一八〇九年、オーストリアも徴兵制をしいた。オーストリアは、一八一三年三月一三日、ロシアと連合してナポレオンに宣戦を布告し、〝国民皆兵〟を即座に宣言した。正規軍や〝後備軍〟に属していない者もすべて、敵の兵站線や後方の破壊・じょう乱により軍隊を支援するようになった。人民は必死になって、力のある限り、あらゆる手段で戦うようになった。敵はじょう乱され、その補給は遮断され、落伍者は虐殺されるところとなった。軍服を着用せず、敵が接近すれば、あらゆる食糧倉庫を破壊し、製粉所、橋梁、船等を焼き払い、村落を放棄して隠れ場所を森林や山中に求めた。「これはナポレオンの敵が考えだした新戦法である。[*16]」とフェインは書いている。それは一七九二年のくり返しともいうべきものであった。

それ故に、ナポレオンは、宣教師と同じく――なるほど彼は大砲と剣とを持ってはいたが――ヨーロッパの至るところで〝武装せる国家〟の福音を説いた。やがてそれはすべてのヨーロッパ国民の軍事教義となった。この〝武装せる国家〟とルソーの思想が結びついていたことを、スタニスラス・ジラルダンの覚書から知ることができる。その覚書は、ナポレオンがルソーの墓を訪れた際の模様を記している。ナポレオンはジラルダンの質問に答えていう。「私もルソーもいなかった方が世界の安泰のために良かったのかどうか、将来があきらかにしてくれるであろう。[*17]」と。

＊1　ほとんどが将官ないしは大佐であったが、若干の大尉もいた。特殊任務についたり、会戦や戦闘に際して、命令をナポレオンの元帥達に伝達する役割を有していた。任務の内には、風変りなものもあった。一八一〇年二月におけるレジューネ男爵に付与された任務については「Memoirs (English edition, 1897)」Vol. II, pp. 37-38 を参照。

＊2　「Napoleon at Work (English. edition, 1914)」p. 24.

＊3　同右　pp. 140-1.

＊4　「Souvenirs Militaires de 1804 à 1814 (1863)」pp. 118-9.

＊5　「Memoirs」Caulaincourt Vol. I, pp. 135, 141, 245.「Relation Circonstanciée de la Campagne de 1813 en Saxe (French edition, 1817)」Baron d'Odeleben Vol. I, p. 224 等参照。

＊6　Caulaincourt Vol. I, p. 155.

＊7　同右　Vol. II, pp. 363-4.

＊8　同右　Vol. II, pp. 363-4.

＊9　同右　Vol. II, p. 10.

＊10　同右　Vol. I, p. 531.

＊11　同右　Vol. I, p. 438.

＊12　同右　Vol. I, p. 424.

＊13　同右　Vol. I, p. 529.

＊14　同右　Vol. I, p. 429.

＊15 「Las Cases (English edition, 1824)」,Vol. IV, Pt. VII, pp. 134-9.

＊16 「Manuscrit de Mil Huit Cent Treize」 Baron Fain (1824), Vol. I, p. 39. フェインはナポレオン内閣の閣僚であった。

＊17 「The Life of Napoleon (edit, 1913)」 John Holland Rose, Vol. I, p. 21 に引用されている。

第四章　クラウゼヴィッツの理論

カール・フォン・クラウゼヴィッツ

カール・フォン・クラウゼヴィッツ（一七八〇－一八三一）はマクデブルクに近いブルクに生れ、一七九二年、歩兵少尉としてプロシア軍に入隊した。彼は一七九三年から一七九四年にかけて起ったライン会戦に参戦し、一八〇一年、ベルリン陸軍士官学校に入学した。この時の校長が有名なフォン・シャルンホルスト大佐である。一八〇六年、アウグスト・プロシア皇太子副官としてイエナの会戦に参戦したが、負傷して捕虜となった。一八〇九年、シャルンホルストを助けて、プロシア軍の改編に努めた。一八一二年、ロシア戦役が勃発するや、転じてロシア軍に入隊した。ナポレオンのモスクワ敗退にともない、彼はタウロッゲン協定#の交渉にあたったが、この協定こそが全ヨーロッパ解放戦争の烽火となったのである。一八一三年の対仏戦にあたってはプロシア軍に復帰、ワルモデン伯の参謀長に任命された。さらに一八一五年、チールマン将軍の参謀長として、リニーの戦闘、ワーブルの戦闘に臨んだ。そして一八三一年、彼はブレスラウでコレラにより没した。

＃　タウロッゲン協定。ロシア軍はクラウゼヴィッツを密使として、ナポレオン麾下のヨーク軍団（プロシア軍）に送り、同盟から脱落させることに成功し、その協定が露普間で結ばれた。このためナポレオンは孤立し、翌年の普・墺・瑞・露軍連合によるライプツィヒ会戦にあうことになった。

この簡単な伝記からもわかるように、彼はその全軍歴を通じて、指揮官になったことがない。またおそらく指揮官としては適していなかったのであろう。彼は真からの戦争研究家であった。彼の死後、彼の全著作が一〇巻にまとめられて出版されたが、その内、最初の三巻が彼の傑作『戦争論』である。彼は約一二年間をこれに費したが、それは未完成で、十分な推稿がほとんどなされていなかった。

彼の死後発見された一八二七年七月一〇日付の覚書と、日付がないが恐らく後に書いたものと思われるもう一つの覚書の中で、彼は第一部の第一章のみが完成しており、第二部から第七部までは推稿を要し、最後の第八部は「単に輪かくを描き、大ざっぱに（ノミを）いれただけである」と述べている。最初の覚書で、彼は、その最終推稿に際して、自分の心の中に描いている二種類の戦争の区別を明確にしようとしたことを指摘している。それは、敵の打倒を追求するという全面的な目的を持った戦争と、国境の再整理といった限定目的の戦争である。さらに彼は終始、「戦争とは他の手段をまじえて行なう政治の継続にすぎない」ということを強調している。

この『戦争論』は未完成のもので、推稿を要するものであるとされているように、ほとんど論文や覚書の寄せ集めであり、詳細に吟味された形式にそって集大成されたものとはいえない。それは冗長で、反復が多く、陳腐でわかりきった事ばかりである。その上、ところどころ極度に複雑化され、矛盾しているところもある。『戦争論』はナポレオン戦争に基づいた研究であると考える人もいるが、決してそうではない。それは、戦争というものについて、常識的ではあるが貴重な観察をまじえながら、擬哲学的に説明したものである。彼が生きていた時代には、哲学が流行していたので、カントの影響を多分に受けていたようである。[*1] すなわち彼は、戦争の原形、あるいは戦争の絶対的な形態が存在し、それがすべての軍事作戦を律すべきである、と確信していたようである。要するに、すべて戦争の理想とする形態はカントの〝物（それ）自体〟に関係している、と考えていた。カント哲学との関連はともかくとして、彼は、絶対的戦争の概念を、すべての軍事行動を測定するものさし、と考えていたことは明確である。再三再四、彼はそれを尺度にして軍事行動を観察したが、完全に混乱するに至り、ついにはそれを棄て常識にかえった。『戦争論』の読者はこのような特殊事情を念頭に入れておくべきである。さもなくば、読者はクラウゼヴィッツのように混乱をきたすおそれがあるだけでなく、さらに悪いことには、誤った方向に導かれることになるかもしれないからである。

この章の終りで詳論するつもりであるが、クラウゼヴィッツは、二〇年間にわたってナポレオン戦争を見てきたにもかかわらず、この戦争について漠然としか理解していなかった。にもかかわらず、彼は自分の絶対的戦争の概念をナポレオン戦争にあてはめた。ナポレオンは攻撃第一主義を原則としていたからそれができたのであるが、この結果、後のクラウゼヴィッツ研究家達を誤った方向に導くことになった。加えて彼は、間接的にではあるが、二〇世紀における無制限戦争の拡大に大きな責任を負うことになった。反面、戦争と政治の関係についての彼の分析は他に類をみない鋭いもので、出版当時よりも今日の方が、より一層重要な意味をもっているといえよう。奇妙なことには、戦争と政治に関するクラウゼヴィッツの分析に対する認識の欠如が、彼の絶対的戦争の概念よりもはるかに、無制限戦争拡大の原動力となったのである。

これに加えて、次のような理由から、この章においては、クラウゼヴィッツの理論の内、その後の諸戦争に影響を及ぼしたもののみに限定して考察してみたいと思う。すなわち、『戦争論』の大部分は高度の戦争指導にあまり関係がないし、今では古臭いものになってしまったからである。

＊1　J・J・グラハム大佐（『戦争論』の英訳者）によれば、クラウゼヴィッツはキーゼヴィターの弟子であった。キーゼヴィターは「微量の服薬（in homoeopathic doses）」でカントの哲学を彼に教えたといわれる。（「On War」Vol. I, p. xxxii.）

戦争とは何か

クラウゼヴィッツは戦争を「決闘の拡大されたもの」（第一巻二頁）[*1]にたとえ、戦争と、二人のレスラー間の闘いとを比較している。彼はこのことから、「戦争とは、敵を屈服せしめて自分の意志を実現せんが為に用いられる暴力行為である」（第一巻二頁）、すなわち、暴力は手段であり、「敵にわが意志を押しつけ、服従させることが究極の目標である」(第一巻二頁)と論述している。暴力は「最大限界まで」(第一巻四頁)押し進めねばならず、「敵の武装解除あるいは打倒こそが常に戦争の目的でなければならない」(第一巻五頁)。彼は「流血を伴わない戦争」という古い考えを冷罵し、それを「バラモン[#]の教義だ」(第一巻二八七頁)と言い、[*2]「戦争哲学に中庸の原則を持ちこもうなどとするのは、不条理もはなはだしい」(第一巻三頁)と評している。したがって彼は書いている。「流血を見ずして勝利を得るところの将軍など論外である」と(第一巻二八八頁)。

#　インドの聖職階級の人。

暴力至上主義の、この主張は彼の多くの弟子達を誤った方向へ導いてしまった。つまり、彼の弟子達は暴力こそすべてを解決する絶対的なものであるかのように受け取ったのである。にもかかわらず、彼がひとたび、哲学から離れて戦争をみてみると、戦争というものは「抽象的な敵と戦うものではなく、現実的な敵と戦うものである」(第一巻一三九頁)こと、すなわち「絶対的なもの、いわゆる数学的厳密さというものは、戦争術を行使する上において決して信頼に値するものではない。……人間行為のうち、戦争が最も賭博に似ている。」(第一巻二〇頁)とわざわざ説明しているのである。「戦争術というものは、生きた力、精神的力を取り扱うものであるから、絶対的なもの、確実なものに到達し得るはずがない。したがって、戦争術には多かれ少なかれ、常に偶然というものが存在する余地が残されているのである。」(第一巻二一頁)「戦争とはそもそも危険なものであり」(第一巻四七頁)、「不確定なものであり」（第一巻四八頁）、そして「極めて偶然の支配する世界である。実際、いろいろな人間活動のうち、戦争ほど不断に、かつ、あらゆる面で偶然と接触するものはない。」（第一巻四九頁）

さらに「もしわれわれが絶対的なものに固執し、すべての現実的困難さを無雑作に回避し、ひたすら論理的観点だけから常に極限的状態だけに眼を向け、それに対処するに無制限な力の発揮ばかりを力説するとすれば、それはまったく机上の空論にすぎず、現実世界に何ら寄与することのないものになってしまうだろう。」（第一巻六頁）すなわち、そこでは「戦争は社会生活の領域に属するのである。しかもそれは流血をもって解決される一大利害闘争である。そして、この点だけが他の闘争と異るのである。」（第一巻一二一頁）と述べている。にもかかわらず、クラウゼヴィッツの門人達が完全に面くらい、彼の暴力神格化の犠牲となったのは次の理由からである。すなわち、クラウゼヴィッツはナポレオン戦争を〝絶対的戦争〟と表現する——この点については後にふれる——と同時に、「相闘い合う諸力はただ自己自身にのみ存しており、自己自身の内在的法則以外にはいかなる法則にも従わない」（第一巻六頁）と説いて、哲学的意味で〝絶対的戦争〟の用語を使用しているからである。

＊1　参照索引は、F・N・マウデ大佐により改訂され、一九〇八年発行の『戦争論』英国版の巻名と頁である。

＊2　第一巻二二九頁に、彼は次のように書いている。「昔の戦争における陽動、示威、冗談半分の

衝突のうちに、当時の理論家達はあらゆる理論の目標、つまり物質に対する精神の支配を見出したのであって、彼らにとって、最近の戦争は逆に粗野な摑み合いにすぎず、そこには何ら学ぶべきものはなく、単に野蛮状態への退歩と見るべきだ、としか考えられなかったのである。」

絶対的戦争と現実の戦争

この項の主題についてクラウゼヴィッツは第八部第二章で論じている。彼はこの第二章で第一章でふれたことを再びもちだし、次のように指摘している。哲学的にみて、戦争は「敵の打倒こそが唯一の実体である」[*1]、しかしながら、ほとんどの戦争でこの敵の打倒が成立していないのはなぜであろうか。常識的には、彼我の何れかが戦いを中止するのは、もう戦いは沢山だという時であるからだ、というのが回答であろう。だからわれわれはクラウゼヴィッツのような複雑な回答に従う必要はない。しかし哲学者クラウゼヴィッツにとって、このような常識的回答は満足のいくものではなかった。したがって彼はさらに次のように自問する。たしかに、いたるところで敵の打倒など行われていないのであるから、絶対的戦争の概念なるものが現実に存在するといえるであろうか、と。これに対する彼の答えは〝存在する〟というものである。なんとなれば「われわれは絶対的戦争の概念を完全無欠に具現する戦争を最近になって現実に目撃したからである。フランス革命という短い序奏の後、粗暴なボナパルトが出るに及んで、戦争はその概念を絶対・完全に具現するものとなった。彼の指導する戦争は、敵が降服するまで間断なく継続した。[*2]」（第三巻八一頁）と述べているからである。

ついでクラウゼヴィッツは論を進める。「われわれはこれで満足しているのか。戦争はどうしてもそのようなものになるのか、それとも、もっと違った戦争もあり得るのか。」と。ここでは彼の詳細な論述の内容を割愛するが、要約して次のように答えている。

「全体として戦争の理論では、戦争の絶対的形態を頭上高く掲げなければならない。……理論から何ものかを学ばんとする者はこの概念を真理として見失うことなく、一切の希望や恐怖をはかる本来の尺度とし、実行可能な場合や必要な場合には、何時でもこのような真理実現に接近することができるはずである。」（第三巻八二頁）と。

*1 この問題について、彼は読者に第三部一六章の「軍事行動の中断について」に留意するよう述べている。その章では次のような極度に哲学的な表現がみられるが、あまり意味のあることとは思えない。「軍事行動の中断は、厳密に言ってことの本性に矛盾することになる。というのは、敵対する両軍は不断に相手を根絶せざるを得ないからである。数時間組み合ったまま動かない二人のレスラーについて、人は何と言うだろうか。」（第一巻二二五頁）

*2 これは、明らかに、クラウゼヴィッツが彼の絶対的戦争の概念で混乱をきたしたことを示している。第一部第一章第六－九項で、戦争というものは決して絶対的なものではありえないことを述べている。しかるに、今や彼は、ボナパルトの戦争形態は完全無欠に具現された戦争の一つだと言っている。多分、彼の意味するところは、その理想が手に入れることのできるほど近くにあるということであろう。

政治の道具としての戦争

　戦争と政治の関係についてのクラウゼヴィッツの主張は軍事理論への一大貢献である。彼は書いている。「いかなる状況下にあっても、戦争は独立したものとして見なされるべきものではなく、あくまでも一つの政治的手段として見なされるべきものである。かように考えて初めて、われわれは全軍事史を矛盾なく見つめることができるのである。それは偉大な書籍をひもとき、理解する唯一の手段である。第二に、戦争は、これをひき起す動機と状況とによって非常に異なってくるということである。」（第一巻二五頁）

　この観察は第八部第六章B項においてさらに詳論している。これを要約すると、むろん今日、誰しも戦争が相手国相互の政府や国民の政治的関係によってのみ生ずるということを知っているが、しかし普通、人々は、戦争とともにその関係が中断し、「独特の法則に従うまったく別の状態が発生するものと考えている。」まずこのように述べて、クラウゼヴィッツはその論を起こし、さらに次のように展開している。

「これは誤っている。」なぜなら、「戦争とは他の手段をまじえて行なう政治的関係の継続以外の何ものでもない」からである。彼は、「他の手段をまじえて行なう」と書いたが、これによって主張せんとしたことは、この政治的関係は変化しても、中断することはないということ、「そして継起する軍事上の諸事件をつなぐ主要な流れは、講和に至るまで切れ目なく続く政治の姿にすぎない」ということなのである。「戦争とは要するに政治的関係を別種の文書や言葉で表現したものにすぎないのではないのか。戦争は確かに独自の文法をもっている。しかし独自の論理などは決してありはしないのである。」それ故、「戦争は決して政治的関係から切り離し得ないものであり、もしそれを切り離して考えるならば、関連するあらゆる糸は切断され、戦争は目的のない無意味なものとならざるを得ないだろう。」と。

この後、彼は少し哲学を論じ、それからまた彼の主題に戻る。

「戦争が政治に所属する場合には、政治の性格を受け入れることになる。政治が雄大かつ強力になれば、戦争もまたそのようになり、遂にはその絶対的形態に達するほどになるだろう。」と彼は書いている。

「かような考え方を通してのみ戦争は再び統一性をとりもどし、一切の戦争は単一種類のものとなり、判断には正しく完全な立場と視点とが与えられてくるのであって、大計画はそうした立場や視点から判断され策定されねばならないのである。」

「そもそも人生において最も重要なことは、ものを把握し判断するのに必要な立場を正確に突きとめ、それを厳守することである。なぜなら、一つの視点を得ることによってのみ多様な現象は統一的に把握されるものであるし、観点の単一性のみが矛盾の発生を防ぎ得るからである。」

彼は主張する。戦争の主目的は、軍人の観点から、あるいは行政官や政治家の観点から見るといったものではなく、あらゆる利害を統合する政治の観点から見るよう常に留意することが最も重要である。そして、いかなる場合にも、戦争術をその教師として尊重することはできないのである。なぜなら、政治は全社会の利害を代表しているからである。「政治的観点が軍事的観点に従属するなどということは常識に反する。というのは政治が戦争を宣言するのであるからである。つまり政治は頭脳であり、戦争は単なる道具であって、その逆ではない。したがって、軍事的観点が政治的観点に従属する場合のみが考えられるのである。」

　戦争は、それが無政府国家でない限り、政治から生れるものであるということを認識した時、「作戦計画は鋳型からでも出てくるように完全なものとなり」、政治的利害と軍事的利害との衝突は回避されるのである。しかしながら、政治が、達成できない要求を戦争に課すようなことがあれば、その政治には誤りがある。「ところで、政治が軍事的諸条件の経過を正しく判断している場合には、戦争の究極的大目的に適合するのはいかなる作戦であり、これに如何なる方針を付与するかを決定するのが、政治の任務であることになる。一言にして言えば、戦争術は、最も高い観点からすれば政治となる。ただし、疑いもなく、外交文書を書く代りに戦闘をおこなう政治となるのである。」

「政治がある軍事的手段及び処置に対して、誤った効果を期待する、といった時がある。このような場合にのみ政治は、戦争に有害な影響を及ぼす。」また、もし政治が現在起っている出来事の特質を正確に読みとれないとしたら、戦争指導は悲惨な結果に終るであろう。これを例証するため、クラウゼヴィッツはフランス革命をとりあげ、次のように書いている。「政治が、フランスに生じた諸力とヨーロッパ政治に新たに生じた諸関係を正しく評価しうるほど成長していたら、そこから生ずる戦争の大筋について正しい結果を予測できたであろう。そしてこのような方法で初めて、政治は必要な手段やその規模、そしてそのような手段を行使する最良の選択を正しく決定できるのである。したがって、フランス革命によってもたらされたフランス国民軍の二〇年間にわたる勝利は、主として、この革命に対抗してきた諸政府の誤った政策に帰すべきものである、といえよう。」

一方、フランスが「以前には考えも及ばなかった猛烈果敢な戦争を遂行できたのは」、フランス革命のもたらした政治が新たな戦争手段、新たな軍隊を生み出したためであった。「したがって、戦争術の実際の変化は政治の変化の結果である。」このことは戦争術と政治の分離可能を立証するどころか、むしろ、両者の内的結合を立証する有力な証拠になるのである。

「それ故、再び、戦争は政治の一手段である、とくりかえしたい。戦争は必然的に政治の性格を帯びなければならず、その規模は政治の尺度で測られねばならない。したがって、戦争の遂行はその大筋において政治そのものである。政治はその際、ペンの代りに剣をとるが、それだからといって、政治はそれ自身独自の法則に従って考えることを止めはしないのである。」

政治と戦争に関する以上のような観察とは別に、クラウゼヴィッツは次のような考察も実施している。

「如何なる戦争も、まず最初に、次の質問に対する回答を見出さずして、開始すべきではない。戦争によって何を達成しようとするのか。戦争により何を獲得するつもりなのか。」（第三巻七九頁）と。さらにつづけて、「かくして、あらゆる戦争の開始に当り、まず、政治的情勢や関係から生ずる戦争の性格や概要をできるだけ正確に把握することが理論上要求されるに至った。開戦の第一歩を踏み出すにあたって、必らず最終結果を考慮しなければならない。」（第三巻八七頁）と書いている。

　クラウゼヴィッツは説く、「戦争のために用いられる手段の大小を定めるには、彼我双方の政治的目的を考察しなければならない。また、彼我双方の力や諸関係、政府や国民の性格、両軍の能力、他国との政治的同盟関係、戦争がそれら諸国に及ぼす影響をも考慮する必要がある。」（第三巻八九頁）

大戦略と重心

　大戦略#の基本的原則が戦略の政策への従属にあるのであるから、政策がどのようなものであろうとも、政策の達成目標は、戦略が達成できる範囲内でなければならない。したがって、クラウゼヴィッツが言っているように、「政治目的はあくまでも手段に適合せねばならない。」そして、時としてこれによって「政治目的の修正を余儀なくすることさえある。」それにもかかわらず、どんな修正がなされようと、やはり「政策は先ず第一に考慮されねばならないものである。」（第一巻二三頁）

大戦略。本書全般にわたり、著者は戦争指導上、純粋に軍事的分野を戦略ととらえ、大戦略はこの上位の概念、すなわち、政策と戦略を包括した分野としている。

政策と戦略の相互関係について、さらに「政治家や将軍がまず下すべき最高の判断は、彼らがこれから遂行しようとしている戦争を、その戦争が置かれている諸関係において正しく認識し、種々その事情からの、戦争に求め得ないようなものを望んだり、それを押しつけたりしないことである。」（第一巻二五頁）

クラウゼヴィッツは続ける。

「戦争とは全くカメレオンの様なものである。なぜなら具体的な場合場合において、その性質を幾分かずつ変化させるからである。加えて戦争は、それに含まれている次の三通りの傾向に応じて、一種奇妙な三位一体性を帯びているのである。その第一は、盲信的・自然的衝動と見なし得る憎悪と敵意といった本来的激烈性、第二は、戦争を自由な精神活動たらしめる蓋然性・偶然性の交りあった賭の要素、第三は、純粋な知力の所産たらしめる政治的道具としての従属的性質、という三側面が一体化することである。」

「これら三側面のうち、第一のものは主として国民に、第二のものは主として将軍と彼の軍隊に、第三のものは主として政府に関係がある。」（第一巻二五－二六頁）

さらに続けて、彼は書いている。

「一つの全戦争、あるいはわれわれが会戦と名づける壮大な軍事行動を指導して輝かしい勝利を獲得するためには、国際関係における国家政策について洞察する大なる見識が必要である。ここにおいて戦争の指導と政治とが合体し、将軍は同時に政治家であらねばならないこととなる。……しかしながら彼は常に軍人であることを忘れてはならない。将軍たるものは、一方で内外の政治関係を把握していなければならないとともに、他方では自分の行使し得る軍事的手段でもってなし得る範囲を正確に知っていなければならない。……この意味でボナパルトの次のような言葉は実に至言というべきである。曰く、将軍の下すべき決断は数学的計算にも比せられるものであって、まさにニュートンやオイラー#のごとき頭脳をもって初めて可能な程難問である、と。」（第一巻六八－六九頁）

オイラー（Euler, Leonhard）一七〇七－一七八三。一八世紀の著名な数学者、天文学者。微積分学の研究に業績を残した。

クラウゼヴィッツの大戦略は彼の重心理論と密接に関係している。この重心とは、敵の軍事、政治、社会等の有機的組織体内に存在する要《かなめ》であり、そこで敵が敗れたり、その点を失ったりすると国家権力の全機構が崩壊するような要点のことをいう。これはクラウゼヴィッツ理論の内、最も重要なものの一つである。なぜなら、この重心理論が戦争における大戦略のねらいを左右するからである。彼は「敵の軍事力における重心を識別し、その作用圏を推量することは、戦略的判断における主要任務の一つである。」（第二巻三五五頁）と述べさらに、第八部でこれを次のように展開している。

「アレクサンダー、グスタフ・アドルフ、カール一二世、フリードリッヒ大王の重心は軍隊にあったので、軍隊が粉砕されれば、彼らの役割も終りを告げたのである。内部的党派の対立のために分裂している国家においては、多くの場合重心はその首都に依存している。強国の保護を仰いでいる小国にあっては、その重心はこの同盟国の軍隊にあり、数カ国が同盟を結んでいる場合には、利害の統一点に、民衆が武装蜂起をする場合には、指導者の人格及び世論に存在している。こうしたものにこそ打撃がなされなければならない。」と。（第三巻一〇六－一〇七頁）、さらに「フランスの重心はその軍隊とパリとにある。数回の戦闘でフランス軍を撃破し、パリを占領し、フランス軍の残兵をロアール河に駆逐することが連合軍の目標でなければならない。フランスの心窩《みぞおち》はパリとブリュッセルとの間にある。」（第三巻一七一頁）

ナポレオンの対英戦争のような、〝連合した国に対する戦争〟について、クラウゼヴィッツは卓越した洞察をしている。

「二国ないしは数国が第三国に対して同盟を結んで戦う場合であっても、政治的に見ればただ一つの戦争であるにすぎない。……したがって、われわれは、一国の制圧によって他の諸国を制圧できるなら、この一国の撃滅を戦争の目標となさねばならない、という原則を掲げることができる。なぜなら、この一国のうちに全戦争に共通する重心があるからである。」（第三巻一〇八頁）

ナポレオンはこのことを十分認識していた。そこで彼は英国を打倒しようとした。しかしながら、彼は、英国海峡の支配権を獲得し、英国本土を直接たたく海軍力を保有していなかったので、〝大陸封鎖〟により英国を経済的に参らせ、英国の大陸同盟獲得政策――ナポレオンに対抗できる同盟国をヨーロッパ大陸に求める政策――を挫折させんとしたのである。

戦争の諸原則

　大戦略のねらいとするところが定まったなら、次に考慮すべき事項は、どのような原則が戦争の計画と実施にわたって存在しているかということである。クラウゼヴィッツは基本的原則として次の二つをあげている。

「第一の原則は、敵の戦力の重みを出来るだけ少数の、できれば唯一個の敵の重心に集中せしめる事、次に、この重心に対する攻撃をできるだけ少数の、できれば唯一個の主作戦に限定すること、最後に、すべての支作戦をできるだけ主作戦に従属させること、である。一言で言えば、第一の原則は、できるだけ集中する、ということである。

　第二の原則は、できるだけ迅速に行動すること、すなわち十分な理由なくして停滞や迂回をやってはならないということである。」（第三巻一四一頁）

　これらの原則を総合すると、ナポレオンの次のような金言とそっくりであることにきづく。

「作戦術においては、力学同様、重さと力、それに時間的要素が重要である。」と。

　これら二原則とは別に、一連の一般原則を見出すため、クラウゼヴィッツは次のような戦争の三大目標を書き記している。

「一、敵軍隊の征服と撃滅。」

「二、敵軍の侵略活動を可能ならしめる物的要素の奪取。」

「三、世論の獲得。」

まず第一の目標達成が優先する。このためには主作戦を敵主力に指向せねばならない。第一の目標達成後、はじめて第二、第三の目標達成のための努力が開始される。物的資源を占領するためには、大都市や要塞等物的資源を獲得できる地域に作戦を指向しなければならない。第三の目標に関しては次のようなことがいえる。「世論は結局のところ、大勝利及び敵の首都の占領によって獲得できるものである。」と。

次に、クラウゼヴィッツはこれらの目標達成に必要とされる諸原則をあげている。

「一、全力をつくして利用できるすべての戦力を投入する。」

「二、決定的打撃を加える場所に最大限の戦力を集中する。」

「三、戦機に乗ずる。迅速な行動により敵に対応のいとまを与えない。奇襲こそが勝利につながる最大の要素である。[*1]」

「四、最後に、全力をつくして戦果の拡張をはかる。勝利を決定的なものにするため追撃を断行する。」

「第一の原則こそが第二、第三、第四の原則の基礎である。」

「作戦遂行の形態はたいした問題ではなく、これら諸原則を如何に適用するかに注意を払わなければならない。」（第三巻二〇九－二一二頁）

多くの軍事著作家達は、これら戦争の諸原則をしばしば引用するが、あまり戦争の定義と諸原則の関係を明確にしようとしない。クラウゼヴィッツにおいても「戦争とは決闘の拡大されたものに外ならない」と述べて、戦争の研究を開始しているにもかかわらず、この定義から戦争の諸原則を導き出そうとしなかったことは不思議であるといわざるを得ない。彼がもし戦争の最も単純な形態を、二人のレスラーの決闘ではなく、二人の拳闘家の間の戦いにたとえたとすれば、双方の拳闘家は試合で次の四つの事項をやらなければならないことが明らかになったであろう。すなわち、考える、守る、動く、叩く、である。この試合を開始するにあたり、まず両者は、相手をどうしたら最も良くノック・アウトできるか考えなければならない。ついで、試合が開始され進行するに従い、その戦術を修正しなければならなくなるかもしれない。がしかし、決してその目的を放棄してはならない。試合当初は、防御的態度で相手の出方をうかがうことになろう。次いで防御しながら相手に向って進んでいかなければならない。そして最後に、フット・ワークを利用して、自分を防御しながら攻撃に転じ、相手をノック・アウトしようとしなければならない。以上のことから、われわれは次の四大原則に到達する。一、目的又は目標保持の原則　二、警戒・防護の原則　三、機動の原則　四、攻撃衝力発揮の原則。

　熟達した拳闘家なら、さらに次のような三つの原則に着意するであろう。自分達の力を節約し、過早に疲れないようにする。相手のあごの左右といった致命的なポイントに対し打撃を集中する。そして、終始相手を奇襲するため、警戒の虚をつき、意表に出るとともに相手の対応を許さない行動をとるのである。簡潔にいえば、五、経済の原則　六、集中の原則　七、奇襲の原則、ということになる。

　これら七原則は、ナポレオン戦争から導き出されたものとほとんど同一であることが即座に判明するであろう。

＊1　クラウゼヴィッツはまた次のようにも言っている。奇襲は「例外なくすべての作戦の根底をなすものである。」それは「数的優位獲得の手段であるとともに、その精神的効果によって、一つの独立した原則として考えるべきである。」そして「秘とくと迅速とが奇襲の二大要因である。」（第一巻一九九頁）

戦争における防御の優越性

クラウゼヴィッツは『戦争論』の四分の一以上を防御論にあてており、しかも再三、防御は攻撃にまさる戦争の方式であると強調している。しかしながら、反面、彼は戦争を「その行使には如何なる限界もない暴力行為」であると主張し、さらに、絶対的戦争理論の例証としてナポレオン戦争をとりあげているのである。したがって、われわれは彼の主張にとまどってしまうのである。

彼の理論について概述する前にまず、攻撃についての彼の二つの考察を検討してみよう。その第一は第八部第九章「敵の打倒を目標とする作戦計画」の中にみられる考察である。彼は「一般に攻撃の唯一の強みというべきものは奇襲である。この奇襲こそが攻撃に活躍の舞台をもたらすのである。突如として立ち上り、遮二無二突進するのが攻撃の最強の威力である。とくに敵の打倒を目標とする場合には、ほとんどの場合この方法に依らざるを得ない。」

（第三巻一五三頁）と書いている。ところが彼は第七部第一五章「決戦を企図する戦場の攻撃」という第八部第九章とよく似た題目のところでは、前述の考えを否定している。「攻撃の直接のねらいは勝利である。防御側が本質的に持っているすべての利点に対抗する攻撃側の利点はただ数的優越である……。われわれは急襲とか奇襲とかいった曖昧な観念を問題外にしておきたいと思う。それらは攻撃にあたって豊かな勝利の源泉になると一般に考えられているけれども、実際には、それらは特別の条件の下でなければ行い得ないからである。」（第三巻三二一頁）

もしこのことが正しいとすれば、唯一の結論は、防御が戦争の方式として最強であるということになる。

防御についての彼の理論は次のようなものである。

「防御のねらいとは何であろうか。それは保持である。保持は、（攻撃の目標を）達成するより容易である。したがって、……防御は攻撃よりも容易であるということになる。……しかし防御の目標は保持という消極的なものであり、攻撃の目標は征服という積極的なものであるので、後者には保持の防御にはない独自の戦争手段を多様に駆使する道がある。したがって、正確には次のようにいわなければならない。すなわち、戦争における防御の方式はそれ自体としては攻撃より強力である、と。

防御というものは戦争遂行上、より強力な方式であるが、その目標が消極的であるから、これを用いる必要があるのは、われわれの力が弱く、攻撃を採用できない時に限られる。こ

ちらが積極的目標を貫徹できる力が得られるや否や、直ちにこの方式を棄てなければならない。」（第二巻一三四－一三六頁）

したがって、クラウゼヴィッツのいう防御とは、〝攻撃転移を企図した防御〟ないしは〝攻勢防御〟といわれるものである。すなわち作戦の前段では敵戦力の漸減をはかり、後段では反撃に転ずるのである。あるいは、クラウゼヴィッツは、「戦争における防御の方式は決して単なる楯のようなものではない。楯は楯でも、同時に巧妙に攻撃用としても用いられる楯である。」（第二巻一三四頁）そして再び「攻撃的な反撃のない防御は到底考えられない。」（第三巻三頁）と書いている。

しかしながら、彼はこの結論に到達する前の第一部第二章で、次のようなことを書いているのである。

「かくのごとく消極的意図、換言すれば、純然たる抵抗のために全手段を集中するという方法が、闘いにおいて優位性を保ちえて、しかもなお敵のもっているかも知れない数的優位を相殺するに足るほどならば、闘いの持続時間を単に長びかせることによって、敵の戦力の消耗を次第に増大させ、もはやその政治的目的と釣合わぬ程、大ならしめることができれば、敵に闘いを断念させることになるにちがいない。」（第一巻三四－三五頁）

これは哲学的説明であるのか、あるいは実際的提案であるのか明確でないが、その内容からして後者のように思える。

クラウゼヴィッツの難点は、彼の哲学的な物の考え方、つまり作戦というものを「物それ自体」にあてはめてみる習性が常に彼をつまずかせたことである。本質的に、攻防いずれが強いとか弱いとかいうことはない。攻撃も防御も長短を有し、どちらが適当であるかはその時における状況によるのである。時にはナポレオンのように攻撃がよいであろう。というのは、ナポレオンは攻撃の天才であり、その敵は旧式のアイデアしか持ちあわせていなかったからである。また時にはトルレス・ヴェドラス#におけるウェリントンのように消極的防御が有利であろう。あるいはまた、ウェリントンがスペインでみせたように攻勢防御が至当な場合もある。戦争における全作戦の基礎は哲学ではない。戦争の七原則が明示しているように、それは常識である。

トルレス・ヴェドラス。半島戦争において、一八一〇年英国の名将ウェリントンはリスボンの北にトルレス・ヴェドラス防御線を構築し、対ナポレオン軍防御戦闘を実施した。その結果、ナポレオン軍は敗北し、スペインに戦場を求めて転進した。

決戦

クラウゼヴィッツの決戦、あるいは会戦に関する概念には、もはや戦争の方式に強弱があるといった無意味な考えはなく、次のように彼は断言している。

「決戦こそ本来の軍事活動であって、他の一切は決戦を成立せしめる要素にすぎない。」（第一巻二三八頁）

「……戦争の本質が闘争であり、決戦が主力の闘争である以上、決戦は常に戦争本来の重心

と考えられねばならない。」（第一巻二七〇頁）

「……敵戦闘力の直接的壊滅こそがいかなる場合にも重きをなす。われわれがここで撃滅の原則について主張したのはまさしくこの圧倒的な重要性のためにほかならない。」（第一巻二四一頁）

数的優位は勝利を生み出す一要因にすぎない。（第一巻一九三頁）その他の要因としては包囲攻撃（第二巻一四五頁）、迂回又は包囲のための機動（第三巻一一頁）、及び奇襲（第一巻二六二頁）である。これら最後の三要因は「主動権をとった者、すなわち攻者にのみ可能である。」（第二巻一四五頁）

彼は次のように正しく指摘している。「決戦は最も残忍な解決法であるけれども、……それは単なる殺し合いではない、その効果は敵兵を殺害するよりむしろ敵の勇気をくじく点にある。」（第一巻二八六頁）なぜなら「精神的諸力のそう失は勝敗決定の主たる原因であるが、一度、勝敗が決すれば、そのそう失は増大し続け、全戦闘行動の終結時に至って最高点に達する」（第一巻二四六頁）からである。そして「大勝利の後には……いかなる再編成も許されず、ただひたすらな追撃あるのみである。」と。（第三巻一五五頁）

国民戦争

第二章（59－65頁）において、原始的な部族が戦争をやる場合には、必らず部族内の和合が保持されていたので、外敵に向って最大限の戦争努力を指向できたと書いた。文明国間の戦争においても、通常は同じことがいえる。絶対君主時代にも、一般国民は、戦争の惨害をこうむることはなかったので、少なくとも理論上、完全なる和合が生れていた。しかしナポレオン戦争（クラウゼヴィッツの絶対的戦争）が起ると、相手国の一般国民はその相当数がナポレオン軍に対抗して蜂起した。なぜなら、ナポレオンは敵の完全な打倒をねらっていたし、彼の軍は敵国の領土内にその糧を求めたからである。[*1] かくして外部戦線に加えて内部戦線なるものが誕生し、侵略者はこれら両戦線に打ち勝たねばならなくなった。この内部戦線について詳細は後述するが、この戦線こそ、伝統的な戦場であった外部戦線よりも重要なものとなったのである。

　クラウゼヴィッツはすでに、戦争におけるこのことの重大性を見抜いていた。彼は、戦場の住民の一人一人が戦争に及ぼす影響はほとんど些細なものであるが、「国内の住民の総体的影響は決して些細なものではない。民意が戦争を支持すれば、国内においてすべてのことが極めて容易となるので、住民の自発的協力があらゆる場合に、最も重要である」と指摘している。（第二巻一五九頁）

　反対に、侵略者側もまた、被侵略国内の住民の絶対的影響を重視しなければならない。クラウゼヴィッツはこれを例証するためスペインに眼を転じ、次のように述べている。「スペインにおいて見られたような、民衆がこぞって国民軍を編成し、自ら戦争を遂行する場合を考えるなら、これは一部の民衆の協力による戦争というより、まったく別種の性質をもった戦争の誕生ととらえるべきである。」（第二巻一五九頁）これはまったく卓越した先見洞察である。

「国民戦争というものは霧や雲のような摑み難いものであるべきであり、いずこにおいても国民が一地に集結して戦うべきではない。もし集結すれば、敵はそれ相当の兵力をもってこの集結点を粉砕し、多数の捕虜を手に入れるであろうから。」とも彼は書いている。その場合は住民を激励するため、正規軍の小部隊をもって国民軍を支援する程度であるべきであって、支援する正規軍をあまり大きくすべきではない。もし大きすぎると、多数の敵部隊を正規軍の方にひきつけることになり、住民は自ら戦うことを止めて、味方の正規軍に戦闘を委せっきりにしてしまうであろう。また大兵団を保持することは、宿営、輸送、補給のため住民の人的資源をこの面に過度に使われてしまう。（第二巻三四六－三四七頁）

反対に、侵略者側から見て、敵国内での行動に関しては、彼の対ロシア観察がとりわけ今日では興味あるものである。彼は言う、ロシアは武力で征服できるような国ではないと。「ロシアのような国はそれ自身の弱点や内部分裂によってしか屈服しない。かかる政治的弱点に打撃を与えるためには、国家の心臓部を動揺させる必要がある。」（第三巻一五九頁）

換言すれば、ロシアを征服できるのは内部戦線で勝利を獲得することである。つまり、敵国民に革命を起させることによって獲得する勝利である。クラウゼヴィッツはおそらくこのことを示唆した最初の人物であろう。

＊1 「Relation Circonstanciée de la Campagne de 1813 en Saxe (French edition, 1817)」

D'Odeleben, Vol. I, p. 167 参照。

クラウゼヴィッツとナポレオン戦争

ナポレオンの戦争はクラウゼヴィッツの生存間にすべて起ったし、クラウゼヴィッツ自身も一八〇六年、一二年、一三年、一五年の各会戦に参戦している。このような経験にもかかわらず、ナポレオンの統帥について、彼があまりふれていないということは不思議といっていいだろう。同様に、彼はナポレオンを典型的な攻撃タイプの将軍だとみなし、「ボナパルトは出陣にあたって、必らず最初の戦闘で直ちに敵を撃破しようと考えていた。」（第一巻二八九頁）と書いている。しかるに彼は、防御が他の戦争方式よりすぐれている、と主張していることは驚くべき矛盾である。さらに驚いたことには、彼は、その卓越した重心理論の中で、英国を中心とした大陸同盟六カ国に対するナポレオンの戦争についてふれていないし、ナポレオンが「全戦争に共通する重心を打撃する」能力を持っていなかったため、最終的には、ながい一連の戦争に敗れるはめになったことについても、何も述べていないのである。

彼は「ナポレオンはその軍隊の後方を安全ならしめるため、先見ある方策を常に見出した。この結果、一見危険すぎるような大胆な作戦さえも成功に導いた。」（第三巻二二一頁）と指摘しているが、そのよってきたるゆえんについては十分理解していなかったようである。それは、機動の完全な自由を確保するため、時には戦闘部隊を兵站線からあえて離隔することに躊躇しなかったことにある。すなわち、ナポレオンはその作戦根拠地さえしっかりしておれば、兵站線の一時的切断など意に介する必要なし、と考えていたのである。

「戦略において、戦闘力を集中させておくことは実に重大、かつ単純明快な原則である。……一部たりといえども主力から分離してはならない。われわれはこの原則を固守する。」（第一巻二〇八頁）とクラウゼヴィッツは書いているが、ナポレオンは、これに反して、敵をわなにかけるためしばしば自軍を分割した。兵站線を維持確保するためには戦闘部隊を集結せよ、といったクラウゼヴィッツの論を無視して、ナポレオンは戦闘部隊を三縦隊以上に分割して広正面に配置した。これがいわゆる〝大隊方陣〟で、縦隊をダイヤモンド隊形に配置したことからこのようにいわれている。敵がある縦隊に攻撃してくれば、一番隣接している他の数個縦隊が増援にかけつける。全縦隊を増援に向けないで一部を残しておき、これにより敵の側背に機動する。どの縦隊でも最初に敵と遭遇したものが前衛となって、他の縦隊が来援するまで敵を拘束しておくのである。[*1] クラウゼヴィッツは、その最も顕著な戦例であるイエナの会戦に参加していながら、彼の硬直な方法に対抗するナポレオンの柔軟な戦闘力集中要領を理解できなかったのである。彼が次のように述べていることはまさにこのことを裏書きしている。「決戦に先立つ前衛の激烈な戦闘は単なる必要悪とみなされるものである。」と。（第一巻二六四頁）

しかしなんといっても、『戦争論』の最大の誤りは、クラウゼヴィッツが、戦争の真の目的は平和であって勝利ではないことを最後まで理解できなかったことである。平和こそが政治を支配する観念であり、勝利は平和を達成する一手段にすぎないのである。究極の平和達成のためには、暴力がどのような働きをするのかについて、彼はどこにもふれていない。実際、〝平和〟という語は、『戦争論』の中でわずか五、六回しか出てこない。クラウゼヴィッツは、ナポレオンこそ絶対的戦争の理論を修得した名将であると信じていた。しかし、暴力を無制限に行使する絶対的戦争をやったナポレオンはどのような結末に至ったであろうか。それは、ナポレオンが希求した平和ではなく、セント・ヘレナ島への流刑であった。暴力の無制限な行使は完全な失敗に終ったのである。モンテスキューの次のような忠告はまさに至言である。

「国家というものは、相互の真の利益に害を及ぼすことがあってはならない。平和時にあっては相互に最大の善意をつくし、戦時にあっては最小の悪害を加えるに止めるべきである。[*2]」

もし平和というものが武力発揮の単なる一時的停止を意味するにとどまらないのなら。

＊1　イエナ会戦における大隊方陣の詳細については、拙著の「西方世界の諸決戦（Decisive Battles of the Western World, 1955）」第二巻四二三－四二六頁参照。

＊2　「The Reconstruction of Europe, Talleyrand and the Congress of Vienna (English edition, 1941)」Guglielmo Ferrero p. 38 に引用されている。

第五章　産業革命の影響

文明に対する産業革命の衝撃

人間の心と感情は宗教、理想、芸術といった文化を、肉体的活動は生活様式、すなわち文明を形成する。どこか遠くの地に消え去っていった古代狩猟社会や遊牧社会の名残りを除けば、世界文明は、十八世紀に至る数千年もの間、農業にその基盤をおいていた。人類の大部分は農村に居住し、文化の中心である都市の住民は四周の農地に依存して生活していた。そこで、政治的権力や社会的地位は農地との関係により決定された。すなわち農地を支配するのが領主や貴族であり、そこで働いているのが小作人や農奴である。そして彼らは都市の住民と一体となって、一つの機能的・有機的社会をつくりだした。

次いで、一八世紀の後半、不意におそってきた台風のように、突然、蒸気機関が出現した。この蒸気機関が出す一馬力は、一五人分の仕事量に相当するものであった。かくて人々は、いも虫のように地面をはいまわる生活から、竜のように天空に向って昇りだしたのである。つまり、機械竜ともいうべき蒸気機関は、従来の農業社会から、かつて夢想だにしなかった産業社会への転換をもたらし、いわゆる産業革命なるものを生んだのである。このような生活様式の急激な変化は、平和と戦争に対して革命的衝撃を与えた。

この産業革命は、偉大な宗教家達がおこなった革命をも含めて、それまでのあらゆる革命よりはるかに大きな影響力を持っていた。というのは、宗教革命もその影響するところは大きかったが、その影響地域が限定されたからである。一九世紀になるまで、その嵐はやまず、産業革命をとげた軍団は世界に君臨し、非工業国に対し貢物を要求した。ルイス・マンフォード[#]は「機械学は新興宗教となり、世界に機械という救世主、ないしは、すくなくとも、未開の人類を約束の地に導く第二のモーゼをもたらした。[*1]」と書いている。

マンフォード（Mumford, Lewis）一八九五－一九九〇。アメリカの社会学者。都市生活や機械時代の文化に関する著作が多い。

この全世界的革命が起る以前には、日用品はおもに家庭内や小さな仕事場で製造され、風や水が唯一の機械的原動力であった。しかし家内工業に変って、工場が現われ出すと、石炭というものが、ちょうど磁石のように、その産地に新しく誕生する産業を次々と誘致した。たとえば、英国のブラック・カントリやスコットランドのクライドサイド、ドイツのルール、フランスのリールといった地域には、巨大な産業都市が生れ、活況を呈した。これらの産業都市は逐次、農業文明にとってかわった。そして都市が仕事の中心になると、それらの都市における文化は低下の一途をたどったのである。ウィリアム・ブレーク[#]は一八〇四年、早くも、その作品『ラオコン』の表題の上部に「金銭が支配するところに芸術は生れない」と刻み、下部には「芸術はすたれ、イマジネーションは否定され、戦争が国家を支配した」と彫り込んだ。[*2]

ブレーク（Blake, William）一七五七－一八二七。英国の詩人。ローマン主義文学の先駆的存在として、また神秘的・象徴的な詩人として名高い。

驚くほどの速度で機械が手作業にとって代った。つまり従来、手作業をやっていた人達は雇用され、工場で働くようになった。工場は、ルイス・マンフォードがいったように、まさに兵舎であって、その中では大部隊による大量生産がおこなわれたのである。[*3] そして、工場は家内工業に固執していた人々を失意させるとともに、その熟練した技能さえも無益なものにしてしまった。なぜなら、機械化された生産工場においては未熟練工こそ本当の職工であり、熟練工の役割はその補助、すなわち未熟練工のための作業を準備してやるにすぎないからである。

西洋文明におけるこれらの急激な変化は、一七六九年、ジェームズ・ワット（一七三六－一八一九）が新型蒸気機関の特許をとったことに端を発する。そしてそれから一二年後、金持であり、しかも先見の明がある技師マシュウ・ボールトン[#]がワットに協力したことにより、蒸気機関は急速に普及する。当時ボールトンはワットに次のように書き送っている。「ロンドン、バーミンガム、マンチェスターの人々はまさに蒸気狂になっている。[*4]」と。一八一八年、コクラン卿（後の第十代ダンドナルド伯）は英国下院での演説で、「先の戦争において、機械使用の考えをタイムリーに導入していなかったなら、英国は完全に破滅していたことであろう。」と述べている。[*5] また一八二四年には、スタンダール[#]が「一七八五年から一八二四年の間に、なんと変化のあったことか。有史以来二千年、風習と観念そして信条がかくも急激に変化をきたしたことがあったであろうか。」と書いている。[*6] 一八三〇年までに、英国は、ナポレオンがかつて恐れていたように、〝世界の工場〟になったのである。たしかに、ナポレオンはその全英知をしぼって英国と戦ったのであるが、ついに英国の商業力に敗れてしまった。なぜなら、ダンドナルド伯が述べたように、機械はいまだ揺らん期とはいえ、「機械は剣よりも強し」ということを証明していたからである。

ボールトン（Boulton, Matthew）一七二八－一八〇九。英国の技師。金属製家庭用品の製造で成功した。

スタンダール（Stendhal）一七八三－一八四二。フランスの文学者。写実小説の開祖。

*1 「Technics & Civilization（1934）」, pp. 45 and 58.

*2 「The Poetical Works of William Blake（edit. Edwin J. Ellis, 1906）」, Vol. I. p. 433.

*3 彼は「事実、完全に機械化された工業組織の理想的な形態は軍隊である。」と主張する。（同右 p.89.）

*4 「European Civilization, its Origins and Development（edit. Edward Eyre, 1937）」, Vol, p. 305 に引用されている。

*5 「The Autobiography of a Seaman（edition 1890）」p. 450.

*6 「War and Human Progress」John U. Nef（1950）p. 290. に引用されている。

社会に対する産業革命の衝撃

産業革命が社会に及ぼした影響によりもたらされたものの内、最も重要なものは、社会主義者達がいうプロレタリアート、すなわち恒久的賃金労働者の出現であった。恒久的賃金労働者なるものは家内工業組織にも存在していたが、家内工業時代のそれはあくまで個人としてであって、一つの階級としてではなかった。彼らはしゃべったり、歌ったり、口笛を吹いたりすることが勝手にできたし、自分が主人だったから、職工長にいじめられるといったこともなかった。つまり、当時の恒久的賃金労働者はかき集められた人達ではなかったのである。その賃金は後の工業労働者達と同じ位少なかったし、労働時間はしばしば長かったけれども、その時代の社会において、低いながらも、ちゃんとした地位を持った自由な人達であった。また彼らは各地に散在する同業者と連携を保っていたので、階級意識など持つことはなかった。それに対して産業革命以後の工業労働者達は小工場村や工業都市にかき集められ、いかなる文化形態の影響からも隔離されていた。彼らはむさくるしく、非衛生的家屋内に居住することを運命づけられ、絶え間ない労苦の連続であった。その仕事は単調なくり返しであり、しかも苛酷な程、厳しい工場の規律が彼らをしばっていた。

労働者が貧困であったことが当時の資本主義制度の〝矛盾〟を浮きぼりにした。大量生産は大量消費を要求する。つまり十分な購買力を必要とする。金の流通が少ないと、それだけ購買力も低下する。労働者の賃金が自分とその家族を養っていくのにギリギリだったので、労働者は市場において十分な購買力を発揮することが出来なかった。そこで、国内市場を拡げるためには、労働者に高賃金が払われねばならないはずであった。

しかしながら、工業化初期段階では、第一に考えられたのが購買力を国外に求める方式、すなわち、外国市場への進出であった。工場主間の競争は激烈なもので、工場主は生存するため利益の大半を企業投資に向けなければならなかった。労働者の賃金を上げることは、工場主の利益が少なくなることを意味し、利益が少なくなることはとりもなおさず競争に負けることを意味した。このような経済競争について、ヴィクトリア時代の有名な資本主義擁護者アンドリュー・ユーアは一八三五年、次のように論述している。

「現代において、企業が技術改革や増産にあくなき努力を集中しているが、このようなことはかつてなかったことである。やっとのことで戦争が利に合わぬ勝負であることに気づいた諸国民は、今や剣や小銃を生産工具に変えて、激烈な貿易戦争をやっている。それは単に血を流さない戦争にすぎない。国家はもはや遠い戦場にその軍隊を送るようなことはしないが、織物を送り込み、かつて戦いをまじえた敵国国民をその製品に引きつけ、外国市場を占有しようとするのである。外国市場で投げ売りをやることにより、相手国の国内市場に割り込み、これを拡大してゆく、そうすると、国民は精神的にも肉体的にも緊張状態を呈する。したがって、これこそ新しい交戦体系といえよう。」[*1]

工場は競争相手を倒すための大量の製品を生産して利益を得ようとした。大量生産をやるためには設備投資を必要とするから、その利益はそちらに融資された。反面、労働者達は貧民街に住むことを余儀なくされ、工場主達の贅沢な生活をみるにつけ、このような社会に対して激怒を感じるようになった。貧民街は、不平不満と資本家階級への憎悪の温床と化した。だからこそ、工業化が進むにつれ、全工業地帯に不平分子の一階級が誕生したのである。その階級は現存する社会秩序と相いれないものであった。当時の社会秩序を形成する諸制度は農業時代からの単なる延長にすぎず、したがって工業時代の機能を十分はたし、工業労働者に妥当な地位を与えるものではなかったのである。

＊1 「The Philosophy of Manufacture : or An Exposition of the Scientific, Moral and Commercial Economy of the Factory System of Great Britain (third edition, 1861)」, p. v.

カール・マルクスと階級闘争

産業革命が生んだ社会改革家及び革命家の内、ハインリッヒ・カール・マルクス（一八一八－一八八三）は最も歴史に残る人物である。彼は一八一八年五月五日、トリールで生まれた。彼の両親はユダヤ人であったが、彼が六歳の時、一家はみなプロテスタントに改宗した。彼は成人となるや新聞社に入り、一八四二年、急進的なライン新聞の主筆となった。しかしこの新聞は、彼の暴力的言辞が原因で一八四三年発行禁止にされてしまった。その直後、マルクスはマンチェスター紡績工場主の息子であるフリードリヒ・エンゲルス（一八二〇－一八九五）に会った。事後、この二人は生涯にわたって友好を保つこととなったが、これはマルクスにとってかけがえのない恩恵となったのである。というのは、エンゲルスはマルクスの著作に大きな援助を与えただけでなく、父から受継いだ財産をもって、マルクスに年に三五〇ポンドも支払っていたのである。これがなかったら、マルクスは、彼にとって似ても似つかぬ、プロレタリア生活を送るはめになっていたであろう。一八四七（八）年、マルクスとエンゲルスは『共産党宣言』を出した。これは極めて過激な演説で、今なお正統共産主義の信条として残っている。一八四九年、プロシアから追放され、ロンドンに居住することになったマルクスはそこで著作に専念し、余命を送るのである。それらの中には、彼の不滅の書である『資本論』がある。これはクラウゼヴィッツの『戦争論』と同様、未完成・未推稿のもので、一八六七年、その一巻が出版された。残り二巻は、マルクスの死（一八八三年三月一四日）後、エンゲルスがマルクスのノートから抽出し、編集した。そして一八八五年及び一八九四年にそれぞれ出版されたのである。

　思想家としてマルクスはヘーゲルの影響を大きく受けた。したがって、彼は、ヘーゲルがその歴史哲学において使用しているソクラテスの弁証法方式を採用したのである。この方式は質疑応答により、論争中の命題が有している矛盾を探求することをねらいとしているものである。けれども、ソクラテスは矛盾を克服すべき障害ととらえていたが、ヘーゲルは、矛盾に際会することによってのみ真実に近づきうると考えて、これを高く評価した。それ故に、ヘーゲル弁証法は、まず前提となる確定された一つのテーゼと、これを否定する正反対のテーゼが存在し、ついでこれら両テーゼ中で真実であることが明確にされた事項を総合して、一つの総合テーゼが生れる、という思考の過程をとる。しかしながら、この総合テーゼが出来上ると同時に、次の段階にはこれが新たなテーゼに置きかえられ、その時点において、別の正反対なテーゼと対立することになる。かくて再び別な総合テーゼが導き出される。このような過程を反復して、最終的には「絶対的真実（神）」に到達すると言うのである。簡単にいえば、ヘーゲルの弁証法は、もみがらから穀粒をより分けるように、虚偽の中から真実を見出す方法である。

マルクスは、自分でも言っているように、ヘーゲルの立場に立った弁証法を逆転させた。つまり絶対的な観念（神）に向って努力するかわりに、マルクスが自明の理だとするもの、すなわち物質世界こそが基礎であり、唯一の実在であるとして、ここから社会の構造や意識をとらえていったのである。彼は観念主義を排し、唯物論の立場から、世界には人間の意識から独立して、客観的に実在するものがあると論じた。さらに弁証法的過程を適用することにより、絶対的真実を根源としている世界を正しくとらえることができるということ、そしてこの根源は歴史の進展につれて成長する、ということを彼は主張した。したがって、弁証法的唯物論は実在に到達しうる唯一の科学的方法であるとしたのである。

彼の歴史観からすれば、史的唯物論は社会における人間関係に適用される弁証法的唯物論である。[*1] 彼はその著『経済学批判』の序言で、「生活を支える手段である生産は人間に関係するすべての事象を支配する原則である。[*2]」とまず述べ、「次いで生産されたすべての事物の交換が起る。」とつづけた。したがって彼は社会変化の決定要因は生産と交換の様式にあると説いている。さらに彼は説く。生産は次の二つの関係をもたらす。すなわち、第一に、人間と生産手段の関係（「生産力」）、第二に、人間と人間の関係（「生産関係」）である。そして第一の関係が変化すると、第二の関係も変化する、と。

マルクスの議論はつづく。歴史の初期段階においては、社会のある特定の人々が生産力を支配した。そしてこのことが私有権を生んだ。かくして、生産関係は二つの階級の対立関係となった。このことを、マルクスは『共産党宣言』の中で次のように断言した。「これまで実在した社会の歴史は階級闘争の歴史である。[*3]」と。

これを証明するため、マルクスは生産の形態を五つに分類した。その内の四形態は、弁証法の原則に従って、第一の形態から逐次発展させたものである。なぜなら、各形態は、それが成熟すると、前の形態が有するあらゆる価値を吸い上げてしまうからである。第一は原始的生産形態で、生産手段は社会で共有している。[*4]第二は古代、あるいは古典的生産形態で、奴隷所有者が生産手段を専有している。第三は封建的形態で、領主がその大部分を専有している。[*5]第四がブルジョア型で、資本家が専有している。この際、資本家は労働者達を生産手段として所有しているわけではないが、労働者達に恐怖と飢餓をもって資本家のため働くよう強制するのである。究極的には、資本主義が成熟して第五の形態に至る。それは、プロレタリアートが生産手段を専有し、[*6]資本主義固有の矛盾、すなわち、金持はますます金持になり、貧乏人はますます貧乏人になる、[*7]という矛盾を解消することにより生産を最大限度にまで発展させるということである。

マルクスは、彼のいう〝階級〟とは何を意味するのか明確にしていないが、原始時代から絶えず二つの階級が存在すると説いている。それは生産手段を支配する階級とそれを支配しない階級である。さらに彼は、世界を形成する力は階級闘争であると述べ、次のように論を展開している。階級闘争こそがプロレタリアートの独裁を必然的にもたらすものである。その時、社会主義は共産主義に変化をとげ、階級も国家もない社会が誕生するのである。しかし、R・N・カリュー・ハントが指摘しているように、「マルクスは、実際に、労働者がその付与される役割に最もふさわしい階級である、ということを立証しようとしていない。さらに、彼は、資本主義の否定が、厳密にいって、資本家でも、プロレタリアートでもない全く新しい階級の出現を促すことになる、ということにも気付いていないのである。[*8]」だから、これまで実在した社会の歴史は階級闘争の歴史である、というマルクスの主張は、彼の知的信奉者達――マルクス主義インテリゲンチァ――の論理に欠陥をもたらし、彼らをして、そのような新しい階級といわれるものも、せいぜいプロレタリアートの枠内での質的変化に留まる、と主張させるに至ったのである。

　マルクス弁証法におけるこの矛盾をピーター・F・ドラッカーは次のように浮きぼりにしている。

「恐らく、現代における最大の誤謬はこれといった特色も、社会性もなく、各個ばらばらな集りである大衆を金科玉条のように賛美する神話の存在である。たしかに、大衆というのは社会的腐敗や階級的害毒の結果生れたものである。……大衆の危険性は彼らが反抗するという点にあるのではない。なぜなら、反抗なるものは、これを単なる抗議とみれば、社会生活における参加の一形態であるといえるからである。危険性はまさに大衆の参加能力の欠如にある。……彼らは社会的地位も機能もないので、社会というものは、彼らにとって、悪魔のような、不合理かつ不可解な脅威以外のなにものでもない。……どのような合法的政府も、彼らには、専制独裁政府に思える。したがって、彼らは常に非理性的行動に訴えるか、ないしは専制独裁者が変革を約束しさえすれば、その専制独裁者に従おうとする。……彼らは既成の社会秩序さえ変革してくれるなら、どんなことでもうのみにできるのである。換言すれば、大衆は常に、権力のために権力を求める煽動政治家や独裁者のえじきになることになっているのである。力さえあれば、大衆を簡単に隷属的で、否定的な地位につけることができる……。大衆の動きさえも制止できないような微力な社会なら、そんな社会は消滅してしまう。[*9]」と。

次にマルクスの理論とクラウゼヴィッツの理論の関係について述べよう。前章「クラウゼヴィッツの理論」の中で、クラウゼヴィッツこそ一般民衆に対する戦争の衝撃効果の重要性を早くから認識していた軍事思想家の一人であったと述べた。さらに、筆者は一般民衆に対する戦争衝撃の副産物として出てきた、いわゆる〝内部戦線〟なるものがいかに重要なものであるか、ということを指摘した。いまや、マルクスの階級戦争論が次の一点を除き、全くこれと同じような一つの結論に到達することを容易に理解できるであろう。すなわち、クラウゼヴィッツの内部戦線は戦時にのみ存在するのであるが、マルクスの内部戦線は平時に創設される永久的戦線である。そのねらいとするところは革命による政府転覆であるから、敵の打倒を目的とするクラウゼヴィッツの絶対的戦争とマルクスの革命目的とは同一のものである。ただその手段が異なるのみである。

これは偶然の一致ではない。なぜなら、エンゲルスは第一級の軍事能力を持っていたし、彼自身クラウゼヴィッツの研究者であった。[*10]しかも彼は、『戦争論』の研究を通して、軍隊の衝突は単なる戦争遂行の一手段にすぎないことを良く認識していたからである。シグムンド・ノイマンによれば、エンゲルスとマルクスはともに「現代戦においては、外交的性格、経済的性格、心理的性格、それに最終的に行使される軍事的性格の四大性格が重なりあっている」ことを見抜いていた。「……二人はまた、軍事的闘争の勝敗は初弾が発射されない内に決定されうること、そしてその際の決定要因は、戦争開始前における準備戦線ともいえる経済戦及び心理戦の成果である、ということを良く認識していた。……戦争というものは各種各様の手段と領域にわたっている、と彼らは考えていたのである。時代はもっと後になるが、戦闘的サンディカリストであるジョルジュ・ソレル[#]は、一回のゼネストは〝ナポレオンの一回の戦闘〟にひってきすると言っている。一八五七年におそってきた経済危機を革命への〝前兆〟となりうる、とみたエンゲルスは次のような書簡をマルクスにあてている。『巧妙な革命戦略においては、長期にわたる圧力をかけるための有効な武器として、継続的経済不況を活用する。というのは、革命のための準備運動を人民にさせる必要があるからである。それはちょうど、騎兵部隊が攻撃にあたって、突撃開始線の手前五〇〇歩から馬の速度を早めることにより大きな衝撃効果を得るのと同じである』。[*11]」

ソレル（Sorel, Georges）一八四七－一九二二。フランスの社会思想家。サンディカリズムの理論づけとその体系化に努めた。

間接的にではあるが、クラウゼヴィッツから引き出されたこれら戦争遂行術に関する考察は、その後二世紀にわたって戦争指導の全てに大変革をもたらすことになった。たしかに、階級戦争は深遠な軍事問題であった。なぜなら、一国家の社会的健全性はその国の軍事力の精神的基盤であるからである。

*1　この反論として「The Materialist Conception of History : A critical Analysis, Karl Federn (English edition, 1939)」参照。

*2　エンゲルスは、マルクスを埋葬している墓地で次のように演説している。「マルクスは、イデオロギーの影に隠れている簡単な事実、即ち人間は政治・宗教・芸術等を追求する前に、まず何より先に、衣食住を必要としているということに気づいた。」
明らかに、マルクスは、人間は衣食住を必要とする前に、先ず呼吸をせねばならないという「簡単な事実」を見逃している。しかし仮に気づいていたとしても、このことが彼の経済学に反映されることはなかったであろう。（「The Illusion of an Epoch, H. B. Acton（1955）」p. 143参照）

*3　Centenary edition（1948）, p. 13.

*4　ルソーの「高尚な野人」と比較されたい。

*5　これは当を得ていない。封建制度は軍事的制度であって、経済的なものではなかった。それに、

封建制度は古典的生産手段が保有していた最善のものを吸い上げた、と主張することは歴史的に不合理である。封建時代のアンチ・テーゼは資本主義ではなく、火薬の出現であった。古典時代のアンチ・テーゼは、――もしなんらかのアンチ・テーゼが存在していたとするなら――野蛮人の侵略であった。この侵略行動がもたらす征服や強奪が〝生産力〟に相当する。

＊6　プロレタリアートはその政治権力を利用して、着々とブルジョアジーからいっさいの資本を奪いとるであろう。いっさいの生産手段を国家の手に、すなわち支配階級として組織されたプロレタリアートの手に集中するであろう。そして生産力の総量をできる限り急速に増大させるであろう。（『共産党宣言』三四頁）

＊7　これは一八四八年以来の歴史的事実に反する。

＊8　「The Theory and Practice of Communism（1950）」p. 39.

＊9　「The Future of Industrial Man（1943）」p. 26.

＊10　一八五七年九月二五日、エンゲルスは次のような手紙をマルクスにあてている。「私は目下クラウゼヴィッツの『戦争論』を読んでいる。哲学的説明に若干問題があるが、その命題としているところは素晴しい。

　戦争は科学なのか、それとも術なのかという疑問に対する解答は、戦争が貿易に良く似ているということである。（『戦争論』第一巻四〇頁）戦争における戦いは、貿易における現金払いのようなものである。というのは、仮に戦争を起す必要性はほとんどないとしても、もし起れば、すべてのことが戦争に指向される。そして究極的には、すべてのことが同時に起らねばならないし、しかもそれは決定的でなければならない。」（「Makers of Modern Strategy」）p. 158.

＊11　前掲「Makers of Modern Strategy」p. 156.

軍事力に対する産業革命の衝撃

スタンダールは、一七八五年から一八二四年までが最も変化の激しかった期間だと言っているが、この期間、陸海軍が受けた産業革命の衝撃は取るに足らぬものであった。その原因として、陸海軍の惰性的体質、軍事力の基盤としての工業力の無視、ナポレオン戦争がもたらした反戦的気風等があげられる。したがって、一七八五年頃の陸海軍と一八二四年頃の陸海軍の間には、ほとんど差異が見られないのである。にもかかわらず、発明の精神に目ざめた若干の人々がそこここで新しいアイデアを思いつき、数年後には軍隊は自らを覆っているからを破って、のそのそと歩きだしたのである。

一七五九〔一七六九〕年、フランスのキュニョー[#]は蒸気ボイラーを大型荷馬車にとりつけ、蒸気で走る自動車を作ることに成功した。彼はこれを兵器として利用してやろうと考えていたが、第一回公開実験で衝突事故をおこし、壁をこわしてしまった。この結果、彼は刑務所入りとなり、実験は放棄されてしまった。しかしながら、マンチェスターの指摘するように、兵器としてのその価値はいずれ気づかれるものであった。というのは、キュニョーが気づかなくても、後に「ナポレオンが蒸気自動車の軍事利用について、その可能性を追求したにちがいないからである。実は、この偉大な将軍ナポレオンはフランス研究所の所員として〝戦場における自動車〟という研究命題と取り組んだことがあるのである。[*1]」

キュニョー（Cugnot, Nicholas Joseph）一七二五－一八〇四。フランスの発明家、軍事技師。

一七八三年、モンゴルフィエ兄弟が初めて人を乗せた気球を作り、一〇月一五日、処女飛行を行った。そして翌（一七八五）年、一月七日、ブランシャールらが英国海峡を越えた。気球の軍事的有効性が直ちに認められ、フランス革命戦争開始後、ムードンに飛行学校が設立され、四個の気球が北方軍のため製作された。その一つは、一七九四年六月一六日、フルーリュスの戦闘#に先だち、オーストリア陣地の偵察に使用された。

フルーリュスの戦闘。フランス革命軍とオーストリア軍の戦いで、フランス側の勝利に終った。

また船舶に蒸気推進を利用する実験が早くから行われ、一七七五（八七）年、ジェームス・ラムジー（バージニア州）により蒸気船が初めて完成した。ラムジーの汽船は、ローマ時代から始まった外輪《パドル・ホイール》による推進ではなく、水の噴出による推進——蒸気ポンプが船首から水を吸入し、船尾から噴出する——であったから極めて画期的なものであった。

これらの発明から、将来の交通機関について予測したイラスムス・ダーウィン博士#は、一七九一年、次のような詩を書いた。

汝の腕にかわって、
疲れを知らぬ蒸気機関が
ハシケを遠くに曳いて行く、
車を遠くに走らせる。
チャリアト#は大きな翼をつけ、

空中高く飛びまわる。
乗員は誇らしげに、のり出して、
ハンカチを振ってみせる。
兵士達はただみとれ、
軍楽隊はあわてて警報を発する。
軍隊は広く厚い雲の下にしりごみする。
そんな時代がすぐやってくるだろう。[*2]

ダーウィン（Darwin, Erasmus）一七三一－一八〇二。英国の物理学者、詩人。
チャリアト、古代の二輪戦車。

産業革命の衝撃により、地上軍や艦隊がこの詩どおりになったのは半世紀以上たった後のことであるが、大砲や小銃は次のような多くの発明により、その破壊力を著しく増大した。十八世紀の末、二つの新型砲弾が発明された。一つは、一七八四年、ヘンリー・シュラプネル中尉が発明した〝球面薬莢〟――一般に榴散弾として良く知られている――であり、他の一つは、ジブラルタルの攻囲（一七七九－一七八三）にあたり、二四ポンド砲から発射できるように改良された五・五インチ迫撃砲弾――メルシエの〝有効砲弾〟――である。前者は一八〇三年に、英国兵器委員会により採用された。後者は、木造戦艦の終焉をもたらすことになったのであるが、一八二二年まで採用されなかった。

小銃弾の発明としては、撃発雷管と尖頭円筒型小銃弾があげられる。この二つの発明は歩兵戦術に一大革命を生起させることになった。撃発雷管が実用化されたのは、一八〇〇年、雷酸水銀――衝撃により爆発する爆薬――の発明にその端を発する。七年後に、A・フォーサイス師が塩素酸カリウムと雷酸水銀、それに粉末ガラスを混ぜて衝撃起爆剤の特許をとり、一八一六年になると、フィラデルフィアのトーマス・シャウが銅の撃発雷管を発明した。かくして、不発を大幅に減じ、火打石銃と異り、風雨でも射撃できるようになった。しかるに、このような新型小銃は、スポーツ用として採用されたにすぎなかった。英国兵器局が従来の火打石銃を撃発型に転換したのは一八三九年になって初めてであり、いかに保守的であったかがうかがわれる。

　撃発雷管の小銃がいかに優秀な兵器であったかはじきに証明されるところとなった。一八四一年、[#]「セポイの一個中隊が豪雨の中、数千名の中国人に包囲された。その時、その中隊は火打石銃を装備していたので射撃ができず、危機にひんした。そこで、撃発雷管銃を装備した海兵二個中隊が救援にかけつけ、敵に大損害を与え、撃退したのである。[*3]」

　# アヘン戦争（一八四〇－一八四二）

　尖頭円筒型小銃弾は一八二三年、英陸軍第三四連隊のノートン大尉によって発明された。それは弾丸の底部が円筒になっており、発射されると小銃弾が膨張して銃腔を閉じるのである。このアイデアのヒントとなった吹き矢の話はおもしろい。ノートン大尉は、南部インドにいた頃、先住民が使用している吹き矢を調べてみた。彼は、吹き矢の基部が弾性のあるハリエンジュの木の髄で作られており、吹き矢筒を吹くと矢の基部が膨張して筒の内壁に接着し、空気の逃げるのを防ぐようになっていることを知った。

一八三六年になると、ロンドンの銃工、グリナー氏がノートンの小銃弾の底部に擬円錐形の栓を挿入し、これを改良した。これら二つの新小銃弾の発明を英国兵器局は採用しなかったが、フランスは直ちにこれらの着想を検討し、一八四九年には、ミニエーがグリナーの考案を基に、恐るべきミニエー小銃弾を製造した。あわてて英国政府はミニエーに二万ポンドを支払い、特許を買い取った。一方、グリナーはミニエーからアイデア提供代として一万ポンド受領した。一八五一年、ミニエー小銃は英軍の主要装備となり、一八五二年のカフィールの戦争#において、「一一〇〇ヤード―一三〇〇ヤードの距離でカフィール族の小隊を撃退しえる」[*4]ということを実証してみせた。これら二つの小銃弾の発明は、小銃を一九世紀における最も恐るべき兵器にしたのである。

カフィール戦争。英国のケープ植民地進出にともない起った英国とボーアとの戦い。第八次カフィール戦争（一八五〇―一八五三）が最も激しかった。

火打石銃と撃発雷管の口装銃について、その利害が論じられている時、プロシアは一八四一年、大胆にも各連隊に対しドライゼの後装式小銃を装備させた。これは〝撃針銃〟として良く知られ、紙の薬莢を使用し、しかも遊底を操作して射撃する画期的小銃であった。銃尾のところからガスが逃げるため、この銃の射程はミニエー銃に比べて非常に短小だったが、発射速度は、ミニエー銃が一分間二発に対して、これは七発であった。装塡の迅速性よりもっと重要なドライゼ小銃の利点は、射手が伏臥して自由に装塡できることにあった。これにより、一八六六年の対オーストリア戦で、オーストリア兵が士気を阻喪してしまったのである。[*5]

火砲の進歩は、費用の関係で小銃よりも遅れていた。火砲の腔線及び後装のアイデアはいずれも古くからあったが、両者を一緒に組み合わせたものは、恐らく、一七四五年、英国において行なわれた実験が初めてであろう。[*6] ついでちょうど一〇〇年後に、サルディニアの将校、キャバリイ少佐が後装の六・五インチ腔線砲を発明した。そしてさらに、一八四六年には、ワーレンドルフ男爵がもっと有効な後装・腔線砲を造り出したのであるが、装備を更新するための費用をどの国もねん出できなかった。やがてクリミア戦争（一八五三－一八五六）が勃発した。この戦争で、鋳鉄製の口装・滑腔砲身である六八ポンド砲及び八インチ砲が多数、ランチェスターの法則により、腔線砲に変えられた。[*7] 腔線砲は射程を大幅に延ばしただけでなく、命中精度も高めたので、セバストポリ[#]は砲撃により〝惨状を呈する〟ところとなった。このため、戦後、列国は競って、腔線をほどこした後装砲の実験に着手したのである。

セバストポリ攻囲戦。クリミア戦争の主戦で、結局、この陥落をもってロシアの敗北が決定した。要塞の攻囲期間は三五〇日、死傷は連合軍側十万、ロシア軍側三〇万。

産業革命の初期に登場し、小銃や火砲とは別個の発展をたどる兵器としてロケット兵器がある。ロケットは爆発推進力により飛翔し、歴史的に古く、アジアではすでに一三世紀に出現している。英国の砲術専門家サー・ウィリアム・コングリーブ大佐[*8]がロケットに関心を抱き始めたのは一七九九年、インドのセリンガパタムが攻囲された際、ティープ・スルタン[#]がロケットを使用したことからである。大佐はティープのロケットをモデルにし、さらに改良を加えた。彼は重さ二オンスのロケット——〝一種の自動推進小銃弾〟——から三〇〇オンスのものまで、各種のロケットを作った、と語っている。[*8] それらのロケットは、一八〇六年、ブーローニュの攻囲で初めて使用されたが、その時の模様をコングリーブは「ロケットが発射されて一〇分もたたない内に、街は炎に包まれた」[*9]と書き残している。その他、一八〇七年にはワルヘレンやコペンハーゲンで、一八一五年にはライプツィヒ、ワーテルロー、ニューオリンズでロケットが使用された。ニューオリンズでのロケット攻撃のすさまじさを、レカリエル・ラトゥール少佐は「攻撃の終始を通じ、ロケットが雨、あられのように降り注いだ。[*10]」と記述している。

ティープ（Tipu, Sultar）一七五一—一七九九。インドのマイソール地方のスルタン（王）。数回にわたり英軍と戦い、都セリンガパタムの戦いで戦死した。

ロケットについて、コングリーブは「たしかに、戦術体系を一変させてしまう兵器である。[*11]」と予言し、マルモン元帥#は「ロケットは最優秀兵器になるであろう、……そして軍隊の将来に限りない影響を及ぼすにちがいない。[*12]」と考えた。

マルモン（Marmont, Auguste Frédéric Louis Viesse de）一七七四—一八五二。フランスの元帥。ナポレオンの副官をしたこともある。

ロケット兵器のほかに、この頃、次の四つの兵器——いずれもアイデアとしては古くからあった——が考案されたり、使用するよう提案された。それらはその後じきに、地上軍や艦隊を散々な目にあわせることになったのである。

一七七六〔五〕年、アメリカ人デビッド・ブッシュネルは最初の潜水艦を建造した。それは一人乗りで、独立戦争において英国軍艦イーグル号を攻撃した。しかしながらブッシュネルが判断を誤ったためこれを撃沈できなかった。一七九七年、ブッシュネルを継いで、やはりアメリカ人で、類まれな発明の天才、ロバート・フルトンが潜航艇を建造した。ノーチラス号と呼ぶこの潜水艦はブレスト港で約三〇分間海中に停止していた。第二の兵器は、一八一二年、ダンドナルドが提案した化学兵器である。彼は窒息剤として硫黄を爆焼させることを提案した。一八五五年、クリミア戦争で、彼はこの化学兵器をセバストポリで使用するよう力説したが、この兵器がもたらす残忍性から使用は拒否されたのであった。

あと二つの兵器はともに蒸気で作動するものであった。第一はパーキンスの蒸気砲である。一八二五年一二月九日付のロンドンの新聞〝ザ・クーリエ〟はウェリントン公も出席して実演されたこの砲について掲載している。この砲は毎分一千発近くの発射速度を有し、その貫徹能力は鉄板四分の一インチだったといわれる。同紙社説は「ここに人間の発明の才と破壊力の驚嘆すべき見本がある。どんなに多くの人口を有していても、このような破壊的兵器による損耗を補充することはできないから、この兵器は恒久的平和な時代の到来を約束するものである。」と論評した。クリミア戦争では、蒸気砲と良く似た新兵器の使用が検討されたことがあった。一八五五年、博愛主義者で、富豪のジェームス・コーウェンは「敵歩兵をなぎ倒すための戦車鎌をつけた蒸気式移動地上砲台」を考案し、特許を取った。この砲台は大砲を搭載した四輪装甲車輌で、ちょうど「車輪の上に巨大な皿覆いをかぶせたような形をしていた。」当時の首相パーマストン卿は、文明戦争で使用するにはあまりにも残忍な兵器であるとして、これを却下した。[13]

一八一三〔〇七〕年に、ロバート・フルトンは最初の蒸気装甲船、クラーモント号を建造した。同船は一対の船体からできており、船体と船体の間に外輪があった。クラーモント号は厚さ四八インチの木材の甲帯により装甲化されており、極めてぶかっこうで、怪物のような船であった。したがって多くの人々がその推進方式と防護手段になんらかの改造を加えるべきであると考えていた。一八三六年になると、ジョン・エリクソンが、まずスクリュー・プロペラを使用して推進する方式を採用した。ついで木材にかえて鉄材により装甲化した。まことに不思議なことであるが、英国海軍省は蒸気船の導入に反対であった。植民省が第一卿に対し、マルタからイオニア諸島への郵便物輸送に蒸気船を使用することを嘆願した際に、次のような回答を受取った。

「貴族の方々は、蒸気船の導入は大英帝国の制海権保持に、致命的な打撃を与えるものと判断されておられる。したがって、蒸気船の採用を極力思い止まらせることがわれわれの義務であると考える。[14]」

それ故に、英国がクリミア戦争に巻き込まれた時、英国艦隊はそのほとんど全部が木造帆走艦で、ほんの少数の軍艦が蒸気補助エンジンを備えているにすぎなかった。ところが曳船だけはそのほとんどが蒸気船であった。これは次のことをあわせ考えるとまことに驚くべきことである。というのは、一八二二年以来、既に榴弾加農砲《カノン》#が導入され、木造艦はその戦闘能力を全く失ってしまうほどのぜい弱なものになっていたのである。このことを立証したのが、一八五三年一一月に起ったシノップの海戦である。この時、トルコ海軍のフリゲート艦隊はロシア艦隊の榴弾加農砲による砲撃で木っ端微塵に吹きとばされてしまった。これを知ったナポレオン三世は、直ちに着弾後破裂する榴弾と従来の固体弾の両方に抗しうる装甲防護力をもった軍艦の建造を命じた。ナポレオンのこの新式艦隊はもののみごとに成功をおさめ、装甲艦の必要性が疑いもなく立証された。そして装甲艦の導入は、さらに強力な火砲の導入を必要とし、ここに腔線《ライフリング》砲が普及したのである。かくて英仏は戦後直ちに、最初の装甲軍艦〝グロワール号〟と〝ウオーリア号〟を建造することとなった。

榴弾加農砲。フランスのペキザン将軍が発明したもので、従来の榴弾砲の特徴である榴弾及び擲射の利益と、加農の特徴である低伸弾道及び霰弾射撃の利益をむすびつけた。

　機関車を初めて作ったのは、一八〇一年、英国人技師リチャード・トレヴィシックであった。彼は最初、機関車を炭坑で使用し、非常に成功した。一八一二年には、トレヴィシックの機関車が一両、ニューカッスルのワイラン炭坑でも使用されていた。ちょうどその頃、キリングワース炭坑のエンジン製作者であったジョージ・スチーヴンソンがこれを見て非常な感銘を受け、炭坑と積出港間に軌道を敷き〝移動エンジン〟を走らせた。これが非常に便利であったので、彼はストックトン及びダーリントン鉄道の計画立案者達に対し、馬による荷物車の牽引から蒸気機関車による牽引に変更するよう説得した。彼の説得が功を奏し、一八二五年九月二七日、初めて本物の汽車が出現することになった。産業革命における蒸気機関車ほど、将来における平和と戦争に大なる影響を与えたものは他になかったといえよう。

機関車は英国で生まれたのであるが、戦争における鉄道の重要性を最初に洞察したのはクラウゼヴィッツを生んだあのプロシアであった。プロシアでは鉄道が敷かれる以前から、民間人の間に鉄道の軍事的重要性が論じられていた。一八三三年、F・W・ハルコルトは、ケルンとミンデン、及びマインツとヴェーゼルをそれぞれ結ぶ鉄道がラインラントの防衛に必要不可欠であると指摘した。さらには、C・E・ペニッツがフランス、オーストリア、ロシアからプロシアを防衛するために国全域にわたり鉄道を敷設すべきであると力説した。これと時を同じくして、天才的経済学者フリードリッヒ・リスト#（一七八九—一八四六）は、プロシアが強力な潜在敵国の真只中に位置する軍事的二流国家であるという立場から、鉄道こそがプロシアをして強国にならしめることができると主張した。『近代戦略の創始者達』から引用するなら、「ドイツは、ヨーロッパ大陸の心臓部に位置する防衛的要塞国家となりうる。急速な動員、国の中心から国境周辺への迅速な軍隊の移動、さらに鉄道輸送による〝内線作戦〟の利点追求等によりドイツは、他のヨーロッパ諸国に比して有利な状況を作為できる」[*15]のであった。

リスト自身も次のように書いている。

「隣国がわれわれより早く鉄道網を完成させるなら、その一マイル、一マイルが隣国に有利に作用する。……移動手段の発達により、われわれが手にした新しい防衛兵器を利用するか否か、決断をしぶっている余裕などない。かつてわれわれの祖先が弓矢に代えて小銃を使用すべきかどうかの決断に直面したと同じ状況にわれわれは今、立たされているのである。[*16]」

リスト（List, Friedrich）。歴史学派経済学の創始者。彼の説く保護主義はメッテルニッヒの追及をうけ、アメリカに亡命。一八三二年、ドイツに帰国、企業家として鉄道網の建設につくした。

リストが逝去した一八四六年、プロシア軍は初めて鉄道による大機動演習を実施し、一個軍団、馬・火砲を含む兵員一万二〇〇〇をクラクフ[#]に移動させた。プロシア参謀本部はこの演習により鉄道の軍事的価値に関する広範な調査を行なうことができた。さらにプロシアは、一八四八年から一八五〇年にかけての革命動乱期に鉄道輸送の経験を積んだ。一八四九年には、ナポレオン三世もイタリア戦役でフランス国内の全鉄道を利用した。この時から鉄道の戦略的価値が重視され、遂には戦場にある幾百万の軍隊に補給が可能となるに至ったのである。まことに、ジョージ・スチーブンソンは、軍事国家の父といわれるナポレオンやクラウゼヴィッツより一段上といえよう。

クラクフ（Cracow）。ポーランド南部、ヴィスワ川に臨む都市。もとポーランドの首都。

一八三六年——本章で論じた最終年代の二〇年前——ジョミニ男爵（一七七九－一八六九）はその著『戦争術概要』の中で次のように書いている。

「過去二〇年間に生れた新発明の数々は軍隊の編制・装備・戦法に大変革をもたらそうとしている。……

破壊手段は驚くべき速度で進歩し、完全破壊へと近づきつつある。今や威力と方向をコントロールできるコングリーブのロケット弾、小銃弾の射程と同距離まで散弾の雨を降らせることができる榴散一弾砲、一個大隊分の小銃弾を発射するパーキンスの蒸気砲等は破壊力を驚くほど増大し、あたかもアイラウ、[#]ボロジノ、ライプツィヒ、ワーテルローの各戦闘における大殺戮だけではヨーロッパ人種を殺し尽くせないかのようである。

アイラウの戦闘。ロシア軍がアイラウに停止して、ナポレオン軍を迎え撃ったのに対し、ナポレオンは逐次戦闘加入によりこれを攻撃した。戦闘の結果はナポレオン側の勝利に終ったが、決定的戦果を得なかった。両軍あわせて六万の損害を出した。

もし諸国政府が国際会議を開催して、これら破壊兵器の使用を禁止することで一致をみることが不可能なら、残された道は、軍の半分を胸甲騎兵にして、これらの破壊兵器を迅速に捕獲することであろう。そして歩兵すらも、再び中世のよろいかぶとに身を固めることになろう。さもなくば、敵と交戦しない内に、一個大隊が撃滅されてしまうことが火を見るより明らかである。

かくて、われわれは全身をよろいで覆ったかの有名な中世の重騎兵に再会することになろう。そして勿論、馬もまた同じような防具を必要とするだろう。[*17]」と。

＊1 「The Forerunner of the Tank」 H. H. Manchester, 「The American Mechanist」 Vol. 49, No. 15.

＊2 「The Poetry and Aesthetics of Erasmus Darwin」 James Venable Logan (1936), p. 117. エラ

スマス・ダーウィン博士は動物学者チャールス・ダーウィンの祖父。

＊3　「Dispatch of Lieut.-General Lord Viscount Gough」London Gazette, 8th October 1841.

＊4　「A History of the British Army」J. W. Fortescue（1927）, Vol. XII, p. 561. 施条の考えは古く、一六三一年にさか上る。問題は数発射撃すると、火薬が施条にこびりつき、装塡を著しく困難にすることであった。

＊5　「Military Reports」Colonel Baron Stoffel, French Military Attaché in Prussia, 1866–1870 (English edition, 1872), p. 64. 参照。後装方式は非常に早くから始まった。一七四二年、ベンジャミン・ロビンスはその著「New Principles of Gunnery」の中で腔線砲及び腔線小銃について主唱した。ナポレオンもまたこの書を深く研究した。

＊6　「Tracts on Gunnery」Benjamin Robins, p. 337. 参照。

＊7　砲弾の回転は砲腔を卵形にすることにより与えられた。即ち、砲尾から砲口に向い砲の軸をよじらすことにより回転させたのであって、砲腔の溝によったものではなかった。

＊8　「Congreve Rocket System as Compared with Artillery」Maj.-General Sir W. Congreve, Bart. M. P.,（1827）, p.39.

＊9　同右　p. 18.

＊10　「Historical Memoir of the War in West Florida and Louisiana in 1814–15（1816）」p. 154.

＊11　前掲「Congreve Rocket System etc.」. p. 42.

＊12　「Congreve Rocket（1860）」Captain Boxer pp. 65–66 に引用されている。

＊13　「The Tanks」Captain B. H. Liddell Hart（1959）, Vol. I, p. 13 参照。

＊14 「The Journal of the Royal United Service Institution（1931）」Vol. LXXV, No. 502, p. 258 に引用されている。

＊15 「Makers of Modern Strategy」p. 149.

＊16 同右 p. 150 に引用されている。

＊17 アメリカ版（一八六八）四八－四九頁。

第六章　アメリカの南北戦争　一八六一－一八六五年

アメリカに対する産業革命の衝撃

アメリカの南北戦争は蒸気時代における最初の大戦争であった。その原因は、まだ歴史の浅いアメリカに普及していた〝生産力〟――マルクスは人間と生産手段の関係をこう呼んだ――に対する産業革命の衝撃と密接な関係があった。産業革命は〝生産関係（人間と人間の関係）〟に変化をもたらし、そして究極的には二つの経済的に別個な社会、すなわち北部諸州と南部諸州の住民間に戦争をぼっ発させた。北部は主として農業及び商業を営む忠実な民主主義者達であり、南部はほとんど封建的性格を持った貴族主義的住民で、その農園は奴隷の労働により耕されていた。

独立戦争（一七七五－一七八三）間、ないしはその直後に、連邦の創設者達は奴隷制度を一度は廃止したが、一七八七年、憲法が起草された際に、サウス・カロライナ及びジョージア両州の主張により奴隷制度は残されることになった。[*1]当時の状況では、奴隷制度は衰えつつあったので、もし〝生産力〟になんら変化がなければ、数世紀後には、奴隷制度は全く消滅してしまう可能性があった。

しかし、それがそうはならなかったのである。なぜなら、憲法が批准された一七七八年から四〔五〕年後に、一つの発明が突然なされ、その発明が南部諸州における綿花の栽培に強烈な刺戟を与えることになったからである。それは、一七九二〔三〕年、アメリカ人、イーライ・ホイットニーが考案した〝のこぎり歯付き綿繰り機《ソージン》〟である。その綿繰り機は綿花を綿実から簡単に分離することができるので一八一五年から一八六一年にかけては綿花の収益性が非常に高く、「南部の王」として知られるようになった。と同時に、これは奴隷労働の価値を高める結果になった。したがって、奴隷売買は活況を呈し、需要に応じられないありさまであった。〝綿繰り機〟が導入される以前には、タバコが南部の主要作物で、綿をはるかにしのいでいた。しかるに、一八二〇年になると、綿作は一億六〇〇〇万ポンドにも昇り、十年後にはさらにその倍となり、一八五〇年には一〇億ポンドの大台を越え、六〇年には二三億ポンドに達した。これと並行して〝第一級の作男〟、一人の値段が一八三〇年の五〇〇ドルから一八六〇年には約一八〇〇ドルに値上りした。このことは、奴隷の供給が南部の繁栄に如何に重要となったかを示している。

一方、北部諸州には急激な経済的変化が起りつつあった。前後二回にわたる通商貿易の長期禁止――第一回目は一八〇七－一八一二年、ナポレオン戦争の時、第二回目は一八一二－一八一五年、対英戦争の時――により北部諸州は国内産業への依存度を高めるとともに、その拡大を必要とした。かくして、南部の資本は奴隷により代表され、北部にあってはますます工場によって代表されるようになった。一八一二年には、アメリカは外国から綿織物の輸入を必要としないほどにその国内的基盤を固めていた。一八四〇年には、合衆国に一二〇〇の綿紡績工場――その大部分はニュー・イングランド州にあった――があり、六〇年頃には、その製品は西部の辺境地にまで持ち込まれていた。

ペンシルバニア州の鉄工業はなかなか発展しなかった。そこで、これら未成熟産業を保護するため、関税制度が導入された。関税制度は北部の鋳造工場や製粉所の持主にとっては必要不可決な制度であったが、南部の農園主にとってはこの制度から直接受ける恩恵はなかった。そこでサウス・カロライナ州などは、北部の便宜のために南部に課税することは憲法違反の政策だと主張した。関税論議はあっというまに激烈化し、ついに一八三二年、サウス・カロライナは、「一八二四〔八〕年の関税法（別名〝唾棄すべき関税〟ともいわれる）は無効である」と宣言するに至った。やっとのことで妥協が成立し、州の権利確保の闘争はその第一段階を終ったのである。

このような争いが起っている間に、もっと解決し難い問題が根をはりつつあった。一八〇三年、広大なルイジアナ地域がフランスから購入され、さらに一八一九年には、フロリダがスペインから購入された。これら両地域の併合により合衆国は二倍の広さになった。一八二一年になると、メキシコがスペインから分離し、合衆国とメキシコとの摩擦は、一八三五－三六年のテキサス戦争、四六－四八年のメキシコ戦争へと発展した。これらの戦争で合衆国はルイジアナ地域とほぼ同面積の領土、すなわちテキサス州及び、事後州となったニュー・メキシコ、アリゾナ、カリフォルニア、ネバダ、ユタ、コロラドの一部を併合した。

南部諸州と境界を接するこれら広大な地域の獲得は次のような争いの種をまくことになっ

た。すなわち、新しい領土は究極的に自由州になるのか、それとも奴隷州になるのか、ということである。もし自由州になれば、北部が合衆国を支配することになるであろう。奴隷州になるなら、南部である。南部の農園主達は奴隷制度の拡大を主張したのみならず、一八〇七年の連邦法――奴隷売買の禁止――の撤回をも要求した。北部にとって、これはのめない要求であった。というのは、もし南部の要求を入れれば、英国と戦争になるかもしれぬばかりか、[*2]北部の民主主義が世界からべっ視されることが確実であったからである。

北部が反対したのは南部諸州における奴隷制度の存在に対してではなく、その制度を新しく併合された地域に拡大することにあった。したがって、その地域の将来の地位が決定されない限り、両者の争いは続いたのである。このような状況下において一八五八年、どちらかというと無名の人物、アブラハム・リンカーン（一八〇九―一八六五）が登場してきた――当時の大統領はジェームス・ブキャナン（一八五七―一八六一）（一七九一―一八六八）であった。リンカーンは、イリノイ州選出上院議員の椅子を争う選挙戦で、論争の焦点となった奴隷問題にふれ、次のように訴えつづけ、有権者達の支持を勝ち取った。

「『もし家が分かれて争えば、その家は立つことができなくなる』でしょう。半ば奴隷、半ば自由の状態で、この国家が永く続くことはできない、と私は信じます。私は合衆国が分裂状態であってはならない、家が倒れるようなことがあってはならないと思います。私は、合衆国が分かれ争うことをやめるよう願うものです。それは全奴隷国家になるか、さもなくば全自由国家になるか、いずれかでありましょう。[*3]」

南北の対立が戦争へとまっしぐらに突走りだしたのは、狂信的奴隷制度反対論者ジョン・ブラウンが二二名の信奉者達を指揮して、ヴァージニア州ハーパーズ・フェリーにある武器庫を占領したことに端を発した。それは一八五九年一〇月一六日のことである。彼の目的は奴隷達を蜂起させることにあったが、失敗し直ちに、虐殺を企てたかどで縛り首に処せられた。しかしこの事件は南北の争いを白熱化させ、連邦派、あるいは反連邦派であるとを問わず、奴隷制度に関する戦いは妥協を許さず、最後の最後まで死を賭して戦われることになった。

このような情勢下にリンカーンは、一八六〇年一一月六日、大統領に選ばれた。かくて連邦議会は南部に対し、奴隷制度拡大の夢は終ったと宣言した。そこで、一二月二〇日、サウス・カロライナは連邦脱退の法令を可決した。次いで翌年二月一日までに、ジョージア、アラバマ、ミシシッピー、フロリダ、ルイジアナ、テキサスがこれにならった。[*4] これら諸州は市民兵を直ちに召集し、南部にある連邦軍の砦や武器庫を占領した。二月四日には、アメリカ連邦南部同盟諸州（南部連合）として知られる臨時政府をアラバマ州モントゴメリーに樹立し、ジェファーソン・デーヴィス（一八〇八－一八八九）が大統領に就任した。

ついに、四月一二日、南北の緊張状態は最早堪えきれないものとなった。歴史的意義を持つことになった四月一二日の朝がまさにあけんとする時、チャールストンの南部軍はフォート・サムターに対し砲撃を開始した。この砲撃のとどろきこそが三〇年間にわたる論争に終止符を打ち、戦争というきびしい試練によりこの問題の決着がつけられることを告げるものであった。この戦争は、相対立する二つの政治グループの戦いではなく、各々異った文明を擁護する二つの社会がとことんまで争った戦いであった。ステファン・ベネットは次のように簡潔にこの戦争を叙述している。

「それは大地に根をはる田園社会の反抗であり、機械や蒸気時代に対する闘争であった。[*5]」

＊1　奴隷制度が北部諸州において廃止されたのは一七七七年から一八〇四年の間である。まず最初にヴァーモント州が奴隷を解放した。最後の州はニュー・ジャージーであった。実際このことは奴隷自体にとっては、大した利益ではなかった。というのは、北部の奴隷は大部分、南部の奴隷市場へ移されたからである。

＊2　一八一四年のガン平和条約により、イギリスと合衆国は相互に奴隷売買絶滅のため全力を尽すことを誓い合った。さらに一八四二年のアシュバートン条約でこれを強化するため両国はアフリカのウエスト・コーストに艦隊を配置しておくことに同意した。

＊3　「The Living Lincoln」edit, M. Angle and Earl Schenck Miers（1955）, p 212.

＊4　四月一七日から五月二〇日にかけて、ヴァージニア（一八六三年、ウェスト・ヴァージニア州になった西半分を除く）、アーカンソー、テネシー、及びノース・カロライナが南部連合に加わった。

＊5　「John Brown's Body（English edition, 1929）」, p. 375.

南北戦争の性格

南北戦争は「合衆国を解体すべきか、このまま持続すべきか」を決定し、あらゆる難問を一挙に解決せんとするものであったから、戦争の性格が絶対的なものとなった。もし合衆国を持続するとしたら、南部諸州が無条件に北部諸州に従うか、北部が無条件に南部を従わせるかしなければならない。ところが、南部は北部に従うことを拒否したのであるから、北部は妥協なき戦争に訴えることになったのである。

二〇世紀の総力戦と同様、まず激しい宣伝戦が数年前から始まった。この宣伝戦は穏健的で、思慮分別ある意見を、戦争勃発のずっと以前に抹殺してしまい、原始部族の狂信的気風を、相手の両派に充満させてしまったのである[*1]。

だからこそ、ヴァッテルの「一度、扉を開いて、過度に侮辱的非難を浴びせ続けると……、当事者の一方が完全に撃滅されるまで、剣は決してさやに収められないだろう[*2]。」という言葉どおりになったのである。

アメリカ憲法の見地から判断すると、リンカーンは独裁者であったといえる。事実、彼は戦争が勃発するや直ちに、議会の承認なしに南部諸州の港湾封鎖を宣言し、七万五〇〇〇人の志願兵を召集するよう命じた。その他、彼は自分の権限で、メリーランド州の一部に人身保護令状の停止を命じた。大統領に対し不忠誠であると疑われる人々は裁判もせずに投獄された。歴史学者サムエル・モリソンとヘンリー・コマージャーがあげているリンカーンの独裁行為のいくつかを例示しよう。

「ボルチモアの市長は忠誠であったにもかかわらず、南部同調者だという疑いで逮捕され、一カ月以上も砦内に監禁された。メリーランドのある判事は、政府役人達の不法行為を調査するよう大陪審員に説示を与えたところ、兵士達が開廷中の公判に踏み込み、その判事を殴打し、席から引きずりおろした。しかも彼は六カ月間も監禁されたのである。[*3]」

南部連合のデーヴィス大統領もまた独裁者であり、リンカーンと同じ位、独断的であった。しかしリンカーンは非常に人間的で、度量の大きいところがあったが、デーヴィスは形式的で、利己的であり、議論もしなければ、人の話に耳を傾けようともしなかった。彼はまた人の助力も受けいれなければ、反対意見をのみこむ寛大さもなかった。にもかかわらず、性格がどうであろうと、絶対的戦争というものはそれを闘うために、絶対的指導者を必要とする、という事実が存在するのである。

＊1　N・スティーブンソン著『リンカーン』の一文。彼は、また次のようにも書いている。「新しい気風が国中に生れた。戦争というものが必らずもたらす一連の暴力的感情……、眠れる獣のように、あらゆる平和な国民の中に潜伏している原始的な血の欲望の復活。」（「The Growth of the American Republic」Samuel Eliot Morison and Henry Steel Commager (1942), Vol. I, p 673. より引用）

＊2　本書第一章26頁参照。

＊3　前掲　Morison and Commager「The Growth of the American Republic」Vol. I, pp. 699-700. 一八六三年の夏、オールバニイの市民大会でリンカーンは、彼に対する非難に答えて「逮捕はその行為がおこなわれたからというよりも、多分おこなわれたかも知れなかったからである」と言い、自己を弁護した。これは独裁の本質である。なんとなれば、独裁は政府の首長を法の上に置くからである。（リンカーンの全答弁は「The Living Lincoln」pp. 545-554. 参照）

戦略的諸問題

南部連合はリオ・グランデ・デル・ノルテからチェサピーク湾へ、ミズーリ河からメキシコ湾へ広がっており、その大部分は未開の地であった。そこには五〇〇万－六〇〇万の白人と三五〇万の黒人が居住し、合計しても北部諸州の半分にも満たなかった。工業資源としてはリッチモンドにあるトレデガー鉄工所のみであり、しかもその鉄工所とてごく限られた量の武器や重鋳造物を生産できる程度であった。南部連合は北部の諸工場を利用できないので、すべての軍需品や工業製品をヨーロッパに依存した。彼らはこれらの製品と綿花を交換することにより採算がとれるとふんでいたのである。

戦略的に、南部連合は南北を結ぶ最大の交通路ミシシッピー河により東西に二分されていた。この河の東岸から大西洋に至る一帯が主要戦域であった。この戦域内にあるアレガニー山脈とこれにつらなるアパラチア山脈はポトマック川の源となる北端から南西に縦走し、テネシー河畔のチャタヌーガに至り、そこから北部アラバマに入って、戦域を二つの亜戦域に分けている。これら二つの亜戦域の内、東方亜戦域には南部と北部の首都がある。すなわち、北部連邦の首都ワシントンがポトマック河畔に、南部連合の首都リッチモンドがジェームズ河畔――ワシントンの南、約一〇〇マイルの地点――にそれぞれ位置している。

道路はほとんど馬車道であったので、戦争の全期間をつうじ、大部隊の移動は鉄道と河川によった。南部連合の鉄道で最も重要なものはリッチモンドからミシシッピー河に向って東西に走る二本である。その一つはチャタヌーガを経由してメンフィスに至り、もう一つはアトランタを経てヴィクスバーグに向っていた。アトランタはチャタヌーガの南方約一〇〇マイルのところにあって、両市は北部ケンタッキーのルイヴィルからジョージアのサヴァナに至る鉄道で結ばれていた。そしてこの鉄道の支線がサウス・カロライナのチャールストンにまで延びているのであった。したがって、アトランタとチャタヌーガが陥落するようなことがあれば、東西を結ぶ二本の主要鉄道は遮断され、かつ二つの亜戦域を連結できなくなるのである。だからこそ、この両市は南部連合にとり戦略的要衝であった。

南部連合は北部諸州を征服することなど望むべくもなかったので、問題は北部の征服に如何に抵抗するかであった。換言すれば、北部連邦をへとへとに疲れさせて、戦争を放棄させることだった。この目的を達成する鍵は、南部の資源がどれだけ持ちこたえられるかということにあった。南部の資源を増強するためには、ヨーロッパとの連絡を維持することが重要である。それには南部連合の主要な港を開放しておくことが必要不可欠であった。

一方、北部連邦は南部連合を逐次占領していけば良かった。すなわち、南部連合の支配地域だけでなく、その人的物的資源を組織的に減少させ、南部連合がその軍隊を戦場に送り込めないようにすればよいのであった。開戦当初からこのことに気付いていたのは北軍のウインフィールド・スコット中将（一七八六－一八六六）であった。彼は経済的圧迫と攻撃の相互関係について正しく認識していたので、次のような作戦計画を立案した。まず南部の港という港を全部封鎖するとともに、二個の強力な野戦軍を編成する。一個軍をもってミシシッピー河を南下させ、南部を東西に切断する。別の一個軍は、この間リッチモンドを脅威してヴァージニアにいる南部連合軍の主力を拘束する。

鉄道により内陸と連接している南部連合の九つの港湾の内、モービルとチャールストン、それにウィルミントンを除いた全部が一八六二年四月までに北部連邦の支配するところとなった。残った三港の内、最も重要な南部連合の港はウィルミントンであった。実際、その港は南部連合の玄関ともいえるところであった。にもかかわらず、北部連邦は一八六五年一月一五日まで、そこを占領しなかったのである。まさに第一級の失策といっても過言ではあるまい。その他、スコット将軍の南部東西分断作戦等の提案は戦争末期まで日の目をみず、リッチモンド攻略が主作戦となった――スコット将軍の提案ではこれは支作戦であった。その結果、一八六五年になって、やっとリッチモンドを攻略し終ったのである。

次に、デーヴィス大統領の戦略について考察してみよう。彼は、南部連合を北部の征服から守るための唯一の実行可能な手段は自らの資源を節約しながら、北部連邦を断念させることにある、ということを認識していなかったといえよう。だから防勢戦略をとるべきであったのに、彼は攻勢にでたのである。彼の戦略はリッチモンドを防衛すると同時に、一方ではワシントンの占領を目的とする一連の戦闘に勝って、北部連邦に戦争を放棄させることであった。しかし地域の特性及び交通上からいっても、開戦当初においてリッチモンドを防衛するための最良の行動方針は、チャタヌーガに強力な一個軍を配置して、テネシーで攻勢防御を実施するとともに、残余の劣勢な一個軍で首都を防衛するということになるのではあるまいか。テネシーで積極的な作戦をやれば、間違いなくヴァージニアの北部連邦軍を吸引することになるから、それは直接チャタヌーガ―アトランタの重要鉄道中枢を守ることができるだけでなく、間接的にはヴィクスバーグのミシシッピー河渡渉点を確保することにもなる。これに類するようなことをやってはいるが、いずれも徹底さを欠いていた。しかも南部連合の保持は戦闘に勝つことよりも、その資源の節約にかかっていたのであるから、ヴァージニアで戦闘を生起させるのはまずい。そこで戦闘をすることは南部連合の持久力を浪費する以外なにものでもなかったはずである。

　一八六三年の初頭になるまで、北軍のユリシーズ・S・グラント（一八二二―一八八五）将軍はスコット中将の作戦計画をあまり実行に移さなかった。[*1] スコット中将の南部連合東西分断作戦にもとづきヴィクスバーグ攻略作戦が開始されたのは開戦二年後の一月三〇日で、七月四日、同地の砦が陥落した。かくて南部連合は東西に分断されるところとなった。ついで、一一月二四日―二七日にかけ、グラント将軍はチャタヌーガの戦いで勝利をおさめ、アトランタへの道を開いた。この結果、南部連合は事実上、ヴァージニア、南北カロライナ、ジョージアのみになった。ついに、一八六四年の夏、グラント将軍はロバート・R・リー（一八〇七－一八七〇）のひきいる南部連合軍主力をリッチモンド附近にとらえた。一方、この間ウイリアム・T・シャーマン将軍（一八二〇－一八九一）がチャタヌーガから南進を開始し、九月一日アトランタを占領し、そこからリー南部軍の背後をつくためジョージア、ついで南北両カロライナを進撃した。この外線作戦で北軍は南軍を破り、ここに南部連合は一八六五年四月九日、アポマトックス郡役所において降服したのである。

＊1　ニューオリンズが一八六二年五月二日、北部連邦軍により占領された。そこで北軍はそこからヴィクスバーグを六月と七月の二回にわたり攻撃したが失敗に終り、占領できなかった。

戦術の発達

この戦争における戦術的背景は全くユニークなものである。戦争直前の合衆国正規軍兵力は一万六千から七千であった。将校の内、南部出身者が北部出身者より多く、兵士は大多数が北部出身であった。南部諸州が合衆国から脱退し、南部連合を創設した時、大部分の兵士は合衆国に留まって、忠誠を誓ったが、将校の多くは南部連合に加わった。しかもその中には極めて優秀な将校達が含まれていたのである。したがって、合衆国は経験に富んだ、多くの退役将校――有名な人物としてはマクレラン、グラント、シャーマン等が挙げられる――を現役に復帰させた。もしこのような対策がとられなかったら、合衆国軍には指揮官がほと合衆国たる北部連邦側は旧軍隊の首から下を、南部連合側は頭脳をそれぞれ分かちあったのである。この結果、戦争の前半は確かに、戦略・戦術能力において南部軍が北部軍をはるかにしのいでいたのである。

両軍とも当初は志願制でやっていたが、戦争が長引くに従い徴兵制に移行した。南部は一八六二年四月、北部はその一年後である。戦争間、北部連邦では兵隊適齢人口の約四五％が、南部連合では約九〇％が入隊した。トーマス・L・リバーモア大佐によれば、合衆国軍の総入隊者数は二八九万八三〇四名、南部連合軍は一二二万七八九〇名から一四〇万六一八〇名の間であった。[*1] これらの入隊者数は過去の戦争において記録に残っているものより上廻っており、一九一四年の第一次世界大戦になって初めてこの数を超えるのである。

以上戦術の背景となる事項を考察してきたが、戦術それ自体も極めて新奇なものであった。しかしながら当時は、ほとんどそれが認知されていなかった。ナポレオン戦争以来、火器の発達が戦術に革命をもたらしたとはいえ、戦術理論はなおナポレオン的であった。またクラウゼヴィッツの『戦争論』はあまりかえりみられず、むしろジョミニの『戦争概論』が多くの将兵の背のうに入れられていた。ナポレオン時代には、火打石銃の有効射程はせいぜい一〇〇ヤードで、大砲の発射するブドウ弾や散弾の射程より短かった。したがって、大砲の方が小銃よりはるかに強力な兵器であった。しかし一八六一年、歩兵小銃としてミニエー小銃が出現すると、小銃の有効射程が五〇〇ヤード以上となり、ブドウ弾や散弾よりも射程が大になった。このことは戦術に大きな変化をもたらした。大砲は歩兵の後方に位置せざるを得なくなり、従来の攻撃兵器としての用法から支援兵器に変った。歩兵の射撃戦は五〇〇ヤードから開始されるようになった。この長距離からの射撃戦の結果、銃剣突撃は徐々にすたれ、兵士各個の優秀な狙撃が一斉射撃よりも有効となった。そこで、これをさらに効果あらしめるため各個の積極・主動的行動と部隊の散開隊形が必要となったのである。

この戦争が教える戦術上の二大特色は、㈠正面攻撃のむだなこと、㈡野外における塹壕構築の必要性である。これら二つの特色は、新小銃が開発された結果として生まれたものである。

敵の正面に対する攻撃はあらゆる場合、大きな犠牲を出して失敗に終った。にもかかわらず、南北両軍ともこの教訓を学びとらなかった。一八六二年一二月一三日、フレドリックスバーグにおいて、バーンサイドの指揮する北部連邦軍はリー指揮下の南部連合軍に対して圧倒的兵力をもって正面攻撃を行い、無残にも撃退されてしまった。一方、リー将軍自身も、一八六三年七月三日、ゲティスバーグで、ミード将軍のひきいる北軍を、これまた大兵力で正面攻撃したが、大損害をこうむり撃退された。グラント将軍もまた、一八六四年六月三日、コールド・ハーバーで同じ大まちがいをくり返し、まったく同じ結果になった。

南北戦争を通じて、円匙はますます小銃の補助道具となった。一八六四年、ヴァージニアのワイルダネス森林地帯でグラントとリーが激戦を展開したが、その内のどの戦闘をとってみても塹壕戦であった。[*2] またグラントがピータースバーグやリッチモンドを攻撃するため展開すると、攻防いずれの側も大規模な塹壕を構築し始め、攻囲戦の様相を呈するに至り、戦いはおよそ十カ月間続いた。シャーマンのアトランタに対する全正面同時進撃においてさえも、その卓越した機動の発揮は、単に彼が部隊を巧みに機動させたことのみに起因するとはいえない。もう一つの重要要因として、シャーマンが部隊に塹壕を掘らせながら進撃させる攻撃築城の戦法をとったことがあげられる。

この戦争における戦闘がどんなものであったか、ライマン大佐は鮮明に描写している。

「私は前後二回大きな戦闘に参加し、毎日小銃弾の音を聞いた。しかしながら、敵兵の姿などめったに見なかった。見るのは戦死、ないしは負傷した敵か、あるいは捕虜であった。チャンセラースヴィルの戦闘で、[#]第一線将校達までが『一向に敵の姿が見えないが、どうしてだろう。ただ煙と、かん木と、ころがるようにして移動している多数の友軍兵ばかりだ。』と言っていたのを記憶している。今や私はこの意味するところを理解した。将兵を隠掩ぺいすることは高度の技術である。考えてもみよ、将兵が敵の眼にその姿をさらせば、すぐに〝ずどん、ずどん〟と一ダースほどの大砲が射撃を開始し、砲兵達が格好の目標を得たと喜ぶだけだ。三角帽をかぶった将軍達や軍楽隊に率いられた長い隊列が進撃と機動をおこなうあの〝白い大平原〟は最早存在しない。かつての戦闘は、私が言ったように、〝左向け左、弾を込め、前進〟そしてダン、ダダン、三－四時間、あるいは終日、射撃が行なわれ、あわれにも、傷つき倒れた将兵達が次々と後送される、こんな様相であった。しかしアメリカでの大戦闘は変ってしまったのである。[*3]」

#　チャンセラースヴィルの戦闘。一八六三年五月、バージニア州チャンセラースヴィル付近にお

いて、フッカー将軍麾下の北軍は兵力圧倒的優勢にもかかわらず、防御した。これに対して、リー将軍麾下の南軍は包囲によりこれを攻撃撃破した。

小銃弾と円匙は防御を攻撃より強力な方式にした。ライマンはこの点についても書いている。「一人の兵士を穴に入れ、その後方の丘の上に精強な砲兵一個中隊を配置せよ。そうすれば、その兵士が勇猛果敢でなくとも、三倍の敵を撃退できる。[*4]」と。フランク・ウィルクソンもまた次のように記した。「一八六四年五月、われわれはノース・アンナを撤退した。私は、わが歩兵が敵の土塁に突撃したがらないのを知った。土塁に掩護された勇敢な兵士一人はその掩護を持たない勇敢な兵士三人に匹敵する、と一般の兵士達は主張していた。[*5]」と。ここで忘れてはならないことは、このことが口装銃の時代のことであった、ということである。

その他、小銃弾と円匙がもたらした変化として、騎兵の突撃がすたれたこと、腔線砲がますます指導的立場に立つようになったこと、そして銃剣の役割が完全に消滅してしまったことがあげられる。銃剣についてジョン・B・ゴードン[#]将軍はその目撃したところを次のように書いている。

「突撃発起線の前方に、すき間もなくわれわれの方につきつけられている銃剣の先端とそのにぶい光を想像すると、たちすくんでしまいそうであった。しかし銃剣の先が血で塗られるようなことはめったになかった。銃剣の時代は過ぎ去ったのである。[*6]」

ゴードン (Gordon, John Brown) 一八三二―一九〇四。南軍の将軍。南北戦争後上院議員に選

出された。

軍医少佐のG・ハートもまた、「銃剣による傷は、事故によるものを除いて、ほとんど見られなかった。……私が治療をほどこした銃剣による傷は六人を超えなかったように記憶している。」と書いた。[7]

グラント将軍対リー将軍、シャーマン将軍対ジョンストン将軍等の戦いはまさに、ライフル小銃弾と塹壕の戦いであり、鹿砦《ろくさい》や鉄条網の戦いであった――一八六四年五月一六日、ドルーリー・ブラフで南軍は北軍の計略にはまり、鉄条網の障害帯に封じ込まれまるで「パートリジ鳥#のように虐殺された」[8]ことから、南軍の兵士達は鉄条網を〝ヤンキー（北軍）だけが考え出す悪魔の仕掛〟と呼んだ。

パートリジ鳥。北アメリカ産の獣鳥。

南北戦争は驚くほど近代的戦争であって、針金でしばった木製の迫撃砲、翼付手榴弾、ロケット、各種仕掛装置等が駆使された。機関銃――リカー式及びガットリンク式――も登場した。後装連発銃スペンサーも導入された。魚雷、地雷、機雷、野戦電信、雷光通信、手旗信号が試された。装甲列車が活用され、気球を両軍とも使用した。気球に関しては、南軍はあまり重視せず、絹のドレスを使用したものを一筒作り、南部美人達を悲しませたのだが、あっというまに北軍に捕獲されてしまった――タリアフェロ将軍#は気球を「戦争の最もつまらないトリック[9]」と言ってのけた。爆発小銃弾[10]や火焔放射機[11]にも注意が向いた。一八六四年六月、W・N・ペンドルトン将軍がリッチモンドにいる兵器部長に〝いやな臭いのガス〟

を発散し、〝窒息効果〟を生ぜしめる悪臭砲弾を補給できるかどうか尋ねた。彼の得た回答は「悪臭砲弾は手もとになし、注文あらば製造する。」というものであった。[*12] その他にも近代兵器がぞくぞく登場した。甲鉄艦により初めて海戦がおこなわれた。すなわち一八六二年三月九日、メリマックとモニターの両甲鉄艦が海戦の様相を一変させ、[*13] 一日にして全世界の木造海軍を陳腐なものとした。「潜水艦がホレス・L・ハンリーによりモービルで建造された。それは、全長二〇フィート、全高五フィート、全幅三・五フィート、乗員七―八名で内部から動かすスクリューにより推進した。[*14]」一八六四年二月一七日、同艦は合衆国軍艦フーサトニック号をチャールストン沖で撃沈したが、同艦もまたフーサトニック号と共に沈没してしまった。

タリアフェロ（Taliaferro, William Booth）一八二二―一八九八。南軍の将軍。

＊1 「Numbers and Losses in the Civil War（edit. 1597）」, p. 63.
＊2 セオドア・ライマン大佐は「本戦闘の一大特徴は土工作業の広範な利用にある。」と書いている。
「Meade's Headquarters 1863–1865（1922）」p. 99.
＊3 同右 p. 101.
＊4 同右 p. 224.
＊5 「The Soldier in Battle, or Life in the Ranks of the Army of the Potomac（1896）」p. 99.
＊6 「Reminiscences of the Civil War（1904）」pp. 5–6.

＊7「Papers of the Military Historical Society of Massachusetts（1913）」Vol. XIII. p. 265.
＊8「Battles and Leaders of the Civil War（1888）」Vol. IV, p. 212.
＊9　同右　Vol. II, p. 513.
＊10「Campaigns and Battles of the Army of Northern Virginia」George Wise（1916）, p. 190.
＊11　前掲「Meade's Headquarters」p. 284.
＊12「The War of the Rebellion」Vol. LXIX, pp. 888–9.
＊13「Battles and Leaders of the Civil War」Vol. I, pp.696–709参照。
＊14「Papers of the Military Historical Society of Massachusetts」Vol. XIV, pp. 450–3.

道義の後退

防御力の方が攻撃力を上廻り、戦闘がいっこうに決定的なものとならず、戦争の終結がいつ来るともしれない状況になればなるほど、北部の南部に対する憎しみはますます激化していった。かくて、北部連邦の人々は、その欲求不満から南部連合全人民に対する復讐の念を堅く抱くようになった。グラント将軍とシャーマン将軍が一八六四年に二つの会戦を開始するまで、若干の例外を除き、暴力は外部戦線——これは南部連合の軍隊をさす——に対してのみ指向されるよう制限されていた。しかし今やそれは内部戦線——南部連合の一般民衆——に対しても指向されるようになった。すなわち、南部連合政府とその軍隊双方の精神的・経済的基盤に対して、攻撃が指向されるようになったのである。このような暴力指向の変化は北部の物質文明の進歩により鼓舞された——将来においてはますますこうなるものと思われる。

リー将軍について、ローズ[#]が「性格がワシントンと良く似ていた」[*1]と述べていることからも、リー将軍は一八世紀的人物、すなわち農業時代にふさわしい人物であった。反面、シャーマンや、彼ほどではないがグラント、シェリダン等北軍の将軍達は産業革命の時代にふさわしい人物であった。だからその指導的原理なるものは機械の原理、すなわち効率性の追求であった。この原理こそがこれらの将軍達の精神と行為を形成していたのである。効率性の追求は一つの法則、すなわち目的のためには手段を選ばないという法則により支配されるので、いかなる道義的・精神的概念も、あるいは伝統的行為も、もし万一それが目的達成の障害となるなら、到底許容できないのである。

　# ローズ（Rhodes, James Ford）一八四八－一九二七。アメリカの歴史家。

シャーマンはこのような野蛮への復帰を示す代表的人物であった。彼は一九世紀の戦争協定から逸脱し、鋼鉄をもって残酷な戦争をやった。それはちょうど、カルヴァン[#]が言葉をもって残忍な戦争をやったのにひってきする。一八六四年九月一日、彼は激戦の後、〝南部への玄関〟であるアトランタを占領した。その時、彼は彼の背後に一人の敵も残さないと決心し、全住民を立ちのかせたのである。彼はワシントンにいる参謀総長ハレック大将にあてた一通の書簡の中で次のように説明している。

「もし人民（南部人）が私の蛮行や惨忍な行為に対して怒号するなら、私は〝戦争は戦争だ〟

と答えるでありましょう――彼らが平和を希求するなら、まず彼らとその親戚が戦争を止めねばならないのです。[*2]」と。

カルヴァン（Calvin, Jean）一五〇九－一五六四。禁欲主義を唱え、プロテスタンティズムの一大潮流をなした。

一九世紀においては、これは新しい概念であった。なぜなら、このような概念は、戦争における決定的要素――平和を懇願する力――が政府の手から人民の手に移され、和平は革命を成就させることによってはじめて可能となる、ということを意味するからである。これは民主主義の原則をその極限段階にまで持って行くこと、そしてそうすることにより心理的攻撃の理論――本質においてマルクス主義者の戦争――を導入することであった。シャーマン将軍について、その副官の一人ジョージ・W・ニコラス少佐は次のように評している。「彼は最も良い意味での民主主義者である。彼には少しもヨーロッパ人的なところがない。彼はわれわれの諸制度のきわだった典型である。[*3]」

その後、シャーマンがあの有名なジョージア州横断の進撃を開始した時、彼は戦争というものについてのこの新しい概念を指導原理とし、南部の軍隊と一般住民をまったく区別することなく戦争を指導したのである。この進撃においてみられたような略奪行為は、西欧においては、三十年戦争におけるティリーや、ワレンシュタイン[#]がやって以来起らなかったことであった。たしかに南部のゲリラは多くの残忍な行為を過去において行ったし、その時も行っていたのはシャーマンの記しているとおりであるが、しかしゲリラのやった残虐行為は個人の行為であって、政策としての行為ではなかった。ジェファーソン・デーヴィス南部連合大統領はいくつかの理由からシャーマンを「アメリカ大陸のアッチラ王」と呼んでいる。[*4]

ワレンシュタイン（Wallenstein, Albrecht Wenzel Eusebius von）一五八三―一六三四。三〇年戦争当時のドイツの名将。ティリー将軍とともにデンマーク軍と戦いこれを破った。

恐怖がシャーマンの政策で基本的要素をなしていた。このことを彼は公然と言ってのけた。彼のそのような言を引用するにこと欠かないが、ここで三つとりあげてみよう。

「たしかにわれわれがジョージアを占領しても、そこに人民が再び住みつくまで、何の利用価値もないであろう。しかし道路や家屋を完全に破壊し、人民を殲滅すれば南部の軍事資源は無力になるではないか。……私は進撃し、ジョージアを怒号させてやる。[*5]」

「私が攻撃せざるを得ない立場なら、私はそのためどのような残忍な手段を行使しても、別に誤りだとは思わない。私は、私の軍隊を拘束するようなことはほとんどやらないであろう。[*6]」

「われわれは単に敵の軍隊と戦っているのではない。われわれは敵の人民とも戦っているのである。われわれは、老若貧富の区別なく、すべての者に戦争のきびしさを痛感させねばならぬ。全軍はサウス・カロライナに恨みを晴らしてやろうという復讐心に燃えている、というのが本当のところだ。[*7]」

シャーマンや副官のニコラスは、彼らの軍隊を〝正義のための神の道具〟であると信じた。[*8]

シャーマンのいま一人の副官ヒッチコックも同じようなことを言っている。

「戦争というものが起らないようにするのが現在の戦争である。神がわれわれに平和をもたらす。だが平和は合衆国政府に完全に服従して初めて存在する。これは戦争の恐怖によらない限り、実現不可能であろう。[*9]」と。また、

「シャーマンは完全に正しい。この不幸で恐ろしい戦いを終らせる唯一の道は、この戦いを我慢できない程恐ろしいものにすることである。[*10]」ともいっている。

　兵士達は民家に入ったり〝不法侵害を犯すこと〟を禁じられてはいたが、〝糧秣の徴発に関しては自由に実施してよい〟という特令が出ていたので、彼らはこの禁止令にあまり注意を払わなかった。したがって、この〝自由に〟が掠奪や強奪を促すことになったのである。ヒッチコックは次のように書き残している。

「兵士達は糧秣を自由に徴発した。小屋の屋根に干してある民家のピーナツを全部取ってしまった。われわれがその家を立ち去り、馬上から後をふり返ると、古い倒れそうなその民家の納屋がさかんに燃えているのが見えた……。[*11]」

「昨日はスタッブスという男の農園を通過した。家屋、綿繰り機、圧搾器、穀草の推積、厩舎等燃えるものは何もかも燃えていた。……わが軍が通過したところは何処でも、あらゆる生物が犬猫のように殺された。[*12]」

　このような無制限の徴発行為はまるで山賊行為であり、この結果、軍紀の弛緩が生じた。つまり、軍隊は単なる暴徒の集りにすぎなくなった。ヒッチコックは、簡単にではあるが次のように書いている。

「今日、戦闘はあまり起っていない。しかし兵士達は依然として多忙である。というのは、彼らは絶えず〝糧食の徴発〟をやり、隊伍を離れて勝手に行動しているからである。軍紀に従うよりもこの方が良いのだ、と思っている新兵もいるらしい。[*13]」

シャーマン自身、このような乱暴な掠奪行為を一度許してしまうと、止めることができなかった。ここに二つの例がある。

「いくら多くの警備兵を配置しても、こっそり入り込み、放火をやる連中がいる。郡役所には踏みこまれないでも、街全部が燃えるであろう。……こんなことをやれ、とだれも命令していない。しかしどうにもならない。私は言う、ジェファーソン・デーヴィスがそれらを焼いたのだ、と。[*14]」

「将軍は兵站参謀に対して兵隊達の掠奪から守るため、とうもろこしや小麦等を将軍の家に運び込めるだけ運び込めと耳打ちした。[*15]」

なんという無力なざんげであろうか。

一二月二一日、サヴァナの街はシャーマン略奪団の手中に帰した。しかも今度は、数千の黒人達の掠奪が追い打ちをかけた。翌日、シャーマンはサヴァナをクリスマス・プレゼントとしてリンカーン大統領に送った。次いで彼は南北カロライナをじゅうりんした。ジョージアがこうむった損害は一億ドルに達し、そのうち二千万ドルだけが「われわれ（北軍）のために役立つものだ」とシャーマンは見積っている。あとは「まったくの浪費と破壊のための破壊であった。[*16]」

このような野蛮行為を、シャーマンの部下将校達、特にJ・C・デーヴィス、H・W・スローカム、J・R・ホーレイ、J・キルパトリック等の将軍達は憤慨していた。ヒッチコックもまたそれを道義的に正しくなかったと考えた。[*17] 歴史家ロプス[#]は次のように正しく指摘している。

「軍事作戦は政治的攻勢に対して懲罰を加える目的のために遂行されるものではない。」それだから、

「もしシャーマンが彼我両軍の補給に必要としない財産を故意に破壊したり、またその破壊を黙認したとしたら、彼は現代戦の根本法則を侵害したことになる。そして……旧式かつ野蛮な原則に基づき戦争を指導したことになるのである。[*18]」

ロプス（Ropes, John Codman）一八三六―一八九九。アメリカの軍事史家。ナポレオン戦史、南北戦史に関する著作が多い。

さらにロプスは、シャーマン軍の略奪はバージニアにおけるグラントの作戦に寄与するところがほとんどなかったともいっている。まさに的確な指摘である。

＊1　「History of the United States（1893-1906）」, Vol. III, p 413.

＊2　「Personal Memoirs of General W. T. Sherman（1957 edition）」,vol. II, p. 111.
これに関してシャーマンは次のように説明している。
「私はもちろん、そのような手段は厳しく批判されることを覚悟している。しかし私は、それが

絶対に正しいことだと確信して、そうすることに踏み切ったのである。時がその賢明さを是認することだろう。」

＊3「The Story of the Great March（1865）」, p. 80.

＊4「The Rise and Fall of the Confederate Government（1881）」, Vol. II. p. 279

＊5「The War of the Rebellion etc.」Vol. LXXIX, p. 162.

＊6 同右 Vol. LXXIX, p. 737.

＊7 同右 Vol. XCII, p. 799.

＊8 前掲 Nichols, p. 101.

＊9「Marching with Sherman, Letters and Diaries of Henry Hitchcock（1927）」, p. 53.

＊10 同右 p. 35.

＊11 同右 p. 82.

＊12 同右 pp. 51-22.

＊13 同右 p. 83.

＊14 同右 p. 53.

＊15 同右 p. 83.

＊16「The War of the Rebellion, etc.」Vol. XCII, p. 13.
サヴァナを占領したシャーマンが発信した電文のほとんどに、物財の破壊に満足するシャーマンの言葉が書き込まれていた。（Rhode's「History of the United States」Vol. V, p 22）.

＊17 前掲「Marching with Sherman」pp. 86-87 and 92-3.

＊18　「Papers of the Military Historical Society of Massachusetts（1895）」Vol. 10, pp. 148–51.

戦争の結果

ちょっと理解し難いことであるが、ワシントンにあるシャーマン将軍の銅像の台座に、次のような崇高な彼の言葉が刻まれている。

「戦争の本当の目的はより完全な平和にある。」

だが、彼は、あの略奪と放火が戦争の本当の目的を達成する真正の手段ではないことを明らかに理解できなかった。不幸にも、彼が切札とした残忍さは戦後の平和にも尾を引いた。

一八六五年四月一四日、リー将軍が降服した五日後、リンカーン大統領が暗殺された。その共謀者達に対する公判で、法務次官は次のような論旨をくどくどと訴え、ついにはこの公判が八〇年間で最もはなはだしい〝正義のこじつけ〟をやらかすことになった。

「この陰謀を醸成し、かつこの公然たる大犯罪を犯さしめるに至った南部の反乱こそが犯罪的陰謀であり、かつまた大暗殺行為であった。[*1]」として、南部の全人民が有罪と判決されたのである。

南北戦争は南部に破滅をもたらすとともに、戦後の再建期においても北部の復讐心が南部の苦痛を増大させた。反面、勝利を獲得した北部諸州には前例のない繁栄がおとずれた。

モリソンとコマージャーは書いている。

「アメリカ国民がこれまでに、これほど活気に満ちたことはなかった。しかもその活気がこれほど無謀で、無責任なものであったことはその後のアメリカ史にもないことであった。合衆国を救った世代の人々にとっては何事でも可能なように思えた。その世代の人々にとって、征服できない世界は精神の世界だけのように思われた。人々は大陸からその富を強奪するかのように、自由奔放に大陸を飛び回った。[*2]」

　新帝国の資源はまったく無尽蔵であった。鉄、石炭、石油が豊富に埋蔵されていたし、労働力も充分であった。それに各個人のエネルギーも大きな資源であった。発明が製図板から次々と生まれ、製品が工場から、小麦が田畑から次々と流れ出た。一方、幾百、幾千もの移民者が都市や平原にどっと流れ込んだ。

　戦後六〇年もしない内に、アメリカ合衆国は世界最大の資本主義国、最大の工業国にのし上った。スティーヴン・ヴィンセント・ベネ[#]はアメリカを〝偉大なる金属のけだもの〟と呼び、南北戦争という一大闘争が生んだアメリカを次のような激れつな詩で描いている。

ジョン・ブラウンの強健な筋骨から高い摩天楼が生れる
彼の心臓から吟誦する建物が立つ
リベットとガーダー、モーターとダイナモ
昼は煙、夜は火光の尖塔
天高くそびえる鋼鉄張りの大都会
巨大で、回転する鉄骨が
電灯の堅い宝石で飾られる

悲しく煙り、黒くかがやき、そして金属の太陽で
透き通った花嫁のドレスよりも白く染められる
エンジンを駆使する時代、
それは地球を支配するために、われわれが出現させた魔神なのだ[＊3]

＃　ベネ（Benét, Stephen Vincent）一八九八－一九四三。アメリカの詩人・小説家。

＊1　「Why was Lincoln Murdered?」Otto Eisenschiml（1937）, p. 245.

＊2　前掲「Papers of the Military Historical Society of Massachusetts」Vol. II, p. 9.

＊3　前掲「Why was Lincoln Murdered?」p. 376.

第七章　モルトケ、フォッシュ、ブロッホ

フォン・モルトケ陸軍元帥

ナポレオンの戦争方式を崩壊に導いた最大の理由は、効果的な参謀本部を彼が持っていなかったことに起因する。そしてこのことから、有効な参謀本部の必要性を初めて認識したのはプロシアであった。参謀本部の起源は一八〇六年のイエナ会戦に先だつのであるが、本当の意味での参謀本部が誕生することになったのは一八〇六年、陸軍大臣ゲルハルト・フォン・シャルンホルスト大将がプロシア軍の改編に着手した時である。この改編にあたって、シャルンホルストは彼を補佐する特別の課を陸軍省に増設した。その課の任務は情報を処理し、戦略・戦術を検討し、作戦を準備することにあった。彼は自らの統制を陸軍中に及ぼすため、参謀将校達を陸軍の編成・組織内に配置したのである。

一八二一年になると新たな改編がなされた。それは国王が陸軍の最高指揮をとることになったことである。つまり、参謀本部は陸軍省から分離され、参謀総長は国王の顧問となり、陸軍の行政機能だけが陸軍省の所掌として残った。それから四〇年後、軍人としての資質を有し、訓練を受けたウィルヘルム一世（一七九七－一八八八）がプロシア国王になると、彼は陸軍を再び改編し、一二万六〇〇〇人の予備軍により支援された三七万一〇〇〇人の将兵

からなる精強な軍隊を創設した。既に、一八五七年、ウィルヘルム一世がまだ摂政であった頃、彼はヘルムート・フォン・モルトケ伯（一八〇〇—一八九一）を参謀総長に任命し、五九年には、アルブレヒト・フォン・ローン伯（一八〇三—一八七九）を陸軍大臣に抜擢していた。さらに、一八六二年、オットー・フォン・ビスマルク（一八一五—一八九八）を宰相兼外相の椅子にすわらせた。以上の三人こそが、プロシアを取るにたらぬ小国からヨーロッパにおける一強国の地位に高めた、といってさしつかえあるまい。

　モルトケという人は、自らの権威を常に保とうとしてはいたが、異常なほどの謙そん家であった。彼は高い教養があり、あらゆる意味で実際的な軍人であった。彼は戦争というものを科学あるいは技術とみるより、むしろ一つのビジネスとみていた。したがって、軍隊は戦争において投資される資本であり、勝利は軍隊に対して支払われる配当金であった。モルトケは戦争について深く研究した。特に彼はナポレオンの戦法やクラウゼヴィッツの理論に通暁した。とはいえ、彼は決してナポレオンやクラウゼヴィッツの盲信的信奉者ではなかった。というのは、モルトケは、その後の技術発展と彼らの戦法や理論をかみ合せて研究したからである。ナポレオンから、彼は、移動が戦争の精髄であることを学んだ。だからこそ、モルトケにとって鉄道こそが戦略における最重要要素になったといえよう。クラウゼヴィッツからは政治的手腕と統帥の才は緊密な関係を有することを学んだ。そこで、彼は政治及び外交に深い関心を抱いた。モルトケは口装ライフル銃の防御力に目をつけた最初の一人であった。だから、彼はけん制・抑留の作戦を除いて、正面攻撃はあまりにも犠牲を出しすぎ、割があわないと考えていた。彼が包囲による勝利を追求したのはこのためである。彼はおびただしい数の著作をあらわしたが、それらには軍事史関係のみならず、鉄道に関する技術書も含まれている。その上彼は、生涯にわたって、自分の疑問を紙上に書きとめ、それらを分析し、納得のいくまで再三再四推稿をかさねる、といった著作家であった。

研究の結果、彼は、指揮の分権が必要になってきたことに気付いた。なぜなら、野戦軍はますます大きくなり、広域に展開するようになったこと、それに移動手段の発達によりますます迅速な移動が可能となったからである。さらに彼は次の点にも気付いた。すなわち、どんな戦争計画といえども、彼我主力同士の初めての衝突まで有効なのであって、事後は不確定事項が多くて用をなさない。だからひとたび主力の衝突が起れば、部下指揮官達が一般的ドクトリンに従った独自の判断により行動せざるを得なくなる。それゆえ、ひとたび戦闘が開始されたら、細部にわたる命令など出すべきでなく、むしろ包括的指針のみが示されるべきである、と。もちろん、このことは、一八七〇年（セダンの会戦）に幾度か起ったような混乱を起すリスクはあった。がしかし、モルトケは、このリスクと適時性を失う害を検討し、前者の害に目をつむり、後者の害をどうしても避けなければならないと考えた。

一八六〇年に、彼は対オーストリア戦におけるプロシア軍の展開についてメモを書き残している。このメモを詳細に引用するには長すぎるけれども、冒頭の部分を若干抜粋してみると、それから、如何にしてモルトケが自らの命題を解きほぐしたかがうかがわれる。

「オーストリアとプロシアの戦争はヨーロッパの全国家に影響を与えるであろう。というのは、いずれか一方の勝利はドイツの現在の分裂状態に終止符を打つことになり……、ヨーロッパの中央に統一国家を誕生させることになるであろうからである。この統一国家は、恐らくその隣接諸国に対し、それらの諸国と同等、ないしは優位な影響力を持つことになるだろう。」

「ごく当然のことではあるが、英国はヨーロッパ大陸の大国の内に、強力な同盟国を必要とした。英国の国家利益に沿う国として、制海権を要求することのない統一ドイツはまさに同盟国にふさわしい国であろう。それでも古い秩序にかじりついている英国はヨーロッパの政治的再編成を予防するため攻撃された側の方に加たんするかもしれない。というのは、政治的再編成の結果が遠い将来、どのようなものになるか、あらゆる点で予測できないからである……。フランスは七千万人の住民からなるドイツ帝国の出現をどんなことがあっても望まないであろう。しかし紛争そのものからは相当の利益を得られると期待するかもしれない。すなわち、ベルギー、ライン河地方、それに恐らくオランダも獲得できるであろう。実際、これらの利益は、もしプロシアの主要部隊をエルベ河及びオーデル河の線にくぎづけにしておけるなら、ほぼ確実なものとなるであろう……。」

彼は、さらに続けて、ロシアは恐らくコンスタンチノープルを獲得するためプロシア側につくであろう、なぜならオーストリアのみがロシアのコンスタンチノープル占領を阻止できる国であり、どのような海洋国家もこれを阻止できないからであるといっている。

「しかし、プロシアにとって、ロシアの援助は常に二重の不利点がある。第一に、その援助が常に遅すぎること。第二に、あまりにも強力すぎることである。……ロシア軍がわが国境に到着するのは、わが国が既に征服を完了しており、もはや助力を必要としない時期か、ないしはわが国が撃破されてしまった後で、わが領土の一部を割譲する、という高い代価を支払わなければならない時期である。というのは、ロシアが戦争の末期に三〇万の精鋭なる軍隊でかけつけてくると、ロシアは戦争末期の情勢を支配することになり、勝者たるわが国の要求限度、ないしは敗者となったわが国の甘受限度を決定する主役を演じるからである。[*1]」

このメモはまさに論理的推論の傑作である。事後六年間モルトケは政治情勢の変化に応じて定期的にこのメモを推稿し、最新の情勢に適合するものをつくりあげていた。

モルトケが指導した二つの戦争、すなわち一八六六年の普墺戦争及び一八七〇年－一八七一年の普仏戦争は、ヨーロッパの政治的基盤に大変化をもたらしたという点で画期的な戦争であった。両戦争はドイツ帝国を勃興させ、かつそれをヨーロッパの戦略的中枢に高めた。英国についてはその貿易上の独占的地位を失い、競争相手の挑戦を受けるようになった。これまで大陸の指導的国家であったフランスはその権威が低下してしまった。さらには、数世紀にわたり、砦のように、トルコやスラブの侵略から東部ヨーロッパを守ってきたあのオーストリア＝ハンガリー帝国が弱化した。これらの変化がもたらした影響については後述するとして、まずこの二大戦争における戦争指導に焦点をしぼって考察してみよう。

普墺、普仏戦争を、それら以前の諸戦争と比較してみると、両戦争が短期間で終結している点が特色である。普墺戦争は七週間でプロシアの勝利に終った。普仏戦争は五カ月間続いたとはいえ、実質的勝敗の決は一八七〇年九月一日のセダンの会戦ですでに定まっており、それはフランスが宣戦布告してから、わずか七週間たらずのことであった。このように勝敗が迅速に決定された理由として、両戦争が限定された性格をもっていたこと、プロシア参謀本部の優秀性、プロシアの迅速な動員と卓越した戦術があげられよう。

　両戦争とも、目的が限定された。普墺戦争におけるビスマルクの政策には明確な制限がもうけられていた。オーストリアが一つの大国として存在することはプロシアの安全保障上必要不可欠な要件であったから、オーストリアに屈辱的敗北をなめさせたり、その領土の一部を割譲してプロシア領土に併合するようなことはできなかった。だから、ビスマルクの政策はオーストリア人をドイツから駆逐することに限定された。一八六六年七月三日に戦われたサドワの決戦#（「ケーニヒグレッツの会戦」ともいわれる）において、ビスマルクはその政策目的を達成した。その上、この戦争でプロシアはフランスを無力化することにも成功した。終戦に伴う平和条約でプロシアはハノーヴァー、シュレスウィヒ・ホルスタイン、ヘッセン、ナッソウ、フランクフルト・アム・マイン自由市を得た。ザクセンはそのままの状態で残された。マイン川北岸の諸州はプロシアの支配する北ドイツ連邦を結成し、南岸の諸州は別個に南部ドイツ連邦を作った。

　#　サドワの戦い。ボヘミアのサドワで普軍が分進合撃をやり、決定的勝利をおさめた。

　普仏戦争においても、ビスマルクの政策は明確な限界線をもっていた。つまり、ビスマルクはプロシアの指導下に全ドイツを統一することのみを政策としたのである。この戦争の原因はこの統一政策に対するフランスの断固たる妨害にあったのであって、スペイン王位継承問題の如きは一つの口実に過ぎない。この戦争でプロシアの世論がアルザス及びメッツを含むローレーヌ地方を併合せよとビスマルクに迫ったため、彼はやむを得ずフランスにこの地方の割譲を要求したが、このことを除けば、普墺、普仏戦争はいずれも領土征服の戦争でもなければ、いわんや殲滅をねらった戦争でもなかったのである。両戦争の限定された目的がひとたび達成されると、穏健な和平会議により戦争は終結された。だから、戦争の性格において、普墺、普仏戦争はアメリカの南北戦争とまったく相異なるものであった。そのよってきたる最大の所以は、普墺、普仏戦争が純然たる政治紛争であって、常に人間の心の中にある獣性をよみがえらせる経済あるいはイデオロギーにより少しも影響されなかったからである。

一八六六年頃には、オーストリア軍はヨーロッパにおける最精強軍隊の一つと目されていた。徴兵期間は七年間で、特に騎兵は高度の訓練を受けていた。オーストリアの腔線野砲はプロシアのものより優れていた。にもかかわらず、七週間で撃破された。その原因は、第一に、参謀本部の弱体にあった。この点をモルトケは早くからきづいていた。すなわち、一八六四年のシュレスウィッヒ・ホルスタイン戦争[#]でその貧弱さを、モルトケは発見していたのである。第二に、オーストリアの歩兵はローレンツの口装ライフルを装備していたが、この小銃がプロシアの後装撃針銃に比し、射程を除いて――ローレンツ小銃の射程はプロシアの後装撃針銃の二倍[*2]――性能が完全に劣っていたことである。オーストリアの集団隊形に対し、後装撃針銃の射撃は恐るべき効果を発揮した。ナーホトの戦闘で、六個大隊半のプロシア軍が、小銃射撃のみで二一個大隊のオーストリア軍を二時間もくいとめ、五倍の損害を与えた。サドワの戦闘では、オーストリア軍は五対三の兵力比でプロシア軍より優勢であったが、七月三日、ほとんど終日、防御行動に出た。しかるに、プロシア側の死傷者が九〇〇〇名に対しオーストリア側は一万八〇〇〇名に達した。さらに、プロシア軍は伏射ちの姿勢で迅速、容易に装塡できるのに対し、オーストリア軍は装塡のため立ち上らねばならなかったので、士気をそう失してしまった。オーストリア軍の某大佐は、「私の兵士達は戦闘時間の大半を装塡にくわれ、この間まるで武装解除の状態にあるように感じていたのに、プロシア兵達は常に射撃できる態勢にあった。」と語っている。[*3]

シュレスウィヒ・ホルスタイン戦争。（別名デンマーク戦争）シュレスウィヒ・ホルスタイン両公国の継嗣問題に関し紛議があった。そこでビスマルクは、一八六四年オーストリアを誘い、協同して兵を進め、デンマーク王をして両公国の処理をプロシア王とオーストリア皇帝に一任させた。

一八六九年、モルトケは一八六六年の経験に基づき、次のような『大部隊指揮官のための手引き』を配布した。

「勇猛果敢な突撃側と冷静沈着な防御側の戦闘において勝敗の決となるのは、最近特に強力となった射撃の効果である。一方は地形による防護が得られるが、他方は地形が障害となる。静止して射撃する者は前進しながら射撃する者より有利である。これらのことは疑問の余地がない。敵が政治的ないしは軍事的理由から、あるいはまた単なる国家的自尊心から攻撃することを決した、といった状況に立たされたなら、まず防御の利点を活用し、事後攻撃にでる、という作戦はまったく合理的といえよう。[*4]」

サドワの戦闘は、モルトケをして、次の二つの信念を一層強固なものとせしめた。その第一は、後装銃が防御を攻撃より強力なものとしたこと。第二は、決定的攻撃をおこなう場合は包囲を追求すべきであるということである。モルトケは次のように書いている。「正面攻撃はほとんど成功を期待できないのみならず、大損害をこうむる恐れが大である。だからわれわれは敵陣地の側面に向わねばならない。[*5]」と。

一八六六年、モルトケは使用可能な五つの鉄道を最大限に活用した。また彼の戦争計画は、オーストリア側が利用しうる鉄道について見積り、その結果に基づいて作成されたものがほとんどであった。一八七〇年にも彼は同じように鉄道を駆使し、フランスの鉄道を主要考慮事項として計画を作成した。フランスの鉄道について研究した結果、彼は、フランス軍がメッツとストラスブルグ付近に集中することを知った。このことは、フランス軍がヴォージュ山脈により分離されることを意味する。そこで彼はこの弱点に乗ずる戦争計画を策定した。モルトケは、兵力の集中競争に勝つため、プロシア軍の迅速な動員とライン河に向う諸鉄道の全面的活用をはかった。彼の企図は次のようなものであった。

「しかし、とりわけ戦争計画の基礎をなすものは、敵がどこにいようとも、すかさず攻撃をかけるということ、及び優勢な兵力をいつでも戦場に投入できるようドイツ軍をコンパクトにしておくということであった。これらの計画を達成するためのいかなる具体的な手段も事後の状況に応じて、決定されることになっていた。ただ国境への前進のみが極めて詳細に計画されていたのである。[*6]」

フランスの戦争計画は、一八〇六年のイエナ会戦をやきなおしたもので、ナポレオン一世に代って三世が指揮したにすぎなかった。フランス皇帝は、プロシアが動員をかければ、その兵力はフランス軍より優勢になる、と見積っていたので、プロシアの動員完了前に先制攻撃をかけることに決した――実はこの決心くらい破滅的なものはなかったのであるが、皇帝の念頭には、ライン河東方に対する迅速な攻撃により、南ドイツ諸州はプロシアを見捨てるであろう、さらにはオーストリアとイタリアがフランス支持に回るであろう、という読みがあった。だからナポレオン三世はまず南部ドイツ諸州を中立化させた後、直ちに、オーストリアと手をつなぎ、イエナを経てベルリンに向い進撃せんと目論んでいた。

この計画自体空想的で、実際的なものとはいえないが、それはともかくとして、これが成功するためには、最も迅速な動員、最も周到な準備、そして最も正確なタイミングを必要とした。しかるに何も準備されず、何の創意もなかった。これは信じられない程のフランス参謀本部の非能率性によるものであった。というのは、フランスの参謀本部は、軍隊と断絶した〝名門出〟の若輩将校と、おきまりの平常業務に手一杯の年輩事務屋将校のたまり場であったからである。バゼーヌ元帥[#]などは、参謀本部の将校が戦場に現われることを厳禁するほど参謀本部に対し心から不信感を抱いていた。元帥は、代りに、ナポレオン一世が六〇年前にやったと同じく、元帥個人の参謀に信頼を置いていたのであろう。このようなフランス参謀本部の非能率性は許容限度を超えたものであった、ということができる。この点について、一八六八年二月、ベルリン駐在フランス武官ストフェル男爵は次のように報告している。「しかし、戦争が勃発した場合、プロシア側に有利な諸要素の内で、明らかに最も優れた点はその参謀将校団のはたらきであろう。それはわれわれのものとは雲泥の差がある。次の戦争では、プロシア参謀本部の構成がプロシア軍優勢の決定的要因となるであろう。[*7]」

バゼーヌ（Bazaine, François Achille）一八一一―一八八八。普仏戦争ではライン軍第三軍団長であったが、メッツで一七万のドイツ軍に包囲され、七週間戦ってついに捕虜となった。

一八七〇年、フランスは射程一二〇〇メートルのシャスポー後装銃を戦場に登場させた。これはプロシアの撃針銃よりもはるかに優れていた。しかしながら、フランスの青銅製口装野砲はプロシアの鉄製後装砲より劣っていた。しかもプロシアの砲術は極めて優秀で、彼らの小銃の劣勢を償ってなおあまりあった。フランス側の切り札はレフェのミツラリューズ機関銃であった。この機関銃は二五の銃身をたばねたもので、その射程一二〇〇メートル、発射速度は毎分一二五発であった。この兵器は、秘密保持上、戦争勃発の数日前まで軍隊に支給されなかった。したがって、当然、この秘密兵器を使いこなせるよう訓練された部隊は皆無であった。だからレフェによると、この兵器は〝全く間抜けな方法〟で使用されたのであった。

フランス軍の戦法は、シャスポー銃の射程が長いという利点を十分に活用するために、遠距離からの一斉射撃をまずおこない、ついで壕の中で敵の近接を待ち、最後に火力で敵を圧倒するというものであった。これに対しモルトケは攻勢防御[#]の戦術で対抗した。まずモルトケは敵を正面に拘束し、その間に敵の側背を攻撃した。中隊以上の全戦術グループは、フランス軍に息をもつかさぬよう、絶えず攻撃行動をとるよう命じた。射撃によって敵を拘束し、射撃をしながら攻撃し、射撃の掩護下に機動し、射撃によって翼側から包囲する戦術、要するに戦闘に勝つまでは射撃を中止しない戦術をとった。

攻勢防御。ここでは一方で防御し、他方で攻撃する戦術を意味する。

　この戦争において、彼我共に正面攻撃による陣地の奪取は成功しなかったのみならず、敵の射撃開始線内に部隊を密集隊形のままで前進させることもできなかった。「彼我共に……練兵場での戦術や平時の演習でおこなわれていた戦術は戦場では完全に変更されてしまった。……開かつ地において銃剣格闘など決して起らなかった。まれに村落や森林内での戦闘で生起する程度であった。[*8]」

　砲兵の威力はますます強大になった。プロシア軍は砲兵を集中使用したが、フランス軍はそうしなかった。この典型的例がグラヴロットやセダンの会戦[#]である。セダンでは普仏戦争最大の砲兵戦がおこなわれ、フランス軍の全攻撃がプロシア軍の砲火のためとん挫してしまった。しかもとん挫した位置は、そのほとんどがプロシア陣地から二〇〇〇ヤードの距離――小銃の有効射程外――であった。セダンで捕虜となった一フランス将校はプロシアの攻撃を〝五キロメートルの砲兵〟と表した。[*9]

セダンの会戦。メッツ救援の軍を起したマクマオンがセダンでプロシア軍に包囲され降服した

戦闘。この地でナポレオン三世も捕虜となった。

騎兵の価値は低下の一途をたどった。ただ一回成功した事例がある。それはヴィオンヴィルにおいて、フォン・ブレドウ将軍[#]のひきいる一個旅団が行った騎兵突撃である。しかしこの会戦でフランス軍は弾薬の欠乏に悩んでいたが、それでもこの騎兵旅団の半数をそう失させたのである。セダンではガリフェト将軍がアフリカ軽騎兵の先頭に立って果敢な突撃を試みたが、それは「恐らく、現在生存している古参兵がいまだかつて目撃したことのないようなすさまじい一斉射撃により、壊滅的損害をこうむっただけであった。[*10]」このように、騎兵に突撃任務を付与することは、もはや戦争において実際的運用ではなくなっていたのである。とはいえ、騎兵は警戒任務や偵察任務遂行にあたり、依然重要な価値を持っていた。しかるに、彼我とも、無とん着に騎兵を突撃部隊として運用したのであった。

ブレドウ旅団の襲撃。ヴィオンヴィルにおいて仏軍の攻撃をうけているドイツ軍を救うためブレドウ少将麾下の八〇〇騎が陣前出撃し、敵を混乱させて帰ってきた。この結果、フランス軍は攻撃を中止した。

＊1 「Moltoke's Projects for the Campaign of 1866 against Austria」translated and Precised for the General Staff, War Office (London, 1907), pp. 4-6.

＊2 ローレンツ小銃の射程は一〇〇〇メートル。プロシアの後装撃針銃は四〇〇メートル。

＊3 「Military Reports」Colonel Stoffel (English edition, 1872), p 64.

＊4「The Transformations of War」Commandant J. Colin (1912), p 33に引用されている。

＊5「Developments of Strategical Science during the 19th Century」Lt. Genenal Von Caemmerer (English edition, 1905), p. 214.

＊6「The Franco-German War of 1870-71」Field Marshal von Moltke (English edition, 1891), pp. 10-11.

＊7 前掲「Military Reports」pp. 48, 56.

＊8「Tactical Deductions from the War of 1870-71」Lt. General A. von Boguslawski (English edition, 1872), pp. 79-80.

＊9「Decisive Battles since Waterloo, 1815-1887」Thomas W. Knax (1887), p. 358.に引用されている。

＊10「My Experiences of the War between France and Germany」Archibald Forbes (1871), Vol. I, p.236.

フェルディナンド・フォッシュ陸軍元帥

普仏戦争におけるフランス軍敗北の諸原因を検討する際、フランスの軍事分析家達は、フランス軍の全般的準備不十分をあげるより、むしろプロシア軍の攻撃的戦術を主要な要因とみなしている。そして次の戦争、すなわち一八七七－一八七八年の露土戦争において、防御にまわったトルコが敗れると、分析家達は普仏戦争についての彼らの分析は正しかった、という結論に到達した。しかしながら、トルコの敗北は別のもろもろの要因にあるのであり、しかも次のような戦術上の主要教訓がこの戦争から生まれていることを無視している。すなわち、塹壕にいる小銃手の防御力は強大であり、これを強襲しようとするなら、二度と立ち上れない程の大損害をこうむるということである。

　攻撃論者がなおいだいていたであろういくつかの不安や疑問点も、一八八〇年に発行され、直ちに名著となった一冊の本『戦闘の研究（Étude sur le Combat）』により解明されるに至った。その書は普仏戦争勃発後一カ月たらずで戦死したフランス軍歩兵将校、アルダント・ド・ピック大佐の書類の中から発見されたメモやノートをもとに編集されたものであった。彼の論を簡約すれば、戦闘における成否は士気にかかっており、攻者の士気が防者のそれより優れているなら、攻者が勝利する、というものである。次の抜粋は彼の論を明確にしている。

「戦闘においては、二つの物質力よりも、二つの精神力が衝突する方が多い。精神力の強いものが勝つ。勝者はしばしば敗者より多くの兵を失う……。破壊力が同等ないしは劣勢であっても、前進を決意している者が必ず勝利する……、（前進を決意している者は）士気の面で優越しているのである。士気の優越は相手に不安を起させる効果がある。勝つためには、不安を恐怖に転換させなければならない……士気の力は、諸君の決意を、敵が認知することによって作用する……。機動は脅威である。最大の脅威を与えている者が勝利を得る。[*1]」

　ド・ピック大佐の書はたしかに価値がある。特に古典戦争についての説明は賞賛に値する。

しかしながら、大佐は全体として、自分の感情に流されてしまったというより、彼は防者の整然とした配置がもたらす士気高揚効果と、攻者の乱雑な隊形がもたらす士気低下現象を十分認識していなかった。開かつ地を攻撃前進してくる敵に対して、塹壕の中から射撃できる兵士達にとって、その壕がどれだけ士気を高めるか、大佐はまったく見落としている。しかるに、フランス軍の攻撃第一主義者達はド・ピック大佐のこの論からインスピレーションを得たのであった。一九世紀の最後の十年に登壇したフェルディナンド・フォッシュ中佐（一八五一－一九二九）は、まさにその代表的人物といえよう。

一八九五年、フォッシュは陸軍大学校教官に任命され、後に校長も歴任したが、この間、彼が学生に対しおこなった講義録を『戦争の指導』及び『戦争の原則』と題する二冊の書物にして出版した。これらの書物は後にフランス陸軍の新約聖書といわれるようになった。

フォッシュは有能な軍人であり、フランス陸軍元帥として、第一次世界大戦の数少ない名将の一人であった。しかしながら、彼は決定的攻撃のみが勝利をもたらす、という自らの理論にこりかたまってしまい、その理論がもつ矛盾に気付かなかった。

フォッシュの二冊の書の内、後者、すなわち『戦争の原則』の方が傑出しているが、その『戦争の原則』[*2]第一章で、彼は、ナポレオンが実行し、クラウゼヴィッツが説いた絶対的戦争の理論を賞賛している。（二四－二五頁）この中で、彼は他の戦争方式に対して極端な偏見を持っていた、という点が賛同できない。彼の偏見は、彼が〝時代遅れの戦争手段〟と評したもの、すなわちナポレオンが継承を拒否した戦争方式に対する非論理的な軽視の中に顕著にあらわれている。彼は制限戦争をひどく軽べつした。その他、フォッシュはサックス元帥が次のように述べたとして彼を酷評している。「私は戦闘をやることを好まない。特に戦争の最初においてはそうである。私は賢明な将帥はその生涯をつうじて、戦闘をやることを余儀なくされないで戦争をすることができると確信している。」故意にやったのか、あるいはうっかりして誤りを犯したのかいずれかであろうが、これらの言葉は、サックスの言辞とかけはなれており、しかもサックスの真意を正しく伝えていない。[*3]

フォッシュは自分とまったく相いれない戦争の方法を冷笑する態度をとっていた。だから彼は「どのような火器の改良も、最終的には攻撃側に対して力を付加することになる。」ということを立証しようと評論するのである。彼は付言する、「それが真実であるということを証明するため計数的に論ずるのが一番てっとり早い。」と。次のような彼の論は、論理的人間がいかに非論理的な理論にとりつかれやすいかを示す一例としては、引用する価値がある。

	敵（防御）	我（攻撃）
部隊数	一個大隊	二個大隊
兵力	一〇〇〇名	二〇〇〇名
発射総弾数	Ａ一〇〇〇発	二〇〇〇発
（毎分一発の小銃弾を発射するものとする）		
差引		⊕一〇〇〇発

発射総弾数B一万発　　二万発

（毎分一〇発の小銃弾を発射するものとする）

差引　⊕一万発

「見てわかるように、射撃の物的優越は、火器の改良により、ますます急速に攻者を利しつつある。と同時に、攻者の優越性、すなわち防者に対する攻者の士気の優越性（ここでド・ピックが顔を出す）が如何に急速に高まることになるかわかる。」（三二頁）

これは計数的たわごとである。言及したいことはいくつかあるが、一つだけとりあげてみよう。防御側は伏射ちの姿勢であるから、攻撃前進する二〇〇〇名の攻者は、そのわずか八分の一、すなわち二五〇名しか射撃目標を捉えることができないであろう。残り八分の七、一七五〇名の攻者は射撃しようにも目標が確認できないから射撃できない。だから差引は、防者が⊕七五〇〇発であって、フォッシュのいうように攻者側に⊕一万発とはならない。

フォッシュはまずクラウゼヴィッツ理論を自分流に解釈し、これを自分流に修得すると、こんどはド・ピックの理論からさらに一歩前進しようと努める。彼はジョセフ・デ・メーストル伯[*4]の言葉を次のように引用して論じている。「『敗北に終る戦闘とは自分が敗れたと思う戦闘である。なぜなら、戦闘というものは物理的にはなかなか敗れないものであるからだ。』とメーストル伯は主張した。だから、戦闘は士気のそう失によってのみ敗れる。しかし、それは同時に、戦闘は士気により勝てるということでもあり、また『勝った戦闘とは、自分が決して敗れたと認めない戦闘である。』ともいえるのである。」（二八六頁）これは、ほうきの柄を武器としてけんかでもやる、というのなら多少とも本当だろう。しかし、彼我双方が連発銃を武器として戦う戦闘では無意味である。なぜなら、攻者の士気がどんなに高くとも、弾丸は攻者の身体を貫通してしまうからである。

フォッシュが陸大の学生達に攻撃の重要性を説いたことは正しかった。がしかし、陸大がフランス軍の将来の指揮官や参謀を教育していたことを心にとめると、彼が攻撃を盲信的崇拝の対象にまで賞賛したことは最も不幸な誤りであった。

フォッシュの攻撃偏重に対する批判はこれくらいにして、次は、戦争の原因に関する彼の透徹した分析（三五－三九頁）について論じよう。

フォッシュは、フォン・デア・ゴルツ#の「近代戦は国家がおこなうビジネスの一手段となってしまった。」という言葉を手本として、戦争とは本来、商売である、ということを提示しようと努めた。たとえば彼は次のように主張している。

ゴルツ（Goltz, Colmar von der）。一八四三－一九一六。普墺戦争、普仏戦争に従軍。戦術及び軍事史の研究家。ウィルヘルム二世の参謀。一九一一年元帥。

一八七〇－一八七一年の勝利により、ドイツはヨーロッパにおける支配的地位を確立したのみならず、自国の商工業の販路をも確保した。さらに、ドイツは関税と通商貿易に関する〝最恵国待遇〟をフランスから獲得した。「このことは、国家の富は、現代においては、隣国から収益を吸収することから生れる、ということを十二分に示している……。一八七〇年のドイツの勝利はドイツ国民一人一人を裕福にした。すべてのドイツ人は勝利による利益にあずかるとともに、各人の家庭も政府も共に勝利に直接的利害関係を持っている。このことが、今日、国民戦争といわれるものである。」

一八九四年の日清戦争に勝った日本は、下関条約を調印した。この結果、日本の得た領土はわずかなものであったが、商業上の利益は莫大なものであった。「威海衛や鴨緑江の砲声は、日本商船隊のための道を切開き、ヨーロッパにおいてはもはや、日本と同一生産条件では生産し得ない日本の製品を、まず東洋諸国に、ついで西洋諸国に輸出するところとなった。」

規模としては小さいが、一九〇四年から五年にかけての日露戦争は「現代戦の性格を示す完全なモデルであった。というのは、今日の戦争が全国民によって取りしきられる一つの企業であるといえるからである。それは、過去の戦争と比べて個人との関連がより直接的であり、これがためより一層、個人の熱情に訴えるのである。」

「その他の例証として、米西戦争や、わがフランスと英国の間のファショダ紛争#があげられる。われわれはいったい何を求めていたのであろうか。われわれは、売れる量よりもっと多くを生産する産業組織から生れる製品のはけ口を求めていたのである。だからこそ、われわれは競争により常に息苦しい状態にあるのである。そこで何が起るのか。武力による新しい市場の開拓である。」

ファショダ紛争。一八九八年、フランスのマルシャン大佐がアフリカ横断政策実現のためファショダにフランス国旗をかかげ、英国の縦断政策と衝突し、危機が叫ばれたが、フランスの現地

兵力弱体のため英国に譲歩してことなきを得た。

「『株式取引所は、その利益を守るため、軍隊を使って戦争を起すことができるほどの影響力を持つようになった。』（フォン・モルトケ）ボーア戦争の責任者は誰か。明らかに英国女王陛下ではない。それはロンドンの商人達である。」

「これが現代戦の原点である。そこには次のような教訓がある。今後、戦争の目的を達成するためどんな手段にでも訴えねばならない。被征服者側は応戦するあらゆる手段が奪われない内は決して譲歩してこない。だから、相手の応戦手段をすべて破壊することがねらいとされるべきである……。このような戦争の特色は既に一九世紀初期の戦争においてみられたが、同世紀末になって極めて顕著なものになったといえよう。すなわち、国民戦争、兵士と兵士の格闘の戦争、猛烈かつ迅速に推移する戦争といわれるものである。」

　兵士と兵士の格闘の戦争や猛烈な戦争とはどのようなものであろうか。フォッシュの回答はこうである。

「それはナポレオンの戦争である。だから、今や戦争の帰着するところは、武力に依る裁決であり、これ以外に実施すべき理論はない。ボナパルトの戦闘は、彼以前の戦闘に比して非文明的なものであった、と人々は非難するが、この理論からすれば非難どころか、ボナパルトの戦闘こそもっとも効率的方法であるといえるのである。換言すれば、それは、行動の源泉――ボナパルトはこれを把握していた――を追求することによって、ボナパルトの戦闘を再現せんとする戦争なのである。」（四二頁）

「双方とも、たとえば関税の変更といった一つの原則や思想のため武器を執るだろう。つまり目的がどのようなものであろうと達成されるべき一つの政策があるのである。さらに双方は力により政治的・財政的理論を裏づけるであろう。敵はこれらの理論を防衛する手段を奪われた時、はじめてそれらを放棄するであろう。敵は、もはや戦う能力がなくなった時になって、やっと敗北したことを認めるだろう。それは、敵の軍隊が物質的にも精神的にも撃破された時である。だからこそ、現代戦においては、敵の軍隊を撃破する論拠、いわゆる〝戦闘〟とか〝力による敵の打倒〟といったことが議論されるのである。」ならば現代戦が必要とするものは何か。フォッシュは言う、「相手側の力の中心である敵軍隊を捜し出し、これを打撃し、撃破すること。これを唯一の目的として、最も迅速かつ安全な方法で達成しうる指導と戦術を採用すること。それが現代戦における精神的態度のすべてである。」と。（四二頁）

それ故に、フォッシュにとっては「戦術の成否が戦争において重要な意義をもつ唯一の事項である……。戦闘のないところには何の報賞もないし、何も達成されない……。今後、戦闘による勝利、という戦術上の成果を確実なものとしうることをねらいとした戦略こそが最も優れたものである。」（四三頁）ということになる。さらに彼は説く。「歴史をひもとき、そこから演繹していくと次の三つの事項が結論として導き出される。すなわち、準備、集団、推進である。」（四四頁）

まずフォッシュは、敵に先だって準備し、敵を凌駕して準備しなければならない、と準備の意味するところを説き、ついで戦術行動に論を戻すのである。

「戦術行動は何から成り立っているのであろうか」と彼は自問自答する。「敵とことを決する手段はただ一つ。敵を撃破し、敵を撃滅することである。このことから、〝集団〟と〝推進〟の二術語からなる衝撃という概念が生れる。現代戦というものはその国のすべての物的・精神的諸力を吸収し、蕩尽するものであり、たとえどんな戦術行動といえども同様である……。一国の人的物的力の大部分は、全部ではないにしても、衝撃の内の集団として戦争のために充当されなければならない。」（四五頁）

推進については、「戦場における戦術は移動の戦術ともいえる。したがって、攻防いずれの戦闘においても究極の要諦は部隊の移動、すなわち部隊の攻撃的行動ということになる……。最大限の衝撃を生みだそうとする理論は、第一義的条件として、戦略家に使用可能な全部隊を決定的地点に集中するよう命ずるのである。……移動こそが戦略の根本法則なのである。われわれは立ちどまって、その衝撃を待ちかまえてはいけないのか。もちろんいけない。もし衝撃を進んでつくりだそうとしなければ、衝撃は全然生起しないか、あるいは悪条件下で生れることになるかもしれない。そうなれば、戦争における目的達成の唯一の手段である敵軍隊の撃破をいつすることになるであろう……。以上が戦争論を支配する第一法則で、いかなる部隊といえどもこれからのがれることはできない。またこの法則は次のような軍事の公式にまでなってしまっている。すなわち、不活動であることはあらゆる過失のうち最悪のものであると。」（四五頁）

『戦争の原則』の結論の頁で（三四一―三四九頁）、フォッシュは〝決定的攻撃〟について論述している。それは「数と集団とにより敵に向って突進することである。そこに救済の途が見出される」。なぜなら、「数はわれわれに有利に作用し、士気の優越を可能にする」、しかも「敵を奇襲できるとともに、抵抗し得ないという感じを敵に与えることができるからである。」と。さらに彼は説く。

「戦闘は猛烈な砲撃により開始される。その日の大部分は攻撃準備のためついやされるであろう。一方、歩兵はこの間集結する。いよいよ行動開始の時刻がくる。敵に後退を余儀なくさせるため、われわれは敵に向って〝前進〟を続けなければならない。敵の陣地を占領するためである……。ここで集団となった歩兵の戦闘がはじまる。歩兵は目標に向い真直ぐに前進する……。彼らは目標に近づくにつれて速度を早める。集団が敵から六―七〇〇ヤードの地点に達すると、最大限の火力を発揮する。」次いでフォッシュは書いている。

「自分のこうむる敵の射撃に対する考慮は、この場合、第二義的である。攻撃前進を開始した部隊は敵陣地に到達するのが第一である。その上、敵の射撃効果を減殺する手段としては、まず猛烈なわが火力の発揮であり……ついで迅速な前進があげられるのである。猛烈な射撃の掩護下に、迅速に前進し、敵に近接するに従い、ますます多数の部隊を第一線に投入し、しかもますます部隊の掌握を確実にする。これがとるべき隊形、採用すべき戦術の基本的な方式である……。

次いで支援部隊が前進し、第一線部隊の前方推進に寄与する。そして最後に予備隊が攻撃部隊の最後の推進力を付与するため投入される。突撃が発せられる。そして砂塵ないしは煙の中から突然騎兵が現われる……。

攻撃を開始した騎兵部隊は次にあげるような敵部隊に対して突撃する。敵陣地内でなお抵抗を続ける敵部隊、攻撃前進中のわが歩兵部隊に対し突撃しようとしている敵騎兵部隊、そしてわが騎兵部隊の突入を阻止しようとかけつけてくる敵予備隊である。」

騎兵部隊であるという点を除けば、これはまさにゲチスバーグの戦闘の再現であるといえないか。

フォッシュの〝決定的攻撃〟なるものを研究すると、そこには、クラウゼヴィッツの理論が終始にわたってみられる。フォッシュという人は戦争について熟考した学徒とはいえない。彼はむしろ暴力のとりこになったいま一人のクラウゼヴィッツといえよう。彼はまた戦術面からみて、精神錯乱状態に陥ったいま一人のナポレオンだともいえよう。というのは、ナポレオンは彼の時代の兵器に基づいた戦術を考え出し、それにそって戦闘したが、フォッシュは兵器の進歩を無視しているからである。若干の変化はみられるが、フォッシュは連発銃や速射砲を、あたかもイエナやフリートラントで使用されたマスケット小銃や大砲と同じ程度に考え、ナポレオンの戦術に従った。もっと不幸なことは、彼の〝決定的攻撃〟論と〝速度重視の戦闘〟がフランス軍の教義となってしまったことである。

＊1　第七版（一九一四年）二一二―三頁。

＊2　引用はすべてHilaire Belloc（1918）の英訳による。

＊3　本書の第一章31－33頁にサックスの言葉を掲載してあるので参照されたい。

＊4　フランスの外交官（一七五三－一八二一）、その著「Les Soirées de Saint-Pétersbourg」から引用。

I・S・ブロッホ氏

ブロッホはポーランド系ユダヤ人の生れで、職業はワルシャワの一銀行家であった。彼はまた一風かわった平和主義者であった。彼のねらいとするところは、戦争を制限したり、なくしたりすることではなく、諸国民に次のことを説得し、気付かせようとすることにあった。つまり、やむことを知らない火器の威力の増大は、その確実な致命性により、政治的道具としての戦争の意義をすでに失わせてしまった、ということである。彼にとって、攻撃礼賛論は幻想にすぎなかった。これらを確証するため、彼は自分の論を支持すると思われる、あらゆる事実の収集に努めた。一八九七〔九八〕年、ブロッホは全六巻よりなる戦争に関する卓越した分析書を出した。この書はまさに〝寄せ鍋料理〟で、統計あり、グラフあり、計算あり、推論ありであった。本書の表題は『技術的・経済的・政治的にみた将来の戦争』とつけられた。一八九九年になると、英国のジャーナリスト、W・T・ステッドがブロッホの書の第六巻を英訳し『戦争は不可能か』と題して出版し[*1]、ブロッホの論に賛同を表した。読者に供するため、ステッドはその訳書の相当の頁をさいて自らの序言を載せた。この訳者序言はブロッホとの会談に基づくもので、その巻の重要な箇所はすべて要約している。だから序言さえ読めば、訳書を読破する必要はないほどである。

ブロッホがその書の中で指摘している事実はしばしば誤りがあるし、全くばかげた論を展開している箇所も散見される。がしかし例外的といっていいほど、彼の将来戦に関する予測は極めて正確なものである。その例証として、彼は、防御がますます戦争における強力な方式になりつつある、ということを十分認識していた点があげられる。このような認識からすれば、ブロッホの戦争観はフォッシュのそれと全く対立してくることになる。まさに、ブロッホは当時における少数論者の一人であったのである。

クラウゼヴィッツに関しては、彼は、戦争は政治の道具である、という見解を、受けいれてはいたが、当時の軍事著作家達の多くとは異った論を表明した。すなわち、彼は、クラウゼヴィッツの時代以降、文明は農業時代から工業時代に転換したのであるから、政治の道具としての戦争は完全に変化した、ということを組織的な経済学研究により結論づけたのである。実際に、彼の論によれば、今や戦争は、政治の道具として消極的な意義しかなく、もはや有効な手段とはいえなくなったというのである。

彼はステッドに語っている。「考慮すべき一連の新しい事項と取り組んでいる時、過去について論じたところで何の役に立つのか。考えてもみよ、百年前の国民と今日の国民を。鉄道、電信、汽船等が発明される以前の時代においては、各国とも大なり小なり同質で、自給自足の単位であった。……このことは完全に変化してしまい、……各国は生活必需品を得るため昔よりますます相互に依存するようになっている……。だから、戦争が起れば真先に、戦争をしている敵国が生産していたものを手に入れる機会を完全に失ってしまうではないか……。軍人の株は下落しつつある。一方、経済学者の株は上昇している。このことはまぎれもない事実である。戦争を控訴院であるともはやみなすことができない段階にまで、人類は発展してきた……。だから、二大工業国間の戦争は相互の自殺行為にすぎない。戦争をビジネスとみなす戦争観はばかげている。今日では戦争は狂人が強盗をやるようなもので、自分自身の家に押しいり、掠奪するようなものである。」と。

　工業文明の軍事的表現である〝近代兵器〟について、ブロッホは「連発銃の発明は戦争の終りを示唆するものである……。自然的なりゆきにより、軍人は自分自身の消滅を確実にするような大量殺人のメカニズムを完成してしまった。」と言っている。

　ブロッホの現代戦に関する予測を、彼自身の言葉を借りて要約すれば、次のようになるであろう。

「まず、ますます大量の殺りくが行なわれるようになるであろう。ついには、部隊に決定的戦闘をやらせることが不可能であるほど恐ろしい規模の大量殺りくになるにちがいない。軍人は昔と同じ条件下で戦闘しているものと考えて、決戦をやろうとするであろう。やがて彼らはその企図を永久に放棄した方が良い、といった教訓を学ぶであろう。かくして、一連の決定的戦闘により悲惨な結末になるまで闘われるような戦争は起らなくなる。そして新しく生れてくる戦争は交戦国の資源に長期、継続的な負担をかけることにより相手国を疲へい、崩壊させる戦争であろう。交戦国が彼我の体力と精神力の優越をきそい合う〝白兵戦〟はすたれ、戦争はある種の膠着状態となるであろう。それは、彼我両軍ともあえて相手を捕捉しようとせず、両軍は相互に対峙し続け、相手を脅威するけれども、決して最後の、そして決定的な攻撃に出ることはできない状態である……。これが将来戦の様相である。つまり、戦闘でなくて、飢餓である。人間の殺りくではなくて、国家の破産、全社会組織の崩壊である……。次の戦争ではすべての者が壕に入るだろう。それは一大塹壕戦であろう。円匙は、兵士にとって小銃と同様、欠くことのできないものとなるだろう……。すべての戦争は必然的に攻囲戦の特性を持つことになるだろう……。兵士達は気の向くままに戦うだろう。最後の決定は飢餓の支配するところである……。海軍があっても、優勢な海軍でなければ何の役にも立たない。劣勢な海軍は、優勢な艦隊を保有する国の支配する人質にすぎない。」

ブロッホの意見によれば、三国同盟と二国同盟間の戦争では〝一千万人も武装し、戦闘正面は指揮できないほど広大になるであろう。戦闘は長期化し、ますます高価なものとなろう。二つの同盟国が戦争をやる場合、双方に加盟している国数が五カ国だとして、負担する戦費は一日少くとも四〇〇万ポンドにはなるであろう。また彼は、騎兵は役に立たなくなるであろう、銃剣の時代は既に過ぎ去り、将来は砲兵が主兵となるであろうと考えていた。ブロッホの見解に対し批判をした唯一の知名軍人は、露土戦争の勇将、ドラゴミロフ老将軍であった。この老将軍は、銃剣がいまだすぐれた兵器であることを、ブロッホの見解からは証明できないため、彼の論を非難したのである。

＃三国同盟はドイツ、オーストリア、イタリアを、二国同盟はロシア、フランスをそれぞれ想定している。

＃ドラゴミロフ（Dragomirov, Mikhail Ivanovich）一八三〇－一九〇五。ロシアの将軍。軍事問題に関する著書が多い。

＊1　この英訳書は一九〇〇年「Modern Weapons and Modern War」と改題して再版された。また一九〇〇年に全六巻のロシア語版完訳がドイツ、フランスで刊行された。

第八章　壊滅的大決戦《ハルマゲドン》の根底

西欧諸国の海外進出

ナポレオン戦争の後、産業革命はまずアルザス、ついで東北フランス、ベルギーといった順に、ヨーロッパ大陸に根をおろし始めた。しかしドイツにおいては、一八四〇年代になるまで、ほとんどそうとは言えなかった。しかしその十年後になると、ドイツにおける工業は他に比類がないほど急速に発展拡大するようになった。そして普仏戦争の勝利によるフランスからの戦争賠償金二億ポンドがドイツ産業の発展に一層の拍車を加えることになった。一世紀以上前に、ベンガルでクライブ[#]が没収した金により英国の産業革命は豊かにみのったのであるが、今ドイツもまた英国が歩んだと同じ道を歩きだすことができるようになった。

クライブ（Clive, Robert）一七二五－一七七四。インドで活躍した英国の軍人、政治家。

ドイツがそのエネルギーを自国の工業化に集中させている間、世界史上、最も驚くべき現象が生れていた。今や程度の差はあれ一応工業化されたヨーロッパ諸国は、異教徒の間に文明を広めるという口実で、自らの工場のための原料や、製品のための市場を捜し求めることにやっきになっていたのである。植民地獲得競争の対象となったのは、まずアフリカ、ついで東南アジア、太平洋、それに中国であった。

一八七〇年におけるアフリカの地図は次の地域を除いて、いまだほとんど白紙であった。すなわち、アフリカ北部ではエジプト、トリポリ、チュニジア、アルジェリア、南部では喜望峰、オレンジ自由国、トランスヴァール、それにアフリカ大陸沿岸に散在する若干のヨーロッパの植民地等である。ところが、それから三〇年後の一九〇〇年には、モロッコ、トリポリ、エチオピア、リビアの総面積一二〇万平方マイルだけが白紙で、残余の一〇〇〇万平方マイルは、ほとんどが未開の地であるにもかかわらず、英国、フランス、ドイツ、イタリア、スペイン、ベルギー、ポルトガルの間で分割されてしまっていた。

この分割問題は、本書の命題とあまり関連はないが、それでも植民地開拓者間の争いを導くことになった事項については若干なりともふれておく必要があろう。

一八七五年、英国の首相ベンジャミン・ディズレーリはインドへのルートを確保するためにスエズ運河の株をエジプト総督から買い取った。実は、同運河は一八六九年に、フランスが開通させたもので、英国首相パーマストン卿がこの建設に反対したいきさつがあった。ついで、一八七七年、英国はトランスヴァールを併合し、その二年後にはズールーランドを征服した。これにより、ボーア人をズール人の脅威から解放したため、ボーア人はこんどは独立を要求しだした。これはちょうど一七六三年以後のアメリカ植民者と良く似ている。# ボーア人は一八八一年、第一次ボーア戦争で英国を破り、独立を勝ち取ったが、また第二次ボーア戦争が勃発した。

#　七年戦争（一七五六－一七六三）の結果、英国は、フランスからアメリカ植民者を解放した。

この結果、英国系植民者はフランス系植民者の脅威を感じなくなり、本国への依存心を失った。しかも英国は、植民者の軍費負担義務を強要したことから反英感情が高まり、独立戦争が起った。

この戦争が終るやいなや、エジプトでアラビ・パシャの革命が起り、当時のフランス政府首相ガンベッタは大英帝国と協力してエジプト総督の安全確保をはかろうとした。しかしガンベッタ政権は一八八二年初頭に倒れ、この計画は水泡に帰してしまった。加えてその年の六月、アレキサンドリアに暴動が発生し、英国はフランスに対し、その秩序回復のための協力を要請したが、フレシネ新政権はこれを拒否した。実際、英国はイタリアにも要請したが、これまた拒否されてしまった。七月、英国はアレキサンドリアを砲撃、九月一三日、サー・ガーネット・ウルズリーがアラビ・パシャをテルエルケビルで撃破した。そこで英国軍はエジプトから引き抜かれ、スーダンに投入されたがまにあわず、一八八五年、ハルツームにおいてゴードン#が悲劇の戦死をとげたのである。広漠たるスーダン征服戦争は、英国とロシアとのトルキスタン国境紛争がもとで起ったペンジェ危機のため一時中止ということになったが、一八九八年九月二日、再びサー・ハーバート・キッチナーがハルツームでスーダン人と戦い、勝利を収めたためスーダンを併合することになった。

ゴードン（Gordon, Charles George）一八三三―一八八五。英国の軍人。北京行政官として太平天国の乱を鎮圧。事後スーダン地方総督。喜望峰植民地軍司令官。スーダンのマフディーの反乱のさい、救援軍を率いてハルツームにかけつけたが、かえってマフディーに包囲され戦死した。

その頃、フランスはその勢力を広漠たるサハラ地域に拡張していた。一八八一年、イタリアと摩擦を起しながらもチュニジアを占領した。さらにフランスは一八八三年、マダガスカルの保護領化を主張し、二年後にトンキンを併合した。一方英国もまた北部ビルマを占領した。一八九三年には、英仏両国間で、タイに関する紛争が起った。タイが両国のいずれにも併合されずにすんだのは英仏の嫉妬心からである。一八九八年にも英仏はファショダで紛争を起した。ハルツームの南六〇〇マイル、ホワイト・ナイル河畔の一駐とん地で起ったこの紛争は戦争状態寸前の瀬戸際までいき、事後一九〇四年まで両国は敵意を抱きつづけたのである。

この間、厳密にいえば一八八四年、ベルギーのレオポルド二世は自国の七九倍もの広さをもち、しかも極めて富裕なコンゴ地方を手に入れた。それはアフリカに関心をもつドイツ商人の羨望を生んだ。当然のことながら、ドイツの商人達はビスマルクに圧力をかけたし、ドイツ自体貿易を拡大するため新しい地域を獲得する必要が高まっていた。そこでついに、ビスマルクはドイツも植民地を持たねばならぬ時が来た、と確信するようになった。かくして、一八八四年、ドイツも南西アフリカのアングラ・ペケーニャ、トーゴランド、カメルーン、ニューギニアの一部を占領するに至ったのである。一八八五年になると、さらにザンジバルの奥地を植民地に加えて、ドイツ領東アフリカが生れた。この結果、ドイツは大英帝国と摩擦を引き起すことになった。なぜなら、ドイツ領南西アフリカはケープ植民地と、ニューギニアはオーストラリアとそれぞれ隣接していたからである。しかし、エジプトにおける英仏の敵対関係が激化したために、英国はドイツとことをかまえるわけにいかなくなった。かくして、ビスマルクが英国の友好の手をさしのべると、グラッドストン英首相はその手を握り、文明普及の労苦を共にする同盟国としてドイツを迎えたのである。

一九世紀末になると、この〝植民地ヒッタクリ競争〟に新人が加わった。それは日本である。日本は、一八九五年、日清戦争に勝って、台湾及び遼東半島を獲得した。これが触媒となって、ただちにヨーロッパの列強が介入を開始した。ロシアは、長い間、シベリアからの出口として不凍港を探し求めており、その第一候補地として遼東半島に着目していた。そこでロシアは、ドイツ、フランスと組んで同半島から日本を追いだし、同時にその報酬として、当時建設中のシベリア横断鉄道を清国領土内に走らせる権利をものにした。一方、フランスもまたメコン川峡谷の国境改定を認めさせた。

ロシアとフランスが、中国の寛大な態度により利益を得ている間、ドイツはなんの報酬も受けなかった。そこで一八九七年、自ら膠州湾を占領した。その他に、ロシアは、中国が抗しきれない要求、すなわち旅順の租借を要求しだした。大英帝国はこれに対して強硬に反対したが、それは〝既成事実〟であって、どうにもならないことがわかり、怒りをこらえるとともに、自分にも威海衛を租借させよと迫り、これを認めさせた。この機に乗じて、フランスは広州湾を租借する権利をも獲得するに至った。一九〇〇年には、義和団事件が起り、ヨーロッパ人の虐殺、北京にある外国大公使館の包囲と国際軍によるその救援、といった事態が生起した。当時の状況では、植民地争奪戦により列強に分割されると思われる次の国は中国であった。

かくて、一九世紀末までのわずか三〇年間に、西ヨーロッパの八カ国——英国、フランス、ドイツ、イタリア、スペイン、ポルトガル、ベルギー、オランダ——はその母国総面積、一〇〇万平方マイル弱に、一一〇〇万平方マイルの海外領土を加えたのである。それはアメリカ合衆国総面積の三倍半、地球陸地表面積の五分の一以上にあたるのである。征服の広さという点からみれば、一三世紀の蒙古の侵略以来のことであり、迅速かつ無血の征服であったという点からすれば、アレキサンダー大王以来のことである。そして大王の時と同様、西ヨーロッパの列強を支配する後継者達による戦争が引き続き起ることになったのである。

兵器の進歩（一八七〇－一九〇三）

列強が植民地拡張競争にやっきになっていた頃、兵器の威力も著しく向上した。その第一は無煙火薬の使用による小口径連発小銃の普及であり、その第二は機関銃の完成である。そして第三に速射砲の導入があげられよう。

一八七一年頃には、すでに単発の後装式小銃が極めて有効な火器として一般に普及するようになっていた。そこで次の段階はこれを連発小銃、すなわち弾倉付小銃に改良することであった。この着想は古くからあったが、銃尾機構における故障の発生を減ずることがなかなかできなかった。しかしながら全金属性の薬莢を使用することにより、この問題は解決されるようになり、弾倉付小銃が脚光をあびだしたのである。

ヨーロッパにおいて連発銃を採用した最初の国はドイツであった。ドイツは一八八四年、その一八七一年型モーゼル小銃を弾倉付に改良したのである。この時の弾倉は八発いりの円筒型で、銃身の下方、銃把の先端に挿入されるようになっていた。フランスもまた一八八五〔六〕年、ルベルというほぼ類似のライフル小銃を採用した。この小銃は無煙火薬を使用したので、非常に利点が多かった。次いで、一八八六年、オーストリアがマンリッヘル型を導入した。これは用心金の前方で、銃尾機構入口の下方に箱型弾倉をつけていた。さらにその二年後には、英国が口径〇・三〇三のリー・メトフォールドを採用した。この小銃の弾倉は八発――後に十発に改良された――入りの箱型弾倉であった。一九〇〇年になると、世界各国の軍隊が大体同性能の弾倉付小銃を装備するにいたった。その口径は〇・三一五から〇・二五六といったところで、すべて遊底で操作され、無煙火薬を使用し、射程は二〇〇〇ヤードであった。

　弾倉付連発銃の発達と同時に、機関銃も発達した――機関銃のアイデアも古くからあった。多くの種類が実験され、改良型ガトリング[*1]だとか、ノルデンフェルド（一八七三）、ホッチキス（一八七五）、ガードナー（一八七六）、ブローニング（一八八九）、コルト（一八九五）等が採用された。機関銃の発達史において一大転期となった年は一八八四年である。その年、ハイラム・S・マクシムが反動の力で装填と発射を自動的におこなう単銃身銃の特許をとった。最初のモデルは重量四ポンド、水冷式、ベルト給弾で、三分間に二〇〇〇発の発射が可能であった。英軍は一八八九年、これを導入し、歩兵戦術に一大改革をもたらしたのである。

　速射砲は、ドイツのウイル将軍とフランスのラングロワ大佐が一八九一年に提案したアイデアをもとにして発明された。彼らは、発射速度を高めるには発射時の反動を少くしなければならないと考え、緩衝のための多くの実験をおこない、ついに無反動砲架を誕生させたのである。これによって、砲手を防護するための防弾楯を砲に装着できるようになった。火砲にこの改良がなされるまでは、連発銃が支配的武器であった。今や、連発銃と速射砲は五分五分になった。速射砲は小銃に比し射程が長く、小銃とほぼ同等の発射速度が可能であり、しかも間接照準射撃により敵に発見されないで射撃できる等の利点をもっていた。

　軍隊の規模が大きくなるにつれて、補給の問題が生じてきた。この問題を解決する最初の試みとしてけん引エンジン車が脚光をあびた。すでに、クリミア戦争において、けん引エンジン車が活用され、バラクラバ#にある弾薬庫から弾薬を満載した荷車の縦隊をけん引して前線に送った。普仏戦争や露土戦争においても、荷物運搬や重砲のけん引用に役立った。一八七二年から一九世紀末にかけて、けん引エンジン車の実験や試運転が、英、仏、独、露、伊、スイスなどで行なわれた。一八九九年一一月には、英国政府が南アフリカでの戦争で使用するため二四両のけん引エンジン車を送り込んだ。その他にも、英国は装甲けん引エンジン車と四両の装甲貨車からなる六個の装甲道路段列部隊を送っている。その装甲は厚さ四分の一インチで二〇ヤードの距離からのライフルの直射弾に耐えることができた。エンジン車の運転車室及び各貨車には小銃射撃のための銃眼が設けられてあった。また、これらの装甲段列部隊を移動性ある防塞#として使用するという着想はあったが、実際に使用されたという記録はない。

バラクラバ（Balaclava)。クリミア半島南部の黒海に臨む港町。

防塞。通例丸太で造られ二階が張り出して小銃用銃眼を持つ防御用建造物。

しかしながら、これらの補給車両は蒸気力よりむしろガソリンを使用すべきであった。というのは、一八五九年頃から、アメリカ合衆国で石油の生産量が急増し、商業上の用途が広まったからである。[*2] 一八七六年には、N・A・オットー博士がガソリン・エンジンの発明に成功した。[*3] 次いで一八八五（三）年、ゴットリープ・ダイムラーが精製石油を使用した内燃発動機を考案し、これを自転車に取りつけた。[*4] これが現代ガソリン自動車の第一歩である。二年後、M・M・パナールとレヴァソールはダイムラーから特許権を入手した。しかし一八九四年になるまで、この特許権はほとんど関心の的とならなかった。その年、プチ・ジャーナル紙がパリ＝ルーアン間の自動車試乗会を催したことから、フランスの自動車工業は活況を呈するようになった。翌年にはパリ＝ボルドー間往復七四四マイル・自動車レースが開催されるほどであった。この大会の優勝車の速度はなんと毎時一五マイルであったといわれる。自動車がフランス軍の演習に初めて参加したのは、その翌年の一八九六年であった。その後、三年たって最初の戦場用自動車が英国にあらわれた。それはマキシム機関銃を装備した四輪オートバイで、走行中でも射撃できるものであった。一九世紀末に至るまでに動力源として内燃機関が急速な進歩をとげた。アーサー・バルフォアは英国下院議会において、一九〇〇年五月二日、彼の夢を次のように演説している。「将来、鉄道や電車に加えて、高速自動車専用道路が建設されるであろう。[*5]」と。

とはいえ、自動車が新しいエンジンの最大傑作ではなかった。一九〇三年一二月一七日、ノース・カロライナ州、キティ・ホークのキル・デビル・ヒルにおいて、オービル・ライトは発動機付の飛行機に乗り、一二秒間飛行した。このことは戦争に第三次元を加えることになったのである。

内燃機関の発明は一般社会生活においても、戦争においても大革命を惹き起した。これは、原始人が初めて馬をならして以来のことである。

文明に対する内燃機関の影響は極めて深遠なもので、仮にいま、奇術師がそのしなやかな棒であらゆる自動車を地球上から消してしまったとしたら、一般社会生活はきっと完全な麻痺状態となり、ついで大混乱となるだろう。内燃機関の普及により石油は最も貴重な動力源になった。だから、その獲得は最も重要な政治問題にまで発展した。軍事的に見れば、それは兵站上、戦術上、軍隊の編成を完全に変化させた。従来の馬車輸送は廃止され、装甲化された戦闘車両が導入されるようになった。それだけではない。内燃機関の発達は空中補給、空中砲兵、空輸部隊が使用する航空路なるものをあらたに開通させた。平戦両時にわたって、かくも大きな影響を社会や軍隊に及ぼした発明として他にあげるとすれば、それは無線電信であろう。

ルドルフ・ヘルツが無線電信の理論的可能性を提示したのは一八八七〔八〕年のことであった。彼は、ある特定条件下において、電気的スパークは電磁波となって空間に伝播することを証明した。その他にも、この問題ととりくんでいた科学者達がいたが、その一人、グリエルモ・マルコーニは一八九四年から九六年にかけて、電磁波を探知する装置の研究に精根をかたむけていた。ついに彼は、一八九九年、英国海軍の演習において、二隻の巡洋艦が相互に無線をつかってメッセージの送受をやってのけるほどの成功をとげた。さらに一九〇一年一二月一二日、彼はコーンウォール#から大西洋を横断してニュー・ファンドランドに電磁波信号を送った。実に三〇〇〇マイルの距離にある両地点を結んだのである。無線電信が一般社会生活や海軍戦略に及ぼした影響ははかり知れないものがある。もちろん、地上戦や空中戦におけるその役割もみのがせない。それに無線電信は心理戦を生んだとまではいえなくても、宣伝活動に世界的規模の力を付与した。つまり、会話や文章を光と同じ速度で、地球のどこにでも運ぶことのできる無線電信は全国民の理性を失わせる戦争兵器に変った。その上、無線電信は電子科学の開発・発展に大きく貢献したのである。

コーンウォール (Conwall)。英国イングランド南西部の州。

一九〇三年という時点#では、これら驚くべき変化の影響は未来という鉄のカーテンに覆われており、いまだ表面にでていなかった。とはいえ、このカーテンはいかなる手段によっても突き破ることができないといったものではなかった。にもかかわらず、政治家や軍人達の知力はほんのちょっとこのカーテンに穴をあけた程度であったため、将来戦の戦争指導は一・六勝負——暗闇の中で、まったく新しい盤を使用して競技者達が駒を動かす目隠し賭博——になりさがってしまったのである。

一九〇三年。ライト兄弟の飛行機の発明（一九〇三年一二月一七日）をもって、一応産業革命

による新兵器はでそろったことになる。

＊1　アメリカ南北戦争末期になって登場した優秀な火器。

＊2　一八五九年には二〇〇〇バレルが生産された。一八六九年には、四二一万五〇〇〇バレル、一八七九年には一九九一万四一四六バレル生産された。

＊3　アイデアそのものは古い。最初のものは、一六八〇年、クリスチャン・ホイヘンスが作ったものだといえよう。それは火薬と空気で動く車であった。

＊4　一八八五年、英国のバトラーもまたベンジンの蒸気を使用した内燃機関により自走するオート三輪をつくった。

＊5「Mechanical Traction in War for Road Transport」Lt. col. Otfried Layriz（English edition, 1900）p. 96.

最後の植民地争奪戦争

一九世紀の末から二〇世紀の初めにかけて、大小三つの戦争が起った。一八九八年の米西戦争、一八九九―一九〇二年の英国・ボーア戦争、そして一九〇四―一九〇五年の日露戦争である。これらの戦争は政治的にも重要な意味を持っているが、それ以上に、戦術的に極めて特色ある戦争といえるのである。なぜなら、これらの戦争が新兵器の実験場となったからである。

米西戦争の原因は、パナマ運河建設をねらっていたアメリカがスペインをカリブ海から駆逐しようとしたことにある。これはジェファーソン大統領以降の各国政府が長年かかげていた政策目標であった。なぜなら、キューバがスペイン以外のヨーロッパ諸国の手中に陥るかもしれないという懸念をアメリカは抱いていたからである。一八九五年に起こったキューバ人の反乱は、スペイン軍によるキューバ人抑圧となり、アメリカの商業上の利益をもまき添えにするようになった。そこでアメリカのキューバ干渉論が高まり、ついに開戦に至った。政治的にみると、米西戦争はアメリカを、従来の新大陸だけに限定された地位から、大陸間の一国家として列強と競い合う地位に高めた。だからこの戦争の意義は重要である。軍事的にみるなら、それは小さな紛争に過ぎなかった。この戦争で起った二つの海戦は勝敗をねらった戦いというより、むしろ単に砲火を交える程度のものであった。たしかにこれらの海戦で、スペイン側は二つの艦隊——一つはキャビテ湾（フィリッピン）でいま一つはサンチャゴ湾（キューバ）で——を完全に撃沈されたが、アメリカ側の損害は、キャビテ湾で士官二名、下士官兵六名が軽傷をこうむり、サンチャゴ湾では、戦死・負傷各一名にすぎなかった。このことは新式艦と旧式艦の価値を決定する尺度であったといえよう。陸上における最大の激戦であったエル・カネイとサン・ファン・ヒルの戦闘[#]において、アメリカ軍は黒色火薬を使用したため、無煙火薬を使用するスペイン軍より劣勢であった。[*1]今一つ重要なことは、再び塹壕のもつ防御力が証明されたことである。「エル・カネイやサン・ファン・ヒルで壕にたてこもった一人の兵士は、攻撃前進してくる六－八人の兵士と同じ戦闘力を持っていた、といってもいっこうに大げさな表現ではない。」とハーバート・H・サージャントは書いている。[*2]

　# エル・カネイとサン・ファレ・ヒル。サンチャゴ周辺にある町と丘。

この戦争では、いまだ騎士道精神が残っていることを示す一つの小さな出来事が起っている。米海軍造船技師のリッチモンド・P・ホブソンが勇敢にも自国の石炭運搬船メリマック号をサンチャゴ湾の狭隘な入口に沈めたさい、スペインのセルベラ提督は自らの蒸汽ランチを出してホブソン達の溺れるのを救助した。その日遅く、提督は軍使を派遣し、封鎖艦隊司令官のサンプソン提督に「メリマック号乗員の勇敢さをたたえる」[*3]メッセージを送ったのである。

第二次英国・ボーア戦争について考察しよう。この戦争の原因については、フォッシュ元帥が極めて正確な判断を下しているので、ここではまずその兵器的側面から論じよう。ボーア戦争は、ドイツ政府の歴史専門家が記述しているように、銃剣と小銃弾の戦い[#]であったと同時に、「猛訓練により機械のように一律に行動できる兵士と独自の判断で主動的に行動できる小銃手の間の戦いであった……。一定の厳格な形式のもとにおこなわれる戦法と拘束のない健全な常識により遂行される戦法との戦いであった。[*4]」戦闘行為が勃発する二日前、一八九九年一〇月九日、英国政府は南アフリカに七万人までの軍隊を派遣するに決した旨を発表した。この発表に対し、ロンドン・スタンダード紙の主筆は、当時の世論をかなり正確に反映して、次のように書いた。「ジュベール将軍[#]の率いる訓練不十分な不正規兵の群衆が、銃剣、サーベル、それに大砲を装備した英国軍隊に対し、どれだけのことができるのか。」

この主筆を含めて、英国国民は、七万の歩兵部隊が四三万平方マイルの地域で、九万のボーア軍乗馬兵をいかにして鎮圧するのか、熟考していなかったのである。考えてもみよ、乗馬兵はこの広漠たる土地をどんな方向へでも、幾週間でも引続き行動できるのである。

＃　英軍は銃剣、サーベル、大砲が主要装備であったが、ボーア軍は小銃主体で、独立的戦闘をおこなった。

＃　ジュベール（Joubert, Petrus Jacobus）一八三一－一九〇〇。ボーア戦争の時のトランスヴァール軍総司令官。

開戦初頭の二、三カ月間に起った小戦闘において、無煙火薬が戦場の実相を変化させた。昔の恐怖は敵を目視できることからきていた。ところが、ボーア軍が無煙火薬を使用したことにより、見えない敵に向って英軍は進撃しなければならないこととなり、恐怖心は一層高まった。いまや戦場全体から心理的に迫る恐怖が攻者を包んだ。反面、防者は常に何らかの簡単な塹壕構築や、岩石等の掩ぺい物により容易に自分を防護できた。その上、防者は迅速な小銃射撃によって、これまで前例のない広正面防御を可能にするとともに、いかなる歩兵の正面攻撃に対しても、射撃区域をオーバ・ラップさせることができるようになった。だからこそ、モーデル河畔の戦闘では、三〇〇〇名のボーア人兵士が七七〇〇ヤードの広正面に展開し、メイジャーズ・ファウンテインでは五〇〇〇名が一万一〇〇〇ヤードに、コレンソンでは四五〇〇名が一万三〇〇〇ヤードに、それぞれ展開できた。このように歩兵を分散配置したにもかかわらず、これらの正面は突破されなかったのである。

一九〇〇年二月一八日に起ったパールデベルグの戦闘以降、ボーア人はゲリラ戦に移行した。# かくして、本格的なボーア戦争が始まったのである。ゲリラ戦は一九〇二年五月三一日まで続き、乗馬歩兵を主体とする英国兵延べ四五万人が投入された。この対ゲリラ戦が成功に終ったのは機動する敵をたたく大胆な計画が採用されたからである。戦域内の数千平方マイルに囲いをめぐらした防塞をならべ、広大な網状の組織を構成し、戦域内をいくつかの対馬防御地区に分割した。ついでこの地区内に侵入してきた敵を乗馬縦隊が次々と掃討した。この作戦は長期疲弊戦であったが、素晴しい成功をおさめたのである。

ボーア人の老英雄クローニェがパールデベルグで包囲され、四〇〇〇の部下とともに降服し、英国はトランスヴァールの首府を占領した。しかし戦争は終らず、ボーア人はゲリラ戦に移行して戦いつづけた。

日露戦争の原因は、ロシアが朝鮮を併合しようと東方に進出してきたことと、日本帝国主義の台頭にある。日本は、バイカル湖におけるシベリア横断鉄道の間隙が連結されたなら、とうていロシアに対抗できなくなるという認識から、戦略上有利な内にロシアをたたこうと決意した。シベリア鉄道が完成しないかぎり、満州におけるロシア軍の増援は遅延するだろう。もし不凍港旅順を翌年の冬になる前に、獲得することができれば、次の理由からロシアの野望を封じることができる。すなわち、第一にウラジオストックは冬期、氷にとざされるから、そこを基地とするロシア艦隊と旅順港のロシア艦隊との連携は遮断される。第二に、万一、ロシアのバルチック艦隊が極東方面に派遣されても、作戦のため必要な不凍港旅順を使用できないことになれば、その艦隊は無能化されよう。そこで日本はまず旅順をロシアの手から奪取し、次いで日本陸軍を集中して一大決戦をおこないロシアを破り、ただちにロシアに対し戦争継続を断念するよう説得する、という計画を立案した。

公式には、一九〇四年二月一〇日、宣戦布告がなされたことになっている。日露戦争の作戦段階を区分すると次の三段階になるであろう。㈠、旅順の攻囲と陥落（含む旅順港内のロシア艦隊の撃沈）㈡、奉天会戦を頂点とする一連の陸上戦における日本軍の勝利（一九〇五年二月二三日－三月二〇日）㈢、対馬海峡におけるバルチック艦隊の全滅（一九〇五年五月二七日）。このように、ロシア軍はあらゆる戦闘で敗退したにもかかわらず、決定的な敗北をこうむるようなことはなかった。実際、ロシア軍は日増しに強力になっていた。反面、日本の方は、その戦争潜在力が涸渇に近づいていた。したがって、戦術的には日本が勝っても、純粋に戦略的見地からすれば、日本が戦争に勝つ見込みはなかった。

日本が戦争に勝ったのは、ロシアの内部戦線の崩壊に帰因した。抑圧と腐敗に加えて、満州でこうむったロシアの損害が、早くも一九〇四年七月一四（一五）日、ロシアの内務大臣プレーヴェの暗殺となってあらわれた。その後も暴動やストライキが続き、一九〇五年二月四日、セルゲイ大公が暗殺された。このような一連の暴力行為により、ロシア皇帝ニコライ二世（一八九四－一九一八）は革命家達と妥協をはからざるを得なくなり、六月六日、国会召集を約した。しかし、皇帝が国会を純然たる諮問機関とする考えである、ということが判明すると、猛烈な抗議行動が起り、ついには九月、ゼネストが実施されるに至った。したがって、数日間とはいえ、ロシアは国家活動を停止してしまった。一〇月になると皇帝は屈服し、議会憲法が制定された。

かくして、六月一〇日、アメリカ大統領が交戦国間の調停を申し出ると、両当事国とも——ロシア側はその内部戦線が外部戦線よりも危険な状態になったため——これを快諾し、八月九日、講和会議がニュー・ハンプシャーのポーツマスで開催されたのである。八〔九〕月二三〔四〕日、条約が調印され、これにもとづき、ロシアは満州より撤退し、日本は遼東半島及び樺太の半分を手に入れ、朝鮮における優先的権益を承認させた。これらは、戦争がその後に及ぼした影響と比較すれば、とるにたらない事項である。日露戦争は、日本をアジアにおける指導的国家となし、ロシアを無力化した。ドイツはその東部方面に対する戦争の脅威から解放されたので、ヨーロッパにおける支配的国家となった。その結果、バランス・オブ・パワーがくずれ、大英帝国は、帝国が一八一五年以来、パックス・ブリタニカのバック・ボーンとしていた伝統的孤立政策を放棄させられることになった。さらに加えて、この戦争は有色人種が白色人種の優越主義に挑戦したことになったから、アジア・アフリカ諸国を覚醒させ、全ヨーロッパの植民地帝国に致命的打撃を与えたのである。

大砲と築城がこの戦争を支配した二大要素であった。日本軍の速射砲が威力を発揮した戦闘は、概ね日本軍の勝利に終った。大砲の威力を避けるため、敵は塹壕を掘った。壕に入った敵に対して、大砲は頂界線の後方、遮へいした位置に陣地を占領し、間接照準射撃を実施せざるを得なくなった。遮へいした陣地から射撃するため電話通信を必要とした。その他、塹壕の周りには、鉄条網がもうけられ、これに沿って射撃する機関銃の価値がますます認識されるようになった。一方、騎兵部隊は戦場から姿を消した。

日露戦争が提示した主要な戦術的教訓は次のとおりである。

㈠正面攻撃の失敗と包囲の成功。

㈡野戦築城と鉄条網の卓越した防御力。

㈢機関銃の威力の圧倒的増大。

㈣速射砲の比類なき威力。

日本軍に隊付した英国将校達の報告書の中で、W・H・H・ウォーターズ大佐は「私の経験からすれば、砲兵はしばしば戦闘における決定的要素となりうる。その証拠に黒溝台の戦闘において砲兵は決定的役割をはたした」と述べた。[*5] J・M・ホーム少佐も次のように書いている。

「私が見た中で最も印象深かったことは、砲兵は今や決定的兵器であり、その他の兵器はすべてその補助であるということである。砲兵の重要性はいかに強調しても、しすぎることはない。なぜなら、その他の相対戦闘力比が同等であるなら、砲兵の優越している側が常に勝利をおさめるからである……。私は砲兵の無限の重要性を確信している。だから、砲兵は、たとえ他の兵器を犠牲にしてでも、増強すべきであることは疑問の余地がない……。」

「砲兵の異常な発達により、歩兵の射撃戦闘は六〇〇ヤード以上の射距離では有効でないようになった。なぜなら、その射距離以上の戦闘では敵の砲兵火力が熾烈で、歩兵の小銃など役にたたないからである。[*6]」

＊1　彼の著「The Rough Riders」の九八頁に、セオドア・ルーズベルトが次のように記している、として引用している。「スペイン軍は無煙火薬を使用したので、彼らの砲兵はわれわれのものよりはるかに強力であった。」

＊2　「The Campaign of Santiago de Cuba（1907）」Vol. II, p. 135.

＊3　Sampson's dispatch No. 113 in「The Relations of the United States and Spain, etc.」Rear-Admiral French Ensor Chadwick（1911）, Vol. II, p. 345. 参照。

＊4　「The War in South Africa, A German Official Account（English edition, 1906）Vol. II, p. 336.

＊5　「The Russo-Japanese War : Reports from British Officers（1908）」Vol. III, p. 117.

＊6　同右　Vol. III, pp. 209-10.

不和と協約

ビスマルクが宰相の座を下りたのは一八九〇年三月のことであるが、普仏戦争終結後、彼がとり続けた政策はドイツの獲得した平和を定着させることであった。彼は平和を確実なものとするため、ロシアとの友好関係確立に努めるとともに、フランスを孤立化させるため、一八七九年、オーストリアと防衛条約——二国同盟として知られる——を締結した。この二国同盟は、二年後にイタリアがフランスのチュニジア占領を激怒してこれに加わったので、三国同盟へと発展した。一八八八年には、ウィルヘルム二世がドイツの王位を継承し、二年後にはビスマルクが罷免された。一方、ウィルヘルム二世の気まぐれ、かつ好戦的な態度に脅威を感じたフランスはロシアと友好関係を結ぶ交渉に入り、一八九三年と一八九五年に露仏防衛協定の締結をみるに至った。

かくして、二つの相対立する同盟が生れたが、英国がそのどちらかに加盟しない限り、ヨーロッパの平和は安定していた。しかし不幸にも、この平和な状況は長く続かないことになった。というのは、ドイツの海外貿易が迅速に拡大し、その海上輸送能力が伸長してきたため、ますます英国の貿易が脅威をうけるようになったからである。[*1] その上、カイゼルは、ドイツの海外貿易を保護し、フランス海軍力に追いつき、追い越すため一八九八年、海軍力の強化に努めた。さらに、一九〇〇年、英国が南アフリカで手こずっている頃、海軍の再拡張をやってのけた。これは英国言論界に大騒動を引き起こした。[#]

一八九八年、ウィルヘルム二世の「ドイツの将来は海上にあり。」という豪語により海軍拡張が着手された。その勢は一九二〇年には英国海軍を凌駕すると思われた。このため英国は脅威を感じるに至り、建艦競争正否をめぐる論争が起った。

以上のような脅威、すなわち生存のための経済競争が戦争の根底的原因としてあげられる。ドイツも英国もいずれが悪いとはいえない。英独間に不和をもたらすものは、両国のどん欲さや野心ではない。それは産業革命である。産業革命こそが両国を競争者にしたてたのである。それは工業就業人口を非常に増大させたので、外国貿易がないなら、両国とも失業者がふえ、ついには飢餓してしまうほどになったであろう。一九一九年に、ジョン・メイナード・ケインズ[#]は第一次世界大戦を回顧して次のように書いている。

「力の政治は不可避的なものである。この大戦について、ないしはそれが戦われた目的について学ぶべき新しいことは何もない。過去数世紀にわたって、英国はその貿易競争国を幾度も打倒してきたのであるから[*2]。」と。

ケインズ（Keynes, John Maynard）一八八三－一九四六。英国の著名な経済学者。一九一九年、大蔵省首席代表としてパリ和平会議に出席し、（＊2）の書を公刊、名声を博した。

英国は南阿（ボーア）戦争以降孤立政策をとっていたが、一九〇三年になって、エドワード七世（一九〇一－一九一〇）がこの政策を破棄した。彼は、その年の春、パリを訪れ、パリっ子達の熱狂的歓迎を受けた。これは、彼の個性的魅力だけでなく、彼の甥カイゼルに対する反感が大きく作用したからであった。彼の訪問を機に英仏間の政治交渉が始まり、一九〇四年四月、英仏協商が締結されるに至った。この協商は当初、単なる友好条約にすぎなかったが、後に秘密軍事同盟へと発展した。サー・ウィリアム・ロバートソン[#]によれば、一九〇五年、ロンドンにおいて、フランスへの協力計画が英軍作戦部長とフランス駐在武官との間で討議されたといわれる。ロバートソンはこの間の事情を次のように記している。「この会議は一九〇六年以降、常に両国参謀本部のお声がかりでひん繁におこなわれ、とみに親密の度を増した……。内閣はこの会議について全然承知していなかった。それだけでなく、認可した外務大臣（サー・エドワード・グレイ）ですら会議の結論について何も知らなかった。外務大臣は、一九一一年、この問題について首相に次のような書簡を送った。『彼らが何を決めたか私は知っておりません。政府の立場は全く自由でありますが、軍部は、もし命令が出されたら、どうすべきか心得ています。』」[*3]

ロバートソン（Robertson, Sir William）一八六〇－一九三三。兵卒から元帥にまで昇任した英国の軍人。第一次世界大戦では陸軍参謀総長であった。

さらにロバートソンは、この外相の書簡内容にふれ、次のように論評している。「『軍部はどうすべきか心得ている』といっても、それを実行に移しうる適切な手段が付与されなければ、軍部はどうしようもない。だから、内閣が秘密軍事会議について何も知らなかったのなら、軍部は何もできなかったはずである。」[*4]と。

その協商に従って、英仏両国政府は植民地に関する両国の意見の相違を解決した。すなわち、英国はエジプトにおける行動の自由を保持する一方、フランスは、モロッコ領土が保全される限り、そこでの行動の自由が認められることになった。それにもかかわらず、一九〇四年一〇月、フランスとスペインの間でモロッコ分割に関する仮条約が策定され、その写しが英国外相のもとに送付されてきた。このうしろ暗い取引はまぎれもないパンドラの箱であったのである。

この問題もまたじきにかたづいた。一九〇五年三月、カイゼル[#]はこれらの秘密条約について何も知らなかったけれども、モロッコが第二のチュニジアになるのではないかと疑惑を抱き、タンジールを訪れた。これは激烈な言論戦を巻き起こしたので、戦争の勃発を恐れたセオドア・ルーズベルト大統領が国際舞台に登場し、国際会議を提唱した。この会議は一九〇六年、アルヘシラスで開催され、モロッコの独立を支持するという列強の誓約を確認した。

チュニジア。フランスは一八八一年、チュニジアに侵入して、バルド条約を締結させ、さらには一八八三年、マルサ協定を強制して、チュニジアをフランスの保護国とした。

この会議の直後、英国政府はロシアと次のような了解に達した。すなわち、ロシアは極東方面で冒険的行動に出ることなく、ヨーロッパ方面に全注意を集中する、ということである。かくて三国同盟に対して三国協商が結成されるところとなった。このことは、戦争が起った場合、ドイツをして二正面戦争を強いることを意味した。

モロッコの危機が国際関係にショックを与えている間に、英国では、海軍パニック[#]が政府、野党、それに国民にまでおそいかかっていた。このパニックはコベントリ兵器会社のマリーナ氏により工作されたものであるが、言論界もヒステリックに騒ぎたてるに至った。このため、海軍省第一海軍卿のサー・ジョン・フィッシャー提督は意を決して国王に実情を報告した。国王への長文の書簡で提督は次のように述べた。

海軍パニック。238頁の訳注参照。

「今年、一九〇七年三月の時点で、ドイツは一隻の〝ドレッドノート艦[#]〟も起工していないし、またここ一八カ月間に一隻の戦艦も大型巡洋艦も建造にふみきっていない、というのが真実であります。……ドイツ全戦艦艦隊の半分が英国の装甲巡洋艦に匹敵するにすぎません……。」[*5]

ドレッドノート艦。日露戦争の戦訓から英海軍が一九〇六年起工した巨砲戦艦で、ここではこ

れに匹敵する弩級戦艦の意。

それから二年後、一九〇九年三月二一日のエッシャー卿宛の書簡で、フィッシャー提督は再び報告している。

「確固たる決意をもって、この四年間海軍力の増強に努めてきましたが、いまや英国はその内水に完全二個艦隊を保有するに至りました。そのいずれもが戦時に動員されるドイツ全艦隊に比し、はるかに優勢なものであります……。このバランスが今後数年間で逆転することはありえません……。ですから、どうぞご安心下さい。」[*6]と。

野党領袖のアーサー・バルフォア氏はこの事実を良く知っていたにちがいないが、それでも一九一〇年一月の総選挙で、彼はドイツを痛烈に攻撃しだした。これは保守党への支持を獲得するため、危機感を国民の間にあおろうとしたものであったが、ウィンストン・チャーチル氏により「理由もなく二大国間に悪風を巻き起こそうとするものだ」と大反撃を受けたのである。

一九一〇年五月六日に、エドワード七世が逝去し、皇太子ジョージ五世（一九一〇－一九三六）が王位を継ぐことになった。ところが、彼が正式に王位につく一九一一年六月二二日が来ない内に、モロッコでいま一つの事件が起った。フランス政府はモロッコの完全支配をねらってフェズを占領した。いまだ秘密条約の存在を知らないカイゼルは、この占領をアルヘシラス条約[#]の侵害であると言明した。カイゼルは七月一日、砲艦パンサーをアガディールに派遣して、ドイツの通商権益とモロッコ国民のよう護にのりだした。そこで英国大蔵大臣ロイド・ジョージ氏はドイツを激しく非難した。それはまさに全面戦争に突入する寸前であった。さいわいにも、一一月になって、合意がなされ、フランスはモロッコにおける行動の自由が認められる一方、ドイツはフランス領コンゴの一部分を領有することになった。しかしこの合意はイタリアをいらだたせた。イタリアは、〝フランスは次にトリポリを占領しようとするであろう〟と懸念したのである。今や武力行使の際の常とう用語である〝通商と国民の安全確保〟という口実により、イタリアはトルコに宣戦を布告して、トリポリに侵入し、さらにロードス島などドデカネス群島を占領した。

#　アルヘシラス条約。ジブラルタルに近いスペインの町。一九〇六年一月より四月にかけて、ドイツの主唱に基き第一回モロッコ事件収拾のため開かれた国際会議で調印された。この条約によりモロッコのスルタンの主権の承認、各国の通商上の機会均等が定められた。

ロシアは、今や三国協商の一員であるから、その東南ヨーロッパの進出は一八七七年当時よりも有望視できた。ロシアは三つの目的を持っていた。第一はヨーロッパではトルコを片づけて、コンスタンチノープルを獲得すること。第二はバルカン半島におけるオーストリアの権威を失墜させ、同国を精神的に弱化させること。第三に、これにより、同時にドイツをも弱化させること。この三目的達成のための手段として活用しようとロシアがねらっていたのがバルカン諸国、とりわけセルビアとブルガリアの領有であった。セルビアはすでに一八七八年、独立を勝ち取っていたが、ブルガリアは当時なおトルコ皇帝の従属国であった。ブルガリア人はこのようなトルコとの変則的関係により、長い間苦しめられてきた。そこで一九〇八年一〇月五日、トルコの革命内紛に乗じてフェルディナント皇太子は、自分の国は独立王国だと宣言し、王位についた。オーストリアもまたすかさず、トルコ領ボスニアとヘルツェゴビナを併合した。

ロシアは直ちにこの機会をとらえて、バルカン諸国の統一をよびかけた。すなわち、ロシアは、バルカン諸国は対立を捨てて、相互防衛のため団結しなければ、オーストリアによって各個に併合されてしまう、という恐怖心をあおりたてたのである。この結果、バルカン同盟の結成をみた。当時、トルコとイタリアは戦争状態にあったので、一九一二年一〇月八日、モンテネグロがまずトルコに対し宣戦を布告し、ついでブルガリア、セルビア、ギリシャが参戦した。トルコは敗北し、一二月三日、休戦協定が成立、翌年五月三〇日、ロンドンで和平条約が調印された。これが終るや否や、戦勝国の間で戦利品についての争いが始まった。ブルガリアはセルビアとギリシャにかみついた。ルーマニアもセルビア・ギリシャ側に立って参戦した。トルコもブルガリアに対し宣戦し、失地アドリアノープルを回復した。ブルガリアは勇戦奮闘むなしく屈し、ブカレスト条約を結んで、第二次バルカン戦役に終止符を打った。それは一九一三年八月一〇日のことである。この結果、ヨーロッパにおけるトルコはガリポリ半島を含む、アドリアノープル、コンスタンチノープル及びその周辺地域に縮小された。

ヨーロッパ情勢もまもなく緊張の度を増した。ウッドロー・ウィルソン大統領の移動大使、Ｅ・Ｈ・ハウス大佐が一九一四年の春、ベルリンを訪問した際に、大統領に送った報告は緊張した情勢を良く示している。

「ドイツ全体が充電され、ボルトがあがっている。誰の神経も張りつめている……。英国が同意しようものなら、フランスとロシアがドイツとオーストリアに押し寄せるであろう。」[*7]

ロシアは、英国の同意が撤回されるのではないかと懸念した。駐英ロシア大使ベンケンドルフはロンドンからロシア外相サゾノフに「もし英国とドイツの不和が解消されたら、英露協商を維持することは不可能である。」と書き送った。[*8] これはドイツが英露関係を離反させようと企図していることに関連していた。ロシアが恐れていたことは時期を失することであった。つまり、フランツ・ヨーゼフ皇帝は八四歳であり、相続人のフランツ・フェルディナント大公は大セルビア運動に反対であった。ロシアはどんな犠牲を払っても、ユーゴスラビア民族のめんどうをみるのはサンクトペテルブルクであって、ウィーンであってはならないという堅い決意を抱いていた。これが、一九一四年六月二八日、オーストリア皇太子夫妻がサラエボにおいてセルビアの一テロリストにより暗殺された時の状況であった。

ドイツ駐在のセルビア代理大使、M・ボギシェヴィッチによれば、「今度はセルビアを決して見捨てない、というロシアの確約をセルビアは既に受け取っていた」といわれる。さらに彼は書いている。

「しかも、もっと重要なことは、ロシアがセルビアに対し、対ドイツ・オーストリア戦がすでに決定された旨を告げたにちがいないこと、そしてロシアと同盟関係にある英仏両国は、ロシアが紛争を起せば、これに参戦することになるであろうことを認めていたから、オーストリア皇太子の暗殺は戦争へのかっこうの口実を付与することになったことである。（この紛争は本来、オーストリアとセルビアの局地紛争に過ぎなかったとみるのが自然である）……。もしサー・エドワード・グレーが、英国はこの紛争に何等の関心も持っていない、とロシア及びフランスに対して（ドイツにはそれについて一語も知らせる必要はない）言明し、事後どんな事態が生起しようと完全なる行動の自由を保有していさえすれば、ヨーロッパ戦争は勃発しなかったであろう。もちろん、このことは、英国がその時まだ、後退できないほど行動を拘束されていなかった、という前提にもとづいているのであるが。」と。[*9]

不幸にして、この前提はくずれていた。秘密のベールに包まれたまま、一九〇四年の英仏協商はどうにもできない秘密軍事同盟へと成長してしまっていた。しかも英国議会はそれについて何も承知していなかったのである。

七月二三日、四八時間の期限付きで武力を行使するというオーストリアの最後通牒がベルグラードにつきつけられた。サゾノフ・ロシア外相はそれを、かつてない侵略行為であると断言するとともに、ドイツとの戦争を回避する唯一の道は次のことをドイツに明示することであると考えた。すなわち、協商三国の連合軍はドイツと戦う用意がある、と。かくてロシアは部分的動員を下令した。一方ドイツは、この問題はオーストリアとセルビアだけで解決すべきであると主張した。

七月二五日、セルビアはオーストリアの最後通牒に対して回答したが、この回答が不完全なものであったことからオーストリアは総動員を令した。そしてその翌日、ドイツ首相はベルリン駐在英国大使サー・エドワード・ゴーシェンをまねき、フランスとの戦争に勝った場合にも、英国が中立を維持するなら、ドイツはフランスの領土併合を要求しないと述べた。英国政府はこの提案を拒否した。

　七月三一日、サンクトペテルブルク駐在のドイツ大使はロシア政府に対し、一二時間以内に動員を中止するよう要求し、これに応ぜぬ場合には、ドイツも動員する旨の最後通牒を手渡すよう訓令された。要求に対し回答がなされなかったので、八月一日、ドイツとロシアとは戦争状態に入った。フランスもまた総動員を下令した。

　八月二日、イタリアが中立を宣言した。[*10] 一方、ドイツの騎兵斥候はルクセンブルクに入り、ブリュッセル駐在のドイツ公使はベルギー政府に一通の文書を手渡した。それはドイツ軍のベルギー領土内自由通過を要求していた。ベルギー国王はこの要求を拒否するとともに、翌日、英国国王に親書を送り、自国の保護を懇請した。午後六時四五分、ドイツはフランスに対し宣戦し、次いで数時間後、ベルギーに対しても宣戦を布告した。明けて八月四日の午後三時、エドワード・ゴーシェン卿は英国外務省から、条約で保障されたベルギーの中立を尊重する、というドイツの確約をとりつけるよう訓令された。この時、ドイツ首相ベートマン・ホルヴェークは次のように回答した。「わずか一枚の紙切れのため、大英帝国は同血族国と戦争をやるつもりなのか。」と。[*11] 英国はついにドイツに対し宣戦を布告した。それは八月四日真夜中のことであった。

＊1　一九〇二年一〇月、当時陸軍省、対外情報課長ウィリアム・R・ロバートソン大佐（後のサー・ウィリアム元帥）はその覚書の中で次のように記している。「……最大の原因は貿易と植民地企業における競争である。」（「Soldier and Statesmen（1926）」Vol. I, p. 21）一八八〇年におけるドイツの総輸出入額は二億九〇五〇万ポンドであった。一八九〇年には三億八四一〇万ポンド、一九〇〇年には五億三九八〇万ポンド。一九〇七年には八億四九〇〇万ポンドに達した。これはフランスの六億五二〇〇万ポンド、アメリカの六億八三九〇万ポンドの総輸出入額を追いこし、英国の十一億六三八〇万ポンドに近づいている。

＊2　「The Economic Consequences of the peace（1919）」, p. 30. 一九一九年九月一一日に、セント・ルイスでの演説で、ウッドロー・ウィルソン大統領は次のように述べた。「親愛なる市民諸君、ここにいる男性あるいは女性、さらに要すれば子供達の中で、現代世界における戦争の種子は産業上、商業上の競争であることを知らない人がいるだろうか。……この大戦は、その発展において商業上、並びに産業上の戦争であった。それは決して政治的戦争ではなかったのである。」

＊3　「Grey's Twenty-Five Years 1892–1926（1925）」p. 94.

＊4　「Soldiers and Statesmen」Vol. I, p. 49. サー・W・ロバートソンは次のように書いている。「一九〇六年の初頭、作戦部長は〝海外での戦争のため必要とする軍事力に関する覚書〟を提出した……。これが〝対ドイツ戦遂行のためのフランスとの戦争同盟締結について〟論じた最初のものであった。ただしこの論は〝真面目に考慮すべき不測の事態〟として言及された。提示された内容は、少くとも三個軍団、四個騎兵旅団をフランスに派遣すべきであるというものであった。」

（前掲「Saldiers and Statesmen」Vol. I, pp. 28-29）

＊5 「Memories, Admiral of the Fleet Lord Fisher（1919）」pp. 14-15.

＊6 同右　pp. 189-190.

＊7 「Intimate Papers of Colonel House（1926）」Vol. I, p. 249.

＊8 「Uncovering the Forces of War」Conrad K. Grieb（1947）, p. 8に引用されている。

＊9 「Causes of the War : An examination into the causes of the European War, with special reference to Russia and Serbia（London, 1920）」pp. 65 and 68.

＊10 オーストリアは八月六日になるまで対ロシア宣戦布告をやらなかった。

＊11 たとえ〝一枚の紙きれ〟でなくとも、一八三九年の条約は〝神聖な遺物〟にすぎなかった。その条約の条項には、英国の責務は明確にされていなかった。いわんや、ある国がベルギー領土を侵略した場合、英国はベルギーに軍隊を派遣して、これと戦うことを約した条項などなかったのである。

第九章　第一次世界大戦における戦争指導

政治と戦争

二〇世紀の開幕が告げられた頃、大英帝国はその国境を七つの海洋と接し、アメリカ合衆国は世界列強の一つに数えられるようになっていた。ロシアは、工業化が遅れてはいたが、莫大な潜在力を保有し、さらにドイツとフランスは相争っていたとはいえ、繁栄する帝国に成長していた。もともとドイツ、フランス等のヨーロッパ諸国間の争いは日常茶飯事のことであって、過去一〇〇〇年間抗争の連続であった、といっても過言ではあるまい。ところが、一九一四年に勃発し、一九一八年に終った戦争は、合衆国を除き、その巨大な建築物をすべて瓦礫にしてしまった。英国は破産し、フランスは骨と皮だけになってしまった。ロシアとドイツは革命により陣痛の苦しみを味わっていた。オーストリア゠ハンガリー帝国は消滅し、オスマン帝国は分割され、イタリアは狂乱状態になってしまった。それだけではない。その他のヨーロッパ諸国も激しい砲爆撃により焦土化されてしまったのである。つまり、歴史上の一時代が燃え上ってしまったのだといえよう。

もし政治家や軍人連が自分達の論争や策略、すなわち計略をはかったり、同盟関係を結んだりすることがどんな結果になるか洞察できたなら、彼らはこれほどまでに戦争を拡大せずにすんだのではあるまいか。これは一笑にふすべき疑問ではない。というのは、たとえ問題があまりにも複雑で、政治家や軍人達がこれらを解決できなかったとしても、換言すれば、剣で切断する以外に手がなかったゴルディオス王の結び目#のような諸情勢に、彼らが押し流されてしまったとしても、なんとかもっと巧く剣をふるうことを歴史書の諸頁から学ぶことができなかったのであろうか。およそ二一世紀前に、ポリュビウス#は書いたではないか、「なんとなれば、実際の危険を体験することなしに、どんな危機や事件が発生した場合にも、正しい洞察と成熟した判断を下すことを可能にするのは歴史のみである。」と。[*1]

ゴルディオス王の結び目。フリギアのゴルディオス王によって結ばれた結び目で、この結び目を解く者はアジアを支配するという予言がなされたが、アレキサンダー大王は、これを剣で両断するという方法でなしとげた。

ポリュビウス（Polybius）（紀元前二〇三頃－紀元前一二〇頃）ヘレニズム時代のギリシャの史家。前三－二世紀のローマ史を描いているものが多く、単に事実の記述ではなくして、原因の探究を重んじている。

もし政治家や軍人達がクラウゼヴィッツを研究していたなら、戦争は政治の一環であり、その特質は政治により決定され、「政治が崇高かつ強力なものであれば、戦争もまたしかりである。」ということを理解できたはずである。

一九一四年に勃発した戦争が、一八七〇年の普仏戦争のように、二カ国間に限定されていたら、交戦国相互の問題は簡単なものであっただろう。しかしながら、一九一四年における交戦国間の問題は複雑であった。なぜなら、争いはヨーロッパの大部分を包含する二つの同盟国間でおこなわれたからである。このことは次のことを意味した。すなわちこの戦争は、ヨーロッパ全土に影響を及ぼすものであり、しかも戦争の結末――すなわち終戦後におとずれる平和――が勝利者にとって益するものであるためには、各加盟国を目的に向ってまい進させる共通の政策を決定することが必要不可欠だ、ということである。もしそうしなければ、戦争は必然的に無秩序なものとなり、戦後におとずれる平和もまた不安定なものとなるのである。

協商加盟国は中央ヨーロッパの二大強国、ドイツとオーストリア[*2]よりも複雑な問題をかかえており、しかも外線作戦を強いられるため、全加盟国が同意する共通の政策など見出せないのが当然だとされていたのかもしれない。しかしながら、協商側の二大国、フランスと英国だけは明らかにそうではなかったはずである。しかも、一九〇四年以降において、英仏両国は確固たる政治目的――英仏に最も有利になるような平和の確立――から決定される共通の政策を見出しうる時間的余裕もあった。クラウゼヴィッツが書いているように「政治的観点が軍事的観点に従属するなどということは常識に反する。」なぜなら「政治は頭脳であり、戦争は単なる道具である」からである。しかるに一九一四年八月の時点では、英仏共通の政治的観点なるものは存在していなかった。[*3]だから軍事的観点は空白に従属せしめられたのである。そしてこの空白は直ちにうめられ、ただ一つの観点となった。言いかえると、手段が目的を独占したのである。

このことは、大戦の終始をつうじて、指揮の統一問題という無益な論争を引き起した。[*4]政策の一致なくして、効果的な指揮の統一はありえないから、このような論争が起るのも当然のことであった。この点を的確に把握していた一人である英国のサー・ウィリアム・ロバートソン参謀総長は次のように書いている。「〝統一指揮〟を確立する以前に、連合国政府はまず追求すべき全般政策について合意をみることが必要である。と同時に、その合意を侵害しないという納得もまた必要不可欠である。なぜなら、一致した政策もないのに指揮を統一すれば、作戦は、与国のことには関心を払わず、自国の利益にそってのみ指導されることとなり、かくて指揮の統一の目的は達成されないことになるからである。[*5]」と。

それ故に、一九一四年八月の情勢では、キッチナー卿[#]が英軍総司令官サー・ジョン・フレンチへの書簡で「貴下の指揮権は完全に独立したものであり、いかなる意味においても、連合軍のどの将軍の命令をも受けるようなことは決してない、ということを明確に理解されたい。[*6]」と述べたのもごく当然のことといえよう。とはいえ、キッチナー卿がこのように述べた〝理由〟には大きな誤りがあった。キッチナー卿が指揮系統の一元化を無視した〝理由〟は、戦略こそが政策を支配すると考えていたことにある。キッチナー卿の考えは、サー・ウィリアム・ロバートソンによれば、次のようなものであった。

「英国のねらいは、戦争終結時に最強の英軍をヨーロッパに駐留させておく、ということにすべきである。そうすれば、英国は、有利な和平条件を確実に強制できる。[*7]」

キッチナーもまたクラウゼヴィッツを理解していない。もし理解していたなら、車を馬の前につなぐような主客転倒をやらなかったはずである。どんな場合にも、強制した和平は一時的休戦に過ぎない。現実に第一次世界大戦は一時的休戦をもたらしたにすぎなかったのである。

キッチナー（Kitchener, Horatio Herbert）一八五〇－一九一六。第一次大戦当時英国陸軍大臣。ファショダ紛争、ボーア戦争の解決に功績を残した。

中欧同盟諸国及び協商同盟諸国の各政府は、各同盟諸国のおかれている戦略的諸情勢等に一致させることはいうに及ばず、各々が自由に行使できる諸手段と目的とを一致させるべきであった。それではその目的について論じてみよう。二つの同盟諸国の目的は同盟を生むに至らしめた諸原因に求めうる。フランスの目的はドイツを無力にして、アルザス・ロレーヌを奪回し、かつてサドワとセダンの会戦により失ってしまった大陸における指導権を再び確立することにあった。ロシアの目的はバルカン半島を併合し、これによりコンスタンチノープルや地中海への出口を獲得することであった。それはオーストリア＝ハンガリアを分割とまではいかなくても、去勢することを意味した。ドイツの目的は以上のような事態を回避し、自らの優位を保持することにあった。大英帝国は貿易上の競争相手であるドイツを撃破することを目的としており、それはフランス及びロシアの援助を得てはじめて達成できることであった。英国の立場は、従来の連合戦争においてもしばしばみられたことであるが、矛盾にみちたものであった。万一、中欧諸国が徹底的に撃破されたとしたら、フランスは疑いもなく西ヨーロッパにおける支配権をにぎるであろうし、ロシアもまた南西ヨーロッパに進出することになろう。そうなれば、英国の伝統的政策であった大陸における、バランス・オブ・パワーはぐらつくことになるのである。このことは中欧諸国が勝利をおさめた場合にも同じである。かつて、英国は、敵対国が極度に弱化しない内に、しかも最強の同盟国がその敵対国のあとがまにつかない内に、交渉による平和を求め、それによってこの種の難局を乗り切って来た。仮りに再び、英国がこれと同じ方法で第一次世界大戦を解決しようとするなら、英国は自らの政治手腕のみならず、最強の敵対国であるドイツの政治手腕にも依存しなければならなかったはずである。

＊1　「The Histories of Polybius」Bk. I, p. 35.

＊2　イタリアが八月二日、中立を宣言したので三国同盟は当初の二国同盟にもどった。トルコは一〇月二九日になってはじめて中欧諸国側に加わった。一方、日本は八月一五日、協商側に加盟した。

＊3　Sir Edward Grey's statement,「Supra」Chap. VIII, p. 145.

＊4　一九一八年三月二六日、西部戦線における各連合国軍相互の調整役としてフォッシュ将軍が任命され、さらに七月一日には、連合軍最高司令官に格上げされたが、このことと矛盾するものではない。なぜなら、フォッシュの権力は極めて制限されており、彼の部下指揮官達——サー・ダグラス・ヘイグ、ペタン将軍、パーシング将軍、ディアズ将軍——に自分の訓令を強制させることができなかったからだ。

＊5　「Soldiers and Statesmen, 1914–1918 (1926)」Vol. II, pp. 296–7.

＊6 「British Official History of the Great War, "France and Belgium"」 Brigadier-General J. E. Edmonds (1922), Vol. I, App. 8, 442.

＊7 前掲「Soldiers and Statesmen」Vol. II, p.296.

戦争計画の結末

一九一四年八月四日の時点で、戦争というゲームをやっているテーブルの周りを見物人がぶらつきながら、プレイヤー達の手のうちをちらりと見たとしよう。その見物人は十中八九までドイツは敗北すると予測したにちがいない。それにもかかわらず、五週間後にいよいよカードが始まると、すべてのプレイヤーは戦略的破たんをきたしてしまった。どうしてこうなったのであろうか。この疑問は重要である。なぜなら、この疑問こそが事後の戦争指導を生み出す原動力となるからである。

死の賭博が始まった時、ドイツとオーストリアは、東にロシア、西にフランス・ベルギー・英国、南にセルビアにより取りかこまれていた。ドイツとオーストリアの兵力は両国合せて、歩・騎兵一五八個師団であり、これをもって、ロシアの一五〇個師団、フランス・ベルギー・英国の八七個師団、セルビアの一二個師団と対抗しなければならなかった。従って、量的には、戦争というサイコロはドイツ＝オーストリアに不利な目をだすように当初から鉛が詰められ、偏重していたといえよう。しかし、ドイツ＝オーストリア側は、協商側が外線作戦を強いられるのに対して内線作戦を追求できたので、協商側の一国に対してのみ兵力を集中し、他正面に対してはこの間一部をもってけん制・抑留することができた。

これこそが、一八九一年から一九〇五年にかけてのドイツ参謀総長アルフレッド・フォン・シュリーフェン伯が考え出した計画のねらいとするところであった。シュリーフェン伯は、ロシアの動員がフランスよりも相当遅いことを見抜いていた。さらに、フランス軍の主力がメジエール－エピナールの線に集結することもわかっていた。そこで彼は十個師団と郷土部隊からなる一個軍（第八軍）をもって東プロシアで対露持久作戦を行うとともに、これを容易ならしめるためオーストリア軍を開戦へき頭ガリシアに進攻させる一方、フランス進攻のためクレフェルド－ミュールハウゼンの線に七個軍――メッツの北方に五個軍（第一－五軍）、南方に二個軍（第六・七軍）――を展開するに決した。西部戦線の右翼であるメッツ北方五個軍の内訳は三五・五個軍団、騎兵七個師団、後備軍一六個旅団、補充六個師団であった。左翼すなわちメッツ南方二個軍は五個軍団と三個騎兵師団からなっていた。シュリーフェンの構想は、まず左翼がロレーヌ及びアルザスにいるフランス軍と接触を保持し、これをけん制・抑留する、ついで左翼を後退させてフランス軍を誘致するとともに、右翼がメッツを旋回軸として、ルクセンブルク、ベルギー、オランダのマーストリヒト突出部を貫通した後、作戦方向を西南に振り、パリ西方に向け突進する、そこからさらに東方に向きを変えてドイツ軍左翼と交戦中のフランス軍の背後を衝き、これをドイツ及びスイスに圧倒撃滅する、というものであった。この計画はフリードリッヒ大王のロイテンの戦い#（一七五七年）を大規模に再現したものであった。

ロイテンの戦い。フリードリッヒ大王は三万の兵をもって墺軍カール親王の指揮する八万の兵を攻撃、ロイテン附近でこれを撃破した。その時、大王は梯形攻撃による墺軍の左翼から圧力を加え、カンネーに匹敵するせん滅戦をやった。

一九〇六年、カイザーは大モルトケの甥にあたるヘルムート・フォン・モルトケ将軍をシュリーフェンの後継者として抜てきした。かくてシュリーフェン・プランは小モルトケに引き継がれることになった。一九一四年、小モルトケは六八〔六六〕歳で、病弱だった。彼は叔父の参謀道に陶酔し、盲信的にまでこれを真似た。参謀総長として、小モルトケは全ドイツ軍の総司令官であったが、それは名ばかりで、ドイツ軍の展開完了をもって自分は競走におけるスターターを演じるにすぎなくなる、と考えていた。すなわち〝用意ドン〟の手旗をふるのが彼の唯一の役割であり、作戦は部下の将軍達に委ねてしまったのである。彼は作戦の遂行に統制を加えることを良しとしないだけでなく、もっとわるいことには、統制することを恐れていた。そして「実際に、戦争になれば自分が西部戦線を指揮する、としばしばカイザーが宣言していたことから何がしかの安堵感を受けていたのである。*1」

モルトケは一九〇六年、シュリーフェン・プランを受継いだとはいえ、一九一二年に、これを変更している。フランス方面について、シュリーフェンの根本理念であったロイテンの戦法に代えて、カンネー（紀元前二一六年）のせん滅戦思想#を採用した。それは従来の一翼包囲に代えて両翼包囲により勝利を得ようとするものであった。そしてこれがため、モルトケは左翼をも強大ならしめたのである。

＃　カンネーの戦い。ハンニバルが五万の兵をもって八万のローマ軍をせん滅した戦い。ハンニバルは中央に軽騎兵を配置して敵をけん制吸引し、両翼に配置した強力なるリビヤ兵で包囲した。両翼包囲の典型的戦例。

シュリーフェン・プランでは、左翼の兵力は右翼の一五％であった。左翼はアルザス・ロレーヌ方面のフランス軍に対処しなければならないが、シュリーフェンは、これをさらに九％にまで減じようと、左翼から右翼に二個軍団転移しようと考えていた。これは単に右翼が強大になり、左翼が弱化するだけを意味しない。弱化した左翼は後退を余儀なくされる。したがってフランス軍は東方に誘致されることになる。フランス軍が東方に誘致されればされるほど、ドイツ軍の背後攻撃はより一層決定的なものとなる。モルトケはこれを止めた。そして左翼の兵力を右翼の四二％にまで増大したのである。

フランスの計画は裏取引により生れた不純なものであった。一九一一年、戦時最高司令官に任命されることになっていたミッチェル将軍は、ドイツ軍はベルギーを通過して進攻してくるからフランス軍の左翼に兵力を集結させ、そこを最大限強化しなければならないと主張した。フランス軍事委員会はこれに反対の立場をとった。というのは、フランス軍の左翼に兵力を集中したのではロレーヌの鉄埋蔵地帯を十分防護できないからであった。参謀本部も軍事委員会の見解を支持した。そこで参謀本部は後暗い策略をこうじ、ミッチェル将軍にかえてジョッフル将軍を任命するよう国防大臣を説きふせた。

当時、参謀本部で首唱されていた〝集団《マス》プラス速度〟の理論はまさに、雄牛のようなジョッフル将軍の気質に合ったものであった。攻撃こそが彼の目的とするところであり、しかも唯一の目的であった。それは将軍にとって政治上の教師であったファリエール大統領[#]が一九一二年に述べた「われわれは躊躇することなく敵に向って直進する覚悟である……。攻撃こそがわが兵士達の気質に合っている。」という言葉を地でいったのである。[*2]

ファリエール（Fallières, Clément Armand）一八四一－一九三一。フランスの政治家。一九〇六年、大統領になった。

一致をみた戦争計画は感傷的で、単純なものであった。そこには、ジーン・デ・ピレフが言うように、〝攻撃の神秘的観念に包まれた安穏さ〟があった。[*3]この戦争計画は一七号計画といわれ、次の二つを前提条件にしていた。㈠当初ドイツは現役部隊と予備役部隊を同時に戦線に投入することはない——ミッシェル将軍は必らず同時に投入すると主張した——、だからドイツ軍は兵力的にみて、ロレーヌ及びベルギーの二正面方向から同時に進撃できない。㈡フランス将兵の士気は高く、攻撃開始のため満を持している。あとはフランス軍をメジエール－エピナール間に展開し、進撃してドイツ軍中枢部——あるいは、中枢部と判断されるところ——を叩き、ついでロレーヌのドイツ後方施設を麻痺させること、これのみが緊要であるとされていた。

その他の参戦国の計画について簡単に述べておこう。英国は歩兵四個師団、騎兵一個師団の派遣軍をもってフランスを支援する計画であったが、対ドイツ海上封鎖は行なわず、ロンドン宣言に従って、海上法により認められている輸出入禁制品の没収のみを行なう予定であった。オーストリアは六個軍を編成した。その内、主力三個軍をもってドイツ軍と協力、ロシア領ポーランドを分断し、残余の三個軍をもって対セルビア作戦を遂行する計画であった。ロシアはニコライ大公のひきいる八個軍を動員し、内二個軍を北西戦線に投入して東プロシアに向かわせ、四個軍を南西戦線に投入してオーストリア軍を攻撃させる計画であった。残り二個軍をもって当面の処置として、側面及び沿岸の警戒・掩護に任じさせるためサンクトペテルブルク及びオデッサに各司令部を置かせた。ベルギー及びセルビアは純然たる防勢をとる計画であった。

　五つの会戦が同時に開始された。そして以上述べてきた諸計画の結末は次のとおりであった。

　フランスの計画は最初の一撃で瓦解した。それでも、不思議な関係であるが、瓦解した破片から、ドイツの西方計画を崩壊に導くことになった第二の計画が生れたのである。一方、ドイツの東方計画は最初、極めて危険にみえたが、圧倒的な戦術的勝利に終った。オーストリアの対セルビア戦計画は混乱し、失敗に終った。ロシアの対オーストリア戦計画はオーストリアの継戦能力を弱化させはしたが、徹底を欠いていた。成功や失敗に終ったこれらの諸計画の内、将来の戦争指導に最も著しい影響を及ぼしたものはモルトケ＝シュリーフェン計画の崩壊であった。

　八月一四日、フォン・クルック将軍のひきいるドイツ第一軍がリエージュ要塞を攻略せんと激戦を展開している頃、ジョッフルの一大突破作戦――フランス国民は〝国境会戦〟と呼んでいる——が開始された。この作戦は八月二五日まで間断なくつづいたが、ついにフランス軍はいたるところで損害が続出し、敗北に終った。この作戦でフランス軍がこうむった損害は死傷・行方不明あわせて三〇万に達したのである。この敗北によりフランス軍はその中央及び左翼をヴェルダンの西方に後退させた。そこでモルトケは、これでフランスにおける決戦は勝利をおさめたも同然、と考え得意になった。反面、東プロシアで作戦している第八軍の報告を受領したモルトケはこの方面に不安を感じた。そこでフランス正面から二個軍団[*4]と一個騎兵師団を引き抜き、東プロシア方面に増援しようと決心した。転用兵力は左翼からではなく、右翼の第二、三軍から抽出された。ところがこの第二、三軍はすでにアントワープにおける対ベルギー軍監視及びモーブージュ要塞包囲攻略のため三個軍団を取り上げられていたのである。

　ドイツ軍右翼兵力の削減がかなりのものであったことに加えて、右翼軍司令官達の独断的行動——これは今や軍司令官達へのモルトケの統制力が喪失したことを意味した——により、ドイツ軍右翼の旋回包囲網は内方に収縮してしまった。つまり、第一軍は、パリの〝西〟に進出することになっていた従来の方針を変更し、その〝東〟に向うべく南東に作戦方向をとることになった。したがって、フランスの首都パリと鉄道中枢は包囲の外に置かれることになったのである。

　モルトケが運命を決する決定を下した日、ジョッフルはフランス軍左翼へのクルック軍の脅威に対処するため、新たにモーヌリー将軍指揮下の第六軍をアミアン付近で編成していた。

クルック軍の方は突進をつづけていた。クルック将軍は二九日に、フランスの大部隊がアミアンで列車から次々とおりているという情報を得ていたが、なんらの顧慮もはらわなかった。九月一日、ジョッフルはモーヌリーに対し、パリへ後退するよう命じた。ついで四日、ジョッフルはモーヌリーにウルク河を渡河し、クルック軍の暴露した右翼――フォン・グロナウ将軍の第四軍団――を突くよう命じた。翌日、ウルク河の戦闘――マルヌ会戦への前奏曲――が開始された。戦闘七日目に至り、クルック将軍は戦況有利ならずと判断し、麾下の第九軍団及び第三軍団を軍の左翼から抽出し、グロナウ軍団に増強した。ところが、クルック将軍は自軍の左に直接隣接する第二軍の軍司令官ビューロー将軍と調整することなしに、この処置をとったため第一軍と第二軍の間に二〇マイルに及ぶ間隙がうまれた。この間隙を突いたのがサー・ジョン・フレンチ将軍指揮下の英軍であった。

一方、モルトケは最高司令部を当時ルクセンブルクにおいて指導していたが、報告されてくる情報資料から事態が極めて重大であることを知った。そこで彼は第一、第二、第三軍の作戦正面で生起している緊急事態に対処するため三軍間の調整が必要であると考えた。しかしモルトケは自ら前線に進出せず、彼の特使として下級参謀ヘンチ中佐を選定し派遣した。モルトケはヘンチ中佐に口頭で、中佐が必要だと考えるなら、右翼の諸軍をエーヌ河の線まで後退させうる権限を付与した。このような下級の部下に対する権限の委任はまさに異例中の異例であった。

ヘンチ中佐は九月八日に出発し、第五、第四、第三軍の各司令部を訪れ、その夜第二軍司令部に到着した。そこで彼は、ビューロー将軍がすでに第二軍を翌日後退させるべく所要の命令を出したことを承知し、明けて九日午前七時、第一軍司令部に向け出発した。彼が第一軍司令部に到着してみると、司令官クルックはフランス第六軍との戦闘に忙殺されていた。戦況はフランス第六軍側に不利であった。パリー総督ガリエニ将軍#はパリにある全予備隊をかきあつめ、タクシーやバスで第六軍に急派したが、戦局は好転していなかった。ヘンチ中佐はクルック将軍を探し出すことなく、その参謀長フォン・クール将軍に、第一軍はソアッソンに向い後退せよと命じた。司令部に帰来した司令官クルックは、ヘンチとは正反対の判断を下していたが、この命令に従い後退した。ちょうどその頃、フランス第六軍司令官モーヌリーもまたパリへの退却を熟考中であったのである。このようにしてドイツ軍参謀本部によって策定されたモルトケ＝シュリーフェン・プランは参謀本部自体によってご破算にされてしまった。なぜなら、統帥が破たんをきたしてしまったからである。

ガリエニ（Gallieni, Joseph Semon）一八四九－一九一六。フランスの将軍。第一次大戦において予備役の戦力化に貢献した。ヴェルダンの戦い以降、フランス軍の全面的改革を主張、政府と対立するようになった。

九月一三日、ドイツ軍はエーヌ河でフランス軍の追撃を阻止し、戦況はほぼ固定化した。次いで両軍は各々東翼から諸軍団を抽出し、相互に包囲を企図したが何れも成功を収めることができず、ついに英国海峡海岸にまで達する延翼競争をおこなった。各包囲機動を実施するごとに、防御側が攻撃側よりも強力であることが証明されたのである。ニッカーソン大佐が述べているように、小銃弾、円匙、鉄条網の組合せは「西部戦線におけるあらゆる攻撃を完全に破砕した。一九一四年一〇月から一九一八年三月までの間において、どんな攻撃も、あるいは攻勢作戦も、戦線をいずれかの側に一〇マイル移動せしめることさえできなかった。」[*5] それゆえに、ブロッホが予言したように、戦争計画の結末は攻囲戦であった。キッチナー卿は叫んだ、「いったいどうすれば良いのだ。これは戦争ではない。」と。

＊1　「The German General Staff」Walter Görlitz（1953）」p. 144.

＊2　「The Memoirs of Marshal Joffre（English trans, 1932）」Vol. I, p. 30.

＊3　「Plutarque a menti（1922）」p. 55.

＊4　最初、彼は六個軍団を派遣しようとさえ考えた。第八軍は増援を要しないし、仮に増援が来たとしても、目下激戦中のタンネンベルク戦には間に合わない——タンネンベルクの戦いは八月二五〔二六〕日に開始された——旨を報告したが、それにもかかわらず彼は二個軍団の派遣を固執した。

＊5　兵士のフランク・リチャードは次のように書いている。「敵は立ち上って前進を開始した。しかし直ちに停止させられた。胸土を照準台にして射撃するので命中せぬことはない。攻撃はじきに終った。壕を固守する一〇名は、これを奪取しようとする五〇名を容易に停止させることができた。」「Old Soldiers Never Die（1933）」p. 36.

出血回避戦略

いまや運動性をいかにすればとりもどすことができるかが問題となってきた。この解決は防御における小銃弾、円匙、鉄条網の三者一体を克服することにかかっていた。軍人達はそれを月並みの方法で解決せんとした。すなわち、彼らは敵陣地の正面に砲兵火力を集中し、突破口を形成しようとしたのであった。速射砲の威力が実証された日露戦争後に軍人達がこの問題と取り組んでいたなら、なにも問題は起らなかったかもしれない。ただしその場合、築城陣地の縦深が浅いならばである――このことについては次節で詳論する。しかし一九一四年秋の諸情勢では、突破口を形成するだけの火砲も弾薬も保有していなかったし、突破に関する戦術も考え出されてはいなかった。[*1] 軍人達は速射砲の威力を洞察できなかったし、工業生産力が弾薬補給の基盤であることも看過していた。

工業生産力と弾薬補給の関係については、政治家達がむしろ責めを負うべきであった。例えば、一九一四年一月、ロイド・ジョージ氏は戦争の可能性を公然と否定し、過去二十年間の内で、今こそ軍事費を削減する絶好の時期であると力説していた。[*2] そこで、すべての交戦国が戦争における物的需要を甚しく過小評価した。このため、この戦争は一カ月もたたぬうちに、砲弾の欠乏をきたし始めたのであった。したがって、西部戦線を突破しようとするあらゆる試みは高い犠牲を払い、しかも失敗に終ったのである。

これらの無益な攻撃にいらだった連合国の政治家達は、戦術的思考に無知なことも手伝って、軍人のイマジネーションの欠如を非難し、[3]作戦正面を変更することにより運動性を取り返そうとした。それは、あたかも作戦正面の場所そのものが膠着化の原因であるかのようであった。連合国の政治家達が理解できなかったことは、仮に西部戦線よりも敵の抵抗が弱い場所を発見したとしても、同じような戦術状況になるのは時間の問題にすぎないという点であった。問題は小銃弾と円匙、それに鉄条網である。敵はいずれの正面であろうとこれらを一体化して防御している。地理的条件は付随的なものにすぎないのである。加えて、ナポレオンが指摘したように、作戦軸の変更は巧妙きわまりないわざであり、〝軽々〟に実施すべきことでは決してないのである。[4]

　クラウゼヴィッツは、戦争する相手が一国ではなく同盟国であるなら、その同盟国の内、最も主体となっている国を撃破することを目的とすべきである、なぜなら「それにより全戦争の共通的重心を叩くことになる」からである、と説いたが、もしこの理論を受けいれるなら、一九一四年における連合国の目的はドイツの撃破であった。というのは、ドイツの敗北、即同盟国の崩壊を意味するからである。どこでドイツを叩くのが最良だったのか。この答は最良の作戦軸を決定することにかかっていた。そして、作戦軸を決定する最大の考慮要件は連合国の主基地の位置であった。連合国の主基地はフランスと英国である。フランス以外のヨーロッパ地域では、ドイツ撃破に要する大部隊を戦場に展開し、補給することができなかった。主基地と主戦域は地理と兵站により決定されるものであって、手品のように作戦正面を変更することはできないのである。

連合国政府は戦争遂行にあたって各連合国を指導する共通政策を持っていなかったため、次のような事態になった。すなわちジョッフル将軍はすべての使用可能な兵力をフランスに集中すべきである、と力説したにもかかわらず、ひとたび行き詰まってくると、勝利獲得のためのいろんな計画がフランスの同盟国である英国から提案された。フランスにいる英派遣軍総司令官サー・ジョン・フレンチはドイツの翼側を迂回するためオステンドとジーブルジュ#を占領する陸海統合作戦を提案した。海軍省第一海軍卿フィッシャー卿はシュレスウィヒ・ホルスタイン海岸への陸海統合攻撃を提唱した。彼の上官であるチャーチル海軍大臣はダーダネルス海峡への遠征を主張した。一方、一九一五年一月一日、大蔵大臣ロイド・ジョージは、在フランス英軍をフランスから撤退させ、一部を英国及びブーローニュに控置して総予備とし、主力をバルカン半島に投入すべきであると提案した。[*5]この間、インド担当大臣の支援下、インド政府は一〇月、ペルシャ湾に一個旅団を派遣し、アバタン島にあるペルシャ石油会社の精油所を保護させた。また植民担当大臣はアフリカにおけるいくつかの小紛争に忙殺されていた。

#　オステンド（Ostend）、ゼーブリュージュ（Zeebrugge）。共にベルギー北西部の港市。

膠着状態から抜け出そうとする自称出血回避主義者達の中で傑物はチャーチル海相であった。彼の計画はダーダネルス海峡を強行突破し、コンスタンチノープルとボスポラス海峡を占領しようとするものであったが、一〇月末にトルコがドイツ側につくと、この計画が脚光をあびるようになった。ついで一九一五年一月二日、予期せぬ呼びかけが起り、これによってチャーチル案が最も有望視されるようになった。つまり、その日に、ニコライ大公が彼の司令部に配属されていた英国軍事使節団に対し次のような要請をしたのである。もしキッチナー卿がトルコに対して海軍、ないしは陸海軍による軍事的示威行動をやるなら、コーカサス正面におけるロシア軍の苦境は緩和されるであろう旨をキッチナー卿に示唆してもらいたい、と。これを受けた陸相キッチナーは戦争会議にかけず、また首相の承諾もなしに、ただチャーチル海相の承認だけで、「示威行動を決行することになろう」旨の電報を打った。[*6] かくして悲劇のダーダネルス会戦が発動されたのである。

一月一三日、チャーチル海相の雄弁と押しの強さは戦争会議を説得し、局地的砲撃を実施するという計画を承認させた。間もなく、この計画は強化され、ダーダネルス海峡強行突破のための海軍作戦に変った。そして最終的にはサー・イアン・ハミルトン将軍指揮下の七万五〇〇〇人の陸軍と一個戦闘艦隊からなる大規模の統合作戦へと発展した。三月一八日に実施した英仏連合艦隊の砲撃は失敗に終り、三隻の戦艦を失った。そして四月二五日、やっと陸軍がヘレス岬に上陸を開始したのである。

この侵攻作戦に対抗するトルコ軍はとるにたりない兵力であったが、侵攻軍の作戦はほとんど進展せず、上陸第一日目に、オーストラリア＝ニュージーランド軍団を指揮していたサー・ウィリアム・バードウッド将軍は全面撤退を意見具申するほどであった。この絶望的な進言に対し、サー・イアン・ハミルトンは答えた。「貴官は困難な任務をやり終えた。今はただ安全確保のため壕を掘って、掘って、掘りまくるだけだ。」と。[*7] このようにして、第一波の上陸後一二時間以内に、小銃弾と円匙、それに鉄条網が戦況を支配するようになった。ここに一つの小さな西部戦線が作られ、一九一六年一月九日、最終的に撤退が完了するまで膠着状態がつづいたのである。この会戦には合計四一万人の英仏将兵が参加し、死傷、行方不明、捕虜、疾病または後送後の死亡あわせて二五万二〇〇〇人にのぼった。[8]

ガリポリ会戦は出血回避主義者の戦略になんらの教訓ももたらさなかったとみえて、新たな実験をやることになった。一九一五年秋、フランス政府はセルビア救援のため遠征軍を派遣することを決し、[9]英国政府もこれに同意して、一〇月三日、サロニカに英軍を上陸させた。これがマケドニア会戦の始まりである。ドイツ側はこのサロニカ上陸を「『連合軍自らが捕虜となって、その中に収容される』連合軍最大の〝捕虜収容所〟を設置するための上陸」[10]と呼んだ。エドモンド将軍は書いている、「莫大な連合軍がサロニカ周辺に三年間とじこめられていた。その兵力数は、一九一七年の時点で、英軍二〇万二二六五人を主力とするフランス、イタリア、ロシア、セルビア軍あわせて六〇万人であり、……しかもごく少数のドイツ軍とブルガリア軍の約半数がこれだけの連合軍をくぎづけにしていた。」[11]ここでも再び防御の三者一体が無敵を証明した。この出血回避戦略がもたらした英国の勘定書は戦病者数四八万一二六二人、戦死傷者数二万六七五〇人であった。

とかくする内に、アバダンに配置されていた一個旅団は、ガリポリ及びサロニカ作戦失敗の埋合せとして、一個軍にまで増強され、バグダッド攻略をねらうことになった。かくて、犠牲の大きいメソポタミア会戦が生れたのである。一九一五年一二月七日、タウンシェンド将軍の率いる英印軍がクトエルアマラでトルコ軍に包囲され、翌年四月二九日、将軍は一万六一人の英印軍と三二四八人の軍属とともに降服した。「終始、町は大英帝国に四万の損害を与えた。[*12]」一九一七年九月までに、英軍の給食人員は約三四万人にふくれあがり、一九一八年の戦争終結時点で四一万四〇〇〇人以上に達していた――うち二一万七〇〇〇人が非戦闘員。損害総計は九万三五〇〇人であった。

これらの三大牽制作戦のほかに、スエズ運河保護のため第四の作戦が実施された。一九一五年一月、約一万五〇〇〇－二万のトルコ＝ベドウィン[#]混成軍がスエズ運河を脅威していたが、その対処は比較的容易であり、一九一六年一二月までは原則として防勢作戦をとっていた。ついで、ロイド・ジョージが首相になると、攻勢戦略がとられるようになった。彼は終始、ドイツを敗北させるには、まずその同盟国を撃破することだ――全くクラウゼヴィッツの逆である――と主張していた。しかも彼は自らの政治的地位を強化するため作戦のはなばなしい成功を追っていた。したがって、彼は気乗り薄の参謀本部に訓令して、スエズ運河防衛作戦をパレスチナ作戦、すなわちエルサレム占領を主目的とする作戦に拡大させた。こうしていま一つの犠牲の大きな余興が生れ、第一次世界大戦終了までつづいたのである。サー・ウィリアム・ロバートソンによれば、「パレスチナ会戦に投入された最高兵力は一時期四三万二八五七人に達し、戦死傷者数は約五万八〇〇〇人にのぼった。しかしながら、この数字は一時期だけのものであって、一九一八年一〇月までに投入された総兵力はのべ一一九万二五一一人にも達したのであるから、それは総損耗数ではないのである。[*13]」

ベドウィン（Bedouin）。アラブの遊牧民。

突破できる正面を発見しようとするこれらの末梢的努力はすべて徒労に終り、しかも人力——集団戦争における最重要要素——の損耗はまことに莫大なものとなった。膠着状態が各国をあざけり笑ったのである。

＊1　第一次世界大戦勃発の少し前、当時キャンバリー参謀大学の学生であった筆者は「突破戦術」と題する命題でこの問題を論じた。その後、それは「Journal of the Royal United Service Institution」の一九一四年一一月号に発表された。

＊2　「Soldiers and Statesmen」Vol. I. p. 38 参照。一九一四年七月二三日、ロイド・ジョージ氏は財政議案について下院で次のように述べた。軍事費に反対する運動は「世界的・国際的なものである。この運動が今年、実を結ぶことになるか、来年になるか、確信をもっていえない。しかし、その日がいずれやってくることだけは確かである。世界中に軍備反対の動向が明らかにあらわれている。」この演説と同じ日に、オーストリアはセルビアに最後通牒を送り、第一次世界大戦に点火したのだった。「Parliamentary Debates, 5th Series」, Vol. LXV. col. 727

＊3　「The World Crisis 1915」Winston S. Churchill 1923, p. 20 と「War Memoirs of David Lloyd George 1933」Vol. I, pp. 356 and 360 参照。

チャーチルは「この膠着状態に直面して、軍事技術は依然沈黙している。」と叫んだ。ロイド・ジョージもまた「連合国の将軍連中は、ドイツ兵が塹壕を掘りだしたことに当惑させられている……。われわれの軍事指導者達が現在の憂うべき状況を打破するため、なんらかの計画を考察している様子はどこにもない。」と述べた。

＊4　「Corresp.」XVII, No. 14343, and XXXII, p. 240.

＊5　彼が戦争会議に提出した「Memorandum on War Stategy」（「War Memoirs」Vol. I, pp. 369-80）参照。その中で彼は四〇万から一六〇万までの一個軍――この内、仮りに、四〇万がルーマニア人、ギリシャ人、モンテネグロ人から編成されるものとする――を組織して「オーストリアの最もぜい弱な国境を攻撃させる」ことを提案した。

＊6　同時に、キッチナー卿はサー・ジョン・フレンチに対して、西部戦線以外の場所で、作戦するにふさわしいところはどこであると考えるか尋ねた。これに対しサー・ジョンは次のように答えた。「トルコを攻撃することはドイツの思うつぼである。トルコを参戦させた時にドイツが考えていた目的、即ちドイツ軍を、決定的な場所であるドイツ自体から引き抜くことを達成可能にすることとなろう。」（1914. Field-Marshal Viscount French（1919）」pp. 314-6）

＊7　「Military Operations Gallipoli British Official History Brig.-General G. F. Aspinall-Oglander 1929」Vol. I, p. 270.

＊8　同右　Vol. II, p. 484.

＊9　これは名義上の理由であった。実際は左翼主義者の間に非常な影響力を有するサライル将軍に功績をたてさせることにあった。当時左翼主義者達は政府の失脚を脅かしていたのである。

＊10　「A Short History of World War I」Sir James E. Edmonds（1951）, p. 124.

＊11　同右　p. 124.

＊12　同右　p. 386.

＊13 「Soldiers and Statesmen」 Vol. II, p. 189. エドモンド将軍によれば、非戦闘の損耗（マラリア、赤痢等）は五〇万三三七七人に達した。

消耗の戦略

一九一四年の秋、ドイツ軍と英国軍の延翼競争は、ニューポール近傍で英国海峡に達した。その時、西部戦線はコンピエーヌ付近を頂点として海岸とヴォージュ山脈の間で西方にはり出し、一つの巨大な突出部を形成していた。一九一五年におけるジョッフル将軍の計画はこの突出部を同時二方向からの攻撃により切り取ろうとするものであった。すなわち、アルトア地方において東方に向っておこなう英軍の攻撃とシャンパーニュ地方で北方に向っておこなうフランス軍の攻撃である。この計画は、第一次世界大戦間、フランス戦略の模範となった。特に一九一五年に戦われた一連の戦いはこの計画に従ったものであった。そのうち最も大胆なものが第三次アルトアの戦い（九月二五日－一〇月一五日）――同時に英軍のおこなった攻撃が有名なルースの戦いである――と第二次シャンパーニュの戦い（九月二五日－一〇月六日）である。

これらの戦いはすべて不成功で、突出部を若干くぼませた程度にすぎなかったが、次のような明確な特色があった。

第一に、損得の不釣合である。たとえば、第三次アルトア・ルースの戦いで、英仏軍は各々四万八二〇〇人、四万八二六七人の将兵を失い、第二次シャンパーニュの戦いで、フランス軍は一四万三五六七人を失った。しかるにこの両会戦でドイツ軍第一線壕の陣地組織は数カ所で、わずか縦深三〇〇〇ヤード占領されたに過ぎなかったのである。

　第二に、この年の攻撃の内、初期のものはすべて、砲兵の集中射撃により、歩兵は敵第一線壕の一部、時には全部をも占領できたということである。このことは、戦争が運動戦の様相を呈している段階に十分な砲兵を保有していれば、いまだ塹壕を構築していないか、あっても薄弱な敵の第一線を突破することが可能なことを証明して余りあった。これはナポレオンが説いた教訓でもある。すなわち「戦争は砲兵の運用にかかっている。」と。[*1] いまや戦機は遠のき、塹壕陣地が日増しに縦深を有するようになっているにもかかわらず、フランス参謀本部はあさはかにも、勝利の秘訣を〝砲兵がたがやし、歩兵が占領する〟という金言の中に見出しえる、と甘く考えた。戦術は単に槍先を敵方にそろえて前進するだけのこと、つまり砲弾をあびせるだけのことくらいにしか考えられず、奇襲をもたらす機動よりも教練のような進撃が、統率力よりも砲撃が重視されるようになった。実際、当時の戦術は紀元前五世紀頃、スパルタ人がやっていた戦術よりも劣るものであった。ただスパルタ時代と異る点は、将軍達が決して戦闘に参加せず、後方の安全なところにいたことである。

　これらの砲兵戦がもたらした膨大な損害と、とるにたりない利得は政治家達を驚がくさせ、彼らの主張する出血回避戦略に油をそそいだのであるが、ここで次のことがいえる。将軍達のいうように、消耗を戦術的ノルマとして許容し、しかも中欧諸国が妥協を拒否するなら、戦争は相互絶滅の状態で終ることになる、ということである。一方、この戦争は同盟国と同盟国の戦いであったから、各加盟国は一国たりとも自由な行動がとれなかった。一九一四年の秋以来、ロシア軍の戦闘は大敗北の連続であった。したがって協商国の軍隊はこれを傍観し、仲間を見殺しにすることはできなかった。ロシア支援には参ずることが絶対必要なことであった。ただ一九一五年、連合国に加わったイタリアに対しても与国としての英米の決意を確証しなければならず、対ロシア援助は若干少くなったのである。

ブロッホが洞察したように、連発小銃と機関銃を根幹とする集団戦争は、実際にやれないことはないにしても、利のない政治の道具にすぎないのであった。なぜなら小銃弾からのがれることも、良く組織化された築城陣地を徹底的に破壊することもできなかったからである。東部戦線では、機動の余積が十分すぎるほどあったので、陣地線はしばしば迂回されたが、西部戦線では陣地線が正面に頑としてたちはだかったのである。にもかかわらず、軍人達が塹壕戦の至難さを見抜くのにかくも時間をかけたのは不思議といわざるを得ない。軍人達はいまや経験から、十分な砲兵火力さえあれば敵の第一線を占領できることを学んだ。そこで、さらに多くの砲兵があれば、第二線、第三線と奪取し、完全な突破を達成できると結論した。だが軍人達に予測できなかったことが起った。それは、敵陣地に砲弾の雨をふらせば、ふらせるほど、地表面がほりかえされ、昔から考えられていた戦場の様相が一変し、砲弾による弾孔地帯になるということである。だから一つの障害を処理することはいま一つの障害を作り出すことになり、部隊の前進はますます困難なものとなった。歩兵はこの弾孔地帯を通過できても、補給が続かないのである。火砲や補給車両を推進するためには多くの道路を、ごったがえした戦場で建設しなければならない。しかもそれが完成した頃には、すでに敵は新たな陣地線を構築しているから、新たな突破戦闘をやらなければならないのである。

一九一五年一二月初め、ジョッフル将軍司会による連合軍会議が開催された。その席で決定されたことは、その年の大虐殺にひるむことなく、翌一六年春に、西部戦線で〝最大の〟攻勢をとるよう準備するということであった。しかしその攻勢準備が完了しない内に、ドイツ軍はヴェルダンを攻撃した。

モルトケに代ってドイツ参謀総長になったファルケンハイン大将[#]によれば、ヴェルダン攻撃のねらいは「連合国に対する英国の巨大な支配力を弱める。」ということにあった。「フランス側の疲へいはいまや極限状態に達せんとしている。」だから、ここでヴェルダンをフランスから奪取すれば「フランスは屈服するであろう。かくて英国はフランスという最良の剣をたたきおとされることになる。」ヴェルダンが選定されたのは、その確保のためフランス参謀本部が「その保有全兵力の投入を余儀なくされる」からであった。ファルケンハインはさらに「彼ら（フランス参謀本部）がそうすれば、われわれがヴェルダン攻略を達成しようとしまいとを問わず、フランス軍は出血多量で倒れるであろう――フランス軍はその名誉にかけてもヴェルダンから随意退却することなどありえないから」と書いている。[*2]かくてヴェルダンはいま一つの消耗戦となったのである。

ファルケンハイン（Falkenhayn, Erich von）一八六一－一九二二。一九一三年、陸軍大臣、翌一四年、参謀総長になった。ヴェルダン戦は彼が主唱した。

一九一六年二月二一日、二〇マイルにわたる正面で戦闘が開始された。フランス軍は攻撃開始が近いことを知ってはいたが、通常一週間以上続く攻撃準備射撃が、わずか二四時間に限定されていたため奇襲を受けたことになった。戦闘は七月一一日まで続いた。この時までに、突破された縦深は五マイルで、ドイツ軍に与えた損害は二八万一〇〇〇人であった。一方、フランス側の損害は三一万五〇〇〇人にのぼった。

ヴェルダンに対する圧力を軽減するため、長い間延期されていた英仏両軍の春季攻勢が七月一日、正面二五マイルにわたって開始された。それはソンムの会戦として知られる戦いである。攻撃開始に先だち八日間の準備射撃がなされ、一七三万八〇〇〇発の砲弾が敵の防御陣地に注がれた。攻撃開始後は、移動弾幕射撃が実施され、その掩護下に歩兵は目標から目標へ一歩一歩着実に前進していく戦法がとられた。これは戦法上の奇襲であった。この戦闘は一一月一四〔一八〕日まで続いた。英仏軍が占領した地積は幅約三〇マイル、縦深七マイルであったが、損害は英軍四一万九六五四人、フランス軍一九万四四五一人であった。ドイツ軍側の損害も恐らく、五〇万内外であっただろう。

サー・ダグラス・ヘイグ総司令官は[*3]戦闘の成果に大いに満足し、『報告書』で次のように述べた。「疑いもなく、ソンムの会戦は連合軍がその目的を達成できる能力を有していることを示した。」と。さらにサー・ウィリアム・ロバートソン参謀総長は、「政府はかつて経験したことのないほどの人的物的資源の枯渇と長期継続的激戦を覚悟する必要がある。[*4]」と主張した。しかしながら、こうむった損害があまりにも莫大なものであったため、政治情勢に大きな影響を及ぼしたのであった。

ソンムの会戦で、全戦線は完全に膠着化した。イタリア軍はイソンゾ河畔における前後八回の戦闘で疲へいしてしまった。東部戦線においては、ブルシーロフ攻勢#が成功し、ロシア軍はおびただしい数のオーストリア兵を捕虜にしたとはいえ、一〇〇万のロシア兵を失ってしまった。戦場で事を決することができそうにもなかったので、和平交渉の問題がロンドン、ベルリン、ウィーンで論ぜられるようになった。一一月一四日、アスキス連立内閣の無任所大臣ランズダウン卿は和平の可能性を検討すべきだと提言した。しかし一二月七〔五〕日、アスキス内閣は倒れ、より積極的戦争遂行を誓約したロイド・ジョージが政権をとった。その五日後に、ドイツとその同盟諸国は、和平提案を検討する用意がある旨の覚書を提示したのである。

ブルシーロフ攻勢。一九一六年六月。ロシア軍西南方面軍司令官ブルシーロフがイタリア戦線におけるオーストリア軍の圧力を減ずる目的をもって南方において攻勢を開始した戦い。

オーストリアは心から和平を熱望していたことに疑問の余地はない。しかしドイツもまたそうであったかどうかは、疑問が残ろう。ロシアはいまやぐらついていた。ロシアが崩壊すれば、ドイツは一〇〇万の軍を西部戦線に転移しうるのである。いずれにせよ、結末は無制限潜水艦戦の開始であった。カイザーが一九一七年一月三一日、この作戦を命じたのである。これに激怒したアメリカ合衆国は、二日後ワシントンとベルリン間の外交関係を断絶した。

一方、一九一六年一一月一五日、〝一九一七年の戦争計画〟を検討するため連合国会議が召集された。その席で、西部戦線を主作戦正面とするも全戦線にわたって攻勢に出るという決定がなされた。一カ月後、ニヴェルフランス軍総司令官#――一二月一三日、ジョッフルの後任として総司令官に就任した――はこの決定を受諾し、次のような作戦計画を策定した。それはまず英軍がアラス正面を攻撃して敵の予備隊を吸引し、これに損耗を与える、ついでフランス軍がエーヌ川に向けて攻撃する、というものであった。フランス軍のねらいは敵陣地を突破し、決定的成果を得んとするものであった。しかしながら突破口の拡大ができないとみた場合には、その戦闘を中止し、攻撃方向を変換してフランダース正面に指向することにした。

四月九日、戦闘の幕が切っておとされた。まず二七〇万発の砲弾がドイツ軍陣地にふりそそいだ。この砲撃は五月二一日まで続き、英軍は二〇マイル正面にわたり五マイルほど前進したのであった。五月三日までに英軍は一五万八〇〇〇人、ドイツ軍は一五万人の損害をそれぞれ出したものと見積られた。エーヌ川に向うフランス軍の攻撃は開始後八日間で失敗に帰した。フランス軍の損害は一八万七〇〇〇人、[*5]ドイツ軍の方は一六万三〇〇〇人であった。ニヴェルは更迭され、ペタン大将が総司令官の地位についた。フランス軍の士気は低下し、五月二五日から六月一〇日の間に五四個師団が反乱を起したほどであった。

ニヴェル（Nivelle, Robert Georges）一八五六－一九四二。ジョッフルに代って総司令官の地位にのぼったニヴェルはペタン元帥をはじめ仏軍内の支持を得られぬままニヴェル攻勢を計画、

実行した。結果は失敗に終り、ペタン総司令官、フォッシュ参謀総長にその職をゆずることになった。

この間起った二つの事件が戦争の全局面を一変させることになった。三月八日、ペトログラードで暴動が発生し、一一日に、近衛部隊が反乱を起こした。翌一二日には、革命の嵐が市中に吹きまくり、一五日、ニコライ二世が皇帝を退位し、リヴォフ公爵の下に臨時政府が樹立された。そして二二日、連合国は正式にこの政府を承認したのである。もう一つの事件はアメリカ合衆国の対独宣戦布告である。それは四月六日のことであった。

これら二つの事件は何をもたらしたのか。それは西部戦線に対する二つの大量輸血になったのである。ドイツは、しごく当然のことながら、年内に少なくとも一〇〇万の兵力を西部戦線に増強できるとふんだ。なぜなら、革命のさなかにある国家が大戦争を成功裡に遂行できるわけがないので、東部戦線の脅威は減少するとみたからである。反面、英仏もまた近い将来に、少くとも一〇〇万のアメリカ兵の増援を受けられるもの、と当然予期した。当時フランスは危篤状態であったので、リボー政府――三月ブリアン内閣から政権を受け継いだ――はアメリカの支援が得られるまで、すべての攻勢作戦を延期すべきだと提案するに至った。

ヘイグ、ロバートソン、ペタン、それにニヴェルは別の見解を抱いた。ロバートソンは公式の覚書の中で「われわれは全員、わが砲兵火力を最大限に活用しつつ、限定目標に間断のない攻撃を続行すれば、われわれの目的を達成できるという意見であった。この方法なら、われわれは最小限の損害で目的を達成しうるものと考えた。[*6]」と書いた。ロイド・ジョージは当初この政策を受け入れたが、じきに白紙にもどし、彼が一月に主唱した計画、すなわちイタリアと結んでオーストリアを攻撃する計画に変更した。

現実に、ヘイグが意図していた作戦は限定攻撃ではなかった。一九一五年一二月に、英国派遣軍総司令官に就任して以来、ヘイグ元帥はフランドル決戦に没頭し、ついにはそれに埋没してしまった。そこで元帥はアメリカ軍の到着前にも、ドイツ軍を独力で片づけることができる、とまで信じたのである。

そこで始まったのが夏から秋にかけてのフランドル会戦である。この会戦は、六月七日のメシーンの戦闘でその火蓋を切った。英軍はこの戦闘に先だち、一七日間、三五〇万発の攻撃準備射撃と一〇〇万ポンドの爆薬をつめた一九個の地雷の処理がおこなわれた。この戦闘は限定されたもので、英仏側が勝利したが、損害は英軍が一万七〇〇〇人、ドイツ軍が七五〇〇人の捕虜を含み、二万五〇〇〇人であった。クラットウェル教授によれば「それは、英軍の損害がドイツ軍のそれを下まわった最初の特筆すべき戦闘であった。[*7]」

七月三一日になると第三次イープル戦が起った。この戦闘では、英国戦史始まって以来最大の砲兵火力が集中された。通算、一九日間の攻撃準備射撃が実施され、一〇万七〇〇〇トン、四三〇万発の砲弾が予測戦場である低地に浴びせられたのである。地表面は凸凹し、放水路、堤防、暗きょ、道路等すべてが破壊された。通過困難な沼地がいたるところにできてしまい、歩兵は三カ月半というものその中で足をとられ、ころびまわった。一一月一〇日になって戦闘は終りをつげたが、ドイツ軍は正面一〇マイル、縦深最大五マイル後退させられた。このために支払った犠牲は、英軍が二〇万弱、ドイツ軍が最低三〇万であった。[*8]かくて、西部戦線における消耗戦、大量の砲兵火力による消耗戦は終った。今ふり返ってみると、なぜ政治家達がこのような消耗戦闘を回避しようとやっきになっていたか理解できるのである。

*1 「Corresp.XIV」, No. 11896.

*2 「General Headquarters and its Critical Decision」 General Erich von Falkenhayn (English trans), 1919, p. 209 et seq.

*3 彼は一九一五年一二月一五日、サー・ジョン・フレンチに代って総司令官となった。八日後、サー・ジョン・フレンチの参謀長であったサー・ウィリアム・ロバートソンが参謀総長に任命された。ロバートソンの後任がサー・L・キッゲル中将である。この三人は共に消耗戦略の熱心な信奉者であった。

*4 「Soldiers and Statesmen」 Vol. I, p. 279.

*5 「ニヴェル報告」に基づくフランス公式戦史は四月一六日から三〇日までの間に、フランス軍九万六一二八人となっている。その他の資料では一一万八〇〇〇人と記されている。

*6 「Soldiers and Statesmen」 Vol. II, p. 235.

*7 「A History of the Great War, 1914-1918 (1934)」 p. 438.

*8 これらの数字はB・H・リデルハート大尉の見積りである。一九五九年一一月号の「Journal of

the Royal United Service Institution」参照。宣伝のため英国政府歴史家の数字は手加減されている。

運動性の復活

運動性を復活させる解決策の根底には、人間の問題が存在した。小銃手のいない塹壕陣地は単なる溝と垣根に過ぎなかった。溝と垣根に戦術的価値を付与するものは鉄条網の後方で、壕に入り小銃や機関銃をかまえている人間であった。だからその兵士を追い払うか、ないしは武器を取り上げれば運動性復活の問題は解決できることになる。もしそのいずれかが、何カ月もの攻撃準備を実施することなしに、しかも戦場の地表面を凸凹にすることなしに実行可能であるなら、運動性は復活することになる。というのは、周到な攻撃準備は奇襲を困難にするし、地表面の凸凹は車両の推進を妨げるからである。

運動性を復活させるための第一歩を踏みだしたのはドイツであった。ドイツは、毒物を兵器として使用することを禁止した一八九九年のハーグ条約の調印国であるにもかかわらず、一八一二年及び一八五五年のダンドナルド提案[#]を採用し、壕内にいる敵守備兵を毒ガスで窒息せしめることに決した。ドイツは毒ガスとして容易、かつ多量に入手しうる一般製品である塩素を選定した。その放出方法は第一線陣地壕の胸土に設置された金属製円筒から放射させるものであった。英仏軍にとって幸いしたことは、ドイツが毒ガスを必勝の兵器だと認知しなかったことである。だから、ドイツは広正面にわたる窒息を可能にするだけの放射円筒を準備することなく、小きざみにガス放射を実施した。つまり、ドイツはその致死性ガス攻撃を小規模の実験程度にしかみなしていなかったように思える。選定された場所はイープル突出部の東北正面地区で、ズアーブ兵[#]とカナダ兵が占領している接際部、すなわち英仏両軍の接際部であった。

ダンドナルド提案。英国の提督ダンドナルドがクリミア戦争で毒ガスの使用を提言した。
ズアーブ兵。アルジェリアの狙撃兵で構成されているフランス軍。

攻撃は一九一五年四月二二日午後五時におこなわれた。それはまず熾烈な砲撃がなされ、ついでドイツ軍第一線陣地から黄緑色のガスがたちのぼり、敵方に向って流れて行った。その効果は懐滅的なものであった。最前線付近の将兵はみな窒息死した。ガスの周辺地域にいた将兵達はパニックをおこして後方に退散した。ガスは二四日にも放出された。かくして、英仏両軍の戦線はイープルに向い三マイル後退を余儀なくされた。ドイツ側は塩素ガス攻撃を幾度反復しようと、その都度、多大な成功を収めるものと考えていたらしい。しかしながら、英仏軍はガス防護策として、適当な溶液を沁み込ませたマスク、あるいは布製ヘルメットを使用して効果を収め、さらにそれらは一九一六年に箱型ガス・マスクにかわった。[*1]

毒ガス攻撃は多くの欠点を有していた。というのは、その効力は全く風の速度と方向に左右されたこと、放射円筒は運搬及び据え付けがやっかいであったこと、ひとたび円筒が据え付けられると、兵士達はどうしても一週間以上その近傍にくぎづけされるため、この間に敵の砲撃や不規弾によりガス円筒が爆発するかもしれないという不安がつきまとい、将兵の士気を低下させたこと等があげられた。さらに欠点として、これは純然たる静的攻撃法であったこともあげられる。

これらの欠点はガス砲弾の出現により克服された。[*2] これだとほとんど風の影響を受けず、選定した目標に対して不意急襲的にガスを集中できる。特別訓練も必要なく、その上、機動的攻撃方法であった。唯一の欠点は、砲弾では少量のガスしかつめこめないということである。しかしながら、塩素よりも一層強力なガス、とりわけホスゲンやマスタード・ガスが採用されることによりこの障害も克服された。

マスタード・ガスは黄十字（イペリット系）ともいわれ、非常に持久性のある化学剤であるとともに強力な糜爛性毒ガスでもある。致死性ではないが、その液体または蒸気に触れると皮膚にひどい水泡ができる。火傷はガスにさらされてから四－一二時間で発生し、治癒には非常に時間がかかる。大気中四〇〇〇万分の一で水泡を生ぜしめるのでガス砲弾としては最適であった。しかも、マスタードの持久力は土壌により減衰する速度がおそいため、数時間あるいは二、三日後においても多大な効果を期待できる。

マスタード・ガスは、ドイツ軍がイープルの突出部に対して使用した一九一七年七月一一〔一二〕日が最初であるが、その効果は、六週間で二万人以上の英国兵を死傷させたほど大であった。それからというもの、英仏両国ともこれを大量に生産するようになったのである。

ガスを巧妙に使用して突破に成功した最初の戦例は、[#] 一九一七年九月一日、リガ正面におけるフォン・ヒュティエル将軍の攻撃であった。将軍はロシア戦線の一地域を突破地域として選定した。それは幅四六〇〇ヤード足らずの地域であったが、ここに対して強力な砲兵部隊——八ヤード当り一門——を集中展開させ、ガス弾の猛射を行った後に攻撃した。全作戦は二－三時間で終った。この大勝はヒュティエル将軍の戦術に起因する。彼の目的は鉄条網や塹壕を破壊することではなかった。彼は防御している兵士達を無能化することをねらったのである。

ヒュティエル（Hutier, Oskar von）。ドイツの将軍。陣地の薄弱部、間隙部を浸透突破し、強固な地点は迂回し、後にこれを掃討する新戦法を採用した。

ドイツ軍は西部戦線でこの戦術を幾度も使った。一九一八年三月、四月、五月、それに六月の大戦闘がそれである。各戦闘の開始に先だち、ホスゲンやマスタード・ガスが敵の士気を阻喪させるため惜しげもなく使用された。三月二一日から四月五日にかけての戦闘でドイツ軍が勝利した最大の要因はガスの使用にあった[*3]。この戦闘で英軍はアラス＝ラ・フェール間五〇マイルの正面が突破され、ドイツ軍に縦深四〇マイルも突進を許した。そして四月には、アルマンティエールスの街[#]はマスタード・ガスが充満し、人々は下水道を使って逃げなければならなかったほどであったと言われている。だからドイツ軍はその街に入ることなしに、換言すれば全く兵士の血を流すことなしに、これを占領しえたのである。

アルマンティエールス（Armentières）。フランス最北端、ベルギーとの国境に近い都市。

一九一八年九月におこなわれたアメリカ軍のサン・ミエルの突角陣地に対する攻撃はドイツ軍のガス弾射撃により大損害をこうむった。アメリカ軍が大戦中にこうむった損害、二五万八三三八人中七万七五二人。すなわち二七・四%がガスによるものであったことは記述に値しよう。[*4] また全損害の内、四万六四一九人が致命傷であったが、ガスによる戦死者は一四〇〇人、すなわち前者が二四・八五%なのに比して、ガスによる戦死比率は二%にとどまったのである。一般にガスは最も非人道兵器だと信じられているが、実際には、第一次世界大戦において使用された最も人道的な兵器であった。その上、ガスは最も有効な兵器でもあった。たとえガス・マスクが一〇〇%防護力を持っていたとしても、これを装着すると兵士達の発揮できる戦闘能力は半減した。しかもマスタード・ガスに対して、ガス・マスクはほとんど防護力を有していなかったのである。

この節の冒頭で指摘したように、膠着状態を脱皮する第二の解決策は防者の小銃及び機関銃を無効化することにより、防者の手から武器を取り上げることである。これがため、攻者は移動中も自らの身体を掩ぺいできる防弾楯を使用すれば良い。しかしそのような防弾楯はあまりにも重すぎて、自ら持ち運べないので、自走車両に搭載し、しかもその車両自体をも装甲化する必要があった。さらにこの車両は路外や、塹壕の構築された戦場を機動することになるから、装軌車にしなければならなかった。以上三つの要件を満たすものとして登場したのが、タンク、ないしは移動要塞、あるいは当初よくいわれた〝陸の艦艇〟なるものである。

この着想は古くからあったが、内燃機関が発明されるまで実用に供しなかった。戦況が膠着状態になるやいなや、英仏両国で多数の想像力豊かな人々が個人の立場から、如何にすれば装甲車両が運動性を復活できるか、について各種の提案をした。[5]

戦車が初めて使用されたのは、一九一六年九月一五日、ソンムの戦いでのことである。この時は、機械の故障や、弾孔、塹壕等戦場における諸々の障害のためごく少数の戦車のみが作戦行動をとったにすぎなかった。しかしながら、それらの戦車は、これに機械的改善を加え、大量に保有して集結使用すれば、膠着状態を打開できる、ということを示唆したのであった。このことは、ドイツ側が「とうてい戦車には刃がたたないと思った。[6]」――それはドイツ兵の武器を取り上げてしまったかのように思えた――と告白していることからも充分説明がつくところである。不幸にも英国の最高司令部はこのことを認識できなかった。この結果、カンブレーの戦いまでは少数ごとの戦車使用がつづいたのである。

カンブレーでは、攻撃準備を実施することなしに、一二時間で四線にわたる塹壕陣地を奇襲突破することをねらいとしていた。総計三七八台からなる八個の戦車大隊が歩兵二個軍団を先導して、西部戦線最強の陣地組織を有するヒンデンブルク（ジークフリート）線を突破せんとした。この陣地線は、ほとんどが反斜面陣地となっており、縦深にわたり鉄条網がはりめぐらされていた。したがって、これらの鉄条網を処理するには数週間の砲撃と、数万トンの砲弾を必要としただろう。

一九一七年一一月二〇日午前六時二〇分、無傷のドイツ軍陣地に対して攻撃が開始された。敵はパニック状態におちいり退却したので、英軍は午後四時までに幅一万三〇〇〇ヤード、縦深一万ヤードまで突破した。第三次イープル戦においては、これと同じ位前進するのに三カ月もかかった。八〇〇〇人の捕虜と一〇〇〇門の火砲を獲得した。捕虜のみでも、攻撃した二個軍団のこうむった損害の約二倍に達した。

この戦闘は、予備兵力の不足によりひどい撃退をこうむって終ったが、戦場に装甲車両を導入することにより膠着状態を脱皮できる、ということを疑いなきものとした。このことは約一世紀前にジョミニがまさしく提示したことであった。ついで一九一八年八月八日に戦われたアミアンの決戦では、このことが決定的に立証されたのである。

この戦いには、四六二両の戦車が航空機と協力して第四軍――軍司令官サー・ヘンリー・ローリンソン将軍――の三個軍団を先導した。[*7]再び奇襲に成功し、いたるところで、パニックが起り、ドイツ軍の戦線は突破された。

この戦闘についてドイツの公式論文は次のように記している。「八月八日の太陽が戦場に沈む頃には、ドイツ軍は開戦以来最大の敗北を喫した、ということがだれの目にもあきらかになっていた。[*8]」この戦いでは戦車の殺傷力よりも、戦車がもたらす恐怖心の方が威力を発揮した。その論文は表題を『一九一八年八月八日の破局』としたのもそこに起因するのであった。それは激戦の末の退却ではなかった。戦車への恐怖心から戦闘を交えることなく、初めから敗走に至ったのである――これは予期せぬ新奇な現象であった。戦車なくしては、かくのごとく奇襲に成功しなかったであろうし、この奇襲攻撃こそがパニックに引火したのである。加えるに、徒歩兵達は、自分達の小銃弾でも機関銃弾でも阻止できない相手に直面した時、完全な無力感を抱くようになり、これが本能的に危険を誇張させ、もって早期降服や逃亡等の不名誉な行為を許容することになる。だから戦車は物的兵器というよりも心理的兵器であったのである。

ルーデンドルフは、[#]戦車がもたらした状況の特質を的確に把握した。彼は書いている。「私が懸念し、かつしばしば警告してきたことが、ここ一カ所で現実に起った……。八月八日の戦闘は、疑いもなくわれわれの戦闘力を低下せしめた……。最高司令部の諸計画策定にあたり、従来少なくともこれだけあれば戦争できる、と考えていたもの、すなわち計画策定上の確固たる基盤を失ってしまったことを私は悟った。いまや統帥は、私が当時述べたように、無責任な一・六勝負の性格を帯びるに至った。このことこそが日頃から私が最も憂慮していた致命的事態である。ドイツ国民の運命は、私が賭けるにはあまりにも高価すぎる。戦争は終結されねばならない。[*9]」と。

ルーデンドルフ (Ludendorff, Erich) 一八六五－一九三七。ドイツの名将。ヒンデンブルクにつかえ、タンネンベルク会戦をはじめ多数の戦いで勝利をおさめた。その著『国家総力戦』は有名である。

＊1　一八五四年、J・ステンハウス博士が最初の木炭ガスマスクを発明したが、これはダンドナルド卿が窒息剤として硫黄ガスの使用を、パンムレ卿に提唱した前年のことである。

＊2　短距離用として、迫撃砲弾、リーベンス投射機があった。リーベンス投射機は三〇ポンドのガスをいれたシリンダーを発射した。これは浅い塹壕内に迅速に設置でき、かつ一時に一〇〇－五

〇〇の砲列から発射した。

＊3 ルーデンドルフ将軍は、その回顧録第二巻五九七頁において次のように書いている。「わが砲兵はガスを活用した。」さらに五七九頁では、「敵砲兵を制圧し、歩兵を掩体内に押さえつけておくためには、砲兵火力は急襲的なものであるべきだ。」と述べている。

＊4 「Chemical Warfare」Brigadier-General Amos A. Fries and Major Clarence J. West (1921), p. 388.

＊5 「The Tanks, the History of the Royal Tank Regiment and its Predecessors」Captain B. H. Liddell Hart (1959), Vol. I, chap. II.

＊6 同右 Vol. I, p. 75.

＊7 第四軍の右側は、戦車を保有しないフランス第一軍が掩護した。

＊8 「British Official History 1918」, Vol. IV, p. 88 より引用。

＊9 「My War Memoirs 1914-1918」Vol. II, p. 684.

内部戦線の崩壊

ガス砲弾の集中的使用や戦車の集結的使用は敵の塹壕陣地を正面から突破できることを証明したが、それは単に膠着状態から抜け出られる門戸の錠をあけるだけにすぎなかった。完全な運動性を回復するためには、迅速な突破にひきつづき迅速な戦果の拡張が必要であった。この戦果の拡張に任ずる部隊として、一般に考えられている騎兵ではなく、戦車部隊が必要である。しかも戦果拡張に任ずる戦車部隊に対し補給することができるのは路外輸送の可能な装軌貨物車である。一九一八年八月の時点では、いまだこの種の車両は存在していなかった。だから完全な運動性を回復できなかったのである。その結果、ブロッホが予見したように、戦争を終結に導いたのは、戦いではなく、飢餓と革命であった。

戦争がながびけば、それだけ損耗も増大するが、これに加えて、次の二大要因が中欧同盟諸国を崩壊に導いたといえよう。第一は英国による海上封鎖であり、第二は英国政府の巧妙な宣伝活動であった。海上封鎖は敵国の生命維持力を打撃し、宣伝活動はその精神的耐久力を減殺した。

すでに一九一七年の春には各交戦国とも戦争に疲弊しており、ロシアに起った三月革命の伝染病が野火の如く西の方へ広がっていた。フランス陸軍内の反乱は代表的例である。[*1]ロシア領土内にいるドイツ軍にも感染した。イタリアでは、四〇万人の兵士達が戦場を放棄し、カポレットの惨敗[#]の一因をなした。サー・ウィリアム・ロバートソンは、五月二六日にいちはやく次のような書簡をサー・ダグラス・ヘイグに送っている。「幾分なりともロシア革命の影響を受けて不安や動揺が国内に起っている、というまぎれもない事実を私は憂慮している。最近、悪質なストライキが若干発生しており、不満も多い。[*2]」

#　カポレットの戦い。一九一七年一〇月－一一月、独墺軍はイソンゾ戦線でイタリア軍を撃破し、連合軍一一個師団をイタリアに派遣するに至らせしめた。この時も、リガにおいてヒュティエルがあみだした戦法を再現した。

戦争が開始された時、ロンドン宣言で、封鎖は事実上実施できない状態になっており、これを発動するためには、一連の英国議会勅令によりロンドン宣言の制限事項を削除しなければならなかった。勅令の第二号が一九一四年一〇月二九日発せられ、これによりドイツ及びオーストリアに対する糧食や原料の供給は大幅に削減された。これに対するドイツの回答が一九一五年二月四日になされた。すなわち、それは英国及びアイルランド一帯の全海域を潜水艦で封鎖するというものであった。この結果、五月七日のルシタニア号沈没事件が起こり、一一二八人のアメリカ人が死亡した。この事件は合衆国全土を戦慄せしめ、参戦を主張する声が高まった。いまや英国政府は、海上における臨検行動に反対していた従来のアメリカ政府の態度を苦慮する必要がなくなった。そこで英国は五月一五日、新しい勅令を発し、ドイツに出入する全品目を戦時禁制品とみなすと宣言した。こうして全面的封鎖が実施されることになった。一方、アメリカの強烈な抗議に驚いたカイザーは旅客船及び中立国船舶に対する攻撃の全面停止を命じた。かくして事態はそのまましばらくの間推移した。がしかし一九一七年一月三一日、前述したように、カイザーは無制限潜水艦戦を宣告するに至り、アメリカ合衆国は対独宣戦布告を発したのであった。

封鎖は敵国のあらゆる老若男女、あらゆる工場や農場に打撃を与えた。もしルーマニアとウクライナの小麦がなかったら、中欧同盟諸国は、一九一八年夏までに、飢えで降服してしまっていただろう。一九一四年八月に一七三二万四〇〇〇頭いたオーストリア゠ハンガリア帝国の畜牛は、その頃までに三五一万八〇〇〇頭に減っていた。豚は七六七万八〇〇〇頭だったのが二一万四〇〇〇頭になっていた。[*3] さらにまた封鎖がなされた四年間の内、後半の二年間で八〇万人にのぼるドイツ非戦闘員が飢餓、ないしは栄養失調による疾病で死亡した。この数は潜水艦攻撃による英国船の沈没で死亡した数の五〇倍にものぼるものであった。[*4]

封鎖の締めつけは、宣伝の種子をまくのに最適の肥沃な土壌を作った。アメリカの南北戦争をも含めて、かくも敵意に満ちた、しかも下等な宣伝合戦を演じた戦争はこれまでになかった。ナポレオン戦争や普仏戦争においては、敵国内での反乱活動を助成するどころか、交戦国は相互にそれを刺激するような行動を慎んだのである。もしやろうとすれば、ナポレオンは一八一二年にロシアの農奴やウクライナ人の〝抑圧された敵意〟をツァーに対して爆発させたり、一〇〇日天下[#]の間にフランス国内に革命が起こるようそそのかしたりすることができたはずであり、しかもそれがナポレオンにとって利益になったはずであった。しかしながら彼はそれを慎んだ。[*5] ウェリントン公は、自らも語っているように、いかなる国の革命といえども、それを誘発させることを恐れていた。ビスマルクも一八七一年、パリ・コミューンを決して支援しなかった。その理由は、従来戦争というものは敵国の政策を変えさせるためにおこなわれるのであって、政策立案者たる政府を変えさせるためではなかった、ということである。戦争のねらいとするところは敵国政府の意思を変えさせることであり、政府が倒れると、講和を話し合う安定した権威者がいないことになる。当時の世界はいまだ正気であり、敵国内に社会的無政府状態を作り出す着想は常識に反するものと考えられていた。

#　ナポレオンの一〇〇日天下。エルバ島を脱出したナポレオンは、三月二〇日－六月二九日の間、

ナポレオン追放宣言をした連合諸国と戦い、これに敗れ、退位した。

宣伝戦は大衆の心――ルソーのいう〝一般的意志〟――を支配するために作られた民主的道具の傑作である。その目的とするところは次のとおりである。

㈠自国の内部戦線を形成する大衆の心を激励する。

㈡中立国の大衆の心をつかみ、自国支持にまわらせる。

㈢敵国の内部戦線を形成する大衆の心を崩壊させる。

第一の目的を達成するには、人間だれもが潜在的に持っている部族本能をよみがえらせることである。そして、この本能を結集させるために、敵国を悪魔にしたてるのである。

第二の目的は中立諸国にこの悪魔怪物の悪業を認識させるか、ないしは信じさせることが重要である。それはちょうど、英国の宣伝が合衆国で大成功をおさめたようにである。ドイツ兵がベルギーの子供の手を切断したり、捕虜をはりつけにした[*6]、といったたぐいのもので激怒させられたアメリカ国民は「………ヒステリックな感情から参戦に自ら踏み切ったのであるが、この感情を理解するにはどうしても、戦争状態にある国が中立国に対して共同行動をとらせようとして活用する宣伝の力を認識しなければならない……。アメリカ国民はわけもなく簡単にエクスタシーに陥ることが時々ある、ということを次のような印象的表現で要約している書物がある。

『ますます高まったわれわれ共通の憎しみが新たな憎しみを生んだ。本評論の筆者は、ニュー・イングランドでおこなわれたあるキリスト教会――おろかな民に神のお許しを！――主催の大会に出席した時のことを思いだす。一人の弁士がカイゼルを捕えたら、油だきにせよ、と要求した。すると聴衆は総立ちになり、ヒステリックに賛意を絶叫した。これがわれわれのムードであり、まさに狂気のさたであった。』[*7]……近代技術や大衆暗示により、政府は、個人主義的あるいは民主主義的信条を背景に持ったかなり知識のある人さえも、政府に都合の良いように信じさせることが容易にできる。このことが戦争のもたらす最も恐ろしい新事実である。[*8]」とモリソン、コマージャー両歴史学者は書いている。

　第三の目的は、敵国国民及び軍隊の忠誠心を破壊することにより敵を心理的に腐敗せしめることにある。つまり敵国の精神的兵器を取り上げてしまうことである。この攻撃方式は極めて陰険なものであって、ルーデンドルフもドイツ敗北の最大要因として封鎖とこの宣伝戦を再三再四にわたり論じている。

「経済封鎖の締めつけ、それに敵の宣伝活動、この二つは互いにドイツ民族とその精神を打ち砕かんと同歩調で進んできた。それはドイツにとって、戦争が続くにつれてますます重くなる負荷であった……。封鎖と宣伝は次第に精神的決意を消失させ、最後の勝利に対する信念をゆさぶり始めた……。すべてのドイツ人が持っていた愛国心や民族感情が消滅し、自分本位となった……。われわれは自信を喪失した……。敵の宣伝やボルシェヴィズムにより普及される革命思想はドイツ国民にすぐにでも受けいれられそうな状態であった……。有害な教義が民衆の間にまん延した。ドイツ国民は国内にあると、戦場にあるとを問わず、致命的な打撃を受けていた……。われわれは、ちょうど蛇ににらまれた蛙のように敵の宣伝活動により催眠術をかけられたのである。それは軍事情勢と密接な連携を保ちながら、大衆を強力な暗示にかけようとするもので、その方法は無節操きわまりなかった……。戦争末期には、政治革命と並行して社会革命をもたらすためにも宣伝活動がおこなわれた。この傾向は一九一八年初頭以降、特に顕著になった。上流階級に属する一万人たらずの人々が労働者を犠牲にして戦争をやっている、だからドイツの勝利は労働者に不幸をもたらす、といったぐあいに戦争を描写した……。中立諸国はわれわれに対しある種の精神的封鎖を実施した……。われわれはあらゆる信頼を失ったが、敵国の信頼性は高まる一方であった……。英米両国の宣伝目的は明らかにドイツ国内での革命を助長することにあった。[*9]」

　前述したように、ルーデンドルフは、連合国の宣伝活動が一九一八年の初頭頃から社会革命を生起させることをねらいだしたと述べたが、彼の脳裏には明らかにウィルソン大統領の〝十四カ条〟[*10]があったと思われる。同大統領がこれを発表したのは一月八日のことであり、ついで一カ月後にも大統領は、領土を併合しない、賠償を要求しない、懲罰的処置をとらないと宣言した。その宣言では、民族自決の原則が必須のものとして受け入れられ、領土問題はすべて、関係国民の関心と利益にのっとり解決されることになっていた。

　十四カ条は宣伝を目的としたものではなかったけれども、実際は抜目のない宣伝であった。それは戦争に疲弊した世界のイマジネーションをつかむとともに、ドイツに対して交渉による戦争終結の機会を提供した。この時、カイザーとその顧問達はこの提案を拒否したが、ドイツ国民の心の中、奥深くにこの宣言は残り、結果的には戦争を屈辱的な結末へと導いたのである。

八月八日の戦闘と、その後の一連の敗北はドイツにとって決定的な打撃となった。そこでルーデンドルフは九月二八日、ヒンデンブルク元帥の部屋を訪れ、休戦はもはや一刻なりとも猶予できぬ旨を示唆した。「われわれは東部におけるいかなる領土放棄も考えなかった。というのは、協商国側は、ボルシェヴィズムの脅威がわれわれ同様、彼らにも及ぶことを十分認識しているだろうと考えたからである。[*11]」この点については、ルーデンドルフは誤りをおかした。

一〇月三日、ドイツ宰相はウィルソン大統領に、ドイツ政府は〝十四カ条〟及びその後の大統領提案を和平交渉の基礎として受諾する旨を通告した。外交交渉は一〇月二三日まで続いた。従来、大統領は、革命情勢がまん延していることから、自分の計画を履行するにはヨーロッパの安定保持に必要なものを確保することが必要であると考えていた。すなわち、アメリカ政府の影響力を及ぼしえる程度までは現敵国政府に活力を付与し、いかなる事情にせよ、これを崩壊させるようなことはしない、という考えであった。しかしながら、この日、ウィルソンは従来のこのような構想を捨て、敵国政府の懐滅に努力を指向しだしたのである。一〇月二三日、大統領はドイツ政府に、もしドイツの軍部や独裁君主主義者達と交渉しなければならないことになったら、和平交渉ではなく、全面降伏を要求することになろう、と通告した。このことは現ドイツ政府の退陣とこれに代る革命的社会主義政権の誕生を意味した。一一月三日には、キール軍港でドイツ水兵が反乱を起こし、ベルリンは革命の嵐が吹きすさんだ。九日、カイザーは退位した。そして一一日、コンピェーヌの森の中にあるレソンデス駅で、連合国及び関係諸国はドイツとの間に休戦協定を締結したのである。

　これと同じようなことがオーストリア・ハンガリー帝国にも起こった。というのは、ウィルソンの主張する休戦の一条件として、オーストリア及びハンガリーのスラブ人が完全に満足することがあげられていたからである。そこで自治政府がブダペスト、プラハ、ラインバッハ、サラエボ、クラクフ、レンベルクに樹立され、中央行政機関は解体され、中立政府がウィーンに設立された。一一月一二日、カール皇帝は退位した。その後、ウィーンに共和国が誕生し、古いオーストリア・ハンガリー帝国は絶滅したのである。

　このようにして、ヨーロッパには新たな混乱の種子がまかれたのであった。

＊1　一九一六年にフランスに送られてきたロシアの旅団は、四月一六日、ラ・コーチネのキャンプで反乱を起し、三日間の砲撃ですぐに降服してしまった。この旅団の兵士達の愛読紙がトロツキーの編集する新聞であった。

＊2　「Soldiers and Statesmen」Vol. I, p. 313.

＊3　「Military Operations, Italy 1915–1919（British Official History）, 1949」p. 379.

＊4　「Unfinished Victory」Arthur Bryant（1940）, p. 3, pp. 9–10.

＊5　「Napoleon」Eugene Tarle（1936）, pp. 289 and 381.

＊6　これらの申し立てられた残虐行為をリスト・アップしたものとして「Falsehood in Was Time」Arthur Ponsonby（1936）参照。

＊7　「British Propaganda at Home and in the United states from 1914 to 1917」James Duane Squires（1953）, pp. 67-68. この書の付録には、前記の期間内に英国の宣伝に関する二七七の出版物や書籍がリストにしてある。

＊8　「The Growth of the American Republic（1942）」Vol. II, p. 479.

＊9　「My War Memoirs」Vol. I, pp. 360-8. ドイツ政府は「宣伝戦の本質を理解していなかった。政府は宣伝戦を排撃し、それを極悪非道で、低俗なものときめつけた。」（第一巻三八〇頁）ドイツには宣伝省がなかった。（第二巻七〇一頁）

＊10　付録Ⅱ　参照。

＊11　「My War Memoirs」Vol. II, p. 721.

第十章　レーニンとロシア革命

レーニンと三月革命

一九一七年三月のペトログラードの民衆の蜂起は当初、革命的なものではなく、戦争の倦怠と世間一般の不満とからひきおこされたものであった。当時ドゥーマ（帝政ロシアの国会）には、立憲君主制を代表する立憲民主党、別名〝カデット〟、マルクス主義者である社会民主党、及び農民を代表する社会革命党の三党派があった。これら諸党派は、三月一五日、ニコライ二世が退位したとき、初めてその国権を手中にし、同二二日、グレゴリ・リヴォフ公の下に臨時連立政権を樹立した。

平和を希求する一般の激しい叫び声にもかかわらず、〝臨時政府〟は同盟国への盟約の継承と戦争の継続を決定した。この決定はただちにペトログラード・ソビエト[*1]の挑戦を受け、同派は三月二七日、全世界の人民に対し敵対的行為の即時中止を呼びかける宣言を発した。[*2]ソビエトは、兵士、工員、鉄道労働者、郵便・電信等の勤労者といった民衆の最も重要な部分を代表していた。またこの宣言は人民の希求をも代表していたので、〝臨時政府〟の機能は発揮できぬところとなった。この責任と権力との分離状況はレーニンに花道を与え、渾沌のうちに十月革命へと進展していったのである。[*3]

レーニンという名前で知られているウラジミール・イリイッチ・ウリヤノフ（一八七〇―一九二四）は、熱烈かつ異端のマルクス主義者であった。彼は、資本主義が資本家を除く全人民をプロレタリア・レベルにしてしまった時、初めて、新たな社会秩序が成熟するだろうというドグマをしりぞけて、マルクスの歴史的弁証法を根底からくつがえしたのである。[*4]

三月革命がペトログラードで勃発した時、レーニンはスイスに住む一文なしの亡命者であった。彼はチューリッヒで靴直しから借りた一人部屋に住んでおり、ロシアにいる彼の少数の弟子達も多くが獄中にあった。したがって彼は全く無名の人物であった。戦争開始以来、彼はスイスにあって、政敵に対する攻撃と弟子達への激励に時を費していた。彼にとって、戦争とはそれをプロレタリアートの内戦に転換することによって、資本主義制度を崩壊せしめるための手段でしかなかった。彼は転覆活動、組織的ストライキ、街頭デモ、塹壕内の兵士に対する宣伝等、あらゆる手段の利用を呼びかけた。〝平和にあらず内戦を〟、それがスローガンであった。[*5]

戦争が勃発した時、ドイツは、野戦におけるロシア軍との戦闘の他に、ロシアの国内において少数民族の独立運動を促進させたり、ロシアの亡命革命家達を使ってのロシア軍内部や工場における攪乱工作等内部戦線における攻勢作戦を立案した。[*6]

一九一五年三月、出先機関を通じ、ドイツ軍最高司令部は初めて、チューリッヒにいるレーニンに接触した。しかしながら、次の理由から、ドイツはこの接触を打ち切ってしまったのである。すなわち、レーニンのねらいは、世界的規模のプロレタリア革命を惹起させるためにツァーリズムを打倒せんとするもので、ドイツの利益にかなうようなロシアの敗北にあるのではなかったからである。ところが三月革命が勃発したのを機に、再び両者間の接触が保たれるようになった。

一九一七年三月一六日、レーニンの妻クルプスカヤが昼食後のあとかたづけをしていた時、突然ポーランドの一友人が部屋にとびこんできて、息せききって叫んだ。「ニュースを聞いたか。ロシアで革命が起ったぞ！」。それは純然たるブルジョアの反乱であったのでその価値については疑わしいものがあったが、レーニンはロシアへ帰る決心をし、友人にパスポートを手に入れてくれるよう手紙を書いた。その要求はベルン駐在のドイツ公使ロンベルグ男爵に届けられ、彼はこれをベルリンに転送して訓令を求めた。

一方、レーニンはプラウダに掲載すべく『遠方からの手紙』の執筆に従事し、その中ですべての交戦国を〝一つの血の固まり〟[*7]にたとえ、彼のねらいがロシアにおける内戦を促進させ、〝臨時政府〟を打倒することにあることを卒直に表明した。ドイツ最高司令部にとっても、今や、〝臨時政府〟に戦争中止の意図がないことが明らかになり、かつ東部戦線から西部戦線への兵力転用のため、ロシアとの戦争を終結に導くことが至上命令であったため、ロンベルグからのメッセージを受けとるや、直ちにこの計画を受諾し、レーニンをロシアへ送り返すことを決定した。かくしてロンベルグは、レーニンと一九人のボルシェヴィキを含む三一人の革命家をドイツ経由でスウェーデンに輸送せよ、という訓令を受けとった。「その当時、これらの人物の登場がロシアにとり、またヨーロッパ世界にとって、どれ程重大な結果をもたらすことになるか、誰一人予測できなかった。[*8]」とホフマン将軍#は書いている。しかしながら、ドイツ参謀本部はレーニンの目的を十分に承知していたのである。

ホフマン（Hoffmann, Max）一八六九－一九二七。ドイツの将軍。タンネンベルクの戦いで功績をたて、一九一六年、東部戦線の参謀長になった。第一次大戦後著作に専念した。

かくしてレーニンは世界革命のルビコン川#を渡れることになった。彼と一九人の彼の弟子達は、〝臨時政府〟の転覆のみにとどまらず、ドイツのブルジョア階級をも革命闘争に巻きこむのだ、という決意を胸に秘め、ベルンから汽車で発った。出発直前、レーニンはスイスの労働者あてに手紙を書き送った。「われわれはドイツ人に対して革命闘争を実行する……ドイツのプロレタリアートは最も信頼しうる、最も確実なロシア及び世界プロレタリア革命の同盟者である。[*9]」と。

ルビコン川。イタリアと属州ガリアの境にある川で、紀元前四九年に、シーザーが「さいは投げられた」と言ってこの川を渡ってローマ政府の大権を握るポンペイウスとの会戦を始めた。決定的な挙に出ることをルビコン川を渡るという。

レーニンは四月一六日夜、ペトログラードに到着、翌日全ロシア・ソビエト会議で演説した。その演説で彼は、戦争を帝国主義者達のものからプロレタリアートのものへと転換するため、軍隊内において広範な宣伝活動を行うこと、〝臨時政府〟を打倒して〝職工、農業労働者、農民の代表からなるソビエト共和国〟を樹立することを提案した。その時以来、彼は毎日、ほとんど毎時間、ペトログラードの群衆に熱弁をふるい、暴動を煽り、戦争に反対してこれを攻撃し、群衆のあらゆる要求に対しすべて約束を与えたのである。

ようやく七月一日に至り、〝臨時政府〟はその誓約を守るためドイツに対する攻勢を再開した。当初攻勢は成功を収めた。しかし一九日のドイツの反撃を契機にロシア軍、各連隊が次々に反乱を起こし、将校は殺害され、ついには崩壊をきたした。というのは、それまでにレーニンがロシア軍各師団内にボルシェヴィキの手先を放っていたが、これによる侵透工作のため兵士の忠誠心は完全に害されていたからである。この事実と、同時に発せられたウクライナ地方の自治宣言により、リヴォフ政権は崩壊し、七月二二日、アレクサンドル・ケレンスキーを首班とする、ボルシェヴィキと君主主義者——極左と極右——を除く、全政党の代表から成る政府が後を引き継いだ。その混乱の最中、ペトログラードのボルシェヴィキ本部は弾圧を蒙り、トロツキーをはじめ多くのボルシェヴィキが逮捕されることとなった。レーニンはこの時、機関士に変装してフィンランドへ逃れ、以後三カ月の間、そこに身をかくした。

＊1　ソビエトは一九〇五年、初めて組織された。それは当初ストライキ委員会として創設されたが、やがて労働者、兵士、農民により選出された地方人民議会へと発展していった。どんなグループでも自由にソビエトを組織することができた。

＊2　少数民族諸国もまた戦争にはウンザリしており、フィンランド、エストニア、ポーランド、リトアニア、ウクライナ、コーカサス、そしてシベリアは次々に独立あるいは自治を要求した。

＊3　一九一八年まで、ロシアは一五八二〔一七〇〇〕年に採用したユリウス暦を使用してきた。これはグレゴリオ暦に較べ一三日の遅れがある。従って、レーニンの権力奪取はユリウス暦では一〇月二五日であるが、グレゴリオ暦では一一月七日になる。

＊4　マルクス主義者の論法によれば、プロレタリア革命が農民主体の国において起こり得るということは、歴史の法則に反した。マルクスが書いたように、農民主体の国においては、その住民が〝農村生活の白痴性〟により敗北を喫した。(Communist Manifesto, p. 18). そして西欧を再生させるのがロシアの使命であるとするスラブびいきほどマルクスを憤慨させたものはなかった。(R. N. Carew Hunt「The Theory and Practice of Communism (1950)」p. 131)

＊5　「Lenin's Collected Works (English edition, 1930)」Vol. XVII, p. 478.

＊6　クラウゼヴィッツの『戦争論』第Ⅲ巻、一五九頁と比較せよ。

＊7　「Selected Works」pp. 735-42.

＊8　「War Diaries and other Papers」Major-General Max Hoffmann (English edition, 1929), Vol. II, p. 177.

＊9　「Collected Works」Vol. XX, pp. 85-87.

国家と革命

フィンランドにおいて、レーニンはペトログラードの状況を把握しながら、彼の最も有名な論文『国家と革命――マルクス主義の国家学説と革命におけるプロレタリアートの諸任務――』を書いた。[*1]

これは彼の思想を知る上で、格好の文書である。なぜなら、この文書によって、明晰な知性と鉄の意志をもっていたレーニンが、基本的には空想主義者であった、ということがわかるからである。行動の必要が生じた時、彼は度々、マルクスの教義をその時々の状況にあうよう修正したが、そうでない時には、『共産党宣言』の夢の国の域を一歩も出ることができなかった。また、二〇年をこえる革命活動の後においても、レーニンがそれまでくり返し彼の弟子達に語ってきたことを、依然として彼らに教える必要があったというのは異常なことである。しかしながら、十月革命がマルクスの焼き直しの上に築かれたものであるところから、適当な文節を引用するだけの価値はあると考えるので以下『国家と革命』から引用しながら論ずることにする。

　国家は階級支配の機関であるところから、不可避的結論は、「プロレタリアートがまず政治権力を握らない限り、そしてその国家が〝プロレタリアートを支配階級とする国家〟にならない限り、プロレタリアートはブルジョア階級を打倒することはできないということである。これは、このプロレタリア国家はその勝利を得るや直ちに衰退を始めるという結論を導く。なぜなら、階級対立のない一つの社会においては、国家は不必要であり、存在し得ないからである。」（一五九頁）

　そこで革命は「その全力を国家権力の破壊に集中し、問題を考慮するに、国家機関の完成ということではなく、それを粉砕し、破壊するということでなければならない。」（一六一頁）「われわれは空想主義者ではない……。われわれは、いまのままの人間、すなわち服従、統制、そして〝監督と簿記係〟なしにはやっていけない人間でもって社会主義革命をやることを望んでいる。」

「しかし、すべての勤労被搾取者の武装した前衛であるプロレタリアートには、服従しなければならない。国家官吏に特有な〝官職上の威厳〟を排し、今日明日にも、〝労働者と管理者〟の単純な機能、すなわち、平均的な都市住民の能力で十分にやっていける機能、〝労働者なみの賃金〟で完全に遂行できる機能、そんな機能をとりいれる処置をこうじなければならないし、またそうできる。」

「われわれ労働者は、すでに資本主義によってつくり出された基盤の上に、労働者としての自己の経験に立脚しながら、また武装労働者の国家権力によって支持されるきわめて厳重な鉄の規律をつくり出しながら、自分で大規模生産を組織するであろう。……これこそ、われわれのプロレタリア的任務であって、プロレタリア革命を遂行するにあたっては、まさにここから始めることができるし、また始めなければならない。大規模生産を基礎として、このように始めてゆけば、ひとりでにあらゆる官僚制度は〝死滅〟してゆき、「 」付きではない秩序、すなわち、賃金奴隷制とは似ても似つかぬ秩序、統制と経理の機能――ますます単純化する――がすべての人々によって順番に遂行され、つづいてそれが習慣となり、最後に、人間の特殊な部門の特殊な機能がなくなるような秩序、そのような秩序が徐々につくりだされていく。」（一七四頁）

「……国家の廃絶は同時にまた民主主義の廃絶でもあるということが、いつも忘れられている……。」

「民主主義は、多数者への少数者の服従を認める国家、すなわち一階級が他の階級に対して、住民の一部が他の住民に対して系統的に暴力を行使する組織である。」

「われわれは、国家の廃絶、すなわち、組織された系統的なあらゆる暴力の廃絶、一般的に、人間に対するあらゆる暴力の廃絶を、終局目標としている。われわれは、多数者に少数者が服従するという原則がまもられる社会秩序の到来を期待しているのである。しかし、われわれは、社会主義をめざしながらも、社会主義は共産主義へ成長転化すること、また、それにともなって、人間に対する暴力一般の必要性、ある人間の他の人間に対する服従の必要性、一部の住民の他の住民に対する服従の必要性、これらの必要性はすべて消滅することを確信している。なぜなら、人間は、暴力も服従もなしに、社会生活の基礎的諸条件をまもる習慣がつくだろうからである。」（一九七頁）

「資本家の反抗がすでに最終的に打ち砕かれ、資本家がいなくなり、階級がなくなった共産主義社会（すなわち、社会的生産手段に関して、社会の成員の間に差別がなくなった社会）において、はじめて、〝国家は消滅し、自由を認めることができるようになる〟。そのときはじめて、ほんとうに完全な民主主義、ほんとうになんの例外もない民主主義が可能となり、実現されるであろう。」（二〇一頁）

「最後に、共産主義だけが、国家を完全に不必要にする。なぜなら、抑圧すべき相手がだれもいないからである。……われわれは空想主義者ではない。」（二〇三頁）

「国家が完全に死滅した状態の経済的基礎は、精神労働と肉体労働との対立が消滅してしまうほど、共産主義が高度の発展をとげている……。」

「……資本家の収奪は人類社会の生産力の巨大な発展をかならずもたらすであろう。しかし、この発展がどれほど急速にすすむか、それがどれほど急速に分業と手を切り、精神労働と肉体労働との対立を廃絶し、労働を〝第一の生活欲求〟に転化するようになるか、われわれはそれを知らないし、また知ることもできない。」(二〇六頁)

「経理と統制――これが、共産主義社会の第一段階を〝軌道にのせる〟ために、これを正しく機能させるために、必要とされる主要なものである。ここでは、すべての市民は、武装した労働者の国家にやとわれる勤務員に転化する。すべての市民が一つの全人民的な国家的〝シンジケート〟の勤務員と労働者になる。要は、彼らが仕事の基準を正しく守って、平等に働き、平等に受けとることだけである。これを計算し、これを統制することは、資本主義者達によって極度に単純化され、監視と記録、算術の四則の知識と受領証の発行といったような、読み書きのできるものなら、だれでもできる、ごく単純なそうさになっている……。」

「社会全体が平等に労働し、平等に支払を受ける一つの事務所と一つの工場になるだろう。」(二一〇頁)

『サマルカンドの黄金の旅』の中に出てくる中国の将軍のごとく――宮殿の門を一歩も出ずに、戦争に関するすぐれた本を読みふけり、ついに分別をなくしてしまった将軍のように――レーニンはチューリッヒの屋根裏部屋を出て、そのまわりにある工場を一つとして散策したことがなかった。また、記録によれば、彼の師マルクスと同様に、一生涯労働に手をそめたこともなかった。彼が、もしどちらかでもやっていれば、このような、まったくの空想をいうはずがなかったであろう。彼は至福千年#の幻想にとりつかれた男であった。そして、後述するが、彼はこの幻想のわなにかかってしまったのである。歴史的な位置づけから言えば、レーニンは、マルクスの教えを大々的に実行に移し、世界中に対し、それが混乱と混とんをもたらす道具であることを、実証してみせた最初の人間として記録に残る。

至福千年。キリスト教で、キリスト再来の日に死んだ義人が復活して、地上に平和の王国が建設され、一千年間キリストがこの王国に君臨するという信仰。

＊1 「Selected Works」Vol. II, pp. 143–225.

レーニンと十月革命

夏期攻勢の敗北と〝臨時政府〟の無能力によって、多くのボルシェヴィキ議員が全ロシア会議に復帰するところとなった。九月一二日、ペトログラード・ソビエトにおいてボルシェヴィキの提出した戦争の即事停止案が二七九票対一一五票で可決されたとき、ボルシェヴィキの勢力伸長は明白となった。これに力を得たレーニンはフィンランドから、ペトログラードのスモールヌイ宮において設立されたボルシェヴィキ中央委員会に対し、ケレンスキーに最大の圧力をかけるよう促した。ボルシェヴィキの圧力により、ケレンスキー政府はトロツキーらボルシェヴィキ指導者を釈放するに至ったが、これは政府の弱腰を露呈する結果となり、状況をさらに悪化させ、地区ソビエトを勇気づけた。かくして、ボルシェヴィキ案を支持する声が全国的に高まり始め、第二回全ロシア・ソビエト会議の新たな開催要求が強まった。

しかし、レーニンは会議よりも行動を、論争よりも暴動を欲した――これはロシア人の間[*1]にみられる性向であり、将来とも変化しそうにない。そこで彼は武装蜂起の時は〝熟した〟と力説したが、ペトログラードにおいては、カーメネフやジノビエフがこれに反対した。憤激したレーニンは、党内分裂を避けるため、ペトログラードに帰る決心をし、一〇月二三日、秘かに出発し、変装して首都に近いレスノエに入った。二五日、ペトログラード・ソビエトは、蜂起の下準備として、トロツキーの下に軍事革命委員会を設立した。翌日、トロツキーはペトロパヴロフスク要塞の守備隊を誘って味方にひき入れ、小銃一千挺を保管する兵器廠を襲い、手に入れた武器を直ちに赤衛軍に分配した。この赤衛軍は六月以降、各工場において中隊規模で編成されていたものであり、〝臨時政府〟はこれを解体できないでいたのである。

実際これは〝臨時政府〟にとって致命的打撃であった。このため一一月五日、ケレンスキーは緊急事態を宣言し、軍事革命委員会を非合法化してトロツキーの逮捕を命じたが、実行の裏づけとなる軍事力を奪われていたのでこの命令は死文と化した。

レスノエにおいて、レーニンは同志達と数次の会合を開き、蜂起計画について議論したが、その日時について同意をとりつけることができなかった。第二回全ロシア・ソビエト会議が一一月七日に開催される予定であることから、それが組織される前に蜂起することが緊要だと考えたレーニンは一一月六日夕、党中央委員会にあてて次のように書き送った。

「われわれは待つべきではない。待てばすべてを失う可能性がある。……いかなることがあってもケレンスキー一派の手に、二五日（旧暦）まで権力を残しておくようなことがあってはならない。……いかなることがあっても、問題は必ず今夕中に誤りなく決定されるべきである。……動揺した状況で、一〇月二五日の投票を待つことは災いを待つことか、さもなくばただの形式主義にすぎない。……政府は動揺している。いかなる犠牲を払ってもこれを打倒しなければならぬ。[*2]」と。

一一月六日の深夜、革命の指揮をとるため、レーニンは変装してレスノエからスモールヌイに到着、翌早朝、彼とトロッキーは、赤衛軍を派遣し、電話交換局、駅、電報局、発電所、国立銀行等の主要施設を占拠した。午前一〇時迄には政府の全組織は全く崩壊したので、[*3]レーニンの次のような皮肉な宣言がなされた。

「第二回全ロシア労兵代表者会議は始まった。……大多数の労働者、兵士、農民の積極的な支援により……議会は自からの手に権力を握るところとなった。……ソビエト政府は、すべての国に対し、即時の民主的講和と、全戦線にわたる即時停戦を提唱する。……それはある指定する時期における国民議会の召集を保障するものである。[*4]」

国民議会議員選挙が行なわれるまでの間、国家統治のため、聴衆の歓呼のうちに人民委員会が成立し、レーニンがその議長となった。

この間、すべての官吏がストライキに入ったが、効果が現われるよりも前に、新閣僚（人民委員）が任命され、政府の全部局がスモールヌイ宮内に設置された。レーニンは議長として一室を占有し、トロツキーは外務人民委員に就任した。スターリンの陸海軍省が第三の部屋を、内務省が第四室をといったぐあいに、それぞれ占有した。「外務省においては、官吏が書類を隠し、鍵をトロツキーに手渡すことを拒否した。」その他「銀行においては、若干なりとも教育のある有志が原簿や現金出納簿のつけ方を理解しようとしたが、とても歯が立たなかった。[*5]」新任の閣僚達は、次から次へと、執務室から飛び出し、熱狂した群衆に演説を行い、それが終ると、大急ぎでまた執務室に帰って、プロレタリアートを支配階級とする国家を建設するため働いた。

プロレタリアート国家建設のため、一連の布告がなされ、一一月八日からその年の終りまでの間に、何と一九三件以上が発布された。私有財産の没収、土地の国有化、労働者による工場の接収、株式市場の廃止、国家の債務の無効化、賃金の制限（月五〇〇ルーブル以内）、刑事裁判所の廃止と〝労農〟法廷の設置、労働者の武装と民兵化、全秘密協定の廃棄等々。かくして、すべての制度は根こそぎにされ、プロレタリアート支配の方式は、行政の大混乱をもたらしたのである。

ソビエト議会は立法機関ではなかったので、レーニンは布告した法令を合法化する手段をもたなかった。政府各省内のストライキが続き、ついにレーニンは権限を実行にうつすため、帝制時代の秘密警察をチェカという形で復活させた。そして、ポーランドの狂信的なボルシェヴィキであるゼルジンスキーをその長に起用して、反対派を根絶し、支配階級に革命の実践を強いた。

次にレーニンは有名な戦術的後退を行った。人民の大部分は今や反乱の一歩手前にあった。またボルシェヴィキ党は人民の一部を占めるにすぎなかったので、彼は全人口の八〇%を占める農民を獲得することにより、自からの基盤の拡大をはかるに決したのである。これがため、これまで呪詛していた左翼社会革命党との連帯を申し出て、その同意を得た。これをみた大衆はレーニンを受け入れるようになった。左翼の農民を彼の味方につけることによって、ブルジョア階級を一掃せんとする彼の立場はより強化された。しかもこの目的が達成された時には、農民のあつかい方もまた、彼の思いのままとなったのである。[*6]

敵対者を追い落すことについて、敵対関係を一時停止し協力すべき時期を看破すること、すなわち彼の言う〝一歩後退、二歩前進〟は彼の革命技術の指導原理であり、彼はこれにより再三の成功をおさめたのである。

一一月二五日、レーニンにとって最後の権力奪取の闘争が憲法議会選挙により開始された。憲法制定議会の議員を決めるこの選挙の結果は、レーニンにとって悲痛なものであった。四一七〇万票の総投票数のうち、左派社会革命党の得票を含め、ボルシェヴィキに投じられた票は、わずか九八〇万票であり、二一〇〇万票が右派社会革命党に投ぜられたのである。レーニンは選挙結果を発表させまいと画策したが失敗し、直ちに公表されてしまった。そこで彼は議会の破壊に着手した。しかしながら、準備委員会の開催阻止の努力は失敗に帰し、憲法制定議会は一九一八年一月一八日にダヴリダ宮殿において開催されることが議決された。議会開催の日、レーニンはその建物を包囲し、レット人#の衛兵及びクロンスタット#の水兵を廊下に入れてその会合を中止させた。翌日、革命勢力によって宮殿の扉を閉鎖し、その間にソビエト会議の執行委員会は同議会を解散してしまった。かくしてレーニンは独裁権を確立し、ペトログラードの浄められざるツァーとなったのであった。

#　レット人。バルト海東岸およびその近辺に住む種族。リトアニア人と同族。

#　クロンスタット。サンクトペテルブルクの西方、フィンランド湾内の島の港市、海軍基地。

レーニンは従来、ロシアが戦争に負けるよう画策してきたが、この時からこの企図を放棄し、ドイツこそ最も危険な敵とみなすようになった。かといって、ロシアがその連合国と提携して勝利することも好むところではなかった。なぜなら、それはドイツ・プロレタリアートに、ロシア革命の成否を疑わせることになるし、世界革命の見地からしても、ドイツこそ、レーニンにとって信頼すべき革命勢力であったからである。その上、彼は外交戦と心理戦を中欧同盟国と連合国に対して同時に実施できると確信し、一一月九日、トロツキーに訓令して、連合国と中欧同盟国を招致し、即時休戦を取りきめさせることにした。次に彼は最初の心理戦攻勢をとり、各国政府の頭ごしに直接交戦国人民に対し敵対行為の中止を訴えた。彼は連合国とロシアとの秘密条約を「帝国主義者達の真の企図を明示するもの」として暴露し、和平の条件として「無併合、無賠償」のスローガンをかかげた。

レーニンは書いた。

「そのような和平条件を資本主義者達は喜んではうけ入れないであろう。しかしながら、すべての国の人民は非常な共鳴をもってそれらを迎えるであろう。それは大いなる世界史的な熱狂の爆発をよびおこし、略奪戦争の継続に対する万人の憤りをかきたてるであろうから、われわれは、十中八九まで、すぐさま休戦を獲得し、和平交渉の開始に同意させることができるであろう。[*7]」

しかし、結果は彼の予期どおりではなかった。ドイツの方は東部戦線における休戦を強く望み、ロシアとの交渉に入った。そしてこの結果、一二月五日、停戦が成立したが、連合国の方はこの単独講和に対して異議を唱え、ボルシェヴィキに対しますます敵意を増大するようになった。ドイツとロシアの講和会議は遷延した。そこでレーニンはこの間を利用してドイツ国内に革命思想をまん延させた。ボルシェヴィキの宣伝はその全力をもってドイツ軍隊に向けられた。何十万枚もの革命宣伝ビラや、ウィルソン大統領の〝十四カ条〟の提案が、ひそかに兵士達の間に配布された。さらにドイツ兵捕虜の洗脳教育も実施された。その効果は、帰還後も彼らを〝政治的隔離キャンプ〟に監禁せねばならぬ程であった。このため、ホフマン将軍の言葉を借りれば、「東部戦線におけるわが戦勝部隊は、ボルシェヴィズムにより腐らされてしまい、東部にあった師団のいくつかは西部戦線にとても転用できない状態にまでなっていたのである。[*8]」

革命宣伝活動と会議の遷延に終止符を打つことをねらって、一九一八年二月一七〔一八〕

日、ドイツ最高司令部は交渉を打ち切り、ペトログラードに進撃を開始した。頼むに足る軍隊をもたぬレーニンは、まわりの激しい反対にもかかわらず、直ちに妥協し、三月三日、ブレスト・リトフスクで和平条約に調印した。このことからレーニンは、頼むに足る軍隊をもたぬ限り、心理戦では極めて短期的成功以上のものは望めぬという教訓を得た。そこで、二月二三日、トロツキーに命じて赤軍の募集を開始させた。

　条約の条項に従い、ドイツはエストニアとラトビアを占領した。さらにロシア軍はフィンランド及びウクライナからの撤退をも余儀なくされ、カース、アルダハン、及びバツームをトルコに割譲せねばならなかった。この結果、総計して、ロシアはその人口の二六％、農地の二七％、鉄道の二六％、そして石炭及び鉄鋼の四分の三を失った。[*9]これらの喪失によって、ロシアは打撃をこうむり、その国力は著しく低下することとなり、左派社会革命主義者は政府の職を辞すに至った。ついで、農民の蜂起が続発したが、これは容赦なく弾圧された。

　条約が調印されるや否や、ソビエト政権は連合国側[*10]からの干渉に直面するとともに、バルト海から黒海へ、ムルマンスクからウラジオストックにわたる内戦に見舞われた。四月には、日本軍がウラジオストックに上陸し、七月に連合軍はムルマンスクに上陸した。この間、白露軍は、コルチャーク軍[#]がオムスクから、コルニロフ軍[#]（コルニロフの死後デニキンが指揮した）が黒海から、ウランゲリ軍がクリミアから、そしてユデーニチ軍がエストニアから、それぞれモスクワ（ソビエト政府は三月一五（一二）日ここに遷都した）に向って進撃した。フランス革命の場合と同じく、外国の干渉は大量のテロ活動を生むところとなり、七月一六日には、ニコライ二世とその家族がエカテリンブルグにおいて虐殺された。

コルチャーク（Kolchak, Aleksandr Vasil'evich）一八七三－一九二〇。ロシア海軍少将。ロシア革命後のシベリアにおける反革命勢力の中心人物。日露戦争後のロシア海軍の再建に貢献した。一九二〇年イルクーツクにおいて、革命軍側に捕えられ銃殺された。

コルニロフ（Kornilov, Lavr Georgievich）一八七〇－一九一八。ロシアの将軍。一九一七年の二月革命後、ペトログラード防衛司令官をへて軍司令官の任についていたが、ソビエトを抑圧するため反革命を計画、前線からペトログラードに進撃したが失敗に終った。

内戦は一九一九年秋から、二〇年冬にかけてその絶頂に達したが、白露軍が各地で撃破されるという結果に終った。これは、ボルシェヴィキの宣伝戦や赤軍に負うところもあったが、それよりも旧政権の復権を企てる白露軍に対し、革命によって手に入れた土地を取り返されまいとする農民が革命支持にまわったことが最大の理由である。内戦が終結したことにより、干渉国軍隊も撤兵した。しかしロシアの苦悩は終らなかった。一九二〇年四月二五日、ユゼフ・ピウスーツキ#元帥指揮下のポーランド軍がキエフに進攻した。これはワルシャワまでおし戻されたが、八月一六日から二五日にかけてのワルシャワの攻防戦でついにミハイル・トハチェフスキー#の率いるボルシェヴィキ軍は敗走させられ、かくして中央ヨーロッパはソビエトの侵略から救われるところとなった。[*11] 一九二〇年から二六年にかけて、駐独大使をつとめた英国のデ・アベルノン卿はこの戦いを〝世界征覇をかけた歴史上第一八番目の決戦〟と名付けた。これは決して誇張した表現ではない。事実、もしポーランドが屈服していたら、トハチェフスキーの大軍がドイツに突入するのを阻止するすべがなかったのである。レーニンの言葉からも、これが究極の目的であったことが明らかである。彼は言う。「ポーランドを攻撃することは、すなわち、連合国を攻撃しているということである。ポーランド軍を撃滅するということは、すなわち、現在の国際関係とその組織を成り立たせているヴェルサイユ体制を打破しつつあるということである。」と、さらにレーニンはつづける。

「もしポーランドがソビエト化されたら……ヴェルサイユ体制下の平和は終りをつげたであろう、そしてドイツの敗北の上に築かれた全体制もまた同様に崩壊したであろう。」と。[*12]

＃　ピウスーツキ（Pilsudski, Józef Klemens）一八六七－一九三五。ポーランドの将軍、政治家。ポーランド国家第一の指導者で、建国以来ポーランド軍はまったく彼の手中にあった。第一次大戦ではオーストリアに味方して戦った。一九二〇年のソ・ポ戦争ではウクライナとワルソー前面で奮戦、フランス軍の援助を得て赤軍を撃退した。

＃　トハチェフスキー（Tukhacherski, Mikhail Nikolaevich）一八九三－一九三七。ソ連の元帥。デニキン軍撲滅に、さらにはソ・ポ戦争に活躍した。事実上赤軍の最高指導者でありながら、一九三七年銃殺された。

一九二〇年一〇月一二日、ポーランドとロシアの間で休戦が成立し、翌年三月一八日に、リガで講和条約が調印されたことにより、プロレタリア世界革命の野望は凍結されることとなったのである。

＊1　「Selected Works」Vol. II, p. 135.

＊2　同右　Vol. II, pp. 139-40.

＊3　ケレンスキーは一一月七日、ペテログラードから脱出した。

＊4　同右　Vol. II, p. 226.

＊5　「The Russian Revolution」Alan Moorehead (1958), p. 284.

＊6　レーニンの農民に対する考えについては付録I参照。

＊7　「Selected Works」Vol. II, p. 128.

＊8　「Brest-Litovsk the Forgotten Peace (1938)」John W. Wheeler-Bennet p. 352 に引用されている。また「My War Memoirs」Ludendorff Vol. II, p. 683 参照。

＊9　「The Communist Party of the Soviet Union」Leonard Schapiro (1960), p. 186.

＊10　一九一八年末までに、各国が出兵した兵力を合計すると、約三〇万に達した。出兵国は、フランス、英国、アメリカ、イタリア、日本、ドイツ、ポーランド、ギリシャ、フィンランド、チェコ、スロバキア、エストニア、ラトビアで、展開地域は、アルハンゲリスク、ムルマンスク、フィンランド、エストニア、ラトビア、ポーランド、黒海、シベリア鉄道沿線、ウラジオストックである。

＊11　この戦闘に関するトハチェフスキーの見積については「L'Année 1920 (1929)」Pilsudski p. 255 を参照。

＊12　「War and Peace in Soviet Diplomacy (1940)」T. A. Taracouzio p. 101 に引用されている。レーニンはヴェルサイユ条約を「われわれのブレスト・リトフスク条約より何百倍も屈辱的で、強

欲なものである。」といっているのは興味深い。

空想主義の終末

〝持たざる者〟が〝持てる者〟の富をよこどりしようとする欲望は少しも不合理なものではない。事実それは動物の生存法則の眼目である。熊は蜜蜂の巣を盗み、狼は羊の群れを襲う。〝歯と爪を血に染める本性〟が人間の次元に入りこむとき、次のようなマルクスの理論は不合理なものとはいえない。すなわち、力を授けられた一つの階級は他の階級を食い尽すべきだと。しかし、巣を盗んだ熊が蜜蜂の勤勉さを身につけ、羊の群れを襲った狼が羊のようにおとなしくなると思いこむことは不合理である。マルクスのようなインテリが、社会の発展段階において共食い現象が儀式的に起る、と信じたことは驚きである。つまり、ブルジョア階級から生産力を奪い取り、それをプロレタリアートが掌握することにより、プロレタリアートは自動的に支配階級の技術を身につけるであろう、と彼は信じたのである。さらにまた、レーニンのような頭脳明晰な人物がこのような魔術をやってのけようとしたことも驚くべきことである。

前述のごとく、レーニンはマルクスに関する二〇年間の深い研究の後、次のような結論を見出したのである。すなわち、「国家官吏に特有な官職上の威厳」を排し、〝一晩の内に〟労働者と管理者の単純な機能、つまり「平均的な都市住民の能力で十分にやっていける機能」と「読み書きのできる人間なら誰にでもやれる経営」をとりいれることが可能である、と。

V・L・ボーリンは「マルクスの言う『支配階級として組織されたプロレタリアート』なる表現は、無責任かつ無意味なたわごとであり、全く実現性を欠いた虚妄の未来像である。」と言う。[*1] どの国においてもプロレタリアートは少数派である。そのことは、すなわち支配者階級として、プロレタリアートは自からの意志を、比較的少数階級である資本家達と大多数の人民に対し押しつけねばならないということを意味する。しかも、プロレタリアートを構成する個人個人は、他のすべての階級の者と同じく、人間本性（人類の起源から人間の歴史を形造ってきた根絶しがたい本能）によって支配されているのである。

農民は単に働くだけの目的で土地を手に入れたのではない。彼らは利益のあがる働きをするために土地を手に入れたのである。ところが、工業労働者達が農産物と交換できる品物を生産しなかったので、農民達は、自分に必要な分だけしか働かないようになった。再びボーリンの記述を借りよう。

「工場にあって、労働者達はソビエトの選挙と論争に明け暮れていた。彼らは今や支配階級であり、彼らに命令する者は誰もいなかった。……とりわけ、彼らは物事の処理にあたって安易に流れ、靴底の修理に機械の伝導ベルトを切り裂くというようなことをやった。要するにそれは彼らの所有物だというのであった。かくして、工業生産力は急速に発展するどころか、パッタリと停まってしまった。[*2]」加えて、彼らは農作物との交換品をほとんど、あるいは全く持たなかったので、飢餓が諸都市を襲い、労働者達は工場を捨て、糧を求めて農村に群がり集まった。

プロレタリアートが支配階級となってからちょうど三カ月目に、レーニンは『競争をどう組織するか』と言う論文を書いた。

「労働者や農民はまだ〝おずおずしている〟。彼らはまだ自分達が支配階級であるという考えに慣れていない。……経理と統制――これはすべての工場の委員会、あるいは労働者管理機関にとって主たる経済上の任務である。土地、銀行、工場、及び製作所は今や全人民の所有物である。諸君らは自から、生産及び生産品の分配についての経理と統制とに着手しなければならない――これが社会主義への唯一の道である……。この経理と統制の組織化は、すべての誠実にして、賢明かつ有能な労働者及び農民の力によって十分可能である。われわれは彼らの組織能力を目ざめさせねばならない。その能力は彼ら自身の中にあるのである。[*3]」

それから四カ月後、その調子は変わり始めた。一九一八年四月二八日、レーニンは『ソビエト権力の当面の任務』と題して次のように述べた。

「知識、技術、及び経験に関する各分野の専門家の指導なくしては、社会主義への転換は困難である……。専門家は主としてブルジョア階級である。もしわれわれプロレタリアートが経理、統制及び組織に関する問題をすみやかに解決していたなら、普遍性のある経理と統制とによって、これらブルジョア専門家を思うままに従属せしめえたであろう。……現在では、われわれは古いブルジョア的方法によるしか手段がない。そして最もすぐれたブルジョア専門家達の〝奉仕〟に対して非常な高額の報酬を支払うことに同意せねばならない……。われわれが高額の報酬を要求する外国人専門家を数百人招くと仮定しよう。さて問題は、科学・

技術の最新の成果にもとづいて人民の労働を組織がえするために、年間五〇〇〇万、もしくは一億ルーブルを支出することが多すぎるかどうかということである。答はもちろん否である……。労働者と貧農のうちの思慮ぶかくて誠実な人はみな、資本主義の醜い遺産を取り除くためには、必らず浮浪人、なまけ者、国家財産（今やすべての土地、すべての工場、そしてすべての鉄道がソビエト共和国の〝国家財産〟なのである）の横領犯らを追放する必要があることに同意するであろう。[*4]」

一カ月後、内戦がまだ初期の段階にあった時、レーニンは『飢饉』と題する小冊子の中で、ペトログラード及び工業地区における悲惨な状態を描写しているが、これはブルジョア階級とクラーク（富農）による穀物等食糧品による利益の荒稼ぎのためであって、社会主義の実験のせいではないと主張した。やがて内戦は終わり、外国軍による干渉も止んだ。しかし何百何千もの人民が餓死し、ペトログラードの住民二〇〇万人中、わずかに七〇万人が生き残っただけであった。

ようやく、一九二一年春になって、レーニンは問題の本質をさとるに至った。食糧の獲得のため、三月八日、彼は第一〇回党大会を招集した。そこで農業関係のあらゆる法令が廃止され、農民は、個人経営や賃労者の雇用、さらには農産物の自由販売等が許されるようになった。これが新経済政策（NEP）と呼ばれたもので、社会主義からの一歩後退である。

一九二一年一一月五日付の小冊子[*5]で、レーニンは次のように説いている。

「直ちに、しかも完全に古い社会的・経済的諸制度を根絶してしまおうとする、いわゆる革命的アプローチは誤りであった。……この春以来、改良主義的方策がとられてきた。そのねらいとするところは、商業や小規模な所有権、あるいは資本主義を復活させながら、他方では、注意深く逐次にこれを克服しようとするものである。……真の革命家達は〝革命〟という字を大文字で書き、〝革命〟をほとんど神的なものに祭りあげてしまい、しばしば大失敗をおかすものである。……プロレタリア国家は次のことをしっかり認識しなければならない。すなわち、取引は幾千万もの小農民と大規模工業間の唯一の経済的つながりである、ということを。」

一年後、レーニンは『ロシア革命の五カ年と世界革命の展望』[*6]と題する革命を分析した小冊子を著し、ＮＥＰを国家資本主義と等しく扱い、それは「非社会主義的な要素である。」としながらも、社会主義よりも高く評価できないかどうか問うた。彼の答はこうである。「それは社会主義のとる方式ではないが、国家資本主義はわれわれのため、そしてロシアのために役立つだろう。現在のものよりは都合の良い方式である。」さらに、「もし、初めに国家資本主義に到達し、それから社会主義へ移行するとしたら、ある程度、それはベターな方法と言えよう。」加えて、彼は次のように問う。「われわれが農民に商業の自由を与えた結果はどうであったか。その答は何人にも明白である。一年間のうちに農民は飢餓を克服したのみならず、各種の農産物で税を納めるに至った。われわれは今や数億プード（一プードは三六ポンド強）の穀物を受領した。しかもそれは強制的にとりたてたものではない。……私は、これは偉大な業積であると考えている。……軽工業は疑いもなく上昇している。そしてペトログラード及びモスクワの労働者達の状態は間違いなく改善されてきた。」しかし、重工業の状態は依然として重大問題であった。重工業に関しては依然として国家が独占していたのである。

このような状況の改善にもかかわらず、一九二三年三月二日付の最後の論説『量よりも質を』[*7]の中で、彼は自分の幻滅感を次のように告白している。

「最初の五年間の経験によって、われわれの頭には、かなりの不信と疑惑がたたきこまれた。例えば、〝プロレタリア文化〟についてあまりにも多くのことを、あまりにも軽々しくしゃべりたてる人々には、われわれは思わず知らず不信と疑惑をいだきがちである。われわれは、手はじめとしては、ほんとうのブルジョア文化で十分であろう。……われわれの国家機構の状態は、あいそがつきるようだとは言わないまでも、非常に嘆かわしいものである。そこでわれわれはまず第一に、その欠点をどうして除去するかについて十分注意して考えねばならない。……われわれは間にあううちに、正常な意識に立ち帰らねばならない。……われわれは、毎時宣言し、毎分実行し、ついで、それは薄弱で、浅薄で、勘ちがいだと毎秒証明しているような前進の歩みを点検することを、考えめぐらさなければならない。……われわれはこの五年間、国家機構を改善しようとして駆けまわってきた、がしかしそれは単にあくせく駆けまわったにすぎなかった。そしてこの五年間で立証されたことといえば、やってきたことは役にたたないか、無益であるか、あるいは有害でさえあるということだけであった。あくせく駆けまわっていたところから、われわれは何か仕事をやっていたという印象を常に持っていたが、実際には、それはわれわれの制度と頭の中に、無駄なものを詰めこんだにすぎなかった。いまや、この事態をあらためるべき時である。われわれは〝量よりも質を〟ということを、準則としなければならない。しっかりした人材が得られる見込みがまったくないのに、あわてて事をはこぶよりは、二年ないしは三年の時をかけるほうが良いということを、準則としなければならない。……わが労農監督部の諸機関ほどまずく組織された制度はなく、現状では、この〝人民委員部〟にはなにも期待できないことを、だれもが知っている。……もし耐えぬくだけの覚悟がなく、この仕事に何年かをかける気がないなら、全然これに手をつけないほうが良いのである。」

　夢想家は目ざめた。狂信的なまでに信じ、気が触れたように追求してきた〝マルクス主義の至福〟、その魅惑的なビジョンが一つの幻想であったことに、レーニンは気付いたのである。それはレーニンを労働者の天国ではなく、銀行家の天国、すなわち全体的資本主義へ導いた鬼火であった。

　最後は非マルクス主義者であったレーニン。このレーニンの後継者として、すべての権力を自分の手中に納めようとやっきになった人物、それがヨシフ・スターリン（一八七九―一九五三）である。彼は九年の歳月をかけて、地方政府を廃止し、ソビエト共和国の政治的・文化的・経済的自治権の撤廃をはかった。この間、工業化と集団農場化のため、数百万の人命を犠牲にし、党の粛清を強行した。粛清は残忍きわまりないもので、レーニンの古い同志も多数殺害された。こうして、マルクスが予言し、レーニンが熱狂的に信じたもの、すなわち国家というものの消滅、これは達成されないところとなり、かわって、独裁政府が復活したのである――独裁政府こそ、ロシア人が慣れ、知っている唯一の政府形態なのである。

「天使を創らんと欲するものは野獣を創る」

これこそがレーニンの墓碑銘として刻まれるべき言葉であった。

＊1　「Civilization at Bay 1951」p. 74.

＊2　同右　pp. 78-79.

＊3　「Selected Works」Vol. II, pp. 259-60.

＊4　同右　Vol. II, pp. 319-21.

＊5　同右　Vol. II, pp. 754-59.

＊6　同右　Vol. II, pp. 811-21.

＊7　同右　Vol. II, pp. 844-55.

第十一章　ソビエトの革命戦争

政治と戦争

ソビエトの政治関係は、対内・対外の両面とも、第二章59－65頁で論じたような原始部族の内部関係及び部族間関係と類似している。生存するためには、〝われわれ集団〟（共産主義者）は団結し、権威に服従しなければならない。そうしてこそ〝彼ら集団〟（資本主義者）に対し、最大の力を発揮しうるであろう。部族にとっても、革命家にとっても、〝撃破するか、さもなくば撃破されるか〟が最大のスローガンであり、戦争と平和の間になんらの区別もないのである。それは動物の世界におけるのと同様である。このために、バイロン・デクスター氏が指摘したように、「ソ連の戦争における顕著な特色は政治的武器と軍事的武器の間に互換性があることである。モスクワにおける〝平和攻勢〟、ワルシャワにおける文化会議、フランスにおけるストライキ、チェコスロバキアにおける武装蜂起、良く装備された軍隊を投入してのギリシャや朝鮮での侵略行動はすべて戦争の道具であって、中央で制御されている。[*1]」マルクス主義者にとっては、最も残忍な戦争をやっている時期も、最も平和な時期も、『共産党宣言』の冒頭のページに書かれているように、「つねに対立しあい、あるいは隠然と、あるいは公然と、不断の階級闘争をつづける」その一局面にすぎない。「そしてこの闘争は、必ず全社会の革命的改造におわるか、さもなければ相闘う階級の共倒れにおわるか」である。

最高中央情報により指導されるこの総合戦争——あらゆる次元で戦う戦争——は、クラウゼヴィッツの論ずる「戦争は社会生活の範ちゅうに属する。」ということ、すなわち、「それは軍人だけで行なわれる行為ではなく、他の社会の考え、目的、生活様式と全社会のそれらとの衝突を表現するものである。[*2]」という論と一致する。これについては、クラウゼヴィッツはさらに明確に説いている。

「いかなる状況下にあっても、戦争は独立したものとして見なされるべきものではなく、あくまでも一つの政治的手段として（平戦両時に関係する手段として）、見なされるべきものである。かように考えて初めて、われわれは全軍事史を矛盾なく見つめることができるのである。それは偉大な書籍をひもとき、理解する唯一の手段である。第二に、戦争は、これをひき起す動機と状況とによって非常に異なってくるということである。[*3]」

レーニンは共産主義インターナショナル第六回大会で次のように演説したが、その時、彼の脳裏に、クラウゼヴィッツのこの見解があったとしても不思議ではない。彼は言った。

「プロレタリアートは各戦争に関する歴史的・政治的意義を注意深く分析しなければならない。また世界革命の見地から、特別な注意をもって参戦諸国の支配階級の役割を評価せねばならない。[*4]」と。

しかしながら、クラウゼヴィッツとレーニンの間には大きな相違がある。というのは、クラウゼヴィッツは、文明人が理解しているように、道徳が社会生活の一要素である、と信じきっていた。しかるに、レーニンは道徳をしりぞけ、戦争をどのような攻撃手段も禁止しない動物の闘争に格下げしたからである。レーニンは語った。

「われわれは、非人間的かつ非階級的観念に由来する道徳を否認する。そのような道徳は、地主や資本家が利益獲得のため使用するごまかしであり、ペテンである。プロレタリアート（われわれ集団）の階級闘争がもたらす利益がわれわれの道徳より優先する……。われわれは言う。道徳は古い搾取社会（彼ら集団）を破壊し、新しい共産主義社会を建設しているプロレタリアートの全闘争を統一するのに寄与するものである、と。……われわれは永遠の道徳なるものを信じない。[*5]」

したがって、部族の戦争におけると同様に、ソビエトの道徳は便宜主義である。そして倫理的考慮が除外されているので、権謀術策が武勇より上位におかれ、間接的な心理攻撃が直接的な物理攻撃にまさることになる。なぜなら、敵が道徳律にしばられているのなら、非道徳、ないしは動物的な側は極めて有利な立場に立てるからである。

戦争はあらゆる次元において、絶対的なものであり、それは資本主義（彼ら集団）が根絶されるに至って初めて終りを告げるであろう、とレーニンはみるのである。したがって彼は書いている。

「社会主義者は、社会主義者であることをやめない限り、どんな種類の戦争に対しても反対できない。われわれは戦争のまさしく根源である資本主義と戦っている。しかし資本主義がいまだ根絶されていないだけに、われわれは戦争一般に対してではなく、反動的戦争に対して戦うとともに、革命戦争を支持して戦っているのである。[*6]」

そして再び、

「われわれは一つの国家に住んでいるだけではなくて、〝もろもろの国家の体系〟の中に暮しているのでもある。しかもソビエト共和国が帝国主義諸国と肩を並べて、長期間存在するなどということは考えられないことである。どちらかが最終的に勝利を獲得するにちがいない。そしてその結着がつくまでは、ソビエト共和国とブルジョア国家との間の、いくつかのきわめて恐ろしい衝突は避けられないのである。[*7]」

マルクス理論によれば、戦争と革命は相互に置き替えのできる用語であるから、力の最大の節約は、国際紛争や帝国主義者の争いを内戦に変換することによりもたらされる。すなわちそれは、敵が自滅する戦争への変換である。国際紛争や帝国主義者の争いにおける共産主義者のねらいは絶え間ない政治的・心理的攻撃により、これらの争いを革命の〝産婆役〟にせしめることである。ストライキや組織的宣伝、民衆の通敵化、反乱や脱走の扇動等が駆使されるのである。

銘記すべき点は、純然たる軍事紛争においては、予備軍は交戦諸国の武装した人民の中に居るが、革命戦争においては、予備軍が敵国内の階級的対立の中に求められるということである。つまり、不満を抱くプロレタリアートの中に、植民地や少数民族の解放運動の中に、そして非プロレタリア党派間の衝突の中に予備軍が居るのである。

これらの目的のため、赤軍は、その創立期から軍事的道具としてのみならず、革命的道具として編成され、訓練されたのである。ピエール・フェルヴァキューによれば、一九二〇年、トハチェフスキーがポーランドに侵攻した時、麾下二〇万の軍隊に導かれた八〇万の政治家や警察官、それに略奪者達の大群が占領地域をボルシェヴィキ化し、富豪を根絶し、すべてのブルジョアや貴族達を銃殺する任にあたった。[*8]八〇万という数字を鵜呑にするわけにはいかないが、相当多数の者が動員されたことには間違いない。なぜなら、トハチェフスキー自身が次のように語っているからである。すなわち、彼の軍隊の前衛として、宣伝部隊が先行した、と。

その他、デ・アベルナン卿も書いている。

「モスクワは多数のスパイや、宣伝家、特務機関等をおくりこんだ。彼らはポーランドに潜入し、ポーランド国民のレジスタンス分子を葬った。非武装者達のはたした役割は軍事的圧力によるものより効果的であった。活用された方式は、できるだけ正面攻撃をさけ、側面機動や潜入、それに宣伝によって陣地を放棄させるものであった。[*9]」

最後に、レーニンの言葉を借りよう。

「戦争は死傷者の数で評価されるものではない。それは政治的効果により評価されるものである。戦争で死傷するという個人の利害より、階級の利害を優先させなければならない。そして、戦争がプロレタリアートの利益に寄与し、資本主義者の束縛からプロレタリアートを解放し、闘争と発展のための自由を確保するなら、そのような戦争は、それに伴う犠牲と損害にもかかわらず、進歩した戦争なのである。[*10]」

*1 "Clausewitz and Soviet Strategy",「Foreign Affairs, October 1950」Vol. 29, No. 1, p. 41.

*2 同右 p. 41.

*3 本書第四章107頁参照。

*4 「War and Peace in Soviet Diplomacy」Taracouzio (1940), p. 24 に引用されている。

*5 前掲 Carew Hunt, pp. 79-80 に引用されている。トロツキーの意見では、「階級闘争の最高の方式は内戦である。それは敵対する階級相互間を結ぶすべての道徳をこっぱみじんに破砕してしまう」と。(前掲 p. 81)

*6 前掲 Taracouzio, p. 28 に引用されている。

*7 「Problem of Leninism (edit, 1954)」Stalin, p. 193 に引用されている。

*8 「Le chef de l'armée rouge」Mikail Tukhachevski (1928), p. 124.

*9 「The Eighteenth Decisive Battle of the World (1920)」p. 28.

*10 前掲 Taracouzio, p. 53 に引用されている。

レーニンとクラウゼヴィッツ

エンゲルスやマルクスと同様、レーニンもまたクラウゼヴィッツの『戦争論』に魅せられてしまった。レーニンは鋭い洞察力をもって、それを研究しただけでなく、広範囲にわたり注釈を加えた。[*1] レーニンは『戦争論』中「戦争は政治の一手段である」[*2]という章に太いアンダー・ラインを引き〝最も重要な章〟と記入した。まさにそのとおりである。以下の引用文は如何に彼がクラウゼヴィッツに学ぶところが大きかったかを示している。『戦争は別の（すなわち暴力的な）手段による政治の継続である』と題して、レーニンは次のように書いた。

「この有名な格言は、軍事問題についての最も深遠な著述家の一人であるクラウゼヴィッツの言ったものである。マルクス主義者は、つねに正しくも、この命題を、当該戦争の意義を考察するさいの理論的基礎とみなしてきた。[3]」

その他の事例として、レーニンは「クラウゼヴィッツは戦争哲学及び戦史に関する最も著名な著述家の一人で、……その基本的思想は現在では、あらゆる思索家の反ばくを許す余地を残さないものとなっている。[4]」とまでいっている。

レーニンの多くの小冊子の中には、クラウゼヴィッツの影響が散見される。例えば、一九一七年九月の論文『さしせまる破局、それとどうたたかうか』の中で、彼は「戦争の性格は、戦争がどんな政治の継続かで（「戦争は政治の継続である」）、どの階級がどんな目的で戦争をしているかできまるのである。[5]」ということを記憶しておくように、弟子達に説いている。そしてまた次のようにもいっている。「戦争以前に、政治が発展しつつあるその方向を、戦争それ自体が変えることはない。戦争は政治の発展を促進するにすぎない。」と。[6]

一九一七年一〇月二一日、十月革命にさきだち書かれた『一局外者の助言』で、レーニンは武装蜂起にあたり駆使すべき技術を次のように概説した。「武装蜂起は政治闘争の特殊な形態である……。カール・マルクスが『武装蜂起は戦争とまったく同様に、一つの技術である。』と書いたのは、真理をすばらしくあざやかに言いあらわしたものである。」と。さらにレーニンは続ける。「この技術の主要な規則のうち、マルクスは次のものをあげている。」――それらはクラウゼヴィッツの戦争原則に[*7]極めて類似しているが、そこでは武装蜂起に関する原則としてあげたものである。

「㈠けっして蜂起をもてあそんではならず、蜂起を始めたら、最後までやりぬかなければならないことを、しっかりと知っていなければならない。

㈡決定的な時期と場所に、圧倒的に優勢な兵力を集中しなければならない。さもなくば、準備と組織の点でまさっている敵は、蜂起軍を破砕するだろう。

㈢いったん蜂起を始めたなら、断固たる決意をもって行動し、かならず、無条件に、攻勢をとらなければならない。〝防勢は武装蜂起の死である。〟

㈣敵の不意をうつようにつとめ、敵の部隊が分散している間に好機をつかまなければならない。

㈤どんな小さな勝利でも、日ごとに（一つの都市の場合なら、刻々に、と言ってよかろう）勝利をあげるようにつとめ、そしてどんな犠牲を払っても、〝士気の優越〟をたもたなければならない。

マルクスは、武装蜂起に関するすべての革命の教訓を『歴史上に知られた最大の革命戦術の大家であるダントン』の『大胆なれ、大胆なれ、さらに大胆なれ』という言葉にまとめている。[*8]」

スターリンはこれらの教えを彼の『レーニン主義の諸問題』の中に引用し、さらに次のような事項を付加している。

「レーニンの言う決戦は次のような情勢になった時、その期は熟したりといえるであろう。もし、『㈠われわれに対し敵意を有する階級の全部隊が相当混乱をきたしており、あい争い、彼らの力ではどうしようもない戦いで相当弱化しているなら。』もし、『㈡優柔不断で、動揺し、不安定な分子――ブルジョア階級とは区別される小ブルジョア階級、小ブルジョア階級民主主義者――が人民の前に摘発され、彼らの現実の破算により面目をすっかり失ってしまったなら。』もし、『㈢プロレタリアートの間に、ブルジョア階級に対して断固たる決意をもって、極めて大胆かつ革命的な行動をとるよう主張する大衆感情が生じ、それが力強く拡大し始めるなら。たしかにこのような時には、革命は熟している。まさにこの時、前述したような全条件を、正しくわれわれが判断し、……その時期を正しく選定したなら、勝利は確実である。[*9]』」

レーニンは、防勢は武装蜂起の死であると主張しながらも、クラウゼヴィッツの防御及び対攻撃の理論に深い注意を払った。革命党員に対し攻撃について説いた後に、レーニンは「この知識は退却要領に関する知識で補わなければならない。攻撃と退却を如何に適切にやるべきかを学ばない限り、勝利を得ることはむずかしい、ということを認識せねばならない。」と書いた。[*10]

換言すれば、戦略のねらいは、戦闘に勝利することのみならず、戦闘に勝利できる力を累積する時間を得ることにある。レーニンはこれを、ブレスト＝リトフスク交渉間にやった。そしてコルチャークとデニキン[#]に対する攻撃を準備したのである。ブレスト＝リトフスク講和条約の調印から三年たって、彼は書いた。「いまでは、どんなおろかな者でも、〝ブレスト講和〟がわれわれを強化し、国際帝国主義勢力を紛砕した一つの譲歩であったことをさとったことであろう。」と。[*11]

デニキン（Denikin, Anton Ivanovich）一八七二－一九四七。ロシアの将軍。十月革命後反革命活動に従事し、コルニロフらとウクライナにおいて反ソビエト軍を編成した。一九一九年攻勢を開始、スターリングラード、ヴォロネジ、ハリコフを奪取したが、赤軍の反撃にあいクリミアに敗走した。

フランス革命以後、最も著名な三人の革命家、エンゲルス、マルクス、レーニンは、[*12]いずれも軍人ではなかったが、クラウゼヴィッツに学ぶところ極めて大であった。このことは、戦争の本質に関するクラウゼヴィッツの洞察力がいかに卓越したものであったかということを如実に示すものである。

＊1　彼の注釈は一九二三年、初めてプラウダに発表された。事後しばしば再掲載されている。「How Russia Makes War (1951), p. 54)。フランス語訳もある。「Cahier de Lénine No. 18674 des Archives de l'Institut Lénine a Moscow」, Les Fondements Théoriques de la Guerre at de la Paix en U. S. S. R. (Paris ; Editions Medicis, 1945)」, pp. 47–90.

＊2 English edition of「On War」Vol. III, pp. 118-30 及び本書第四章四節参照。

＊3 Lenin's Collected Works (English edition), Vol. XVIII, p. 224.

＊4 前掲 Garthoff, p. 55 に引用されている。

＊5「Selected Works」, Vol. II, p. 116

＊6 前掲 Taracouzio, p. 275 に引用されている。

＊7 本書第四章115－118参照。

＊8「Selected Works」,Vol. II, pp. 133-4.

＊9「Problems of Leninism」, pp. 86-87.

＊10 同右　p. 88.

＊11 同右　p. 88.

＊12 ヴェルナー・ハールヴェーク教授はその論文“Clausewitz, Lenin, and Communist Military Attitudes Today”（「Journal of the Royal United Service Institution」, May, 1960）の中で次のように書いている。「『戦争論』は、ザポスニコフやジューコフといったロシアの元帥の間ではもちろんのこと、トロツキー、スターリン、ラデック、フルンゼ等共産党の指導者の間でも良く知られていた。……一九四一年、独・ソ戦が開始された時、ソ連には『戦争論』の翻訳が五種類あった。……彼の理論はロシアの軍事戦略に深く入りこんでいたので、『戦争論』なくしては、ロシアの軍事戦略を理解できなかった、といっても過言ではない。」

第三共産主義インターナショナル

十月革命は世界の労働者達に対して、戦うための祖国を提供した。このため、レーニンは、世界的規模の革命が連鎖反応的に起るものと期待していた。一九一八年一月二〇日、彼は大なる期待を抱いて次のように書いた。

「ヨーロッパにおいて、社会主義革命がやがて起らねばならないし、また必ず起る。われわれは社会主義の最終的勝利を希望する。そしてこの希望は科学的予測に基づいたものであり、確実に達成可能なものである。[*1]」そして三月七日、すなわちブレスト＝リトフスク講和条約調印四日後、再びレーニンは宣言した。

「われわれの革命のすべての困難は、いまいたるところで成熟しつつある世界社会主義革命が成熟しきったときに、はじめて乗りこえられるであろうことは、まったく議論の余地のないことである……。[*2]」

しかし、一九一八年一一月一一日の休戦成立後も、レーニンの予測に反して、革命情勢はいっこうに熟さなかった。そして翌年、ソ連に内戦が発生すると、レーニンは世界革命を成就するには、必らず世界的規模の革命手段が必要であることをさとったのである。加えて彼は、資本主義を撃破するためではなく、世界革命時、資本主義に革命の〝メッカ〟を破壊させないためにも、そのような手段が必要であると考えた。そこで、一九一九年三月四日、第三共産主義インターナショナルすなわちコミンテルンを結成した。これは世界各国の共産党の組織で、名目上はモスクワから独立したものであった。そしてこれを一九一四年に瓦解した第二インターナショナルに取って代る組織にせんとした。[*3]

コミンテルンの第一回大会の決議事項は次のようなものであり、当時のソ連が抱いていた危機感を良く示している。

各国政府に対する世界の労働者の要求事項。

㈠ロシアへの介入の中止。

㈡ロシアに対する内政不干渉。

㈢ロシアとの外交関係の復活。

㈣平和会議へのロシアの招致。

㈤対ロシア経済封鎖の解除と貿易の再開。

しかしながら、この内のどれ一つとして実現されなかった。その原因の一端は、各国共産党が党内各派間の争いに没頭し、革命を醸成する能力に欠けていたことにあった。それはちようど、ロシアのプロレタリアートが統治能力に欠けていたのと同じである。

プロレタリアートの無能力さに幻滅を感じたレーニンは、内戦が終ると、共産党に対する自分の信条を変え、一九二〇年四月から五月にかけて『共産主義における〝左翼〟小児病』と題する論文を書いた。それは第三インターナショナルに加入した全共産党にあてたもので、そのねらいは、彼らを活動する革命的道具に転換しようとすることにあった。「最も厳格な規律、まさに鉄の規律」、これが教え込まれないかぎり、ブルジョア階級に勝つことは不可能である、とレーニンはその中で指摘した。ついで彼は「如何にして規律をたたき込むべきか」を説いた。

「第一に、プロレタリア前衛の意識、革命に対する献身、その忍耐、犠牲、英雄主義によってである。第二に、きわめて広範な大衆、主として、プロレタリアートと――しかしまた非プロレタリア労働大衆とも――むすびつき、かれらに接近し、場合によってはある程度までかれらととけあう能力によってである。第三に、これら前衛の実行する政治的指導の正しさ、かれらの政治的戦略・戦術の正しさによってである。……これらの条件がないと、実際にブルジョア階級をたおし、全社会を改造する進歩的階級の党にふさわしい革命的党としての規律は実現できないのである。[*4]」

レーニンは共産党の狭い党派主義、すなわち、非共産主義者すべてに対する非妥協的・敵対的態度を攻撃した。このような党派主義はブルジョア階級を打破するどころか、その全員を硬化させるだけである。彼は、これは〝革命への反逆〟だといい、原則に関する妥協をすべて嫌うのは大人げないと考えた。レーニンは自分の論陣をさらに強化するため、英国の著名な婦人参政権論者である同志シルヴィア・パンクハーストをひきあいに出した。同女史の持論は、

「共産党は妥協してはならない。……共産党はその教義を純粋に保たなければならない。……その使命は共産革命への邁進であって、停止したり、迂回するようなことがあってはならない。」というものであった。

レーニンはこれに対して反論した。

「『妥協もなしに、停止も、迂回もなしに、ただ邁進せよ』と、これが無能な少数労働者達の主張するところであるなら、……それは明らかに誤りである。それはあたかも、一万の兵隊が五万の敵に向って正面から突進していくようなものである。そんな場合には〝停止する〟か〝迂回する〟か、ないしは一〇万の増援部隊が来着し、戦闘展開を完了するまで〝妥協する〟方が賢明である。相対戦闘力が極めて劣勢なのに、ただやみくもに突進するのは知的幼稚さを示すものであり、革命階級がとる慎重な戦術ではない。[*5]」と。

この論文において概述された政策は、一九二〇年七月から八月にかけて開催された第二回コミンテルン大会で採択された。そしてブルジョア階級の政府を奪取するために、プロレタリアートの政治家を作り上げ〝トロイの馬〟戦術でブルジョア政権を悩まし、これを腐敗させ、堕落させることが緊要であるという同意をみた。同大会ではまた、貿易組合を支配するため、その中に共産党の労働者を潜入させる政策を実行に移すことが確認された。このため、共産党の細胞が採用した戦術は、まず定められた仕事を改善することにより労働者に対する信用を獲得する、これが達成されたなら、ついで現存する不平不満を醸成・悪化させつつ、あらたな不平を惹起させることにより混乱をもたらす、というものであった。共産党の各細胞は雇用者と従業員の間の団体協約に重きを置かず、木食い虫のように暗いところで働き、徐々に工場の規律維持体制を喰い荒らすように指図された。

これに加えて、共産党員でない者により構成される秘密の共産党同調者部隊を募集し、この部隊をもって、各種の協会、クラブ、弁論部等をつくるとともに、各種のブルジョア組織に浸透させ、徐々に、マルクス主義をしみこませていくことにした。第二回大会から四〇年たった今日、堕落化をひそかにたくらむ人間は世界各国にひろがり、英国だけでも、労働党が四〇名以上を追放している。彼らのスローガンは自由、平和、軍縮、植民地主義、人種差別、世界同胞等国民の感情主義を扇動するようなもの、国家的規律と社会秩序を傷つけるものである。

このように、第三インターナショナルの設立によって、レーニンは彼の革命組織を確立したのである。

＊1 「Selected Works」, Vol. II, p. 270.

＊2 同右 Vol. II, p. 297.

＊3 第二インターナショナルは、マルクスの経済政策をとりいれた〝自由国〟の原理を容認し、かつ社会主義の平和的発展を信じた。一九一四年に戦争が勃発した際、第二インターナショナルは戦争を支持する〝社会愛国者派〟と戦争反対の〝社会平和主義者派〟の二つに分裂した。その何れも国際的革命を誓約していない。

＊4 「Selected Works」, Vol. II, pp. 574-5.

＊5 同右 Vol. II, p. 620-1.

革命の道具としての平和

マルクス主義弁証法の基本的原則は用語の逆換法にある。マルクス主義者はある言葉、ないしは観念を、一般に受けいれられている意味の逆にして使用する。そうすると、共産主義者の意図するところが不明確になるだけでなく、共産主義者でない人は誤った考えを抱くようになる。そして知的混乱をきたした人々は用語の定義について、あたかも物事がさかさまになってしまったかのような悪夢をみることになるのである。

共産主義国と非共産主義国間の会議ではほとんど、このような知的錯乱が起こる。同じ軍縮でも、その意味するところは両者間で一八〇度違う。平和の意味もしかりである。非共産主義国では、平和とは国際的調和の状態を意味するが、共産主義国では、それは国際的不和の状態である。共産主義者がミルトンの言葉を引用すると「平和は戦争にまさるとも劣らないかくかくたる勝利をもたらす。」ということになる。なぜなら、共産主義者達は、平和と戦争を、闘争のため相互に活用する言葉だと考えており、しかもその闘争は〝マルクス主義者の至福〟が成就される時までやむことはない、と主張しているからである。彼らの最終目的は平穏なものであるから、彼らは平和愛好者であるというのである。

この〝二枚舌〟を駆使した彼らのやり方を十二分に認識していれば、西側諸国の大統領、首相、あるいは老元帥達が〝クレムリン〟の考えをさぐるため、モスクワへ急きょ出かけていくようなことは不要であるといえよう。それはイスラムの教えを知るため、メッカにきそって出かけるようなものである。現在、クレムリンの借家人となっているフルシチョフ氏に、『共産党宣言』を捨てさるように求めることは、カンタベリー大僧正に『新約聖書』を捨てさせるように懇願するのと同じである。

共産主義は一つの宗教であるが、それでいて世俗的な力を発揮する。それは非常に多くのロシア人達が抱いている信条であり、固着した観念であって、批判の域を超えている。さらに、共産主義者の平和攻勢において、世界各国がいつもみのがしている重要な点がある。それは、共産主義が多くの西側キリスト教社会主義者達にアピールしていることである。三〇年ほど前に、ニーチェ選集の英訳者オスカー・レヴィは、ボルシェヴィズムは、その無神論にもかかわらず、異端キリスト教であると[*1]指摘した。共産主義は国際的・コスモポリタン的信条である。すなわち、それは争いなどなかった〝エデンの園〟を回顧する。なぜなら、そこでは財産は共有され、したがって、戦うべきものは何もなかったからである。[*2]そして共産主義は天国の到来を予期する。なぜなら、資本主義という悪魔を追放しさえすれば、人類は汚れのない、あの原始状態に戻れると考えるからである。それ故に、共産主義は至福千年の思想であり、メシアの思想である――プロレタリアートがその救世主である。共産主義は貧者、弱者、被抑圧者の味方であり、金持、文化人、学者に対してはその怒りを浴びせかける。『共産党宣言』は共産主義の〝山上の垂訓〟なのである。

オスカー・レヴィは「……少くとも一人のロシア人がボルシェヴィズムとキリスト教の関連性を見抜いていた。それはソビエト共和国初代教育人民委員、ルナチャルスキーである。

彼は、革命の最高頂期に、次のような重大な発言をしている。『もしキリストがこの世に復活して来たら、ただちに共産党に入党するであろう。』」[*3]と書いている。

このことは、キリスト教徒はすべからく入党すべきであることを暗示している。両者の間には、その他にも関連性がある。両方とも教義を改宗している。両方とも、言葉の戦争は剣の戦争より効力があると主張する。しかも、西側の政治家達はマルクス主義者の戦争テクニックに全く無知である。それ故に、われわれは、マルクス主義者にとって、平和は政府転覆の道具、――つまり征服の道具――であり、戦争を準備するための息つぎの期間であることを常に肝に銘じておかなければならないのである。共産主義国と資本主義国の間に、和平が成立するなら、それは戦争行為を終らすためではなく、戦争行為を武力闘争の戦場から階級闘争の戦場に転換するためである。したがって、平和はやむことのない闘争における一つの機動にすぎない。そして共産主義者が非プロレタリア階級になんらかの譲歩をするなら、それは非プロレタリア階級を分裂させるためである。

レーニンが権力をものにした時、彼の最初の布告、あるいは宣言は、即時和平交渉を開始しよう、というアピールであった。しかし、われわれがみてきたように、戦争を終結に導びこうとはせず、一連の革命的内戦――すなわち、国際紛争の代りに、殺戮闘争――に転換した。この内戦の間に、新生ボルシェヴィキ国家は息つぎの時間を得ることができたのである。タラコジオもまた書いているように、「マルクス主義者にとって、平和とは暫定的な現状維持でなければならない。その現状維持の中で、プロレタリアートと資本主義との階級戦争が続けられなければならないのである。一方、ソ連にとっては、平和は国際的平静を意味するのだということを外部に向ってよそおわなければならないのでもある。[*4]」

一九二一年三月のリガ講和会議から、一九三九年八月二三日のモスクワにおける独・ソ不可侵条約の調印に至る間、ソ連は戦争をやるほど強力でなかったことから、平和がその正式外交政策であった。そしてこの平和政策の掩護下に、軍事力の整備が成されるとともに、心理的レベルでの戦争が継続した。この政策は一九二二年三月の共産主義インターナショナル第一回拡大会議で同意を見ることになった。ところが、その会議では、「プロレタリア革命は、資本主義を打倒することにより、戦争の危険を除去する唯一の効果的手段である」[*5]ことを決議しているのである。いずれにせよ、一七年間の長きにわたって、クレムリンはその平和的意図を再三再四確約してきた。そしてこれは資本主義諸国のプロレタリア大衆に強力な影響を及ぼし、彼らの共鳴と賞賛を獲得したのである。

この偽装された戦争政策を一層強化したのが〝一国社会主義〟の主張である。この思想により、ロシアは世界革命というその目的をとうとう放棄した、と資本主義諸国は考えるに至ったのである。一九二二年、レーニンは、外国との経済関係を発展させるため、この〝一国社会主義〟思想を推進した。そして一九二五年、遂にスターリンがこれを採用したのである。それはソ連の力を強化するねらいをもった長期政策であり、究極的には、その政策には一向におかまいなしに、世界革命を指導できるのである。

ソビエトの平和政策と密接な関連を持っているのが全面軍縮の呼びかけである。これは一九二七年一一月三〇日に開催された軍縮準備委員会第四回会議においてリトヴィノフ#により提案されたのを皮切に、事後一般軍縮会議がその活動を再開した一九三二年四月まで、幾度となく呼びかけられた。一九三二年の軍縮会議で、リトヴィノフは次の事項を要求した。㈠全陸・海・空軍力の解体、㈡全兵器軍艦、要塞、兵器廠の破壊、㈢徴兵制度の廃止、㈣全防衛関係予算の削除、㈤全陸海軍組織の解体、㈥陸海軍に代り、国内の法と秩序を維持しうるだけの力をもった国家警察隊の創設。

リトヴィノフ（Litvinov, Maksim Maksimovich）一八七六―一九五一。ソ連の政治家、革命運動家、外交官。十月革命以降、各種の国際会議に全権代表として列席し、国際的平和、軍縮、集団安全保障を論じた。

もちろんのこと、リトヴィノフは、これら空想的な提案が拒絶されるであろうということを良く承知していた。そこで、拒絶されたような場合、部分的・段階的軍縮提案をもりこんだ代案を直ちに示せるよう彼は用意していた。この軍縮提案がきっかけとなって、いくつかの専門的論争が長期間展開されるところとなった。例えば、航空戦、毒ガス、攻撃的兵器（重砲や重戦車）と防御的兵器（軽砲や軽戦車）の差異等である。結局、軍縮会議は数週間にわたるみのりなき討議の後、閉会した。この論争はなんらの成果もみずに終ったのであるが、ただソビエト代表団は平和愛好国という月桂冠を載いて退場したのである。

どの問題をとらえても、ソビエトの提案と発言は真剣なものではなかった。なぜなら、仮にもリトヴィノフ提案が受諾されたとしたら、その提案はマルクス主義理論を侵害したことになるからである。マルクス主義理論によれば、すべての階級差別がなくなるまで、戦争は予定されたものであり、必要なことなのである。レーニンは言ったではないか。

「われわれは、ブルジョア的平和主義者、ないしは機会主義者にならない限り、次のことを真に忘れ去ることはできない。すなわち、われわれは階級社会に住んでおり、階級闘争と支配階級の打倒による以外に、この社会からのがれる方法はないということを、……われわれのスローガンは、ブルジョア階級を撃破し、圧倒し、武装解除するために、プロレタリアートが駆使する武器でなければならない。[*6]」と。

さらに、階級戦争の全理論は、その基礎を暴力においている。この点について、レーニンは「文明がほぼいきわたった二〇世紀において、階級戦争は、げんこつやこん棒だけでやるわけにはいかない。それは軍隊にたよることになるのである。[*7]」と宣言した。そして、すでに述べたように、赤軍はソ連邦を防衛するためのみならず、革命の憲兵隊――皮肉なことに、この警察隊の目的は反乱を鎮圧することではなく、これを誘発することにあった――として組織され、訓練されたのである。

一九一八年から一九二二年にかけて、ソビエトが勝利をおさめたのは装備でも、兵力数でもなかった。それは、レーニンがいったように、

「われわれは白露軍により支援された協商諸国の強力な連合軍を撃破し、生き残ることができた。それは、これら列強間に統一がなかったからである。これまで、われわれは勝ち続けてきた。これは単に帝国主義諸国間の重大な衝突のためだけではない。われわれが勝ち続け

てこられたのは、厳密な理由、すなわち帝国主義諸国の衝突が根本的な経済上の争いに深く根ざしたものであって、よくある国内的不一致ではないということにある。[*8]」といえよう。

ソビエトの平和提案はすべて、敵の軍隊内に混乱を醸成することをねらいとしている。外見上から判断すれば、〝平和共存〟は著しく平穏なもののように思える。しかしそれはソビエトの特殊語で、漏孔のあるガラスビンに酸をいれ、そのかたわらで生活していることを意味する。漸次、腐食すること間違いない。[*9]皆ことごとく、これらの平和提案は争いの種であり、国内及び国家間にあつれきと統一の欠如をもたらす。〝分裂させて破る〟というのは古代ローマ時代同様、ソ連平和政策の恐るべき武器なのである。

＊1　「The Idiocy of Idealism」Oscar Levy (1940), p. 14.

＊2　マルクスは、人間は物質のためだけでなく、観念のためにも戦うものであるということを見落している。そしてもし全世界が共産主義化されたなら、それはちょうどキリスト教の各宗派間で戦争が起こったのと同じように、共産主義の各セクト間で多くの紛争をまきおこすことになるであろう。レーニンの頃には、マルクス理論の正しい解釈をめぐって争いが起こったが、これは激烈で、間断ないものであった。スターリンも、自分に同意しないものはだれでも粛清した。その中にはレーニンの同志であった者ほとんどすべてを含んでいたのである。

＊3　同右　p. 64.

＊4　同右　p. 58.

＊5　前掲　Taracouzio, p. 58 に引用されている。

＊6　同右　p. 268.

＊7　同右　p. 270.

＊8　同右　p. 137.

＊9　辞書に書かれている〝平和共存〟の用語の意味と、マルクスが意味する〝階級闘争〟なるものは一八〇度異る。それ故に、ソ連の二枚舌は何度指摘されたとしても、それはしかるべきことである。

第十二章　二〇年間の休戦

カルタゴの平和

　一九三〇年に、フェレーロはある講演で、混迷の一二年間をふり返り、次のように述べた。「われわれの文明は戦争をやることはできる、しかしいかにして平和を達成するかを忘れてきた。[*1]」と。たしかに、われわれの文明は平和をもたらすことができなかった。その理由は、文明が如何に戦争をやるかを忘れてしまったことにある。戦争はその意義を失ってしまった。そして停戦ラッパが鳴り響く時、戦争の手段がその目的を専有してしまったのである。それ故に、争いは別の形で継続し、平和は到来しなかった。

　このことは、われわれがすでにみてきたように、平和を転覆の道具とみなすレーニンだけにあてはまる真実ではない。それは、平和を他国支配の道具にしたてた戦勝者達にもあてはまることである。両者とも、目的は同じであった、すなわち、それは相手国の征服にあった。両者とも、その手段は類似していた、すなわちそれは強制であった。レーニンの方は心理的攻撃により、戦勝者達は封鎖という経済的攻撃により相手の抵抗を破砕した。経済封鎖、それは一九一九年七月まで続けられ、〝書き取らされた平和条約〟[#]に調印するまで、ピストル同様敗者の背中に突きつけられていた。[*2]これはまったくおろかな行為であった。なぜなら、ヴァッテルが一六〇年前に指摘したように、同意できない和平は圧制であって、国家は、これを無効にする手段がない間は、ただこの圧制に耐える。「そして好機が到来するや、勇気ある人々がこの圧制に対して立ちあがるのである。[*3]」

\# 書き取らされた平和条約（dictated peace treaty）。ヴェルサイユ条約は勝者と敗者の協議の過程を経て取り決められたものではなくて、勝者が敗者に強制したものであったから、ドイツはこの条約をこのように呼んで宣伝に活用した。

一九一八年一一月五日、ウィルソン大統領はドイツに対して、連合国政府の間で同意をみた休戦条件を伝達し、「一九一八年一月八日のアメリカ議会に対する大統領演説の中で明らかにされた和平条件、及びその後の諸演説において表明された戦争解決の諸原則をもとに、連合国はドイツ政府と進んで講和する意志がある[*4]」旨を言明した。

ケインズは書いている。

「ドイツと連合国との〝締約事項〟は簡明であり、あいまいなところはなかった。和平条件は大統領の演説に沿ったものであり、平和会議の目的は〝適用事項の細部を論ずること〟にあった。この〝締約事項〟は非常に厳粛かつ拘束力のあるものであった。というのは、〝締約事項〟の一つに、ドイツは休戦条件に同意するものとする、というのがあった。この休戦条件は、ドイツを無力なままにしておくたぐいのものであったが、ドイツは〝締約事項〟を信頼してこれを受諾し、あえて自らを無力にしたのである。したがって、連合国はその名誉にかけても、この〝締約事項〟を履行せざるを得なかったし、仮に、あいまいな点があったとしても、それに乗じて、有利な立場にたとうとするわけにはいかなかったはずである。」[*5]と。

ドイツは、国民が餓死寸前であったので、〝締約事項〟を受諾し、一九一八年一一月一一日、ドイツ代表団が休戦協定に調印した。にもかかわらず、一九一九年六月二八日、ヴェルサイユ条約が書き取られたのである。ハロルド・ニコルソンによれば、「ウィルソン大統領の二三項目からなる〝和平条件〟の内、一九項目がはなはだしく違反された。」といわれる。[*6]どうしてこうなったのであろうか。ヴェルサイユ条約は最低の道徳と高い理想が混合されてできた沈澱物であった。つまり条約を起草した三首脳――ウッドロー・ウィルソン、ジョルジュ・クレマンソー、デビッド・ロイド・ジョージ――のさまざまな信条が感情的な大衆デモクラシーに合致するように強引に変えられ、そしてその変えられた信条の産物が条約の条項であった。まさにプロクルステスのベッド[#]と同じであった。

ギリシャの伝説。古代ギリシャの強盗プロクルステスは、捕えた人を鉄製のベッドに寝かせ、その人がベッドより長ければ、余った部分を切り、短ければ引き延ばしてベッドと同じ長さにしたという。

ウィルソン大統領は神権政治的な考えをもっており、偏狭なところがあった。彼は民主主義に満幅の信頼をおいており、国民の声こそ神の判断であると信じていた。彼は自分の考えている神秘的な〝憲章〟に強い愛着を感じ、もしこの〝憲章〟が和平条約の中に含まれるのであれば、「その条約が彼の主義に著しく反し、矛盾に満ち、不正義なものであっても、一向に意に介しなかった。[*7]」なぜなら、そのうちに、そのような欠陥は世界人民の意志から生れる魔力により矯正されるであろう、と考えていたからである。一九一八年二月一一日に、大統領は議会において、「領土を併合しない。賠償を要求しない、懲罰的処置をとらない……。民族自決は決して一片の言葉ではない。それは政治家が命を賭して守る至上の原則、行動の原則である。」と宣言した。[*8]にもかかわらず、「彼は、自分がホワイト・ハウスから声高らかに唱えてきた戒律に、生きた肉体を付与するための計画も、企画も、建設的なアイデアもいっさい持っていなかった。[*9]」とケインズは語っている。

一九一八年、クレマンソーは七七歳の老人であった。ドイツが休戦条件を受諾したことを知った彼は、「ついに、今日、私がこの半世紀間、待ちに待ったことが成就された。私は雪辱をとげた。」と勝ち誇った。[*10]彼はフランス人の崇拝する人物ではあったが、かといって、よくある偽善者ではなかった。彼の政策は時計の針を逆転させ、ドイツが一八七〇年以来成してきたすべてのことをもとにもどすことであった。C・ハワード・エリスは書いている。「平和会議の全期間を通じて、クレマンソーはただ憎しみと恐れ、そしてドイツを永久に壊滅し、足かせをかけんとする冷笑的な願望のみを抱いていた。」と。[*11]会議を牛耳ったのはクレマンソーであって、ウィルソンではなかった。彼にとって、ウィルソンの主唱する〝憲章〟は感情的なたわごとに思えた。「十四の戒律、これはどうも厳し過ぎる。神ならばそれを十戒にするであろう。」と彼は軽べつ的にいってのけた。そしてフランスにとり不幸にも、クレマンソーのスローガンであった〝戦争は終った、戦争は続く〟が一九四〇年の破局を生んだのである。[*12]

ロイド・ジョージは第一に権力の芸術家《artist》であり、第二に平和の職人《artisan》であった。彼は、平和をもたらすには何が必要であるか知ってはいた。しかし終戦によりめざめた国民の熱狂的感情のため、彼は権力を第一義にした。そして国民にアピールして、怒濤のように押し寄せる国民感情にうまくのり、首相の座を不動のものにしようと決した。

休戦の翌日、彼は自由党支持者達に向って「永遠の正義の原則に反する解決は恒久的な解決ではない……。われわれは、報復意識やどん欲な精神が正義の基本的原則をくつがえしてしまうのを許してはならない。」と演説した。[*13] 一〇日後の選挙声明では、幾分か聞こえの良いように修正されてはいたが、まだこのような精神が脈打っていた。しかしこの声明はあまり国民の反響を呼ばなかったことから、一一月二九日には、「ドイツはその能力の限度内で戦費を賠償すべきである。」と宣言して多くの国民を熱狂させようとした。ところが、戦争内閣の労働党閣領で、国民感情に通じていたジョージ・バーンズ氏が、すぐさま「私はカイザーの絞首刑に賛成する。」とぶった。そこには血の臭いがあった。そして英国の民主主義なるものが熱心に叫ばれた。選挙の三日前、すなわち一二月一一日、ロイド・ジョージは国民の〝一般的意志〟にかぶとを脱ぎ、狂気の状態にある選挙民に対して次のような公約をするに至った。「カイザーを裁判にかけ、残虐行為の責任者を処罰し、最大の賠償をドイツに要求する。」と。この結果、自由党は大勝利をおさめた。一二月二八日、開票結果が発表され、〝連立政府〟は二六二議席の過半数を占めて他の独立党をすべて破り、再び政権の座についたのである。

どうしてロイド・ジョージはこんな政治的変身をやってのけたのであろうか。ハワード・エリスは次のような当を得た説明をしている。「ロイド・ジョージは概して比較的妥当な行動方針を見出したが、次等な行動方針の方が政権維持上、安全確実とみた場合、そちらの方を採用するのが常であった……。彼は総選挙でカイザーを絞首刑にし、ドイツに戦争賠償をかせると訴えて圧倒的過半数を獲得した。……議会においては、血に飢えた国民感情から分離して超然たる態度をとろうとした場合がまれにあったが、そのような時、彼は首相の座を失うというリスクに直面するところとなり、その結果、直ちに分離超然たる態度を撤回したのである。[*14]」

かくして、原始時代の規範であった憎しみが平和会議を支配するに至り、戦争に狂気した民主主義がクレマンソーをカトー[#]にせしめてしまったのである。[*15]

カトー (Cato, Major) 紀元前二三四－前一四九。ローマの政治家で、カルタゴの復興がローマの脅威となることを恐れて、その徹底的破壊を説いた。

一九一九年一月一八日、平和会議が正式に開催された。この会議の任務は和平条約を起草することにあったのであるから、会議の目的は戦争をもたらした諸原因を排除することにあるべきであった。ケインズによると、「会議の注目を集めた最重要事項は財政的・経済的なもので、政治的・領土的なものではなかった。そして、将来起りうる危機の根源は、国境や統治権の問題より、食糧・石炭・輸送問題の中にあった。」といわれる。[*16] にもかかわらず、会議の決定事項はこれらの諸問題を解決に導くどころか、一層悪化させてしまったのである。

ヴェルサイユ会議における重要決定事項は次のようなものであった。

〈領土問題〉アルザス＝ロレーヌをフランスに返還すること。ボーゼン州の大部分（ポーランド回廊）を、そこに住む六〇万のドイツ人と共にポーランドに割譲すること。ドイツ人の街であるダンチヒを国際連盟の保護下に自由市とすること。メーメル港をリトアニアに、オイペンとマルメディをベルギーにそれぞれ割譲すること。これらにより、ドイツ人七〇〇万が居住していた二万八〇〇〇平方マイルのドイツ領に変更が成された。これに加えて、ドイツはかつて植民地保有国として世界第三位であったが、これをすべて失った。

〈工業力〉ザール盆地を一五年間、フランスに譲渡すること。[*17] 上部シュレジェンの炭田地帯をポーランドに引き渡すこと。これらの割譲は、アルザス＝ロレーヌのそう失を含めて、年間六〇八〇万トンの石炭をドイツから奪い取ることになった。加えて、ドイツは今後十年間、毎年四〇〇〇万トンの石炭をフランス、イタリア、ベルギー、ルクセンブルクに渡すことを強制されたのである。

〈通商〉ドイツ商船隊の内、一六〇〇トン以上は全船舶、一〇〇〇－一六〇〇〇トン級はその半分、トロール船及び漁船はその四分の一、内陸航路船はその二〇％、機能良好な五〇〇〇両の機関車、一五万両の貨車を連合国に引き渡すこととされた。

〈財政〉あらゆるドイツの外国投資及び資産は、国家のもの及び個人のものを問わず、これを没収することになった。賠償委員会が任命され、ドイツの対連合国負債が評価されることになった。一九二一年に、それは一三二億マルク（六六億ポンド）——ドイツが一八七一年にフランスから取りたてた賠償金の三三倍——と決定された。

〈軍事〉ラインラントを非武装地帯とすること。ドイツ海軍が戦艦及び潜水艦を保有するのを禁止すること。陸軍兵力を長期勤務の将兵、一〇万人以内に制限すること。陸軍は戦車、重砲、軍用航空機、高射砲の保有を禁止されたため、憲兵隊に毛のはえた程度に過ぎないものとなった。

〈国民精神〉王族及び将軍を含め、ドイツ指導者達は〝戦犯〟として裁判にかけられ、ドイツが戦争の全罪状を認めるものとされた。

ケインズはこれらの条項を検討し、「私は条約の正当さより、その英知とその結果に関心を払う。」と述べている。[*18] 彼は記している。「私がこの本を書いた目的は、カルタゴ人の平和は実際上、正しいものでもなければ、可能でもないということを明らかにすることである。[*19]」と。

一九四六年になって、彼の予測に対する反論があらわれた。それは『ケインズ氏のカルタゴの平和または経済的結果』と題する書物で、著者はエチエンヌ・マントウというフランス青年であった。この青年は、ドイツが無条件降服した一九四五年五月七日の八日前、悲劇的な死をとげた。彼は、戦争により生じた全損害をドイツに支払わせるのは正当なことであった、と主張してケインズに反論した。[*20] そしてマントウは、ケインズの予測はその多くが事後の歴史的事実により証明されていない、ということを立証しようと努めた。この点においては、マントウは正しい。しかし彼の批判は、戦勝諸国が和平条約の履行に失敗したがゆえに正しいのであって、ケインズがその論拠とした和平条約の条項とは関係ない。戦勝諸国が条約の履行に失敗したのはドイツの非妥協的な態度ばかりでなく、戦勝諸国が条約をドイツに履行させようとして招いた混乱に帰因したのである。戦勝諸国はじきに、国際貿易を復活させるためには、ドイツを束縛するより、その経済を復興させた方が得だということを認識するに至った。ドイツ経済が復興できなかった場合、必然的に新たな爆発がヨーロッパに起ることになる、とケインズは予言していたのである。

「もしわれわれが中央ヨーロッパの衰弱化を企図するなら、私はあえて予言するが、中央ヨーロッパは復讐心をかきたてられるであろう。そうなれば、反動勢力と絶望的革命勢力との間に壊滅的市民戦争がじきに起る。その戦争は、さきの対ドイツ戦において経験したような戦慄などはとるにたりないほど恐ろしいものとなるであろう。それはその戦争で誰が勝利者になろうと、その勝利者もまた崩壊するような戦争である。[*21]」と。

さらに彼は、十分な賠償を強要できる唯一の方法は、ドイツの貿易や産業を五－一〇年間助成してやること、すなわち、大規模な借款を提供してやり、ヨーロッパ最大の工業国にすることであるとみた。[*22] 自然の成行きから、戦勝諸国は暗中模索、まさに混乱した方法でこのような方向に向ったのであった。

一九二二年一二月、ドイツはその賠償金支払を滞納した。そこで一九二三年一月一一日、フランス及びベルギー両軍がルール地方を占領し、その支払を迫った。これがもとでマルクが急落し、その年の一一月には、一ドル、四兆二〇〇〇億マルクという異様な数字を示すところとなった。そこで一レンテン・マルクを一兆ペーパー・マルクにすることで通貨を安定させた。しかも一九二四年四月には、ドーズ委員会#が八億ゴールド・マルクの借款をドイツに供与して、ドイツの通貨に新しい基盤を付与するよう勧告した。この勧告が同意をみるやいなや、外国資本がドイツに流入し始め、ドーズ計画が終了した一九二九年までの間における純輸入額は賠償支払額の二倍以上にのぼった。マントウが認めるように、「賠償はドイツ国民の貯蓄や租税ではなく、外国投資家の金で支払われていた。[*23]」彼はまた「ケインズ氏は、賠償条項は決して実行できないと予言した。そしてそのとおりになった。これより彼は予言者の栄光をものにした。」とも書いている。[*24] これだけではない。ケインズは次のようにも予言していた。

「ドイツがその力と誇りを回復しても、再びドイツが西方に目を向けるのには多くの年月を要するにちがいない。ドイツの将来は現在東方にある。そして希望と野心が復活すると、ドイツはこれらを間違いなく東方に指向するであろう。」と。[*25]

ドーズ委員会。ドイツ経済を安定なものとするためもうけられた特別委員会で、純然たる経済専門家会議。建前として、賠償総額など政治的問題を避け、賠償支払い能力および支払いの合理的方法を研究するものであった。

E・H・カー教授#は全問題の要点を簡潔に述べている。「一九一八年の勝利者達は、ますます広大な単位を必要とする時代に、政治的・経済的分裂化の原則を追いまわしつづけたため、中央ヨーロッパにおいて〝平和を喪失した〟のであった。[*26]」換言すれば、戦争の経済的原因を除去するため和平条約はヨーロッパの統合をねらうべきであった。

カー（Car, Edward Hallett）一八九二－一九八二。一九一九年の平和会議に英代表として随行した外交官。ウェールズ大学国際政治学教授。

ヴェルサイユ条約は、一九一九年六月二八日、封鎖というピストルを突きつけられたドイツ全権委員により調印された。したがって、この条約は道徳的に無効なものであった。その他の諸条約もまた同じように悪条約であった。特にトリアノン条約やサン・ジェルマン条約は中央ヨーロッパに大混乱をもたらした。[*27]無併合、無賠償、無懲罰の原則は姿を消し、併合、賠償、懲罰という悪性の戦争ウイルスが植えつけられた。そして和平調停者達は民族自決の原則を〝至上の行動原則〟とみなさず、〝単なるきまり文句〟くらいに考えて、これを無視したのである。

ホフマン・ニッカーソン大佐は「歴史上、悪名高き独裁者達――ネロ、ヘリオガバルス、[#]チェーザレ・ボルジア、[#]ルイ十五世――が一九一九年のヨーロッパに君臨したとしたら、それらの暴君達は大衆の集団的英知と善意を鼓舞し、当時のヨーロッパ情勢からなんらかの有益なものを引き出したかもしれない」と書いている。それにもかかわらず、最終的にみてみると、一九一九年のヨーロッパに君臨したのは、自らの信条に背を向けたウィルソン、クレマンソー、ロイド・ジョージのいずれでもなかった。それは、ニッカーソン大佐も指摘しているように、戦時中に盛り上ったヒステリックで、無責任な大衆デモクラシーであった。彼は書いている。「民主主義さえなかったら、選挙に影響されない政府、つまり国民の熱狂をかきたてたり、あるいはまたそれらにへつらったりしないですむ政府、そんな政府を樹立できるから、戦争の兇悪さと破壊の程度をある限度内に保つことができたかもしれない。もちろん、ある程度の戦争は不可避であったとしても。[28]」

＃　ヘリオガバルス（Heliogabalus）二〇四－二二二。ローマ皇帝。無能な皇帝で、豪奢な生活に耽ったといわれる。

＃　ボルジア（Borgia, Cesare）一四七五－一五〇七。ルネッサンス時代のイタリアの政治家。残忍と権謀術策の専制君主。マキアヴェリは「君主論」において、彼を理想の専制君主とした。

事後、〝選挙に影響されない〟ということが戦争の結果から生れてきた世界観になった。それは自称デモクラシー破砕主義者さえも気づかない隠された傾向であった。人間社会の諸事象が新しい政治指導原理の方向へ、やたらに振れ始めた。この指導原理はさやかではなかったが、反体制諸国の世界的雄叫を一つの新しい国際秩序――その善悪を論ずることはできない――に向かわせるように思えた。

＊1　「Peace and War（1933）」p. 148.

＊2　この戦争の最後の二年間に、百万人以上の独・墺両国の非戦闘員が餓死した。一九一八年一二月一三日に、ドイツは小麦・脂肪・練乳・医薬品等の輸入許可を嘆願したが、その嘆願は拒絶された。ボヘミアでは、一九一九年二月に、赤ん坊の二〇％が死産、四〇％は生後一カ月以内で死

亡した。一九一九年三月に、英国のライン占領軍司令官プルーマーは、英国政府に対し、「部下将兵が、飢えている子供達の光景を見るに忍びないと申し出ている」旨を報告したことから、封鎖は一部緩和された。「Unfinished Victory」Arthur Bryant（1940）. p. 4, 16, 10, 18.

＊3　本書第一章25－29参照。

＊4　「The Economic Consequences of the Peace」（1919）John Maynard Keynes, p. 54 に引用されている。ケインズは、パリ平和会議における英大蔵省の公式代表であった。ウィルソンの演説は付録Ⅱを参照。

＊5　同右　p. 55.

＊6　「Peacemaking（1919）」1933, p. 13.

＊7　同右　p. 53.

＊8　半世紀前、彼の前任者アブラハム・リンカーンは、この「至上原則」から彼の国を救うため恐るべき戦争を戦ったのである。

＊9　前掲　Keynes p. 39.

＊10　「Fürst Bülow Denkwürdigkeiten」（1931）Vol. III p. 302 に引用されている。

＊11　「The Origin, Structure and Working of the League of Nations（1928）」p.43.

＊12　前掲　Arthur Bryant, p. 45.

＊13　前掲　Nicolson p. 21.

＊14　前掲　Howard-Ellis pp. 42, 44.

＊15　フランスが平和会議を支配していたことは、和平条約の名前がすべてフランス語であることか

らもうかがわれる。対ドイツ条約が一九一九年六月二八日のヴェルサイユ条約、対ブルガリアが一九一九年一一月二七日のヌイイ条約、対ハンガリーが一九二〇年六月四日のトリアノン条約、対オーストリアが一九二〇年七〔九〕月一六〔一〇〕日のサン・ジェルマン条約、対トルコが一八二〇〔一九二〇〕年八月一〇日のセーヴル条約である。

*16　前掲　Keynes p. 134.

*17　ザール盆地は圧倒的多数のドイツ人が居住しており、過去一〇〇〇年間、ドイツ領であった。ここの炭坑は、フランスに与えた損害の賠償としてフランスの自由にされた。

*18　前掲　Keynes p. 60.

*19　同右　p. 33.

*20　本書第一章27－28頁のヴァッテルの平和の創造に関する主張と比較されたい。

*21　前掲　Keynes p. 251.

*22　同右　p. 189.

*23　前掲　Mantoux p. 147.

*24　同右　p. 155.

*25　「A Revision of the Treaty」John Maynard Keynes（1922）, p. 186.

*26　「The Twenty Years of Crisis（1940）」p. 294.

*27　トリアノン条約により、ハンガリーはその領土の七一％を奪われた。そして三〇〇万のハンガリー民族がチェコスロバキア、ルーマニア、ユーゴスラビアに併合された。サン・ジェルマン条約では、オーストリアはその約三分の二に削減された。その地域はドイツ語を話したが、ドイツ

との合併は禁止された。その住民の内、三五〇万のドイツ人はチェコスロバキアに、一二三万人はイタリアに割り当てられた。

＊28「Can we limit War (1934)」p. 112.

アドルフ・ヒトラー

戦時中、連合国国民は、この戦争は世界を民主主義にとって安全なものとするため戦われているのだ、と説かれた。しかし、戦争に勝った時、事実はその逆であることに気づいた。安全であるどころか、民主主義はぐらつき、混乱の中から独裁者が次々と現われ、ポーランド、トルコ、イタリア、スペイン、ポルトガル、オーストリア、ドイツにおいて各種各様の独裁政府が樹立されるありさまであった。これらの独裁者達は、ボルシェヴィズムを極度に嫌悪していたという点で共通していた。したがって、彼らは単に古い民主主義秩序に対してのみならず、新しいマルクス主義秩序に対しても反対の態度をとった。このマルクス主義秩序はロシアに根づき、第一次世界大戦の末期から戦後にかけて世界の非共産主義国を脅威していたのである。

これら独裁者達の中で、最も歴史的に重要な人物がアドルフ・ヒトラー（一八八九－一九四五）である。すなわち、彼は史上最も特異な人物の一人であった。ヒトラーは一八八九年四月二〇日、ブラウナウに生れた。戦時中、彼は伍長に昇任し、事後ミュンヘンにある秘密政治結社〝ドイツ労働者党〟に入党して第七番目の党員になった。一九二三年、フランスはルール地方を占領下におき、ラインラントにおいて共産主義者の独立運動を、バイエルン#においてカトリック教徒の独立運動をそれぞれ助成していたが、その年に、ヒトラーは一躍有名になった。一一月九日、ヒトラーとルーデンドルフがミュンヘンでクーデターを企てたのである。このクーデターは失敗に終ったが、彼の裁判は政治的勝利となった。というのは、この裁判によりヒトラーはドイツ一番のうわさの人になったからである。そしてヒトラーは、レヒ河畔ランツベルク要塞拘置所において彼の『わが闘争』第一巻を書いたのである。

バイエルン　ババリア（Bavariaと表される）。ドイツ南部の州。州都がミュンヘン。

ヒトラーはまさにジキル博士とハイド氏の生きた化身であった。一方では、ヒトラーは、ヴェルサイユ条約とフランスのルール地方占領に引き続くインフレーションにより没落のふちに追いやられてしまったドイツを、そのふちから救い出し、国家の尊厳を取りもどさせ、経済的に復興させた。反面、彼は自国の国民多数を残忍に扱い、ヒトラーの名前は世界中で鼻持ちならぬものとなった。

彼は完璧な心理学者であるとともに、恐らく世界で最も偉大な扇動政治家であったといえよう。彼は人間性の中にある不合理さというものを奥底まで見通し、大衆の感情から効能のある政治的興奮剤を醸造しえた人物であった。とりわけ、ヒトラーは自らに対する絶大なる信頼と、自己の無敵さに対する超理性的信念を持っていた――この無敵の信念こそがヒトラーに、強く人を引きつける力を授けたのである。政治家としての彼の秀でた能力は行動を起こす瞬間を心理的に感知し、これをものにする点にあった。かつて彼はヘルマン・ラウシュニングに次のように語ったことがある。

「君が何をするにしても、考えが良く練られていないなら、それを実現できないであろう。私は一芸術家として、一政治家としてこのことを良くわきまえている。そこで一つだけやることがある。それは忍耐することだ。待て、もう一度ためして、また待て。潜在意識の中になんらかの作用がある。考えが円熟してくる。時には死滅することもある。もし私が心から納得し、純然たる確信をもてないなら、私は何もやらない。これが解決方法である。たとえ党全体が私に行動させようと、はたらきかけてきてもである。私は動かない。私は待つ、何が起ろうとも。しかし天声が聞えてくれば、その時私は、行動の時がやってきたことを知る。[*1]」と。

その瞬間がやってきた時、すなわち「決心すべき時、われわれの考えうる範囲は自巳の所掌分野に関するささいなことのみに限定されていた。総統のみが決心を下された。[*2]」ゲーリングはかつてこのようにサー・ネヴィル・ヘンダーソン[#]に語ったことがある。

ヘンダーソン（Henderson, Nevile Meyrick）一八八二－一九四二。英国の外交官。一九三七年ドイツ駐在大使に任命され、第二次大戦の回避に努力した。

ラウシュニングはヒトラーにへつらったことのない人物であるが、その彼が書いている。「自分の経験をしばしばふりかえってみるに、ヒトラーと一緒の時、私が再三再四、彼に魅せられてしまったのは事実である。私は、後でやっと振り払うことができたのであるが、一種の催眠術にかかっていたのである。ヒトラーはたしかに驚くべき人物である。といって、私は彼をけなしたり、嘲笑したりするつもりはない。彼はある種の偉大な呪師であるにすぎない。文字通りの呪師である。われわれは、呪師が人々の王となった遠い昔の野蛮国にさかのぼったのである。[*3]」

これは真実であるといえよう。ヒトラーはその時代の野蛮性が生んだ人物である。彼はそれを手中におさめた。その野蛮性の中に、強力な魔力が潜んでいた。この魔力により、ヒトラーはドイツ国民をあやつる魔法使いとなったのである。

＊1 「Hitler Speaks」Hermann Rauschning (1939), p. 181.
＊2 「Failure of a Mission」Sir Nevile Henderson (1940), p. 282.
＊3 「Hitler Speaks」p. 254.

ヒトラーの外交政策

国家社会主義の諸原則は『わが闘争』のいたるところに散在している。この書は、よくいわれるように、文学的なものでもなければ、狂人の空虚なおしゃべりでもない。それは、ヒトラーの意識的及び潜在意識的野望を述べた黙示書である。彼はその後の演説で[*1]、何カ所か訂正したが、『わが闘争』が一九二〇年中頃、つまり誰一人として将来を予見できなかった頃、口述筆記されたものであることを心に留めるべきである。とはいえ、その著は、彼が権力を奪取する以前にやろうとした青写真であるのみならず、あのこんとんとした時代に、彼が実際やったことでもある。

マルクス主義の基本原則が階級闘争による経済的決定論であるのに対して、国家社会主義のそれは人種闘争による生物学的決定論である。ヒトラーはダーウィン説の信奉者であり、「人生永遠の法則は……生存のための止まるところのない闘争の法則であり、また闘争の法則であり続けるであろう。」（五五四頁）と彼は考えていた。[*2]「生存しようとするものは戦わなければならない。永久の闘争が人生の法則であるこの世界において、戦うことを欲しないものは生存する権利を有しない。」（二四二頁）ともいっている。

民族問題に関して、ヒトラーはラウシュニングに次のように語った。
「国家の概念は無意味になってしまった。……〝国家〟とは民主主義や自由主義の政治的方便である。われわれはその代りに民族の概念をとり入れるべきである……。過去の歴史にまつわる国家の境界という観点からではなく、国境を超越する民族の観点から新秩序を考えることができる……。私は、科学的な意味からすれば、民族といったようなものはないことを良く知っている……。しかし私は政治家として、これまでのように歴史にその基礎をおいていた秩序を廃止し、まったく新しい反歴史的秩序を強制し、知的な基礎を付与することを可能にする概念を必要とするのである……。そしてこのために、民族の概念が私にとっておおいに役立つのである……。フランスは国家の概念をもって、その大革命を国外に持ち出した。国家社会主義は、民族の概念をもって、その革命を国外に持ち出し、世界を作りなおすのだ。」と。さらにヒトラーは語る。

「私は、ドイツにおける国家社会主義により実践した淘汰過程を全ヨーロッパ、いや全世界において始動させてみせる……。各国の活動的な人々、ゲルマン民族のような戦闘的な人々が再び立ち上り、[3] それぞれの国の平和主義者や商売人達、つまり批判にあけくれ、理論だけをぶつ連中やピューリタン的な人々を支配するようになる。[4]」

ヒトラーの外交政策は生物学的闘争の概念から生れた。つまり力はジャングルのみならず、国際関係においても正義であり、強国は弱国を支配する。したがって、強国であればあるほど生存に適した国である。将来を支配するのは支配民族（Herrenvolk）――ニーチェのスーパーマン#のようなタイプの民族――であって、ブルジョアジーでもなければ、マルクスの考えたようなプロレタリアートでもない。このようにヒトラーはみていたのである。そしてこのようなヒトラーの民族的イデオロギーはあらゆる階級や国家を超越したものであったから、共産主義者や民主主義者により強力な反対を受けることになった。すなわち、彼らは民族的イデオロギーを共通の敵としたのである。

スーパーマン。ニーチェが「ツァラトゥストラかく語りき」の中で人間進化の結果として述べたもので、人間を超越しながらもなお人間的である超人。

このような概念から、ヒトラーの夢、すなわち将来へのビジョンができた。それは、ラス・カズが記している偉大なるフランス皇帝ナポレオンの夢と極めて良く似たものである。[5]
彼の夢は、ヨーロッパ大陸を統合し、戦争の原因を除去し、ボルシェヴィズムの脅威を根絶し、ヨーロッパを国際的貸付資本主義の足かせから解放して〝金権主義者の搾取〟に終止符るものであった。

　これを達成するため、彼が決意した諸施策は次のようなものであった。

㈠ヴェルサイユ条約の破棄。

㈡オーストリア及びドイツ国境周辺のゲルマン少数民族のドイツ国への帰属。

㈢ヨーロッパの経済的支配。

㈣東ヨーロッパにおける生存圏（Lebensraum）の設定――すなわち、東ヨーロッパの広大な一地域を占領し、植民地化すること。

㈠㈡㈢項と、これらが巻き起した反響が第二次世界大戦の勃発につながった。これらについては次節でとりあげるとして、ここでは第四項、すなわち『わが闘争』で詳述されている〝生存圏〟について考察してみよう。

　一九二〇年代中頃、ヒトラーは「フランスは、ドイツにとって仮借のない不倶戴天の敵である」（五〇五頁）が、英国がドイツのかかえている問題の重心であるとみていた。ヒトラーは、三〇〇年このかた、英国の政策は「ヨーロッパ各国の勢力関係を均衡させ、その中で相互に牽制させることにより、自己の巨大な世界政策上の目標を追求している間、後方を防護しようとするものであった。」（五〇〇頁）と言明している。したがって、ドイツがヨーロッパの一大強国としての地位から消え去ることは英国の利益になりえなかった。

　ヒトラーは「英国の願望は常に、ヨーロッパ大陸における一強国が世界的重要な地位を獲得するのを阻止することにある……。フランスの願望は、常に、ドイツが統一された強国になるのを阻止し、これによりヨーロッパにおけるヘゲモニーを確保することにある。それ故に、フランス外交の究極の目的は英国国策の究極的傾向と永遠に対立するものとなる。」（五〇四頁）と述べている。そこで、ドイツはどのような方策により、これら両国の相異る政策から利益を得ることができたのであろうか。

ヒトラーの答は「英国と同盟を結ぶことによってのみ、新ゲルマン十字軍――ドイツの東方拡張を意味する――の背後を安全にすることができる。」というものであった。それ故に「英国の友好を得るためにはどんな犠牲を払っても、それがあまりにも大きすぎると考えるべきではない。」（一二八頁）と述べた。さらに「英国政府に、戦いがひとたび開始されたなら、時間と犠牲を無視し、あらゆる手段を用いて最後の勝利まで貫き通そうとするあの野蛮さと粘り強さが期待されるなら、英国国民は世界で一番貴重な同盟仲間であると見なされてしかるべきであろう。[*6]」（二七九頁）とも書いている。唯一の代替策はロシアとの同盟であった。一九二二年四月一六日、ラパロで独ソ両国が相互友好条約に調印したことを思い出すのである。

ヒトラーはロシアとの同盟を猛烈に反対した。「戦争することを目的としないような同盟はナンセンスであり、無価値である。」（五三七頁）と彼は主張した。ロシア人は信頼できないばかりでなく、彼らと軍事同盟を締結することは「新たな戦争への信号となるだろう。締結の結果はドイツの終末となるにちがいない。」（五三八頁）と断言した。さらに彼は問う。

「もしわれわれがこの極悪非道なナラズ者と同盟するなら、ボルシェヴィズムが人類に対するのろうべき犯罪であることをドイツ労働者にどうして教えることができようか……。ユダヤ人の世界ボルシェヴィズム化に反対する闘争は、ソビエト・ロシアに対するはっきりした態度を要求する。」（五三九頁）と。

　彼は確固たる見地からこのように主張したのである。

「民族主義的国家の外交政策は、なによりも第一に、その国家を構成している民族の生存を確保する義務を基礎にしなければならない。そしてそれは、一方では国民の数及びその増加と、他方では領土の大きさ及びその資源との間に健全で、自然な関係を作り出すことにより達成されなければならない……。この場合、健全な関係というのはつねにその国民を自己の領土でもって確実に養うことのできる状態であると理解してよいだろう。」（五二三頁）

「国家社会主義運動は、わが民族の人口と領土面積――領土は、われわれが存続するための源泉であり、政治権力の基礎であると見なされる――の間のふつりあいを取り除くように努力しなければならない。」（五二六頁）

「一九一四年のドイツ国の国境はとうてい条理にかなったものではなかった。なぜなら、当時の国境は、実際にドイツ国籍をもった人間をすべて含んだものではなかったからである。加えてまた軍事的防衛のための地理的要件という観点からもやはり合理的ではなかったからである。」（五二九頁）

「一九一四年の国境はドイツ国民の将来にとってなんの意味もない。」（五三〇頁）と書いている。

そこでヒトラーは続ける。

「われわれ国家社会主義者は不動の態度でわれわれの外交政策目標、つまりドイツ民族に対して相応の領土をこの地上で確保することに固執すべきである。[*7] そしてこの行為は、神とわがドイツ国の子孫の前で流血を正当化するように思われる唯一の行為である……。というのは、地球上のどんな国家も、生存を擁護すること以上の高級な願望から、そしてそれ以上の高い権利でもって一平方メートルの領土をも所有してはいないからである。ドイツの国境は偶然による国境であり、その時代その時々の政治闘争による暫定的な国境であるにすぎない。」（五三二頁）と。

かくして一九四一年に世界を驚かせた終幕の場に至る。

「今日、われわれは、フランスとの対決には規制を加えることが必要であると確信している。しかし、もしわが国の外交政策上の一般目的がこのことで終ってしまうとすれば、フランスとの対決は大体において無効なものになるであろう。その対決がただヨーロッパでのわが国民の生存に必要な領土を拡大するため背後を安全ならしめるものであるなら、それは意味を持ちうるものである。」（五三二頁）といい、さらに、

「それ故に、われわれ国家社会主義者は、戦前のわが国の外交政策を継承することに終止符を打つことにした。われわれはヨーロッパの南方及び西方に向かう永遠のゲルマン人の前進をストップして、東方の土地に視線を向ける。われわれはついに戦前の海外植民地政策及び

貿易政策を清算し、将来の領土政策へ移行する。」

「だが、われわれが今日、ヨーロッパで新しい領土について語る場合、まず第一にロシアとそれに従属する周辺国家を思い浮べなければならない。」（五三三頁）と説いている。そして、「数百年来、ロシアはその支配階級であったゲルマン民族中核のおかげで存続してきた。この中核は今日ほとんど跡かたもなく根絶され……その代りにユダヤ人が登場した。[*8]……ユダヤ人がこの恐ろしく大きな国家を永い期間にわたって維持することは不可能である。ユダヤ人自身は決して組織の構成分子ではなく、分解の酵素である。東方の巨大な国は崩壊寸前である。……われわれは、運命によって民族的国家主義理論の正当さをきわめて強力に裏書きすることになる一大破局の目撃者となるよう選ばれている。」（五三三頁）とヒトラーは書いているのである。

＊1　「Speeches of Adolf Hitler 1922–1939」 edited by Norman H. Baynes（1942）,「Hitler's Words, (Speeches, 1922–1943)」, edited dy Gordon W. Prange（1944）参照。

＊2　頁は「わが闘争」James Murphy 翻訳による英語版である。

＊3　〝ゲルマン民族〟とはゲルマン人の血というよりも、むしろゲルマン人的なタイプの人間、つまり国家社会主義の教義と信念を持つ人間を意味した。〝経済的人間〟と対比して〝英雄的な人間〟のことをさす。

＊4　「Hitler Speaks」pp. 229–30.

＊5　本書第三章92－93頁参照。
＊6　一九三五年、彼は著者との会話で、ほとんど同じことを語った。
＊7　ヒトラーは『わが闘争』の前半で（一二六－一二八頁）、もし人口の過密化により必要な場合、他の国の土地を占領する生物学的権利があると説いている。
＊8　レーニン時代には、ボルシェヴィキ党の多くがユダヤ人であった。

戦争への道

一九二四年——ヒトラーはランツベルグで囚人生活をおくっていた——から一九二九年にかけて、ドイツ情勢は急速に改善されはじめた。七億五〇〇〇万ポンドにものぼる外国借款がドイツに殺到したおかげで、ドイツは復興のきざしをみせていた。しかるにヒトラーは、出獄すると直ちに、災害が急迫していると執拗に予言した。災害は一九二九年にやってきた。しかもそれは極端に大きな災害であった。アメリカの株式取引所が崩壊し、これが世界的な金融不況を促した。この不況は一九三二年まで続くことになったのである。

ドイツの復興は根のないひよわなものであったため、この不況は壊滅的な影響を及ぼした。一九三〇年、一七五〇万人ものドイツ人が国家からの援助を必要とし、翌年の一九三一年には、一五〇〇万人が餓死寸前の状態であった。共産党への投票数は、一九二八年の三二六万五〇〇〇票から一九三〇年の四五九万二〇〇〇票に増加した。そして国家社会党もまた八一万票から六四〇万九〇〇〇票に急増した。この間、失業者数は一九二九年九月、一三二万人であったのが、一九三二年には六〇〇万人を超えるありさまであった。[*1] 一九三二年七月三一日におこなわれたドイツ国会の選挙において、国家社会党は一三七四万五〇〇〇票を獲得し、圧倒的な多数党となった。[*2] その結果、一九三三年一月三〇日、ヒトラーはヒンデンブルク大統領から首相の指名を受け、組閣の任にあたることになった。[*3] ヒンデンブルクが死去した一九三四年八月二日、ヒトラーは大統領と首相の座を兼務するとともに、彼への個人的忠誠を誓うドイツ軍の最高司令官となった。こうして彼はドイツ国民の総統となったのである。

　ヒトラーは首相となるや直ちに、ヴェルサイユ条約に対する攻撃を開始した。一九三三年五月一七日、ドイツ国会で、同条約では列強も、ドイツ同様、軍備を縮小する責務がある、しかるにドイツのみが軍備を縮小し、列強はその責務を遂行していないと宣言した。五カ月後に、彼は再びこの問題を取り上げ、非難を再開した。そして一〇月一四日、ヒトラーは、ドイツは平等な権利を否定された故に、「どのような戦争も人類の永久的状態を規定することはできない故に、したがって平和というものは戦争の永続する状態であるはずがない故に」[*4]、ドイツは軍縮会議及び国際連盟から脱退すると発表したのである。[*5]

　ついで、一九三四年一月二六日、ドイツの東翼を安全ならしめるため、ヒトラーはポーランドと一〇カ年の平和協定を締結した。そしてその一年後に、ザール地方の国民投票が実施され、九五％がドイツ復帰に賛成した。これに力を得たヒトラーは徴兵を再開し、三六個師団の平時陸軍を整備するとともに、ドイツ空軍を創設する旨を発表した。それは一九三五年三月一六日のことである。ヴェルサイユ条約違反であるこのような政策への対応処置として、東ヨーロッパにおける仏・ソ相互援助条約が五月二日調印された。さらに二週間後には、フランス及びソ連とチェコスロバキアの間に同種の条約が調印された。ついで、六月一八日、英国はドイツと片務的協定を結んだ。これによりドイツは英国海軍力の三五%まで保有することが許されることになった。そして一〇月、ムッソリーニはアビシニアに侵攻し、英国を長とする国際連盟は一一月一八日、イタリアに対して経済的制裁を加えることとなった。この結果、ムッソリーニはいやいやながらもヒトラーと提携せざるを得なくなったのである。

一九三六年二月二七日、仏・ソ条約が批准された。そこでヒトラーは、一九二五年のロカルノ条約が侵害されたと宣言し、[*6]ドイツ軍はいまだ準備未完の状態であったけれども、非武装地帯であるラインラントを占領した。八日後、ミュンヘンにおいてヒトラーは「私は神の命ずる道をなんの疑いもなく進む」と演説した。[*7]つまりヒトラーは直感的に、ドイツの軍事力は微力とはいえ、英・仏の不一致により相殺されてなお余りあると感じていたのである。

その年の五月、レオン・ブルム[#]は左翼人民戦線政府を樹立した。そこで共産主義者達が勢力を拡大し、影響力を発揮した――ただし共産主義者の閣僚はいなかった。このことに加えて、仏・ソ条約が締結されたことから、スペイン内戦の勃発時（七月一七日）、ヨーロッパ大陸は二大イデオロギー陣営に分割されてしまった。ロシアは、そのほとんどが共産主義者と無政府主義者である人民戦線政府の側に立って干渉し、ドイツとイタリアはフランシスコ・フランコ将軍の率いる国民戦線の側に立った。一方、ブルム政府は人民戦線政府に武器を送って援助し、英国の世論も人民戦線政府びいきであった。一〇月には、ドイツ・イタリア間に、ベルリン＝ローマ枢軸協定の基礎となる条約が調印された。ついで一一月二五日には、日独防共協定が締結された。

＃　ブルム（Blum, Léon）一八七二－一九五〇。フランスの政治家、社会党の領袖。「伝統的社会主義」を唱え、ボルシェヴィキの「革命的社会主義」との間に一線を画した。

これらの出来事がヨーロッパを混乱させている間、英国は平和主義の泥沼の中へますますはまりつつあった。一九三五年春、国際連盟同盟が主催する〝平和投票〟[#]が実施され、一一〇〇万の国民が平和を保持する手段として国際連盟に依存するというゆるぎない信条を表明した。この結果、あらゆる防衛問題で政府は完全に拘束されることになった[*8]。

＃　一九三五年五月、連盟支持派の国際連盟同盟が実施した世論調査で、国際連盟への信頼度、完全軍縮に対する態度等のアンケートがなされた。なおこの調査は「偏向していた」として大問題になった。

ヒトラーはドイツを国際的貸付資本主義から独立させるため、着々とヴェルサイユ条約を無効にする布石を打つとともに、貿易大国、特に英米両国――両国は世界を代表する金融大国であった――に挑戦する財政制度を設定した。『わが闘争』の中で、ヒトラーは資本主義の二方式をあげている。一つは創造力のある労働生産に基づくもので、もう一つは法外な高利によるものである。（一八〇頁）

後者の方式について、彼は次のように書いた。

「国際的な株式資本は最大の戦争煽動者であるのみならず、戦争の終った現在でさえも、平和を地獄と化すためには何物をも放置しておかない。国際金融資本と国際貸付資本に対する戦いは、ドイツ国民が経済的独立と自由を達成するための最も重要な綱領となった。」（一八四頁）

ヒトラーは、国際金融制度が金本位である限り、金を買い占めた国は金不足の国に対してその意志を押しつけることができると主張した。このことは金そのものを干上がらせることによって、さらには製品を売りつけるため、利子つきで貸付を受けさせることによりおこなわれた。

したがって、彼は次の四つのことを決意した。

㈠利子付きの外国貸付を拒絶し、金に代ってドイツ通貨を生産の基礎におくこと。

㈡輸入は品物の直接交換――バーター方式――によりおこなう。要すれば輸出に補助金を支給すること。

㈢〝為替取引の自由〟――これは通貨への投機を許すことであり、政治情勢によりある国から他の国に財産を転移することを意味する――を中止させること。

㈣借金するかわりに、人と物が一体となってお金をつくること。

貸付資本主義の生命は利子を生む貸付にあるから、ヒトラーが成功すれば[*9]、他国も彼の例に見ならい、金を保有していない政府はすべて物々交換方式を採用し、金はその力を喪失することになるであろう。それ故に、ヒトラーの財政金融制度を粉砕することが貸付資本主義の目標になったのである。

一九三七年九月、新しい不況がアメリカをおそった。この不況は急速に拡大し、一〇月一九日には株式市場が閉鎖された。そして翌月には、完全失業者一一〇〇万人、部分的失業者五五〇〇万人が登録されるに至った。この不況は、ヒトラーのバーター方式とあいまって、経済戦争を激化させた。それは一九三九年四月、ベルリン駐在アメリカ大使館付陸軍武官補佐官が次のように報告したほど激烈なものであった。

「現在の状況は、ドイツが積極的に戦争政策をとっているのだとみるべきである。ドイツはその生存のために経済戦争を戦っている。つまりドイツは市場を持たなければ死滅してしまう。当然、ドイツは自らが死滅するような道はとらない。[*10]」

不況がアメリカを襲った頃、ヒトラーはその反ヴェルサイユ運動の上半期を終了した。彼はドイツにおける失業を一掃し、ドイツ経済を復興させ、ラインラントの再武装をやり、イタリアと日本を誘って味方に引き入れ、強力な陸空軍力を整備しつつあった。そして最も重要なことは、彼がその支配力をドイツ国中くまなく確立したことである。かくして彼は下半期における活動の自由を持つことになったのである。

ヒトラーは一三年前、『わが闘争』の中で、「一国家として、ドイツ国は全ドイツを含むものとする。」（三三四頁）と書いた。これはオーストリア、それにチェコスロバキアのズデーテン・ドイツ人、ダンチヒの返還、ポーランド回廊の除去を意味した。そしてその時初めて、ヴェルサイユ条約は廃棄されたことになり、ドイツは大陸の浮浪児ではなく、潜在的主人公になるのである。

一九一八年におけるハプスブルグ王家の崩壊と共に、オーストリアは経済的にヨーロッパの落伍者になった。そしてオーストリアの人民はその多くが、ドイツとの合併こそ復興への唯一の道であると信じていた。当時、民族自決を要求し、相当の勢力を有していたウィーンのオーストリア国家社会党がこのような国民の熱望を巧みに利用して党勢を拡大していた。

一九三八年二月一一〔一二〕日、ヒトラーはオーストリア首相、クルト・フォン・シュシュニクをベルヒテスガーデン#に招いた。シュシュニク首相が到着するや否や、ヒトラーは最後通牒をつきつけ、軍事侵略のおどしをかけた。首相はやむなく、これに署名したが、それはオーストリアの降服を意味したので、三月初頭、シュシュニクはオーストリア人の意志を確かめるための国民投票を三月一三日におこなうという非常手段を決定した。ヒトラーは三月九日、これを知り、激怒し、軍隊にオーストリア侵攻を命じ、一二日に作戦が開始された。かくして多数のオーストリア人達の歓喜の中で、オーストリアはドイツ国に併合されることになった。つまりドイツ国はチェコスロバキアを包囲し、その国境はイタリアと直接接触するに至った。西欧諸国がこれに対してとった行動といえばただ抗議するのみで、ヒトラーの次の行動——ズデーテン・ドイツの解放——をすこしも思い止まらせることができなかったのである。

ベルヒテスガーデン（Berchtesgaden）ドイツ南東部の町。ヒトラーの山荘があった。

オーストリアとちがい、チェコスロバキアは多数の民族からなる国であった。これら諸民族の内で、コンラート・ヘンラインの率いる三五〇万のズデーテン・ドイツ人が最大かつ最重要民族であった。一九一九年、ウィルソンの民族自決の呼びかけが民主主義国チェコスロバキアを生んだ。そして今、一九三八年、ヒトラーは民族自決の精神にのっとり国家社会主義国チェコスロバキアを誕生させようと決意した。そこで彼はヘンラインを〝トロイの木馬〟にしたてることにしたのである。三月二八日、ヒトラーはヘンラインをベルリンに呼んだ。

　五月二〇日、チェコ政府は、ドイツ軍が国境周辺に集結しているとの噂に驚き、一部の動員を命じた。しかもフランスとロシアが共にチェコスロバキアへの援助約束を再確認したのでヒトラーは驚いた。ヒトラーは全面的な戦争をやるだけの準備をしていなかったのである。そこで彼は計画を一時中止した。九月一二日、ズデーテンランドにおける蜂起の合図として、ヒトラーはチェコ政府を攻撃する激烈な演説をぶった。もしフランスが介入すれば全面戦争にエスカレートすることになるであろう反乱に直面したフランス首相、エドゥアール・ダラディエは英国首相、ネヴィル・チェンバレンに支援を求めた。しかしチェンバレンの方も戦争に訴えるだけの準備がなかった。ヒトラーはこのことを良く知っていたのである。一五日、チェンバレンはベルヒテスガーデンに飛び、ヒトラーと取引きせんとした。彼は二二日及び二八日の計三回、ベルヒテスガーデンにでかけた。二八日には、ヒトラー、ムッソリーニ、チェンバレン、ダラディエが出席したが、ソ連は招かれず、チェコスロバキアは無視された。この会議は、ヒトラーの決定的勝利に終った。つまり一〇月一日から一〇日以内にズデーテンランドはドイツに降服することになった。一〇月三〇日には、チェコのエドヴァルト・ベネシュ政府が降服した。かくしてヒトラーの権勢は絶頂をきわめるにいたったのである。

　このような成功にもかかわらず、ヒトラーは前進を停止しようとは考えなかった。一〇月二一日から一二月一七日にかけて、彼はドイツ軍に一連の指令を発し、チェコスロバキア、メーメル、ダンチヒの占領準備を命じた。まさに幸福の女神は彼に味方していた。

　一九三九年三月六日から九日にかけて、チェコ大統領、エミル・ハーハはスロバキアとルテニアの両首相を罷免し、これらの地域における分離主義者の陰謀を弾圧した。そこで罷免させられたスロバキア首相、ジョセフ・ティソはこれをヒトラーに訴えた。ティソが三月一三日にベルリンに到着するや、ヒトラーは直ちにスロバキアの独立を保障した。このことを知らされたスロバキアの新首相、カロル・シドルは新たな軍事侵略の脅威にさらされ、最後通牒をやむなく受諾した。

　ティソがベルリンにいる間に、ハーハ大統領もまたヒトラーに訴えでたため、彼もまた、三月一四日にベルリンへ召換された。そこでハーハ大統領は最後通牒をつきつけられ、チェコスロバキアの降服が強要された。もし抵抗なしに要求をのむなら、ドイツ国内において自治権が与えられるが、さもなくば占領されることになった。その時ハーハが署名するよう準備されたコミュニケの草案には、「大統領はチェコ国民の運命を安心して総統の手に委ねる。」[*11]と書かれてあった。

　二時間後に、ドイツ軍はチェコ国境を越えた。英仏両大使の抗議に対して総統は、大統領の要請に応じてやったまでだと通告した。

自らの勝利に酔い、相手をみくびったヒトラーはいよいよ最後の決定的行動にでた。彼は、自らが巻き起した政治的嵐の静まるまで、一－二年静観するといったことはしなかった。一九三九年三月二三日、メーメルの返還を要求し、これを即座に占領するとともに、ポーランドにダンチヒの返還を求め、ポーランド回廊を横断する治外法権の鉄道と道路の建設を申し出た。そこで三月三一日、英国首相は次のように下院で演説し、ヒトラーを狼狽させるに至った。

「……どのような事態であろうと、それがポーランドの独立を明白に脅威し、ポーランド政府をして、これに対して国軍をもって抵抗することが死活的利益であると決意せしめるなら、わが英国政府は、ポーランド政府に対し、力の及ぶ限りの援助を直ちに与える義務があると考える。政府は本趣旨に関し、ポーランド政府に確約した。[*12]」

　フランスも英国と共同歩調をとった。さらに四月一三日には、ルーマニアとギリシャまでが対ポーランド無条件保障を発表した。

　ヒトラーはこれらの保障を単なるはったりに過ぎないと考えたかもしれないが、彼もまた二正面戦争だけはどうしても避けなければならなかった。したがって、彼は、『わが闘争』で述べた次のような見解に反して、ロシアに接近する決心をした。すなわち彼は「ロシアと軍事同盟を締結することは新たな戦争への信号となるだろう。締結の結果はドイツの終末となるにちがいない。」と書いたのである。八月一二日、サー・ウィンストン・チャーチルの言葉をかりれば、「その兇悪なニュースは爆発でも起ったように世界を仰天させた。[*13]」ソビエトのタス通信は、ヒトラーの特使が独・ソ不可侵条約締結のためモスクワに到着したと発表した。調印は八月二三日におこなわれ、スターリンはかねてより欲していたことを達成したのである。つまり西ヨーロッパにおける戦争と、ソビエト社会主義共和国連邦における平和である。

このニュースを知った英国政府はあくまでポーランドに対する責務をはたす決意であると発表し、二五日には正式にポーランドとの条約が締結された。こうして三月三一日の対ポーランド無条件保障が、六年後にドイツの無条件降服をもたらした第二次世界大戦に点火することになった。九月一日、ドイツ軍はポーランド国境を越え、ここに〝二〇年間の休戦〟は幕をおろしたのである。

＊1　これらは登録された失業者であって、この他に莫大な非登録及び半雇用者がいた。

＊2　社会民主党は八〇〇万票、共産党は五二五万票、穏健派は四五〇万票を取った。

＊3　一九三三年二月二四日、ミュンヘンの演説において、ヒトラーは述べた。「われわれは、なんらいわれのない困窮に直面している。これはすべて他国の責任なのである。」(Baynes, Vol. I, p. 252)

＊4　Baynes, Vol. II, p. 1094.

＊5　一九二六年九月八日、連盟加入が承認されていた。

＊6　英、仏、独、伊とベルギー間の相互保障条約はあらゆる状況下において締約国間の平和を維持することを目的としていた。

＊7　Baynes, Vol. II, p. 1307.

＊8　連盟支持者達の多くは、集団安全保障は武力を背景にすべきであると信じていたけれども、選挙民の大多数はそうではなかった。スタンリー・ボールドウィン氏が一九三六年一一月一二日下院でおこなった演説はこの事実をうらづける。「かりに私が田舎に行って、われわれは再軍備すべきであると訴えたとしよう。この平和な民主主義社会でそれは拍手喝采されるであろうか。そんなことを訴えようものなら、私は間違いなく選挙に敗れたことであろう。」（「Parliamentary Debates」5th series Vol. 317, col. 1144）

＊9　一九四〇年一〇月一一・一二日付のロンドン・タイムズは次のように指摘している。「ヒトラーの方式で、ドイツは財政金融上の重大な困難を経験しなくなった。租税の増加、強制貯蓄、莫大な一般戦時公債の発行等の施策を必要としないように思われた。」

＊10「The White House Papers of Harry L. Hopkins（English edition 1948）」Robert E. Sherwood, Vol. I, p. 114.

＊11「Hitler a Study in Tyranny（1952）」Alan Bullock, p. 445 に引用されている。

＊12「Parliamentary Debates」Fifth Serie, Vol. 345, cal. 2415.

＊13「The Second World War（1948）」Vol. I, p 307.

戦術理論と誤謬

戦術的にみて、第一次世界大戦では、毒ガス、航空機、戦車という三つの新兵器の出現が従来の戦争とは違っていた。毒ガスは疑いもなく強力な兵器であるが、ここでその詳細を論ずる必要はあるまい。なぜなら、戦後、その開発は中止され、[*1]第二次世界大戦では兵器として使用されなかったからである。

戦争がもう一年続いていたら、戦車や航空機がその運動性を大幅に増大したであろうから、驚嘆するような新戦術が開発され、戦争術に根本的な影響を及ぼしたことであろう。戦車は、弾丸を無力化することにより、従来の単なる移動に、安全性を加えた。航空機は、戦場を超越し、空を恒久的な交通路に変えることにより、戦争に新しい次元を加えた。そして両兵器とも攻撃を好ましいものにしたのである。

航空機の攻撃的運用法について説いた代表的人物がイタリアのギリオ・ドゥーエ将軍であった。その著『制空権』[*2]で詳述された彼の理論は、戦争に絶大なる影響を及ぼした。そしてアメリカのウィリアム・ミッチェル将軍[#]や英国のサー・ヒュー・トレンチャード将軍[#]もまたドゥーエとほぼ同じ理論を主唱した。

#ミッチェル (Mitchell, William) 一八七九－一九三六。アメリカ陸軍航空将校。第一次大戦において、敵陣地の上空を飛行した最初のアメリカ兵。「わが空軍」「国防の要石」等航空力の価値を説いた著作が多い。

#トレンチャード (Trenchard, Hugh) 一八七三－一九五六。第一次大戦中、英航空部隊司令官として航空部隊の攻撃的用法をあみだした。一九一八年、英空軍初代参謀総長に就任。一九二七年英空軍最初の元帥となった。

ドゥーエは未来派の戦術家と見なされたが、実際には、反動派であった。なぜなら、彼はただ破壊することのみをねらった第一次世界大戦の砲兵戦を復活させようとしたにすぎなかったからである。ただ彼は破壊を立体的にやる作戦を提唱した点が異るのである。彼は航空機を〝航続距離と同じ射程を有する火砲〟にたとえた。つまり空軍は単なる〝大砲兵中隊〟（一六二頁）に過ぎなかったのである。ドゥーエは、「航空機は地表面のような障害によりその行動が制限されることがないし、その速度は圧倒的なものであるから……攻撃兵器としてひいでたものである。」（一八頁）と主張した。「空中戦で勝利を決定するものは火力である。速度は敵を捕えるのに役立つだけである……。速度の遅い、重武装した航空機は自らの装備でその進路を切り開くことができ、常に速度の速い追撃機に勝つことができる。」（四一頁）と彼は書いている[*3]。したがって、空中戦においては、防御を考える必要はない。だから、航空力は地上軍や艦隊とは別個に行動すべきであるということになる。そこで彼は次のように説いている。「あらゆる可能な資源を〝独立空軍〟の強化のために使用しなければならない。そうすれば、激烈な攻撃的運用により空中で作戦し、自らを防御することができる……。これは基本的なことであり、例外を許さない。」（九五頁）「……支援力としての航空部隊はむだであり[*4]、無価値であるだけでなく、有害でさえある。」（八五頁）「……高射砲は単なるエネルギーと資源の浪費である。」（四九頁）と。

　航空攻撃における第一の任務は制空権の獲得にある、とドゥーエは説く。「制空権を有するということは、自らは飛行する能力を保持する反面、敵の飛行を妨害する立場に立つことを意味する。」（二六頁）「制空権を獲得することは勝利を意味する。空中で敗れることは敗北を意味する……。この主目的から外れることはすべて誤りである……。それは陸海軍いずれの兵器をもってしても達成できない、ただ航空手段のみをもって達成される……。適切なる国防は制空を達成しうる航空力を除いては保障されない。」（二九頁）このことをドゥーエは再三再四くりかえしており、優秀な空軍があれば、開戦後おそらく数日間で、制空権は獲得されうる、とこともなげにいっている。

制空権が獲得できたら、第二段階に入る。第二段階の目的は敵の抹殺である。目標は「商工業施設、重要建造物……、輸送幹線、交通中枢、一般住民地域」である。（二二頁）さらに「将来においては、非武装都市の住民や大工業中心地に対して特に攻撃がおこなわれることになるであろう。」（二二三頁）「爆撃行動の基本的原則は、目標は一回の攻撃で完全に破壊されねばならない、ということである。」（二二頁）なるほど「一〇〇〇トンの破裂爆弾や焼夷爆弾、それに毒ガス弾を、パリやロンドンに投下すれば、これらの都市を破壊できる」（一五〇頁）ことを否定できないから、この基本原則を実行するのは容易なことのように思える。

彼は書いている、「空からのこのような無慈悲な爆撃をこうむった国家においては、社会組織が完全に破壊される。人々はじきに、自己保存の本能に駆られ、恐怖と災難に終止符をうつためたちあがり、戦争の終結を要求するようになる――これは陸海軍がいまだ動員されていない時点である。」（五二頁）と。彼の結論はこうである。「……ひとたび空を征服すれば、その国は一〇〇〇機とまでは言わず、五〇機ないしは二〇機程度の航空機（六〇〇〇馬力）が決定的勝利をもたらすであろう。なぜなら、敵の陸海軍がどんなことをやろうとも、一週間以内にその全社会機構を破壊しうるからである。」（一一八頁）

ドゥーエの意見では、「航空戦は短期間で結着がつくであろう。」（一六〇頁）というのである。「決定的な打撃は一般市民、すなわち戦争においてすぐねをあげてしまう国家の構成分子に対して指向されるので、好都合にも勝敗の決はじきにきまるであろう……。」（五四頁）と。

将来の地上戦闘については、ドゥーエは、それが自動車化されたものになろうとはみていない。彼は「それは第一次世界大戦と同様、膠着した状況を呈するであろう。……世界大戦の時のように長い連続した戦線が将来戦でもできるであろう。……運動戦に関するあらゆる理論や概念はこの連続した戦線にはばまれ、失敗に帰すであろう。」（一四二―一四三頁）と書いている。このことから、彼は、航空力だけで戦勝が得られるという持論を展開したのである。

戦車の将来戦における役割について考察した軍人はわずかフランス参謀本部と英国戦車軍団の将校達だけであった。しかしフランス参謀本部が、カンブレーの戦術で例証されたように、戦車と歩兵の緊密な協同連携に固守したのに対して、英国戦車軍団の将校達は最初から、戦車の独立的運用、諸兵種連合の戦車軍団の開発を考えていた。前者の考えは、戦闘を部隊と部隊の〝とっ組み合い〟だという伝統的な概念の上に形成されたものであった。このような伝統的概念は戦術的にみて誤りではないとしても、この概念からは戦車が実行できる非常に異なった戦術的アイデアはでてこない。筆者は一九一七年夏に戦車を駆使した新奇なアイデアを発表し、翌年三月、ドイツ軍が英第五軍を突破した時#にこのアイデアは完熟した。

一九一八年三月のドイツ軍突破作戦。「ソンムの攻勢」といわれる。ドイツ軍は米軍の妨害に先立って西部戦線の勝敗に決をつけるべく決心し、攻勢を開始した。

この時、突破された英軍は、その司令部がパニック状態におちいり、数万の兵士達を後退させ、総くずれになっていった。筆者は軍司令部が後退し、軍団司令部が後退し、ついで師団司令部が、最後に旅団司令部が後退していくのをみた。またこの逆のこともあった。筆者は意志と行動の間に密接な関連があるのを知った。すなわち、意志のない行動は統制を失ってしまい、指揮頭脳のない軍隊は烏合の衆と化してしまうということである。そこで筆者は戦車を使用することにより、新しい戦術を開発することができると確信した。それは比較的小規模な戦車軍をもってイッススやアルベラ#のような戦闘を再現しうると考えた。それらの戦闘における戦術上の秘密は何であったか。それは、アレキサンダーの方陣が、ペルシャ戦闘部隊の主力と組み合っている間に、アレキサンダー大王とその随伴騎兵#が敵の意志――ダリウス王にそれは集中されていた――に打撃を加えたことにある。ひとたびこの意志が麻痺せしめられると、身体は骨抜きの状態になってしまったのである。

イッススの戦い。紀元前三三三年。アレキサンダー大王とペルシャのダリウス三世がフェニキヤのイッススで戦った戦い。アレキサンダーは主攻である右翼に三万五千の主力を集中し、残余を左翼に配置、右梯隊の隊形をとった。彼は右翼部隊を指揮して突入。一〇万のダリウス軍の左

翼から退路を脅威し、これを敗走させた。

＃ アルベラの戦い。紀元前三三一年。先に敗れたダリウス三世と再びアッシリアの都アルベラ付近で交戦することになったアレキサンダー大王は、全軍斜右に態勢をとったため、ダリウス軍もこれにつれて左に動き、間隙が生じた。そこでアレキサンダーはファランクスの右翼部隊をして強力な楔入部隊を編成し、騎兵を先駆として突入した。これがため、パニックがペルシャ軍に起り、同軍は敗走した。

＃ 随伴騎兵（Companion Cavalry）。通常歩兵ファランクスの右翼にいる騎兵で、戦技より衝撃的突進により勝利をねらう部隊。アレキサンダー自らがこの部隊を先導した。

一九一八年五月に、このアイデアは『決定的攻撃目標としての戦略的麻痺化』と題する長文の覚書に仕上げられた。そしてこれは後に『一九一九年計画』と改題された。[*5] その主要事項は次のとおりである。

軍の戦闘力はその組織にある。その組織はこれを衰弱せしめるか、あるいはこれを機能させないようにすることによって破壊される。最初の方法は敵兵を殺傷したり、捕虜にしたりすることからなる——身体の戦闘。次の方法は敵の指揮能力を機能させないようにすることにある——頭脳の戦闘。一人の人間を例にとると、第一の方法は出血のため最終的には死に至る傷の連続にたとえられよう。第二の方法は頭脳を一発で射ち抜くことである。

軍隊の頭脳はその参謀——軍司令部、軍団司令部、師団司令部——である。参謀達をドイツ軍の前線から広範囲にわたり突然除去することができたなら、彼らにコントロールされる兵士達が崩壊するのは時間の問題だろう。

　われわれの現在の理論は人員を殺傷することにあるが、新しい理論は指揮の破壊にあるべきである。敵の将兵を混乱状態におとしいれた後ではなく、敵を攻撃する以前にその指揮を破壊する、そうすれば、攻撃した時には既に混乱状態になっているであろう。

　提案した方法は、速度の大なる戦車大隊[*6]を不意にばく進させ、対応のいとまを与えないで敵の各級司令部[*7]に向って急進し、これをかりたてるか、ないしは霧散させることである。この間、利用できるあらゆる爆撃機をもって、補給センターや交通中枢を集中攻撃する。この作戦が成功した後、はじめて敵の戦線を通常の方法で攻撃し、直接突破に訴え、追撃に移るのである。

　前述の覚書には、各兵種の任務について記載されているが、英国航空部隊のそれは次のようなものがあった。

㈠戦車部隊の前衛として行動する。
㈡戦車部隊をその目標に誘導する。
㈢戦車部隊を敵砲火から防護する。
㈣敵司令部の混乱化に任ずる戦車部隊を支援する。
㈤先遣戦車大隊に対する燃料、弾薬類を補給する。
㈥戦車大隊と作戦根拠地との連絡に任ずる。
㈦戦車旅団長を搭乗させ、戦況把握、戦車予備の運用を容易ならしめる。

この戦術理論はさらに修正が加えられ、一九三九年に初めてテストされた。すなわち〝電撃作戦〟といわれるものである。

ドゥーエの理論と筆者の理論はともに攻撃にその基礎を置いている。したがって、これらを実行に移すためには攻勢戦略をとる必要がある。そしてこのためには、攻撃的政治目標が必要となってくる。したがって、これらの理論を採用するか、拒否ないしは修正するかの鍵は将来の交戦にあたりとるべき政策の中に見出されるべきである。

英仏両国の政策は国際連盟の支援下に、現状維持政策を保持することであった。両国は次の戦争からなんら得るものはないし、国民は平和的な民主主義を主張し、政府もこれに立脚していた。一方、ヒトラーの政策は極端に攻撃的で、その政府は専制的であり、ドイツ国民が平和的であろうとなかろうと問題ではなかった。『わが闘争』を読んだ人ならだれでもこのように思えるであろう。このような相異なる目標が一九三九年における三主要交戦国の戦術を形成していた。

戦術理論家としてのヒトラーは先見洞察力を有していた。彼は第一次世界大戦を詳細に検討し、その戦術的教訓を吸収した――これを一伍長がやってのけたということは注目に値する。しかしもっと注目すべきことは、ヒトラーはその戦術教訓を将来のために具体化し、その上に軍事力を築き上げたことである。一九三九年の時点において、ドイツ陸軍が他国より優位に立っていた分野は数的優位でも、兵器や装備の質的優位でもなかった。それはその戦術にあった。ヒトラーはその戦術を、たとえ自分自らがあみだしたものではなかったにせよ、気乗りうすの参謀本部に強制し、これを採用させたのである。
『わが闘争』の中で、ヒトラーは「次の戦争では自動車化部隊が圧倒的勝利を決定するものとして現われるであろう。」（五三七頁）と書いた。彼は高速自動車や自動車専用道路（ドイツ自動車道路）や航空機に熱情をそそいだ。だから、高度の機動性と打撃力による戦闘を、ヒトラーは好んだ。ドイツ空軍と陸軍は共に、速度を発揮するように編成された。しかし空軍の主任務は陸軍に協力することであって、ドゥーエが主張したように、空軍独自で戦争に勝利をもたらすことではなかった。その爆撃機は地上部隊の前進を容易ならしめるためのものであり、急降下爆撃機は空飛ぶ砲兵として運用され、軍の切断刃たる機甲師団の攻撃を掩護することを任務としていた。ドイツ空軍が独立して作戦するようなことは第二義的任務とされたのである。

　ヒトラーは力のみを唯一の効果的手段であるとはみなかった。ヘルマン・ラウシュニングに対して彼は語った。「私はボルシェヴィキから学んできた……。人は常にその敵から最も学ぶものである。」と。さらにつづけて、

「塹壕戦における歩兵の正面攻撃では砲兵の攻撃準備射撃が実施されるが、将来は、この攻撃準備射撃にかわって、革命宣伝がおこなわれるであろう。その目的は事前に敵軍を心理的に破砕し、これを機能させないことにある……。いかにして、戦争開始前に敵の士気をそう失させるか。それが私の関心事である。戦争を前線で経験した者なら誰でも、避けうるものなら流血を避けたいと考える……。精神錯乱、不安定な感情、まよい、パニック、これらが

われわれの武器である……。革命の教訓、これらこそが新戦略の秘密である……。私にとって、あらゆる手段が正当なものである……。私のモットーは『すべての手段、いかなる方法によろうとも（敵を）撃破する。』ということだ。」[*8]

フランスの戦術理論は純粋に防御的なものであった。それは極めて強力な要塞組織の建設にその基礎を置いていた。マジノ・ラインといわれるものがそれである。マジノ・ラインはアルザス及びロレーヌを防護するため、独・仏国境に沿って、バーゼルからヴィサンブールに至っていた。そこから、爆撃機がちょうど長距離砲のように運用されることになっていた。

この点に関しては批判するところはほとんどない。なぜなら、フランスの兵力はドイツの半分であり、したがって、アルザス・ロレーヌ戦線で侵攻を阻止することによって、フランスはその潜在的に劣勢な兵力の大部分をベルギー国境に集中することができるからであった。しばしば次のような批判がなされてきた。つまり、フランスを難攻不落な国とするためには、マジノ・ラインをロンウィーから英国海峡まで延長すべきであった、と。しかし、もしそうしたなら、この防御線占領のため、フランス野戦軍のほとんど全部を使いはたしてしまい、どんな攻撃もできなくなったであろう。ナポレオンがかつて『ボーケールの晩餐』の中で「塹壕の中にいつまでもいる者は撃破されるであろう……。理論的にも、経験的にもこの金言はそのとおりである。」といったように。

問題は、フランス軍がその機甲部隊をベルギー国境に集中しなかったことにある。フランス軍は、質量ともにドイツ軍よりはるかに優れた機甲部隊を持っていたのであるから、やればできたのである。しかしフランス軍はこれを機甲師団として集中使用せずに、歩兵部隊への支援として配属してしまった。これは重大な戦術的過失であって、これだけでもフランスの崩壊を説明するにたるものであるといえよう。

英国の戦術理論はフランスよりももっと時代遅れであった。天然のマジノ・ラインともいうべき英国海峡の存在で、政府も参謀本部も二〇年間眠り続けていた。そしてヒトラーがポーランドを侵略するに至って、初めて目をさまし、徴兵制を復活させたのである。それは一九三九年四月二六〔二七〕日のことである。戦術理論は第一次世界大戦初期段階とかわりないものであった。つまり十分時間をかけて、封鎖による効果がでるのを待ち、その間空軍がドイツの工業都市や人口密集地域を爆撃するというのであった。理由は不明であるが、これは〝戦略爆撃〟と呼ばれ、ドゥーエの理論に基づいたものであった。機甲師団は一つもなく、一九四〇年においてなお編成中であった。

ロシア軍はドゥーエの理論と筆者の理論を注意深く研究したが、いずれも採用に至らなかった。ロシア軍内部をガタガタにしたスターリンの大粛清（一九三七－一九三八）[*9]により抹殺されたトハチェフスキー元帥は、その一カ月前、すなわち一九三七年五月、『ボルシェヴィキ誌』に次のように書いた。

「わが国が航空機、戦車、機械化部隊を急速に整備したことにより、まずフラー流のこじつけ理論が出てきた。この理論は速度の速い戦車を歩兵部隊との協同作戦に積極的に使用してはならないと考える新しい〝機動〟の理論である。したがって、戦車部隊を完全に独立させるべきであるという主張がなされるに至っている。……これは、戦闘をうまくやるには、歩兵同様、戦車部隊に対しても砲兵の支援を必要とする、ということを理解していない。[*10]」と。

いま一つの批判がある。

「フラーやリデルハートのような西側軍事思想家達は次の戦争で大衆を動員し、これを使用することを懸念している、とわれわれロシアではみる。彼らは高度に技術的発達をとげた装備をもって人力を補い、これにより軍隊の規模を制限したいと考えている。これは、ブルジョアジーが大衆というものを恐れていることから生れた理論にすぎない。[*11]」

このようなマルクス主義者の愚かさにより、ロシア人は高い犠牲を支払うことになった。一九四一年に、彼らがとった戦術は、従来とってきた戦術、すなわち、何も考えない人間の大群を遅々として前進後退させる運動であった。ぞろぞろと進む兵士という牛の群れ、それはドイツ機甲部隊にとってかっこうの餌食であった。

*1　これは大衆感情――ほとんど常に理性を欠く――のあらわれに帰因する。R・W・リチャードソンは「Popular Science Review」で、一八六四年頃、非致死ガスにより軍隊を眠らせてしまい、麻酔をかけたようにする光景を描いている。（「Chemical Warfare（1921）」Amos A. Fries and Clarence J. West, pp. 4-5 に引用されている。

*2　第一版は一九二一年にイタリアで出版され、第二版が一九二七年に出された。英語版（一九四三年）は後者の翻訳であり、文中の頁はすべてこの英語版による。

＊3　これは彼が同書三四頁に書いていることと矛盾している。「独立空軍は編成上、爆撃隊と、爆撃機を掩護する戦闘部隊から構成されるべきである。」

＊4　陸軍等に協力するため派遣された航空機をいう。

＊5　「Memoirs of an Unconventional Soldier」Major-General J. F. C. Fuller (1936), pp. 321-36を参照。

＊6　この戦車の諸元は最高速度二〇マイル／h。行動範囲一五〇－二〇〇マイル。超壕能力一四フィート。最初のモデルは一九一九年に製作されたが諸元どおりではなかった。後に製作された諸元どおりの戦車はD型中戦車として知られた。

＊7　当時西部戦線には九個のドイツ軍司令部があり、戦線からの平均距離は一八マイルであった。軍団司令部、師団司令部はもちろん、ずっと前線に近いところにあった。

＊8　「Hitler Speaks」pp. 19, 21.

＊9　犠牲者総数は三万五〇〇〇名で、将校団の約半数に達した。元帥が五名中三名、軍司令官一五名中一三名、軍団長八五名中五七名、師団長一九五名中一一〇名、旅団長四〇六名中二二〇名、大佐以下の将校三万名であった。(「The Communist Party of the Soviet Union ; Leonard Schapiro (1960)」p. 420参照)

＊10　「How Russia Makes War」Raymond L, Garthoff p. 85に引用されている。

＊11　「Political Science Quarterly」Vol. 51, No. 3 (1936),「Soviet Philosophy of War」P. Fedotoff White, p. 349.

第十三章　第二次世界大戦における戦争指導

第二次世界大戦の性格

戦争が政治の有効な一手段であるなら、政治は実際の軍事情勢に基づかなければなるまい。そして一九一四年における軍事情勢は通常の情勢であって、特異なものではなかったといえよう。第一次世界大戦は昔から定まっている国境線上で開始された。しかもその戦争は、同じような装備を有し、慣習的な戦争遂行手段を良く認識している彼我両軍により伝統的闘争方法で開始された。しかしその末期及び戦後においてはこの状況は一変した。これは、軍事面では、新兵器の導入によるものであり、政治面では、悲劇的な結末をもたらした一連の革命によるものであった。これら新兵器と革命は十九世紀の文明に挑戦し、戦争の性格を大きく変化させたのである。

すでに見てきたように、最も重要な意義を有する革命はロシア及びドイツを崩壊させた革命であった。ロシア革命は、レーニンとスターリンが解説を加え、発展させたマルクスのイデオロギーに基づいていた。ドイツ革命は国家社会主義者の信条となったヒトラーのイデオロギーに基づくものであった。両方とも全体主義であり、戦争のあらゆる形態を包含した。これら革命戦争の目的とするところは、これまで同様武力により自らの政策を敵対国に強制することのみならず、敵対国の国家組織をイデオロギー的に、経済的に、社会的に変革せしめることにあった。このことは、次の戦争が武力戦であるとともに、各種イデオロギー――民主主義、マルクス主義、国家社会主義――間の闘争であることを意味した。そして、民主主義諸国のイデオロギーは各国の主権と国民の自由な意志を表明したものであるから、民主主義諸国の潜在敵はドイツ人でも、ロシア人でもなかった。それはまず第一に、国家社会主義者による人種的優越――ドイツ帝国以外に居住するゲルマン民族を含んで――の主張であり、第二に、全世界にわたるソビエト・ロシアのマルクス主義唯物論であった。要するに、観念が住民や軍隊より優先したのである。しかも観念の破壊は完全なものでなければ、効果があまりない。完全なる観念の破壊は、その観念を、もっと人の意にかなった別の観念が抹殺してはじめて達成できるのである。

これら相いれないイデオロギーは三つの戦争観を生んだ。民主主義者達の戦争観は奴隷にされた人民を解放するか、あるいは自分達の奴隷化を防ぐことであった。国家社会主義者達のそれはドイツ帝国を民族的にも、領土的にも拡張することであった。ソビエト・ロシアの戦争観は階級闘争を拡大することにより世界革命を助成することであった。民主主義者達にとって、平和は本来、目的であり、戦争の停止を意味した。国家社会主義者達にとって、平和は戦争をもくろむ時期であり、ロシアのマルクス主義者達にとって、それは戦争の別な形態にすぎなかった。ロシアとドイツの戦争観を比較すれば、ロシアの方が広範囲な事物を包含していた。なぜなら、そのイデオロギーは全世界的なものであり、その闘争は限りないものであったからである。それ故に、民主主義者達にとってロシアの戦争観の方が脅威であった。重要なことは、ヒトラーとスターリンといずれがより邪悪であったか、ということでなく、どちらの目的が民主的生活様式に、より危険であるかということであった。

一九一四年、交戦諸国は事実上、堅固に結束した国々であり、その国民は自国の政府を忠実に支持した。しかし一九三九年の時点では、広範囲にわたり反動的内部戦線が存在していた。この現象は特に、革命政府が樹立された交戦諸国に顕著であったが、その他、数多くの諸国においても、共産主義者、ファシスト、国家社会主義者の活動が根をはり、民主主義に挑戦した。これらの戦線や活動と提携した敵国は、物理的闘争における敵軍隊の撃破と同様に、イデオロギー闘争における重要な作戦として、相手国を内部から攻撃することができるようになった。戦争は相変らず戦争であったが、より複雑となった。それでも、この複雑化にもかかわらず、「戦争とは他の手段による国家政策の継続にすぎない」というクラウゼヴイッツの金言は依然不変であった。

連合国の戦争政策（一九三九－一九四〇）

一九三七年五月二八日、ネヴィル・チェンバレンが英国首相に就任した。彼は、ヨーロッパの運命は英・独の協力にかかっていることを歴代首相のだれよりも深く確信していた。一九二五年から一九三〇年にかけて、ヒンデンブルク元帥の外相、シュトレーゼマンは英・独間の協力関係を樹立しようと試みたが失敗に終った。その時以来、英国のどの内閣も英・独協力関係の樹立を模索しようとしなくなった。しかもボールドウィン内閣は、ヒトラーが政権を握ってからというもの、不幸にも、防衛問題に口先だけの関心を示すにとどまっていた。したがって、チェンバレンが首相になった時、自らの外交を支援する軍事力を彼は保有していなかったのである。そこで彼はヒトラーに対して宥和政策を取るはめになった。当時、平議員であったチャーチルは代替策としてロシアとの同盟を力説したが、[1]チェンバレン首相はこの政策に乗り気でなかった。たとえば一九三九年三月二六日付の彼の書簡には次のように記されている。

「実は、私はロシアをまったく信用していないのである。たとえロシアが有効な攻勢を持続したいと願っても、そんな能力をロシアは持っていない、と私は確信している。しかも私はロシアの動機を信用しない。その動機はすべての人々の間に争いを起こさせることだけで、われわれの自由の観念とあまり関係ないように思える。その上、同国は多くの小国、特にポーランド、ルーマニア、フィンランド等の国から憎まれ、かつ疑惑を抱かれているのである。[2]」

ロシアが信頼されるにたる国であるなら、チャーチルの代替策はそれなりの意義があったであろう。しかしチェンバレンはチャーチルよりも、もっと明確にスターリンの企図を判断していた。にもかかわらず、なぜチェンバレンがポーランドに対して安全保障を約束したのか理解に苦しむ。というのは、こんな約束はすぐばれてしまうハッタリにすぎなかったからである。フィーリングの説明によると、ポーランド援助を約束したのはポーランドへの奇襲攻撃が切迫している、というニュースに基づいていたとされている。

バランス・オブ・パワーに基づく英仏の戦争防止政策はついに破たんをきたし、一九三九年九月三日――ヒトラーのポーランド侵攻二日後――英仏はヒトラーとヒトラー主義に対してイデオロギー上の聖戦を宣言した。チャーチルはこの戦争の目的について、下院で次のように言明した。「この戦争はダンチヒのために戦うとか、ポーランドのために戦うとか言ったものではない。われわれはナチの圧制がもたらすペスト菌から全世界を救済し、人間にとって最も神聖なものを防衛するために戦っているのである。[*3]」それ故に、この戦争は善悪二神が戦うマニ教[#]の争いのようになったのである。[*4]

マニ教。マニの唱えた二元教で、ゾロアスター教、キリスト教、仏教を折衷し、天地には明暗、即ち善悪二神ありと説く。三―七世紀頃さかえた。

この正義の聖戦は、ドイツ内の反ヒトラー派が国家社会主義政権を打倒してはじめて、ハッピー・エンドとなるのであった。チェンバレンはこのことを熟知していたし、ヒトラー麾下の将軍達の中に反ヒトラー派を支持するものが多数いることも知っていた。一九三八年八月、ならびに九月に、この反ヒトラー派は英国外務省と接触した。[*5] そこで、翌年九月四日、チェンバレンはラジオ放送を通じてドイツ国民に対しイデオロギー攻勢を開始した。彼はいった。「この戦争で、われわれは、諸君、ドイツ国民に対して戦っているのではありません。諸君に対してなんらの恨みも持っておりません。われわれは暴虐、かつ偽証した政権に対して戦っているのです。」と。[*6] 明らかに、彼のねらいは反ヒトラー派を激励することにあった。

この時以降、ドイツ国民を分裂させることが彼の政策の内、重要な一項目を占めるようになったのである。

　ポーランドの敗北後、ヒトラーは和平提案をしたが、英仏両国政府はこれを拒絶した。チェンバレンはこの平和提案に対して次のように宣言した。

「われわれはヨーロッパにおけるドイツの正当な地位を奪い去る企図を有しない。ドイツは他の諸国との友好と信頼の中に生存するであろう。われわれは時が来たら、交渉と協定により解決されるものと期待している……。われわれは、決して報復の動機からこの戦争に入ったのではない。われわれはただ自由を守るため戦いを決意したのである。われわれは自分達のために物質的な利益を求めるものではない。われわれはドイツ国民の自尊心を傷つけることになるようなものをドイツ国民から、求めるつもりは一切ない」[*7]。

　一九四〇年二月中旬、英国外務省の代表二名が反ヒトラー派の一人とスイスのウシーで会談した。席上、英国側は五項目にわたる暫定的申し入れを文書で示した。

「㈠英国政府は、ドイツの反ヒトラー派がとった工作と関連していると思われる一時的危機に乗じて、西部戦線で攻撃をかけ、ドイツを軍事的不利な立場にたたせるつもりはないことを確約する。

㈡英国政府は、永続的平和の達成に強い確信を有している新ドイツ政府と協力する用意があることを宣言するとともに、ドイツに対し必要な財政的援助を提供する。

㈢それ以上の確約は、フランス政府との事前の打合せなくしてはできない。フランスの同意が得られた場合には、それ以上の確約が可能である。

㈣交渉にあたりフランスが参加する場合には、ドイツ国内における交渉実施の概略の日付を通報することが望ましい。

㈤反ヒトラー派が西欧諸国による牽制行動により自らの工作を容易ならしめることを要望するなら、英国政府はこの要望にそうよう可能な限り努力する用意がある。[8]」

「英国は初めからドイツの反ヒトラー派を見殺しにしていた、という主張は神話にすぎない。〝いかさま戦争〟をやっていた期間も、チェンバレン政府になってからも、そのような主張は真実とほど遠い。」とリッテルは書いている。[9]

一九三九年九月三日、チャーチル氏が戦時内閣の海軍大臣となった。そこでまもなく彼は、観客の目をそらすことを目的とする余興を考え出すゲーム、すなわち牽制行動の立案に熱中しだした。七日、彼は海軍参謀本部に〝バルト海強行通過〟計画を策定するよう命じた。チャーチルはこの計画をエカテリーナ大帝にちなんで〝エカテリーナ〟と命名した。なぜなら、彼も言っているように「この考えの裏にはロシアがあった」からである。[10] ロシアはバルト海計画を読む特権を与えられなかったので、十日後にポーランドを侵略してその半分を併合した。[11] ここにおいて、チャーチルは一〇月一日、次のように放送した。「ロシアの行動は予言できない。それは内に謎を持つ神秘に包まれた不可解きわまりない国である。[12]」と。ソ連の外交政策に関するどんな著作でも一読してみるなら、ロシアは次の点でここ二〇年以上、不変であったことをチャーチルは知り得たであろう。すなわちそれは、国内では平和を、国外では紛争を、というものであった。

チャーチルが次に演じた牽制のための余興は自ら〝マイ・ペット〟と呼ぶもので、彼は「この大冒険に没頭し、ますますその成功の確信を抱くようになった。[*13]」それは一九四〇年四月に実施されたナルビック遠征[#]である。この作戦は大失敗に終り、チェンバレン内閣は責任をとって辞職しなければならなくなった。そして一九四〇年五月一〇日、チャーチルが首相に就任し、国防相を兼務した。この二つの権限をチャーチルが握ったことから、英国の戦争指導は彼の掌中に収まるところとなった。

ナルビック遠征。ノルウェー北部の重要港ナルビック港内にいるドイツ駆逐艦に対し英艦隊がなぐりこみ攻撃をかけ双方に相当の損害がでた。この時英国はナルビックに上陸できず、五月になってその目的を達成した。

チャーチルは英雄的という鋳型で鋳造された人物で、何時でも決死隊を指揮したり、突破口に突入したりする勇猛な戦士であった。しかも事態が最悪になった時、最善の能力を発揮できた。彼の魅惑的な雄弁術、けんか好き、敵部隊殲滅主義は人間の本能に訴えるものがあり、彼をして類まれな戦争指導者にしたてた。彼がこのような偉大な戦争指導者になりえたことは祖国英国に対する彼の数々の貢献の内で最高のものであった。にもかかわらず、ナポレオンがかつて述べたように、

「最高司令官たるものの第一の資質は冷静な頭脳を持っていることである。この資質を有している司令官は正確な印象を持ち、善悪いずれのニュースに接しようと興奮したり、驚嘆し

たりしない……。世間には、自らの肉体的・精神的体質から、ありもしない状況をつくりあげてしまう人達がいる……、本来、そのような人々は軍隊を指揮し、陸上における大作戦を指導するにたる人ではない。」[*14]と。

チャーチルがこれらの資質をどの程度具備していたのかは、彼の補佐役として、極めて親密な関係にあった人々の言から判断することができよう。たとえばロード・イズメイ将軍[#]はチャーチルを次のように評している。

「諸君は首相を普通のものさしで測ることはできない。首相は私達が今までに会ったような人物とは全然別個の人間である。彼は矛盾だらけである。波の山頂にいるかと思うと、波間の谷にいる。非常に賞讃するかと思うと、きびしく非難する。天使のような気質かと思うとひどく憤慨する。熟睡していない時には、彼はまさに噴火山である。彼の性格には中途半端がない。ちょうど四月の天候のように変り易いムードを持つ自然児である……。」[*15]

イズメイ（Ismay, Hastings Lionel）一八八七－一九六五。第二次大戦勃発とともに、国防大臣の参謀長に就任、事後チャーチルに随行してあらゆる戦争会議に出席した。

元帥アランブルック子爵[#]も書いている。「ウィンストンは、彼の偉大な祖先であるマールバラが持っていた軍事的天才を自分が完全に継承しているということに一片の疑いも抱くことはなかった。彼が策定した軍事計画や着想は非常にすぐれたものから、極めて乱暴で、危険極まりないものまで各種各様であった……。演説中に、彼はしばしば、自分が描いた悲惨な光景中の人物になりきってしまい。涙が頬をつたって流れた……。おそらく、彼の最大の欠点は戦略上の全問題を直ちに理解できないことにあったと思われる。ウィンストンは常にキャンバスのある特定部分だけを熟視し、他の部分は見失ってしまっている……。この欠点は、彼がしばしば事の全貌を理解したがらないということにより拡大される。特に、もっと広い視野からものを見ることが、一時的にせよ、自分の熱望してきた作戦を妨害することになるといった場合、このような傾向がある。[*16]」

アラン・ブルック初代アランブルック子爵（Alan Francis Brooke）一八八三－一九六三。一九四一年、英軍参謀総長に就任。四四年元帥になった。

「彼は異常なほどがんこである。彼は使用を禁じられた玩具に夢中になっている子供のようである。指を切ったり、やけどをしたりすると注意しても、ぬかに釘である。説明すればするほど、自説に固執する……。自説がいかに粗暴なものでも、それが放棄されると、彼は詳細な調査、ないしは計画、あるいはその両方を大至急やるよう命じた……。これに応ずるためには二種類の参謀本部を必要としたであろう。一つは首相用であり、もう一つは戦争遂行用である……。誰もがチャーチルの偉大な資質を認めていた。しかし、ほとんどの者が、彼の資質が戦争という機械を扱う彼のやり方に対して適切な代償であるかどうか疑っていた。[*17]」と、サー・ジョン・ケネディ陸軍少将も書いている。

首相に就任して三日後、チャーチルは新内閣に対する信任投票を求めるため下院を召集し、まず各議員に「血と汗と涙、それに労役をささげる」と約した後、次のように自らの政策を述べた。

「われわれの政策は何かと諸君は問うでしょう、私はそれに対してこう答える。海に、陸に、空に、あらゆるわれわれ固有の力と神の与えしすべての力をもって戦うことであると。すなわち暗黒で、悲しむべき人類の罪の目録中で、いまだかつてその比をみない兇悪な暴政、これに対して戦うことである。それがわれわれの政策である。諸君は、われわれの目的は何かと問うでしょう、私は一言で答えられる。すなわち勝利、どんな犠牲を払っても勝利、あらゆる恐怖を克服しての勝利、その道がどんなに長く、苦しくてもこれを踏破しての勝利である……。さあ、そこで、われわれは一体となった力をもって共に前進しようではないか。[*18]」

戦争において、勝利は目的達成のための一手段にすぎない。真の政治家にとって、戦争の目的は平和である。このことを、チャーチルは最後の最後になるまで理解できなかった。彼がこのことを理解した時には、すでにこうむった損害を償うには遅すぎたのである。五月一三日以降、チャーチルにとって戦争は「ヒトラーを敗北させ、破滅させ、虐殺することであって、その他のあらゆる目的や忠誠や目標を排除する」ことになった。[*19] そこで彼が一九四八年三月に書いた偉大な歴史書の序文で〝どんな犠牲を払っても勝利を〟が世界を精神的錯乱状態に至らしめたと記した。まさに正直な記述である。いわく、

「何億の人間すべての努力と犠牲によってかち得た正義の勝利の後に、われわれがなお平和と安全を見出しえず、すでにわれわれが乗り越えたものよりも、さらに一層邪悪で危険な世界に生きているということは、人類の悲劇が頂点に達しているということである。」と。

＊1 一九三八年三月「私は英仏露三国同盟の結成を主張していた。」(「the Second World War」, Vol. I. p. 213)。一九三八年九月「私はしばらくの間、ロンドン駐在ソ連大使マイスキーと友好関係にあった。」(同右 p. 229)。一九三九年五月四日、「ロシアの全面的協力が得られなければならないのみならず、バルト三国も、また加盟させなければならない。」(同右 p. 285)。一九三九年五月一九日、下院において、「どうして今、ロシアと同盟することに尻ごみするのか。」(同右 p. 293)

＊2 「Life of Neville Chamberlain」Keith Feiling (1946), p. 403.

＊3 「Parliamentary Debates」, 5th Series Vol. 351, col. 295.

＊4 ヴァッテルの「the voluntary law of nations'」第一ルールと比較せよ。本書第一章25頁参照。

＊5 「The German Resistance」Gerhard Ritter (English edition, 1958), pp. 95 and 101.

＊6 「Documents concerning German Polish Relations」Cmd. 6106 (1939), No. 144, 195.

＊7 前掲 Ritter, p. 142 に引用されている。

＊8 同右 Ritter, p. 158.

＊9 同右 Ritter, p. 163.

＊10 「The Second World War」Vol. I, p. 364 and Appendix G.

＊11 この事件について、彼は次のように書いている。「私は彼ら(ロシア人)についてどんな幻想も決していだいていなかった。私は、彼らが道徳律を受けいれないこと、自分達の利益のみを考えることを知っていた。」(同右 Vol. I, p. 351)。だとしたら、彼はどうして、あれほどまでに熱烈にロシアとの提携を求めたのであろうか。

＊12　同右　Vol. I, p. 353.

＊13　同右　Vol. I, p. 493.

＊14　「Corresp」. Vol. XXXII, pp. 182-3.

＊15　「Auchinleck」John Connell（1959）, pp. 472-473 に引用されている。一九四〇年五月から、一九四五年七月まで、イズメイは国防大臣として、チャーチルの参謀長であった。

＊16　「The Turn of the Tide」Arthur Bryant（1957）pp. 415, 502 & 723. アランブルックは一九四一年から終戦まで陸軍参謀総長であった。

＊17　「The Business of War」Sir John Kennedy（1957）, pp. 275, 173 & 61. ケネディは一九四〇年一〇月から一九四四年末まで陸軍省作戦部長であった。

＊18　「The Second World War」Vol. II, p. 24.

＊19　同右　Vol. III, p.21.

一九四〇年の電撃戦

戦略的麻痺化の理論を実際に応用した代表的人物はハインツ・グデーリアン将軍である。将軍は一八八八年に生れた。第一次世界大戦後、彼はド・ゴール将軍同様、戦車とその戦術に関する英国の書物や論文を読破し、機甲戦に深い関心を抱くようになった。敵の指揮を麻痺させる概念は一九一八年に生れたものであり、戦車や航空機の発達、それに各種対戦車兵器の導入によりいまやその修正が必要とされた。戦車が夜間、迅速かつ確実に機動できないのなら、事実、当時それはできなかったし、現在でも依然できないが、[*1]本格的攻撃に先だち敵司令部を無能にしてやろうという考えはもはや現実ばなれしていた。グデーリアンは敵第一線を粉砕する不意急襲的な打撃によって敵の指揮を十分麻痺できると認識した。この認識こそが戦略的麻痺化の理論に対する彼の貢献である。要するに、彼の概念はB・H・リデルハート大尉が〝インダイレクト・アプローチ〟──ねらいとするところは不変であるが、手段は変化した──と呼んだものに基づいていた。

一九四〇年二月、ヒトラーを議長とするフランス侵攻検討会議がひらかれた。まず方面軍集団司令官や軍司令官達が意見を開陳した。ついで、第一九機甲軍団長で、マンスタイン大将の信任厚いグデーリアンがヒトラーに、自分が如何にして自らの軍団を四日間でミューズ河まで前進させ、五日目には同河を渡河する計画であるかを説明した。その時、ヒトラーは「さて、それで貴下はどうするつもりだ。」と彼に尋ねた。グデーリアンは「彼がこの死活的問題について私に質問を発した最初の人であった。」とコメントした後、これに対して次のように答えたと記している。

「『別命のないかぎり、私はひき続き西方に進撃するつもりです。最高統帥部は、私の目標がアミアンなのか、それともパリなのか決定していただきたい。私の意見では、最良の行動方針はアミアンを経て英国海峡に向かう案であります。』と私は答えた。ヒトラーはうなずいただけで、それ以上は何も言わなかった。ただ私の左隣接部隊である第一六軍司令官ボッシュ将軍のみが突然発言した。『ところで、私は貴下が真っ先に渡河するとは思えないのだが。』と。ヒトラーは顔をこわばらせながら私の方に視線を向け、私の答を求めた。私は『とにかく、貴下がそうする必要はないです。』と言った。ヒトラーはなにも言わなかった。」[*2]

グデーリアンの次の目標はミューズ河畔のセダンから直距離にして一六〇マイル西の英国海峡沿岸線であった。ボッシュ将軍がびっくりしたのも無理はない。というのは、月並みな将軍ならば、同河の西方一二―三マイル以上に目標を置くようなことはしなかったであろうからである。その目標がかくも遠距離にあるところに、グデーリアンの電撃作戦が秘めている本質をものがたっている。

それは運動力を心理的兵器として使用することにあった。それは殺傷をねらったのではなく、移動をねらったのである。すなわち、殺傷するために移動したのではない。敵を恐怖させ、うろたえさせ、混乱させるために移動したのであり、敵の後方において仰天と疑惑、それに当惑を惹起させるために移動したのである。そこでは、噂が針小棒大にひろがり、手のつけようもないパニック状態になる。簡単にいえば、そのねらいは敵の指揮を麻痺させることのみならず、敵国政府をも麻痺させることにあった。しかもその麻痺化は速度に正比例するであろう。ダントンの言葉をかりれば、「速度を、もっと速度を、常に速度を。これこそが秘訣である。そのためには大胆さを、もっと大胆さを、さらに大胆さを必要とする。」である。

一九四〇年五月、フランスに侵攻したドイツ軍はA・B・Cの三個軍集団に編成された。C軍集団はマジノ線をけん制するために展開された。A及びB集団をもってその北に展開した。B軍集団の正面はオランダ国境のウインタースウイジクからアーヘンに至る間であり、A軍集団がそのアーヘンからC軍集団の右翼側までを担任正面としていた。A軍集団は三個軍からなり、第四軍が右翼正面、第一二軍が中央、第一六軍が左翼正面を担任した。総数一〇個機甲師団の内、第五と第七機甲師団は第四軍に編合された。第六と第八機甲師団をもってラインハルト将軍指揮下の第四一機甲軍団を、第一、第二、第一〇機甲師団をもってグデーリアンを軍団長とする第一九機甲軍団をそれぞれ編成していた。これら二個軍団が一緒になって、フォン・クライスト将軍の指揮下におかれ、第一二軍地域内に集結した。このクライスト機甲軍とその右側に集結しているロンメル将軍麾下の第七機甲師団が打撃部隊になっていた。

その任務はアルデンヌを経て、ディナンとセダンの間でミューズ河を渡り、敵第一線を突破することにあった。電撃戦を最もよく説明するにはグデーリアン軍団の後を追ってみればよい。

攻撃は五月一〇日に開始された。翌一一日、アルデンヌにいたフランス軍前方部隊は西方に駆逐された。一二日、グデーリアンはブイヨンを奪取、夕刻前に、彼の二個師団がセダンにおいてミューズ河の東岸を占領した。一方、ラインハルト軍団はモンセルメに迫り、ロンメル師団はホークスにあった。一三日には、急降下爆撃機の掩護下に、ミューズ河を渡り、これに架橋した。そしてその日の夕刻までにはセダン南方八マイルのチメリーの村はドイツ軍の手中に帰した。グデーリアンは夜間に至るも引き続き進撃することを猛烈に主張したが、クライストは一四日夜から一五日にかけて進撃を停止させた。進撃は一六日早朝から再開され、一七日再び停止された。事後は英国海峡に向う競争となり、一八日には、サンカンタンに達し、一九日には、ドゥエとペロンヌの間でノルト運河を越えた。二〇日、モントルイユ、ドゥラン、アミアン、アブビルをそれぞれ占領した。いまやスカルプ河とソンム河にはさまれた全地域がドイツ軍の占領するところとなった。英国軍の兵站線は切断され、海峡の諸港湾に至る経路がドイツ軍の前に開放された。一一日間で、ドイツ軍は二二〇マイルも前進した。これが電撃戦である。それでは英仏軍の士気という観点からこの電撃戦が与えた影響についてみてみよう。

英仏軍側の状況を的確に要約したものとして、一九四一年に出版された『一参謀の日記』と題する匿名の小冊子がある。それは在フランス英空軍総司令官の参謀であった一航空情報連絡将校によって書かれたものであるが、以下それから引用したものである。

五月一四日、「ドイツ軍は縦深五マイルにわたる築城陣地を易々と貫通した。ドイツ側の損害は恐らく五〇〇名程度であっただろう……。急降下爆撃機がフランス軍におそいかかった。フランス兵達はたいした損害もなかったのに、わずか二時間だけ爆撃に耐えた後、耳を両手でおおって退却した。」

五月一五日、「セダンは空爆により陥落した……。それは奇襲の原則を地でいった典型的な例であった。」

五月一六日、「ここ一週間における南方戦線の情勢は急速に推移した。しかもその推移は、現実の状況がいかに危険きわまりないものか理解できないほど型破りなもの――一か八かの様相――であった。」

五月一七日、「それはポーランドの二の舞である。」（フランス軍参謀本部はポーランドで成功を収めた電撃戦戦術はフランスの錯雑地に適用できないものと考えていた。）

五月一八日、「ドイツ軍と第二のマルヌの戦いをやることになる、とわれわれは確信している。しかしドイツ側はそう信じているだろうか……。戦況の推移があまりにも早過ぎる。再び運動戦が大々的に開始されたのである……。ドイツが戦争に勝っているのは急降下爆撃機と機甲師団が協同していることによる。」

五月一九日、「ドイツ軍機甲部隊、アミアンにありというニュースが入った。（おそらく偵察隊であろう。）このニュースはとほうもない悪夢のようである……。ドイツ軍はあらゆるリスク――許容できそうもないおろかなリスク――をかけ、しかも成功をおさめてきたのである……。フランス軍参謀本部は運動戦という型破りの戦いにより麻痺させられてしまった。浮動状況下の戦闘は教範に記されていないし、連合国陸軍の諸計画を策定する任にあるフランス軍の将軍達は一九一四年の頭脳であったので、この新奇な事態にその機能を果すことができないのである。[*3]」

五月二二日、「われわれの唯一の機甲師団が昨日、フランスに上陸した……。ドイツの歩兵はどこにいるのか。ドイツ軍主力はどこにいるのか。雷電のような五〇〇〇両の戦車の後方、一〇〇マイルの位置にドイツ軍主力がいる、というわれわれの見積りは正確なものなのか。」（実際の戦車数はこの半分以下であった。）

噂はあっというまにひろがり、パニックは距離に比例して大きくなる。五月一五日午前七時三〇分、チャーチルはベッドわきの電話のベルで目をさました。相手の声はレノー[#]であった。「われわれは敗れました。セダン付近で戦線が突破されました。敵は多数の戦車と装甲車でなだれこんでいるところです。」チャーチルはびっくり仰天した。「これまでのあらゆる経験からすれば、いましばらくしたら攻撃は終るでしょう。私は一九一八年三月二一日のことを思い出します。五、六日もすれば、敵は補給のため、進撃を停止しなければなりませんでした。そうしたら逆襲の好機が出てくるのです。」しかし一九一八年三月にはドイツ軍には戦車がなかった。このことをチャーチルは忘れてしまっていた。彼は次のように書いて自己弁護をやっている。「多年の間、政府の情報に接することがなかったために、前大戦以降、速度の速い、しかも重装甲の車両が大量に導入されたことによりもたらされた一大革新を、私はわかっていなかった。」と。[*4] 彼は自分に必要なすべての事項を、彼のすぐれた覚書『第一次世界大戦におけるさまざまな攻撃』の中に見出しえたはずである。しかるに、彼は最終的には、政府の情報の中に必要な諸事項を捜し求めたのである。

レノー（Reynaud Paul）（一八七八－一九六六）第二次世界大戦勃発時のフランス首相。

五月一六日チャーチルは、自分がパリに赴くことが必要不可欠であると考えた。午後四時、ル・ブールジェに着いた彼を迎えた某将校が「ドイツ軍はせいぜい二、三日でパリに突入するものと思われます。」と告げた。彼は直ちにフランス外務省に向い、そこでレノー、ダラディエ＃、ガムラン＃と会見した。ガムラン将軍が状況を要約説明した後、チャーチルは将軍に「戦略予備軍はどこにいるのですか……。」「どこに機動部隊はいるのですか。」と尋ねた。「ガムラン将軍は私の方へ向きなおって、心もち頭を振り、肩をすぼめて『どこにもおりません。』というのであった……。外務省の外庭ではいくつかの大きなたき火からもうもうたる煙が立ちのぼっていた。窓から見ると、老職員たちが手押しの一輪車で文書類をそこに運んでいた。すでにパリ撤退は用意されつつあったのだ。[*5]」

＃ ダラディエ (Daladier, Édouard) 一八八四－一九七〇。第二次世界大戦勃発時のフランス国防相、外相。

＃ ガムラン (Gamelin, Maurice Gustave) 一八七二－一九五八。第二次世界大戦勃発時フランス国防参謀本部長。

その他、パニック状態に陥ったこの日の状況について、フランスの一閣僚ポール・ボードアンは次のように記している。

「葉巻きの煙りを火山のようにだしながら、チャーチルはレノーに、たとえフランスが侵略され、征服されたとしても、英国は戦い続けるでしょう、と語った……。朝、一人になるまで、彼は戦争の黙示的光景をありありと目の前に思い浮かばせた。灰じんに帰した英国、廃墟と化し、しかもその廃墟もすでに冷たくなってしまったフランス。このような両国の頭上で〝新世界〟がドイツに支配された〝旧世界〟と航空戦を展開する。カナダの中心部にいてこの航空戦を指揮している自分、そんな自分をチャーチルは思い浮かべた。[*6]」

英国国民一般は、英国は海の壁により防護されているので安全だと考え、ドイツ軍の進撃によりそうひどく不安になることはなかった。しかし、政府はろうばいしてしまい、多数のあやまった恐慌対策をとったので国は混乱をきたした。狂気じみた障害物が道路に設置された。道標は抜き取られ、鉄道の駅名や旅館、村落、町の名前が消されてしまった。その上、五月一八日、チャーチルは参謀総長に「共産主義者とファシストに対する処置を講じるべきであり……、それらの指導者を含む相当多数の者を軟禁、抑留すべきである……。」と訓令した。[*7] これにより大量の逮捕者が出た。単に、戦争は誤りであると考えている、[*8] というかどで、数百の人々が裁判も受けずに拘置された。しかもその拘留状態は野蛮的としかいいようがないものであった。以前ダッハウ[#]に抑留されていたことがあるドイツ系ユダヤ人のある抑留避難民は、アスコット抑留所の状態はドイツにおける抑留所のそれよりはるかに悪く、アスコットに一カ月いるくらいなら、ダッハウで六カ月暮らした方がずっとましだと語った。[*9]

＃　ダッハウ。ドイツ南東部、ミュンヘン付近の都市。ナチスの捕虜強制収容所のあった所。

ペタン元帥が、フランスは休戦を申し出た、と発表した四日前の六月一三日、チャーチルはフランス政府に〝激励のメッセージ〟を送ったが、その中で彼は英仏両国国民の兄弟的かつ永久的結合を提唱した。[*10] 三日後には、チャーチルはサー・ジェームズ・ソマヴィール[#]提督に、オラン及びマルサ・アル・カビールにいるフランス軍艦を撃沈するよう命じたのである。[*11] この〝悲しむべきエピソード〟――チャーチルがそういっている――をもって、電撃戦によってもたらされたパニックはあっけない終末となった。

＃ 独仏休戦協定により、フランス艦隊は独伊海軍によって解隊され、武装解除されることになった。そこでチャーチルはいち早くフランス軍艦の接収を開始した。地中海のこの二港に停泊していた軍艦は接収に応じないとの理由で撃沈された。

＊1 これを可能にする手段が第二次大戦中に考案されたが、ついに使用されなかった。拙著「The Second World War (1948)」Appendix pp. 413-5 参照。

＊2 「Panzer Leader」General Heinz Guderian (English edition, 1952), p. 92.

＊3 まことに興味深いことに、ドイツ軍の進撃間、ドイツのラジオは、フランス語の放送を間断なく行なっている。これにより、フランスの一般住民は恐慌と混乱をきたし、避難民の流れが道路を閉塞してしまった。このため突破されたフランス戦線の後方にいる部隊はほとんど移動できなかった。「The War (1960)」p. 74,「The Schellenberg Memoirs」, Desmond Flower and James Reevesから引用。

＊4 「The Second World War」Vol. II, p. 38-39.

＊5 同右 Vol. II, pp. 41-42.

＊6 「The Private Diaries of Paul Baudouin」(English edition, 1948), p. 33.

＊7 「The Second World War」Vol. II, p. 49.

＊8 P・C・ロフタス氏は下院で、サー・オズワルド・モーズレーの英国ファシスト組合の一員であるとの理由で逮捕された一人の男について弁じた。彼の演説内容によればこうだ。「その男は

たまたま一隻のモーター・ボートを持っていた。そして、ダンケルクの時、テームズ河にいたが無線で救援の訴えを聞いた。彼は自ら志願して出かけ、約四五〇名の兵士を救助した。彼のモーター・ボートには機関銃弾の弾痕がかなりあった。そして彼は英国に帰るや逮捕された。

*9　第一八B広報委員会のパンフレットに引用されている。
（「Parliamentary Debates」, 5th Series, Vol. 373), col. 983.

*10　この取りとめもない提唱については「The Second World War」Vol. II, pp. 183-4 を参照。

*11　ソマヴィール提督はこれを〝けがらわしい作戦〟〝下卑な任務〟あるいは〝近代における最大の政治的へま〟と呼んだ。（「Sunday Times」, London, 7th August 1960）

ロシアとドイツの内部戦線

ドイツのフランス侵攻は一つの戦略的賭けであった。というのは、フランスさえ敗北したら、英国は和平交渉を受諾するだろう、というのがヒトラーの予測であったからである。彼は英国侵攻の準備は何もしなかった。これは開戦をいそいだあまり準備の余裕がなかったからか、あるいは、当然ありうることであるが、全面的対英侵攻など最初から、不可能なことであるとヒトラーが考えていたからであろう。したがって、ヒトラーは反転してロシアに侵攻するため、まず西部戦線の結着をつけておこうと考えていたのではなく、英国に和議を求めさせるため、しばらくの間、西部戦線を消極的なものにしておこうと全力をそそいだのである。また、その頃にはすでに、ヒトラーはルーズベルト大統領——大統領は終始、英国を支援してきた——がアメリカを参戦させるため必死に準備していることを十分承知していた。このことは、一九四一年三月一一日、武器貸与法案が議会を通過した時に、もう疑う余地もなかった。それは一九一七年四月六日のアメリカの宣戦布告と同じく、世界史における致命的事件であった。アメリカの武器貸与がなかったら、大英帝国はあのように長期にわたる戦争を継続できなかっただろう。

対ロシア戦において、ヒトラーがかかえた難問は〝時間〟であった。ヒトラーは、アメリカが参戦しない内に、ロシアを撃破して、ドイツの〝生存圏〟を確立できるであろうか。もし確立できなかったら、消極的な西部戦線が再び積極的な戦線となり、ヒトラーは二正面作戦を強いられることになる。これは彼が最も恐れていたところである。この問題の解答はロシアの戦略的重心を正しく選定することにあった。クラウゼヴィッツを参照すれば、ヒトラーはどこにそれがあるか知り得たであろう。クラウゼヴィッツは、「国内におけるあつれきによってのみロシアを征服できる」と指摘したではないか。[*1] クラウゼヴィッツ以後においても、セオドル・モムゼン[#]がロシア帝国を〝ツァー王国の錆びた箍《たが》を掛けたごみ箱〟にたとえたことがあったではないか。その後、レーニンも次のように言ったことがあるのである。

「世界中で、ロシアほど多くの人民が圧制を受けているところはない。大ロシア人は全人口の四三％を占めるに過ぎない。すなわち半分以下なのである。残りの人民は他国民だとしてロシア国民としての諸権利を有していない。ロシアの人口一億七〇〇〇万人の内、約一億人は圧制にしいたげられ、いかなる権利も有していないのである。[*2]」

モムゼン (Mommsen, Theodor) 一八一七－一九〇三。一九世紀ドイツ最大の歴史家。ローマ史に関する著作が多い。

一九四一年におけるスターリンの圧制はどのツァーよりも比較にならぬほどひどいものであった。しかも、ウクライナ人、白ロシア人、コザック人、コーカサス人等多くの人民は集団農場化時代（一九二九－一九三八）の恐怖を忘れられなかった。この十年間に、約一〇〇〇万人が虐殺され、流刑に処せられ、餓死した。一九四一年の時点で、ウクライナ地方、白ロシア地方、バルト地方だけでも約四〇〇〇万の人民が解放を熱望していた。だから、ロシアというこの巨人を分裂させるためには、ヒトラーが解放者としてロシア国境を越え、集団農場化に終止符を打つだけでよかった。そうすれば、ヒトラーは少数民族を味方につけることができるだけでなく、スターリンの軍隊をも解体させえたであろう。なぜなら、スターリンの軍隊はその兵士の多くが集団農場の農奴出身であったからである。これこそがスターリンをしてドイツの侵攻を恐れさせた理由であった。スターリンは、ドイツ人が〝武力のみで〟戦争をやるほど愚かだとは夢想だにしていなかったのである。[*3]

ライトリンゲルは書いている。「もしドイツ人が、一九一八年のウィルソン大統領の十四カ条のようなものを持ってロシアに侵攻していたなら、ロシアはちょうどドイツが十四カ条で分裂したと同じようになったにちがいない。」と。さらに彼は次のようにも論じている。「ヒトラーはウクライナ地方の安全確保のため軍隊をモスクワからウクライナに転用する必要は決してなかったであろう。なぜなら、ウクライナ人がそれを彼に提供したであろうから……。[4]」しかるにヒトラーはソビエト社会主義共和国連邦の人民は〝人間以下〟であるといい、皆殺し戦争をやるに決したのである。[5]

侵攻は一九四一年六月二二日に開始された。キエフ〔キーウ〕の戦いが終った九月二六日までの戦闘で、一五〇万人以上の捕虜がとらえられた。クリスマスまでに、新たに一〇〇万近いロシア兵が袋のねずみになった。捕虜の数がかくも莫大であった理由について、アンデルス将軍は次のように書いている。

「多くの兵士達はこの戦争を、ロシアにおける社会秩序を変えるための好機とみなし、ドイツの勝利を希求した。従って集団投降があったし、……多くの高級将校達がソビエトと戦うためにドイツ側に走ったのである。[6]」

いたるところでドイツ軍は解放者として一般人民に迎えられた。ウクライナ人はヒトラーを〝ヨーロッパの救世主〟とみなした。[7]白ロシア人はドイツ側に味方して戦うことを切望した。グデーリアンは「婦人達が村からバターつきパンや、卵を木の大皿にのせて戦場に運んできてくれた。少なくとも私の場合、私が食べ終るまで出発させてくれなかった。」と述べている。[8]その他、エーリヒ・ケルンも次のように書いている。

「ロストフ市では、全市をあげて市民達が街にならび、われわれを歓呼して迎えてくれた……。私はいまだかつてこの様な急転換を見たことがなかった。ボルシェヴィズムはどこにもなかった。敵はいなくなっていた……。行く先々で手を振る人々に逢うのだった……。ソビエト帝国はその継ぎ目からひび割れを生じていた。[*9]」

やがてヒムラー[#]が悪名高い親衛隊をつれてやってきた。一九四二年初頭、ポーランドにおけるドイツ行政部の首脳者ベルトルド博士はフォン・ハッセルに「ロシア人及びウクライナ人に対する親衛隊の野蛮な取り扱いはいまだかつて見たことのないほどひどいものだ。」と語った。[*10]エーリヒ・ケルンも「ボルシェヴィズムが政治的に失墜していたその時に、ヒムラーと彼の暗殺者達がボルシェヴィズムに救済の手をさしのべた。」と指摘してベルトルド博士の言を確証している。ケルンはさらに続けて、「われわれはロシア人民に、ナポレオンと戦った時のような熱情を激発させてしまった。このためボルシェヴィキは夢にも思わぬ政治的合体を達成するとともに、その大義に〝愛国的戦争〟という後光をもたらすことができた。」と書いている。[*11]またゴルリッツは「ボルシェヴィズム打倒というねらいが単にスラブ人を殺戮し、奴隷化する努力となってじきにあらわれはじめた。この事実こそが独ソ戦における最も致命的欠陥であった。」と記している。[*12]

#　ヒムラー（Himmler, Heinrich）一九〇〇－一九四五。ドイツのファシスト政治家。親衛隊の隊長。国家秘密警察の長官、全ドイツ警察長官を歴任、一切の政敵絶滅を図った。

一九三九年における英仏両国のとるべき最良の政策は、次の二大理由から、独ソ戦の圏外に立って、独ソ両独裁大国を相互に不全にさせ、この間最大速度で軍備強化に努めることであったと断言できる。第一の理由は、国家社会主義とボルシェヴィズムは共に民主主義と対立し、あいいれないからである。第二に、ヒトラーの目的は東部ヨーロッパに〝生存圏〟を設立することにあったからである。しかもこのことはいずれにせよ、ヒトラーをしてロシアといざこざを起せしめることになろう。もし英仏両国がこのような政策をとっていたなら、やがて両国は有利な状態で独ソ戦に介入できる好機を持つことになったであろう。その時、ロシアが勝っていれば、ヒトラーは信用を失っているだろうし、ドイツに支援を与えることも可能であろう。この反対の状況になった場合には、英仏両国が西方から有利な状態でドイツに侵攻することができるであろう。しかるに、このような政策は、チェンバレンの対ポーランド公約で実行不可能になってしまっていたのである。

いまやドイツはロシアに侵攻したので、英仏に有利な条件で和平を獲得する好機が再び到来した。それ故に、英米両国は、ハンソン・W・ボールドウィン[#]の提唱した政策を採用すべきであった。すなわち、「一つの全体主義と〝民主主義〟を犠牲にして別の全体主義を高揚するようなことをすべきではない。そのかわりに、ロシアに対しては戦争を継続できる程度に援助してやり、ドイツに対しては戦争継続を断念してしまうほどの損害を与えないようにすべきである。」と。[*13]

#　ボールドウィン（Baldwin, Hanson Weightman）一九〇三－一九九一。ニューヨーク・タイムズ紙の軍事専門記者。その軍事評論は世界的権威をもつものとされた。

このような好機も、チャーチル氏のけんか好きによりのがしてしまった。一九四一年六月二一日の夜、ドイツ軍がロシア国境を越えて侵攻を開始する数時間前に、アメリカ大使ワイナント氏と晩餐を共にしたチャーチルは大使に、ドイツの対ロシア攻撃が切迫していること、そして彼は全力をあげてロシアを援助するつもりであること、を言明した。しかも、ワイナント大使が「反共の巨頭であられるあなたがロシアを援助することは己の信念をまげることにはなりませんか」と尋ねると、チャーチルは「とんでもありません。私の目的は唯一つ、ヒトラーの打倒だけです。私の生涯はこの目的により非常に単純化されているのです。もしヒトラーが地獄に侵攻したなら、私は下院で、悪魔のために、少なくとも有利な発言をするでしょう。」と答えた。[14]たしかに、彼にとって、戦争は有利な条件で和平を獲得するために戦われているのではなく、自分の生涯を単純化するためであった。

　翌日、チャーチルは英国国民に向けて次のような激烈な放送を行なった。

「われわれはただ一つの目的しかありません。たった一つの、変更不可能な目的だけであります。われわれはヒトラーとナチ政体の痕跡を消滅させることにきめているのであります。何物もこの目的からわれわれをそらすことはないでありましょう。何物もです。われわれは断じて交渉はしません。ヒトラーとも、かれのギャングの何者とも断じて交渉はしません……。ナチ世界に対して戦いつづけるものは、人も国も、われわれの援助を得るでありましょう。ヒトラーと共に歩むものは、人も国もわれわれの敵であります……。これがわれわれの政策であります。これがわれわれの宣言であります。そういうわけでありますから、当然、われわれはロシアとロシア国民にできるだけの援助を与えるでありましょう。[15]」

　七月七日、チャーチルは〝スターリン閣下〟にあててメッセージを送り、可能な限りの支援を申し出た。そして五日後には、英ソ両国の間に条約が締結された。その条約の中で両国は「量ないしは質に関していかなる詳細なとりきめも有しない相互援助」を約すとともに、いずれの締約国も単独講和を結ぶことはしないということを確認した。七月一八日、スターリンはチャーチルの申し出に対して次のような回答を送ってきた。それは〝西部（北フランス）及び北部（北極地方）〟に戦線を形成してほしいというものであった。さらにスターリンはその回答の中で「いまこそこの戦線を形成する最良の時期である。」とつけ加えていた。[*16]

　結局、この協力関係が発展して、〝国境関連事項を削除した〟英ソ同盟条約が一九四二年五月二六日、締結されるに至った。「この条約は私に大きな安堵感をもたらした。それは私があえて望み得る以上に、はるかに良い解決策であった。」とチャーチルは書いている。[*17]しかしながら、この条約が一九三九年三月三一日になされた英仏の対ポーランド安全保障よりもさらに大きな失敗であったことを、時が証明することになったのである。

　論評するなら、それは何ら新味のないものになるかもしれないが、次のような辛らつなものとなろう。

　第一に、チャーチルは放送をつうじて、いかなる人、いかなる国とを問わず、ヒトラーと戦うものに英国は援助を提供するであろうと宣言したのであるから、チャーチルは前任者と同じようにドイツ国内にいる反ヒトラー派を激励すべく全力を尽すべきであった。反ヒトラー派のメンバーは、一九四〇年以降、英国の援助を得るため数知れぬ企てをはかった。しかるに、その度ごとに彼らは無視ないしは、拒絶されたのである。[*18]ヒトラーに対する憎悪により盲信的になってしまったチャーチルはドイツ人をすべて猛獣のようにみなした。そしてそのために、ヒトラーが対ソ戦において犯した誤りと同じ誤り、すなわちソビエト社会主義共和国連邦内にある親スターリン派と反スターリン派を区別できなかった過失と同じ過失をチャーチルはおかしたのである。チャーチルは反ヒトラー派と手を結ぶかわりに、ドゥーエの戦略理論にのっとって戦略爆撃を実施し、ドイツ国民の士気を阻喪せしめようとはかったのである[*19]。

第二に、英国政府は英・ポーランド条約によりポーランドに義務を負っており、しかもヒトラーと同じくスターリンにも罪のあるポーランド分割に直面しているのであるから、衝動的に、ソ連の両腕の中に自国を投じるようなことをチャーチルはすべきでなかった。むしろスターリンが英国の援助を求めてくるまでは沈黙しておくべきであった。そして、次のような条件をのむならば英国の援助を与える、ということにすべきであった。それは、一九三九年八月二三日に締結された独ソ条約をまず無効にすること、ついで、ロシアに抑留されているポーランド人捕虜及び被追放者をすべて釈放することである。

第三に、チャーチルは次のことを認識すべきであった。すなわち、ヒトラーに代わってスターリンが台頭したのでは道徳的にも政治的にも百害あって一利なしだということ、もしそうなったら、戦争は政治的に敗北するばかりか、ヨーロッパにおけるバランス・オブ・パワーはソビエトの手中に帰すであろうということである。

このような政治的手腕の欠如という点で、チャーチルにまさるともおとらない人物、それはアメリカ大統領ルーズベルトであった。

＊1　本書第四章124頁参照。

＊2　「Collected Works (English edition, n. d.)」 Vol. XVII, pp. 225-6.

＊3　ブラソブ将軍がヒムラーにそう語った。「The House Built on Sand」 Gerald Reitlinger (1960), p. 361 参照。

＊4　同右　p. 22.

＊5　彼の政策及びその実行過程についてはAlan Bullockの「Hitler : a Study of Tyranny」 pp. 633-44 参照。

＊6　「Hitler's Defeat in Russia (1953)」 p. 168. アンデルスは自由ポーランド軍の総司令官。

＊7　「The Goebbels Diaries」 p. 135.

＊8　「Panzer Leader」 p. 193.

＊9　「Dance of Death (English edition, 1948)」 pp. 102, 94, 86. ケルンはヒトラー直轄親衛突撃隊の下士官であった。

＊10　「The Von Hassell Diaries, 1938-1944 (1948)」 p. 219.

＊11　「Dance of Death」 p. 108.

＊12　「The German General Staff」 p. 397. あるドイツ軍将校がアメリカ人ジャーナリストに「独ソ戦において、ドイツはどこで敗北したか知っているか」と尋ねた。「スターリングラード」と即座に答えた。「違う。われわれは、ずっと以前に敗北していた。キエフだ。われわれがウクライナの旗を掲げないで、卍字の旗を掲げた時だ。」とその将校は言った。「Our Secret Allies : the

Peoples of Russia (1954)」Eugene Lyons p. 232 に引用されている。

＊13 「Great Mistakes of the War (1950)」, p. 10.

＊14 「The Second World War」Vol. III, p. 331.

＊15 同右　Vol. III, p. 332.

＊16 「Stalin's Correspondence with Churchill, Attlee, Roosevelt and Truman 1941-1945 (1957)」 Vol. I, p. 12.

＊17 「The Second World War」Vol. IV, p. 300.

＊18 Ritter, p. 212.

＊19 この章459－466頁参照。

ルーズベルト大統領の親ソ・反日政策

世界の歩みを長年にわたり熟視してきた一人のアメリカ人歴史学者が、一九三九年一〇月一八日、自分の戦争日記に次のように記した。

「英国にとって、この戦争は現在、海軍と海軍の戦いではない。フランスにとって、この戦争は現在、陸軍と陸軍の戦いではない。この戦争は主義と主義の戦いである。それはスターリン主義とヨーロッパ主義の戦いである。西側連合国の戦争指導者達がこのことを早く認識しなければならない。それが早ければ早いだけ良いのである。いまや、ヨーロッパにおいて、戦争よりも恐ろしい何かが起こりつつある。[*1]」

この戦争がごく最近、物理的闘争から解放され、これを超越して二つの相対立する文化と文化の争い、すなわち、西側の自由な生活様式とアジア的な独裁の戦いになった、というこの卓越した先見洞察を、チャーチル氏やルーズベルト大統領は理解できなかった。しかし戦争の終末段階に入り、もはやコースの変更ができなくなった時に、前者はこれに気付いたが、後者は依然気付いていなかった。このことはヨーロッパの悲劇となった。このアメリカ大統領なる人物はどんな人であったのであろうか。

大統領の親密な協力者であり、彼の演説の多くを起草したロバート・E・シャーウッドは彼を次のように描写している。

「フランシス・パーキンス#はルーズベルトを『私があった人の中で最も複雑な人間である。』と書いた。ヘンリー・モーゲンソー二世#は『ルーズベルトは並み並みならぬ人物であるといえよう……。退屈な人物であると同時に快活な人である。軽率なところがあるかと思えば、威厳に満ちている。率直である一方つかまえどころがない……。ムードと動機がいりくんでいて当惑を感じる人物である。』と評した。パーキンス女史も、モーゲンソーも共にルーズベルト内閣の閣僚であったし、私よりはるかに彼を良く知っていた。しかしながら、私は特に大統領が私人に返り、リラックスしている時間によくあっており、大統領の人柄を複雑そのものとみる彼らの論述に対して、私は〝さもありなん〟程度はいえると思う。私は文筆を商売としているのであるから、彼を継続的に研究し、大統領の柔和で、魅力あふれる表情の裏面にあるもの、うっそうとした樹木で覆われた彼の内部を探ってみようとした。しかし私はそこで何が起っているのか実際には理解できなかった。彼の性格は単に多様なだけでなく、当惑するほど矛盾を有していた。気むずかしい反面、やさしかった。彼は時として狭量といえる位に執念深さを表明することもあれば、慈悲と寛容のクリスチャン精神を純粋なかたちで示す時も多々あった。ルーズベルトは無情な政治家でありえた反面、彼にとって政治的負担となる友人や同僚の擁護者にもなりえた。その代表的人物がハリー・ホプキンスである。ルーズベルトはまた、自分の有能な補佐官達が明らかに政治的自殺行為だと説くような主張でも擁護した。彼はまったく冷笑的で、世俗的で、非幻想的な人物であるように思えた。それでいて、彼の宗教的信仰は彼自身に内在する最も強力にして神秘的な力であった……。大統領は自分自身を実践的で、とことんまで、大ざっぱだが実用的な常識を持った現実主義者と思いたがった。だから彼は『ウィンストンとジョー叔父（スターリン）、それに私とが一緒に仲良くやっていけるのはわれわれが現実主義者だからだ。』とよく言っていた。それでいて、彼の理想主義は実際、ウッドロー・ウィルソンにまさるとも劣らないものであった。[*2]」

パーキンス（Perkins, Frances）一八八二－一九六五。アメリカ女性政治家。不景気克服を約束したルーズベルト大統領が彼女を女性初の労働長官に抜擢した。

モーゲンソー（Morgenthau, Henry, Jr）一八九一－一九六七。農業専門家。ルーズベルトのもとで、農業諮問委員会委員長・財務長官としてニューディール政策を推進した。

この人物描写が正しいものだとしたら、アメリカ大統領ルーズベルトは、ナポレオンが戦争指導者として必要な資質であると指摘したものを持ちあわせていなかったように思える。

ニューディール政策時代に、多くの共産主義者達は、この政策を利用して勢力を拡大できるとみた。しかもルーズベルトは、当時、共産主義者達がアメリカ労働党を通じてニューヨーク州のバランス・オブ・パワーを保持していたこと、及びオハイオ、イリノイ、ペンシルバニア等の工業州で重要な要素となっていたことから、彼らとの協力体制をしいた。それは一九四〇年における大統領選挙でルーズベルトが三選されるのにかなり役立ったけれども、反面、それはルーズベルトの側近に、若干なりとも奇妙な人物を集めることになった。なかでも代表的な人物がハリー・ホプキンスである。[*3] ホプキンスは悲観主義的社会事業家であった。彼は虚栄心が強く、野心的で、単純なところがあった。一九四〇年五月一〇日、彼はホワイト・ハウスに住むように勧められた。一年後に、大統領は彼を武器貸与管理局の局長に任命した。それは事実上、副大統領の権限を付与されたも同然であった。[*4] アルバート・C・ウェディマイヤー将軍[#]は「大統領は陰謀家達や共産主義に弱い連中にとり囲まれていた。彼らは大統領夫人の寵愛を享有し、大統領の信任厚いハリー・ホプキンス等から強大な権力を付与されていた。」と書いている。いま一人の軽率な人物として、陸軍参謀総長ジョージ・C・マーシャル大将がいた。正直者で、単純な彼を、ウェディマイヤーは「秘密共産党員、ないしは共産党に同調する追従者達によって自らの虚栄心につけこまれ、なんなく餌食にされた人物」[*5]と評した。かくして、スターリン一派は「ワシントンにいる共産党のかいらいどもによりアメリカの意図や態度を終始知らされていた。……いくつかの政府機関には共産主義のシンパやソ連の手先が入り込んでいた。[*6] そしてアメリカの政策、諸計画、公式態度はこれらのシンパや手先により影響を受けていただけでなく、ただちにモスクワに報告されていた。[*7]」

ウェディマイヤー（Wedemeyer, Albert Coady）一八九七－一九八九。米・英・中三国軍事会議のアメリカ代表団参謀長。中国駐留アメリカ軍司令官を歴任。

このことが大統領を幾分なりとも不安にさせたようには見えない。なぜなら、シャーウッドが書いているように「ルーズベルトのドクトリンは、もし参戦することになれば、できるかぎりアメリカの海岸から遠くはなれて、しかもイデオロギーのいかんを問わず、最大多数の与国とともに戦うべきである、というものであった」からである。[*8] これはウェディマイヤー将軍の次のような言葉からも説明できよう。すなわち、ずっと後のことであるが、一九四五年三月、ウェディマイヤーがルーズベルトに、共産主義者達は、大戦が終りしだい中国で面倒なことを引き起こすことはまず間違いないものと思われる旨を告げた際、「大統領は、私が何のことを話しているのか理解していない様子であった。」と書いている。[*9]

ルーズベルト大統領はすべての憎しみをヒトラーに集中した。「大統領にとっては、ただヒトラーを打ちのめすことのみが絶対に重要なことである。」とホプキンスは言った。[*10]

しかし、大統領が、英国が敗北するようなことになれば、ヒトラーは西半球に攻撃をかけてくるであろう、という確信を抱くようになったのはフランスの崩壊以降であった。「当時は勿論のこと、その後においてもルーズベルトが最も恐れていたことは交渉による平和であった。[*11]」一年後、ヒトラーがロシアに侵攻した時、ホプキンス自身の要請にもとづき、大統領は彼をモスクワに派遣した。同時に、大統領は日本の在アメリカ資産及びクレジットの凍結を発表し、かつ航空燃料及び工作機器の対日禁輸を行った。これは経済戦争の宣言であった。

ホプキンスは一九四一年七月三一日、モスクワに到着し、スターリンの大歓迎を受けた。[12]チャーチルと同様、ホプキンスもまたソ連の主張を鵜呑みにした。そして直ちに、無条件で、ロシアに対する武器貸与を開始した。在モスクワ・アメリカ軍事使節団長ジョン・R・ディーン将軍は、ホプキンスが対ロシア援助計画を〝狂信的な熱意で〟実行に移した、と書いている。[13]ホプキンスはモスクワでの任務が終ると、すぐそこを発ってニューファンドランドのプラセンシア・ベイに飛び、ルーズベルトとチャーチルに会った。プラセンシア・ベイでは八月八日から一三日にかけて、大西洋会談が開かれていたのである。

この会談で、チャーチルは対日政策に関し、次のように述べている。「私はアメリカ側に、六カ月間われわれの援助を停止してでも、いまただちに対日宣戦布告をやってほしい、その方が援助を倍増してやるが宣戦しないというのより好ましい、と述べた。このことがルーズベルトの耳に入ると、……彼は『私は決して宣戦布告をやるわけにはいかないでしょうが、戦争を開始することはできるでしょう。私が議会に宣戦布告を要請しようものなら、議会はそれについて三カ月間は議論するでありましょう。』とまで私にいったのである。[14]」

さらに、ルーズベルトはチャーチルに「アメリカが攻撃をしかけなくても、アメリカは極東で戦争に突入することになるでしょう。かくして究極的勝利は確実なものとなるでありましょう。」と約した。[*15] 大統領はまた、ワシントンに帰ったら、駐米日本大使に強硬な言葉を使用した文書を送ることも約束した。八月一七日、この約束は実行に移されたのである。

大統領の示唆をもとにした以上のような秘密のコミットメントに加えて、英米両国の国家政策上の〝共通原則〟を公けにした共同宣言がチャーチルにより起草された。この宣言草案は、修正された後、〝大西洋憲章〟の名称で発表された。[*16] 憲章は高い理想をかかげたもので、もしそれが固守されたなら、憲章の履行など不可能であっただろう。にもかかわらず、一九四三年一一月、テヘラン会談でこの憲章が廃棄されるまで、それは第一級の宣伝材料であった。

大西洋会談以降、東京とワシントンの間で幾度となく交渉がおこなわれ、双方とも時間をかせいでいた。一一月五日、チャーチルはルーズベルトに次のような書簡を送った。

「日本はいまだ最終的決定を下しておりません。どうも天皇が制止しているようです。われわれがこのことについてプラセンシアで話し合った際、貴下は時間をかせぐ旨を言い出されました。現在までのところ、この政策は非常にうまくいっています。しかしわれわれの共同禁輸政策は確実に、日本をして平和か、戦争かの瀬戸際に追いやりつつあります。」[*17]

二週間後に、日本政府は決定を下した。そして一一月二〇日、ワシントンは全面的解決のための日本提案を受取った。この提案の骨子となっている事項は次のとおりであった。

一、太平洋地域における安定した平和にもとづく仏印からの日本軍の撤退。

一、日米間の通商関係の相互復興。

一、アメリカの自発的対日石油供給。

一、日中間の平和回復を阻害するアメリカの処置及び行動の抑制。

一一月二五日火曜日、大統領と戦時内閣はこれらの提案を検討した。当時、陸軍長官であったヘンリー・L・シムソンはこの会議について次のような説明を日記に記している。

「……一二時に、われわれ（マーシャル大将と私）はホワイト・ハウスに行った。……そこで、大統領は日本との関係を持ち出した……。彼は、次の月曜日、恐らくわれわれは攻撃されるであろう、といい出した。……問題は、われわれが何をすべきであるかということであった。問題は、わが方があまりひどい損害を受けることなしに、日本の方に先に発砲させるにはどうすれば良いか、ということであった。」[*18]

傍受した日本の秘密電文から、[*19]一一月二〇日の提案が最終のものであることがわかっていたが、コーデル・ハル国務長官は十カ条の覚書を準備し、これを一一月二六日、ワシントン駐在の日本大使、野村と来栖に手わたした。その覚書の骨子は、

㈠新通商協定、及び相互クレジットの凍結解除にかえて、日本はワシントン、モスクワ、オランダ、重慶、バンコックの間に相互不可侵条約を締結する。㈡中国及び仏印より日本軍を撤退させる。㈢日本は蔣介石政権以外を中国の政権として支持する態度をとらない、というものであった。

この覚書を、日本政府は最後通牒と受けとり、一二月七日（日本時間八日）、これに対する回答として、コールド（パール）・ハーバー、マレー、タイ、香港に奇襲攻撃をかけたので

ある。かくして、戦争は一欧州戦争から世界的次元の戦争に拡大された。このニュースを受けとった時の所感をチャーチルは次のように書いている。

「われわれは結局、勝利を得たのであった。ヒトラーの運命は定まった。ムッソリーニの運命も定まった。日本人に至っては、微塵にくだかれるであろう。……満身、これ感激と興奮の状態で、私は床につき、救われて感謝に満ちたものの眠りについた。[*20]」と。

アメリカは世界最大の工業国であったから、開戦当初から、潜在的に——そしてまもなく現実に——優勢な交戦国となった。世界にとり不幸なことには、同国の指導者達は歴史的感覚に欠如しており、戦争を政治の一手段と考えるより、むしろ殺傷ゲームと見なしたのである。このため、戦闘はその政治的価値を失いはじめたのである。これは、戦争後半において、しばしば、戦闘の結果が政治的決定によりむだなものにされたくらいである。それ故に、政治会議が戦闘よりもはるかに決定的な要素となった。

最初の決定的政治会議は一九四一年一二月末にワシントンで開催された〝アルカディア会議〟である。この会議に出席するため、チャーチルは一二日、英国を発った。途中、洋上において、彼は外務大臣アンソニー・イーデンから一通の電文を受けとった。イーデン外相は当時、モスクワにいて、スターリンと会見していた。したがって、その電文は、このスターリン、すなわち戦争を政治の一手段であると確信している政治家との会見内容であった。

チャーチルは、スターリンが戦後のヨーロッパ情勢についての彼の考えをイーデンに提示したことを、その報告から知った。スターリンはドイツを多数の小さな独立国に分割すべきであること、バルティック諸国、フィンランド、ベッサラビヤを、ヒトラーの対ロシア侵略前の状態にもどすべきであること、〝カーゾン・ライン〟#をソ・ポ国境とすべきであることなどを提案した。[*21]

カーゾン線。一九一九年、連合国最高会議で決定されたロシアとポーランドの国境線。しかし戦況が一変してソビエト軍が敗北すると、ポーランドはこの線以東の西部ウクライナ、西部白ロシア、ヴィレンシチナをも領有した（一九二一年のリガ条約）。

アルカディア会議の主要議題は戦争指導要領とその目的であった。戦略を決定するため、英国の参謀本部またはその代表とアメリカの統合参謀本部とが一体となって、ワシントンに司令部を置く連合参謀本部と称する委員会を設置した。これは極めて健全な決定であった。しかしながら、両国首脳が採用したコントロール方式に相違があったため、戦争の全期をつうじて連合参謀本部の意見が一致することは少なかった。チャーチルは自分の参謀本部を自己の意志を具現実行する道具と考えていたが、ルーズベルトの方は統合参謀本部を自由な機関として扱った。その結果、英国の参謀本部はチャーチルとの論争にあけくれていた一方、アメリカの方は陸海各参謀本部間の団結を低下させるほどのフリー・ハンドが与えられ、各参謀総長は統合参謀本部のメンバーとしてよりも、陸海各軍の長としてふるまうほうが多かった。

さらに、ドイツに対する攻勢が太平洋における戦争より優先する、ということが再確認された。[*22] つまり、一九四二年には、対ドイツ爆撃を一層強化すべきであること、及びできうる限りの援助をロシアに対しおこなうべきであることが確認されたのである。

戦争目的を何にすべきかという最重要問題は――これなくしては大戦略も無意味となってしまうだろう――大統領によってわき道にそらされてしまった。会議の席上で、達成可能で、現実的な政治目的と、その目的を達成しうる政策を定めることなく、大統領は、彼のいわゆる偉大なる〝構想〟――新世界秩序へのユートピア的ビジョン――なるものを発表した。それはウッドロー・ウィルソンの救世主的夢想――いま一つの至福千年期――の考えに復帰したもので、ただ十四カ条がないだけであった。

大統領は、戦争に勝利したあかつきには、平和愛好国が集って、平和のため一大友愛団体を結成しようと提唱した。[*23] 彼は、主権国家の集りであるこの組織がアメリカにおける州と州の関係をモデルにするとともに、大西洋憲章の原則に基づいたものであるべきだと表明した。これが後に国際連合機構として知られるようになったのである。

この〝新神聖同盟〟結成案は連合国の戦争目的としてアルカディア会議で採択された。そして一九四二年一月一日、反枢軸連合国協定を生んだ共同宣言がアメリカ、英国、ソ連等二八カ国により調印された。

協定の条項に、ドイツ及び日本の完全撃破が不可欠であると記されていたため、あらゆる犠牲を払っても勝利を獲得するということが政治目的になった。このことは、スターリン主義がヒトラー主義に代って戦後のヨーロッパに君臨することを意味する。なぜなら、ドイツと日本を完全に撃破するにはロシアの全面的協力を必要とするからである。もちろん、スターリンを、戦争終結前にアメリカ共和主義者に豹変させうるなら、話は別である。ところが、ルーズベルトはこのはなれわざをやってのけることができると考えていたのである。

スターリンを豹変させうる、と大統領が信じていたことを、駐ソ・駐仏大使を歴任したウイリアム・C・ブリットが裏づけている。彼は、一九四八年八月三〇日の『ライフ誌』に掲載された、〝われわれはいかにして戦争に勝ち、平和に敗れたか〟と題する論文の中で、次のように論じている。すなわち、ルーズベルトは、ハリー・ホプキンスの助言に従い、スターリンになんらの出し惜しみもせず、その欲するものすべてを与え、何もお返しとして求めないで、大西洋憲章の目的を支持するよう彼を説き伏せ、膝づめで〝クリスチャンの様式と民主主義の原理〟とを受けいれるよう説得すれば、きっとスターリンはその信条を変えてくれると思っていた、と。[*24]

大統領の要求により、ブリットは覚書を作成し、その中でこのような政策は失敗に終る旨を述べた。そして三時間にわたり、ブリットと大統領はこの問題で激論をかわし、最後に大統領が彼に向って言った。

「ビル、私は君の指摘する事実を議論するつもりはない。それらはみな正確だ。君の理由が論理的であるかどうか論ずまい。私には、スターリンがそんな男ではないような〝予感〟がするだけだ。ハリーは、スターリンはそんな男ではない、スターリンは自国の安全保障以外は何も考えてはいないと言っている。そして私は思うのだ。もし私がスターリンに私のできるあらゆるものを与え、しかも何もお返しを望まないなら、スターリンはどんな地域も併合したりしようとは思わないであろう。そして民主主義と世界の平和のため私と共に努力するであろう。高い身分にはそれだけ高い道徳上の義務が伴うからね。」と。

この〝予感〟が大統領の親ロシア政策の輪止めくさびであった。そしてそれは二大西側連合国によって獲得されるすべての勝利を台無しにしてしまうことになった。かくしてスラブ人をエルベ河畔まで進出させるとともに、スターリンがヒトラーに代って君臨することになったのである。

＊1　「The Tragedy of Europe : A Day by Day Commentary on the Second World War (in five volumes)」Francis Neilson (1940), Vol. I, p. 156.

＊2　「The White House Papers of Harry L. Hopkins」Robert E. Sherwood (English edition, 1948), Vol. I, p. 10. アメリカ版の題名は「Roosevelt and Hopkins : An Intimate History」

＊3　チャーチルは彼を〝パラディン（シャルルマーニュ大帝の十二勇士）の内でも最高人物〟と評した。ミズーリ州選出の下院議員デューイ・ショートは〝ホワイト・ハウスのラスプーチン（ロシア革命前、宮廷に出入りしていた怪僧）〟と呼んだ。

＊4　Sherwood, Vol. I, p. 267.

＊5　「Wedemeyer Reports! (1958)」, p. 370.

＊6　「彼らはホワイト・ハウス、国務省、財務省、陸軍省、戦略業務局、戦争生産委員会、経済戦争委員会、物価管理局、戦争情報委員会等多くの政府機関内の重要な地位を占有していた。」

(「The Twenty-Year Revolution from Roosevelt to Eisenhower」Chesley Manly (1954), p. 42.)

＊7 Wedemeyer, p. 348.「Masters of Deceit」J. Edgar Hoover (1958) も同時参照。

＊8 Sherwood, Vol. I, p. 133.

＊9 Wedemeyer, p. 341.

＊10 Sherwood, Vol. I, p. 183.

＊11 同右 Vol. I, p. 127.

＊12 一九四三年、ルーズヴェルトはポーランド大使シチャノヴスキーに語った。「ハリーはスターリンとうまく折合うようだ。実際、彼らはよい相棒になったようだ。」と。(「Defeat in Victory」Jan Ciechanowski (English edition, 1948), p. 244.)

＊13 「The Strange Alliance (1947)」p. 90.

＊14 「The Second World War」Vol. III, p. 528. 一九四一年一一月九日付、スマッツ将軍への書簡中にある。

＊15 「Parliamentary Debates」5th Series, Vol. 377, col. 607.

＊16 付録Ⅲ参照。一九四一年九月二四日に、ロンドンで開催された連合国の会談で、その憲章は正式にベルギー、チェコスロバキア、ギリシャ、ルクセンブルク、オランダ、ノルウェイ、ポーランド、ロシア、ユーゴスラビア、自由フランスにより採択された。(「Defeat in Victory」Jan Ciechanowski, pp. 61–62.)

＊17 「The Second World War」Vol. III, pp. 526–7.

＊18 「Hearing before the Joint Committee on the Pearl Harbor Attack (1946)」U. S. Congress, Pt.

II, p. 5433.

＊19　アメリカ陸海軍の情報部はともに日本の暗号を解読しており、交渉の終始を通じて、東京とワシントン間の全電文を直ちに翻訳してホワイト・ハウスに報告していた。この暗号解説は戦争間続けられた。

＊20　「The Second World War」Vol. III, pp. 539-40.

＊21　同右　Vol. III, pp. 558-9 参照。

＊22　最初にこの決定が確認されたのは一九四一年三月二七日の英米参謀会議であった。

＊23　一九四五年四（二）月のヤルタ会談で、平和愛好国とはドイツに対し、ある時期までに戦争を宣言した国と定義された。

＊24　付録Ⅳ参照。

＊25　「The Great Globe Itself」William C. Bullitt (1947), p. 17.

戦略的大厄年

第二次世界大戦の大厄年は一九四二年の後半にやってきた。六月四日から六日にかけてのミッドウェー海戦は日本の空母戦力に決定的損害を与え、永久的に立ち直れないものとした。かくしてこの海戦以降、太平洋における主導権はアメリカの手に移ったのである。六月三〇日、ロンメル将軍のひきいるドイツ軍はアレキサンドリアまであと六〇マイルの地点に到達したが、すでに衝力を失っていた。そこで一〇月二三日から一一月四日にかけてのエル・アラメインの戦いで英軍はこれを決定的に撃破した。この英軍の勝利と一一月七〔八〕日の連合軍の北西アフリカ上陸により、イタリアの破滅は必然的なものとなった。六月二八日、ドイツ軍の対ロシア夏季攻勢が開始され、九月中旬、フリードリヒ・フォン・パウルス大将麾下のドイツ第六軍がヴォルガ河畔のスターリングラード郊外に達した。事後二カ月間、幾度となくスターリングラード突入が試みられたがいずれも失敗に終った。そして一一月一九日、ロシア軍は攻勢に転移し、スターリングラード市の北西でドン河を確保しているルーマニア第三軍、イタリア第八軍、ならびにハンガリー第二軍の正面からと、同市南方のルーマニア第四軍正面から同時に攻撃し、両翼包囲をねらった。この結果、第六軍は極めて危険な状態に陥った。同軍は直ちに退却すべきであったが、ヒトラーはそれを許さず、パウルスもまたヒトラーの命令に従ったため、第六軍は完全に包囲され、一九四三年二月二日、降服した。この戦い以降、主導権はロシア側に移り、ドイツ軍は二度と再びこれを奪回できなかった。

　西側諸国はスターリングラードの重要性について認識していなかった。なぜなら、西側諸国は戦争を政治の道具とみなすことができなかったからである。しかしながら、ただ一人だけこのことを読みとっていた人物がいた。それはフランコ将軍である。将軍は現在、二つの別個の戦争が進展中であるとみた。すなわち、一つは東方における共産主義との戦いであり、もう一つは西方におけるヒトラー主義との戦いである。そして彼は、ヒトラー主義に勝っても共産主義との戦いに敗れたのでは政治的愚行であると考えた。スペイン駐在英国大使サー・サムエル・ホアは、第二次世界大戦が一つの戦争であるということをフランコ将軍に納得させなければならなかった。そこで大使は一九四三年二月一九日、スペイン外相ヨルダナ伯と文通を始めた。ホア大使は外相に、一九四二年一二月六日のスターリンの発言、「他国の国際的問題に介入することはロシアの将来の政策ではない」を指摘し、だから最終的勝利は連合国の勝利になるであろうと述べた。これに対し、ヨルダナ外相は次のように答えた。

「これまでに起ったような事が将来も生起した場合、ドイツ領内深く突入するのはロシアでありましょう。そこで質問しますが、もしこのようなことになった場合、次のいずれが、ヨーロッパ大陸だけでなく、英国にとってもより大きな危険となるのでしょうか。すなわち、完全には撃破されないで、共産主義に対する城壁としての役割をはたすだけの力を残しているドイツか、それともロシアをして大西洋から太平洋にわたる、かつてない大帝国に拡大させうる力——つまり戦争準備の新たな力をロシアに確実に付与するソ連領ドイツのいずれでしょうか……。」

「さらに第二の質問をします。ヨーロッパの中央に、いずれの国か、スターリンの野心を封じ込めることのできる国があるでしょうか。ヨーロッパ諸国はばらばらで、一貫性も統一性もなく、国の寄せ集めであり、その上、戦争と外国支配により血を流しているのです。それができる国などないのです……。ドイツのヨーロッパ支配終焉後、これらの国々において生きながらえることのできる支配力は共産主義のみであると確信します。この理由から、情勢は極めて重大であり、英国国民はこのことを静かに熟考してみるべきだと思います。もしロシアかドイツを征服しようものなら、どの国もロシアを封じ込めることはできないでありましょうから……。もしドイツが存在しなくなったら、ヨーロッパ人はドイツをこしらえなければなりません。たしかにリトアニア人、ポーランド人、チェコ人、ルーマニア人からなる連邦国がドイツにとって変ることはできます。しかしリトアニアも、ポーランドも、チェコも、ルーマニアもみなじきにソビエト連邦内の州になってしまうでしょう……。[*1]」

　チャーチル氏とルーズベルト大統領はこの見解とはまったく異った政策を採用した。一九四三年一月中旬、ちょうどドイツ第六軍が断末魔の苦しみにあっていた頃、チャーチルとルーズベルトはカサブランカで会談し、次のような政策を採択したのである。シチリア侵攻を準備するとともに、北フランス侵攻――後に〝オーバーロード作戦〟という暗号名で呼ばれた――の準備を押しすすめる。ドイツに関しては、「ドイツの戦争努力――その工業組織と国民の士気――に対してできるだけ大規模な重爆撃をくわえる」よう準備するとともに、[*2]次のような声明を発表する。すなわち、「英米両国はドイツ及び日本の〝無条件降服〟を達成するまで戦争を容赦なく継続する決意である。」ということを。さらにチャーチルは「イタリアを除外したのは、イタリアが枢軸側から離脱するのを促すためである。」とつけ加えた。そして彼は「ルーズベルト大統領はこの考えに賛同したし、各国のわが友人達もこれにより鼓舞されたことであろう。[*3]」と言明した。もしそうなら、〝無条件降服〟はドイツの分裂に水を差し、反ヒトラー派を落胆させることになるであろう。その結果、戦争をながびかせてしまうことになるではないか。

　ルーズベルト大統領の息子、エリオット・ルーズベルトによると、大統領は〝無条件降服〃という用語を昼食会の席で初めて使用したそうである。その昼食会には大統領、チャーチル、ホプキンス、それにエリオットが出席しており、チャーチルはその用語を「完璧だ。ゲッペルス[#]達がどんな泣き言をならべることか。」といった。さらにエリオットは父が次のようにもいったと書いている。「もちろん、これはロシア人のまさに希望するところのものだ。彼らはこれ以上のことを望めない。〃無条件降服〃、ジョー叔父が自からやる場合にもこれをつきつけただろう。」と。[*4]

ゲッベルス (Goebbels, Joseph Paul) 一八九七―一九四五。ドイツの政治家。ナチスの政権獲得後国民啓蒙宣伝大臣、ナチスの文化政策の推進者。

大統領の説明は大きくくい違っている。大統領は「ひょっこり頭に浮んできた」[*5]のだと言っている。チャーチルの説明も全くにえきらない。[*6]実際、この用語は何もこと新しいものではない。それはチャーチルの〃どんな犠牲をはらっても勝利を〃の言い換えにすぎない。しかも大統領に関していえば、もし彼が一九四〇年一二月二九日の炉辺閑談[#]で語った、次の事項を記憶していたなら、いま少し賢明な行動がとれたであろう。すなわち、「国家は全面降服の犠牲をはらってのみナチスと講和することができる……。そのような命令された講和は講和とはいえない。それは休戦の一種にしかすぎない。それは歴史上、類をみない激烈な軍備競争と悲惨な貿易戦争を引き起すであろう。」と。[*7]にもかかわらず、ルーズベルトは、自分がかつて非難したこのナチスの政策を踏襲した。そしてその結果は、われわれが知っているように、彼が懸念したようになったのである。

炉辺閑談。ルーズベルト大統領がとった政見発表の形式。

もしエリオット・ルーズベルトの言が正しいなら、ゲッベルスは当時、泣きごとをいうどころか、大喜びしたに違いない。一九四二年三月二七日付のゲッベルスの日記には「私が敵側なら、最初から、ナチズムとの戦いというスローガンをかかげても、ドイツ国民との戦いにはしなかったであろう。チェンバレンは戦争第一日目に打倒ナチズムのスローガンをかかげたが、ありがたいことには、英国人達はこの線にそってやってくれなかった。」と記している。[*8] さらに一九四三年四月一二日付の頁では「しかし、結局のところ、英国人達は疑いもなく、チャーチルの煽動により同じ誤りを犯している。英国人達は、戦争目的が何であるかを実体的にとらえて、明確にすることをあらゆる方法で自制している。私はただひとことだけつけ加えることができる。〝しめた〟と。というのは、もし英国人達が〝ウィルソンの十四カ条〟の線にそって和平計画を掲げてきたら、われわれは疑いもなく窮地に追いやられたであろうからである。[*9]」〝ジョー叔父〟の方は、ドイツの破壊以外になにも考えていなかったけれど、自分の敵にその企図を知らせるような愚か者ではなかった。レーニンの本当の弟子であるスターリンは一九四三年二月二三日、公然と述べた。「ヒトラー一派をドイツ国民と同一視するのは笑止千万である……。歴史は、ヒトラーは出てきて、また去る。しかしドイツ国とドイツ国民は残る、ということを語っているではないか。」と。[*10]

　スターリングラードの惨敗は反ヒトラー派を〝血迷った行動〟に走らせた、とリッテルは書いている。[*11] 一月二二日、二組の謀反グループがベルリンで会合し、ヒトラー暗殺の是非について激論をかわした。翌日、いまだその決定をみない段階で、ルーズベルトとチャーチルの無条件降服勧告が伝わってきた。当時、「〝影の政府〟ないしは参謀本部内の反対分子達は、敵国政府も〝尊敬できる〟政府となら交渉に応じてくれるものと考えていた。したがって、無条件降服方式はこのような希望に致命的打撃を与えることになった。」とゴルリッツは断言している。[*12]さらに、無条件降服のみが唯一の和平条件であるとしたため、「多くの将軍達のみならず、反ヒトラー派の人々でさえも、その多くが革命により独裁者ヒトラーを追放する意義をみとめなくなった。」とリッテルは付言している。[*13]かくして、ロシアがスターリングラード戦の勝利を活用しない内に、戦争を終結させえたかもしれない賭、それも成功の見込みが大きい賭に敗れてしまったのである。

＊1　「Ambassador on Special Mission」Rt. Hon. Sir Samuel Hoare (1946), pp. 184-5. 一九四三年一月三〇日、アダナ会議で、トルコ首相も同じようなことをチャーチルに述べたことがある。いわく「ドイツが敗れれば、敗戦国はすべてボルシェヴィキとスラブになってしまうであろう。」と。（「The Second War」Vol. IV, p. 635.）

＊2　「The Second World War」Vol. IV, p. 620.

＊3　同右　Vol. IV, p. 613. 声明の最終草稿にはイタリアが含まれた。

＊4　「As He Saw It」Elliott Roosevelt (1946), p. 117.

＊5　「The White House Papers」Vol. II, p. 693.

＊6　「The Second World War」Vol. IV, p. 614. それにもかかわらず、チャーチルは、一九四三年二

月一一日、下院において「大統領は、戦時内閣の代表者としての私の同意を全面的に得て、われわれの全敵国に無条件降服を要求すべきである、という文章をカサブランカ会議の覚書に記載する決定を下したが、これはわれわれの生命と自由をかけている諸要素を冷静かつ真剣に熟慮した末のことであります。」と語った。(「Parliamentary Debates」5th Series, Vol. 368, col. 1473)

＊7 「The White House Papers」Vol. I, p. 225.

＊8 「The Goebbels' Diaries」P. 102.

＊9 同右 p. 251.

＊10 前掲 Chamberlin, p. 289 に引用されている。

＊11 「The German Resistance」p. 192.

＊12 「The German General Staff」p. 434.

＊13 「The German Resistance」p. 212.

ドイツに対する戦略爆撃

チャーチル氏は、一九一七年一〇月二一日付の覚書で、戦争における航空機の役割を次のように的確に記している。

「兵站線や基地に対する攻撃はすべて主作戦正面の戦闘と連携したものでなくてはならない。航空攻撃を、あたかもそれによって戦争を終らせうるかのごとく論ずることは妥当でない。航空攻撃は一般国民を恐怖におとしいれ、その恐怖が大国の政府をして降服せしめることができるということはありえない。爆撃への慣れ、防空壕やシェルターの組織的構築、警察や軍当局の強力な統制等により国家の戦闘力を無傷のままに保持できる。わが国の場合、ドイツの爆撃により国民の戦意が低下するどころか高揚したのである。ドイツ国民の忍耐力からすれば、ドイツ人は爆撃におびえて服従するようになる、とは断言できない。あるいは逆に、それによって一層死にもの狂いの抵抗を決意するかもしれない。それ故に、わが国の航空攻撃は敵陸海空軍部隊の戦闘力を支えている基地や兵站線の爆撃に指向されるべきである。攻撃間において一般市民に与える損害は偶然のものであり、避けることができなかったものであると考えなければならない。[*1]」

ドイツがポーランドに侵入した翌日、すなわち一九三九年九月二日、ルーズヴェルト大統領の要請に答えて、英仏独三国政府は爆撃を軍事目標に限定する旨を宣言した。さらに、一九四〇年二月一五日、チェンバレン氏は下院で「他国がどれほど極端に走ろうとも、わが政府は単なるテロリズムのために、女性や子供等一般市民に残虐な攻撃をしかけるようなことは決してやらない。」と言明した。[*2] しかるに、チャーチルは、首相に就任した翌日、かつて自ら〝憎むべき行為〟と呼んだ〝無防備都市爆撃〟を開始するに決し、[*3] ブライズガウ州のフライブルク市[#]に対する爆撃を承認したのである。

フライブルク。ドイツ南西部の都市。人口一六万六〇〇〇（一九六九年推定）。

かくして「われわれ英国人は、ドイツ人が英国本土内の諸目標に対して爆撃を開始しない内に、ドイツ国内の諸目標に対して爆撃を開始したのである。これは歴史的事実である。」

とJ・M・スパイトはいっている。[*4] このようにして、戦略爆撃、いやむしろ非戦略爆撃は開始されたのである。なぜなら、この古い大学都市への爆撃から得られるものは全く皆無であるからである。

一九四〇年九月三日付のチャーチルの覚書は一九一七年一〇月二一日付のものと雲泥の差があった。彼は言った。

「戦闘機はわれわれの救済者たりうる、しかし爆撃機のみが勝利のための手段を付与しうるのである。したがって、われわれはドイツに大量の爆薬を運ぶ力を開発し、敵の戦争努力と経済生活の基礎をなしている全産業及び科学組織を粉砕しなければならない……。」と。[*5]

この時以降、爆撃部隊は国防省直轄とされ、チャーチルの私有部隊となったのである。チャーチルは、狂信的ドゥーエ主義者であるトレンチャード卿の強力な支持を受けた。同卿は一九四二年八月二九日、「大規模の集中爆撃を主唱する力強い論文」を書き、その中で「もしわれわれが空軍力を、断固たる決意をもって集中的に使用する決定を下すなら、単に幾百万もの生命を救えるのみならず、戦争を何カ月か、いや多分何カ年か短縮することができよう……。敵は〝戦車による電撃戦〟でポーランドとフランスを席巻した。これと同じように、われわれは〝爆撃機による電撃戦〟で、ドイツの諸機構を粉砕できる。」と訴えた。[*6]

それはまったくの仮説であったが、かといって戦略的思考にまったく欠けたものでもない。しかしながら、チャーチルやトレンチャード等多くの戦略爆撃論者達は次の点で誤りを犯していた。すなわち、たとえドゥーエの戦略理論を実際的なものだとして、これを受け入れたとしても、原子爆弾の出現以前においては、それを最重要目標に集中しないかぎり、戦争を早期に終結させうるほど破壊的なものでは決してなかった、ということである。爆撃目標としては次の五大グループがあった。

㈠軍事目標グループ。これについて詳論する必要はない。というのは、これは主として戦術爆撃の範ちゅうに入るからである。

㈡工業目標グループ。各種工場はドイツ領内に分散しており、約一三〇マイル平方に爆弾の雨をふらす必要があると見積られる。このような広大かつ分散した目標を破壊し、かつそれを破壊したままに保つことは明らかに電撃戦とはいえない。破壊には天文学的数字の航空機を必要とするだろうし、その効果が現われるまでには何年もかかるであろう。

㈢都市目標グループ。これは都市及びその住民を爆撃して、住民の士気を阻喪させ、反乱を生起させることをねらいとしている。

㈣エネルギー源目標グループ。石炭、石油を目標とする。ドイツ経済は石炭の上になりたっていたし、石油なくしては戦闘部隊は機能しない。炭田は航空攻撃によっては破壊しにくいけれども、炭田に通ずる鉄道を爆撃すればそれは麻痺してしまう。

㈤輸送機関目標グループ。主として鉄道が目標となる。鉄道さえ使用不能にすれば、ドイツ全体を麻痺させうるであろう。

これら五つのグループの内で、第四と第五の目標グループが最も重要なものであった。にもかかわらず、この二つが優先目標になったのは終戦前一二カ月間にすぎなかった。一九四〇年五月から一九四四年五月の四年間というもの、エネルギー源と輸送機関を目標とする爆撃はほとんど実施されなかった。そして熾烈な対都市爆撃が戦争末期まで続いたのである。

軍需産業に対する無数の攻撃にもかかわらず、その生産は減少するどころか、かえって増大した。このことは一九四五年に発行された『アメリカ合衆国戦略爆撃調査団報告——欧州戦争の部——』に記されている二つのグラフからもわかる。このような現象が生起した一つの理由は、

「建物の破壊は……そのわりには重要工作機器の破壊をともなわない。しかも敵はそのような工作機器を運び出し、当時予想されたよりもはるかに迅速に生産を再開することができた」（一八頁）ことにあった[*7]。

都市目標に対する攻撃は莫大な物的損害をもたらした。「一九三九年一〇月から一九四五年五月にかけて、連合国空軍、主として英空軍は高性能爆弾、焼夷爆弾、破砕性爆弾等一五〇万トン以上を六一都市に投下した……。二五〇〇万人の人口を有するこれらの都市に対する攻撃により三六〇万戸の住宅が全壊、あるいは大破したものと見積られる。この数字はドイツ全住宅の二〇％にあたる。また約三〇万人が死亡し、約七八万人が負傷した。」（七二頁）「ベルリンは六〇－七〇％が破壊されたものと見積られた……。損害の四分の三は火災によるものであった。」（九三頁）士気の阻喪はかなりのものがあったが、兵器の生産には実質的影響がなかった（九七頁）。そこで、空襲に対する国民の精神的反作用について『調査団報告』には次のように記されてある。

「残忍なナチの支配下にあって、ドイツ国民は、繰り返しおこなわれる空襲の恐怖と困苦に対し、彼らの家庭と家財の破壊に対し、そして強いられた生活条件に対して驚くべき抵抗力を示した。国民の士気や究極的勝利に対する信条。……そして指導者に対する信頼は減退したが、物的な生産手段が残存する限り、効率的に働いた。警察国家の力は過少評価できない。」（一〇八頁）

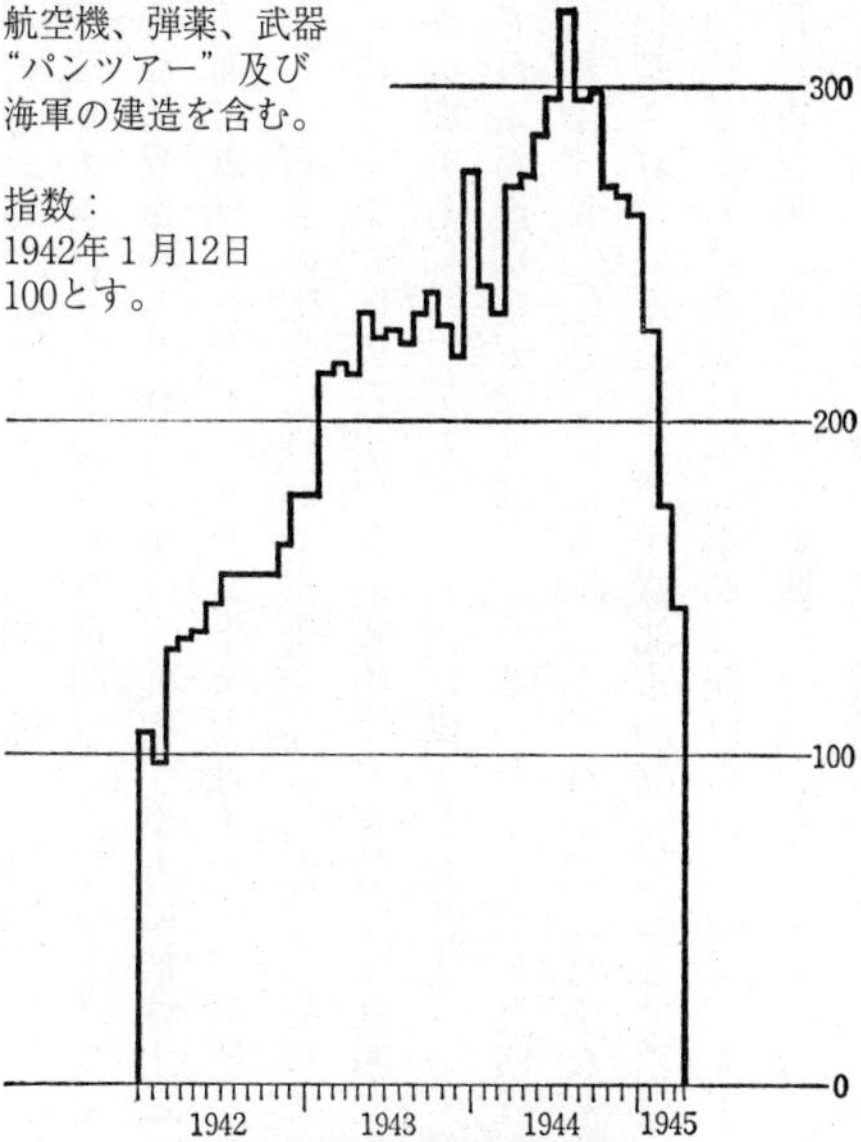

アメリカ合衆国戦略爆撃調査(団)
ドイツ戦闘用軍需品生産高

一九四四年初頭、ノルマンディー上陸作戦の準備がなされていた頃、英空軍爆撃部隊及びアメリカ戦略空軍にとり最も有効な爆撃目標は何か、という問題が生起した。到達した結論は輸送機関及び合成油脂工場に対する優先的爆撃であった。かくして、やっとのこと戦略爆撃が真の戦略的なものになり、チャーチルが一九一七年一〇月二一日付の覚書にしたためた必要条件がみたされるところとなったのである。

ノルマンディー上陸作戦準備間は、ドイツとノルマンディーを結ぶ全鉄道輸送の切断が主要な爆撃目標とされた。事後、戦線が東方に推移するに従い、ドイツ内へ延びている鉄道や運河が爆撃された。一九四四年一〇月までに、ドイツ西部の交通はほとんど麻痺していた。これは石炭の配分に致命的影響を及ぼした。この点について『調査団報告』をみてみよう。

「エッセン管区の石炭用鉄道貨物車交替数は一九四四年一月には二万一四〇〇両であったのが同年九月には一万二〇〇〇両に低下した……。一一月までに、バイエルンの諸工場に運搬される石炭は約五〇%減になっていた……。一九四五年一月までに、ルール地方の石炭積出し量は一日九〇〇〇両に低下した。最後、二月になるとルール地方は完全に操業を停止した。積載されている石炭までが機関車の燃料用として鉄道当局に没収されることになった……。同時期における採炭は高水準で続けられたので、ルールの炭抗に貯蔵されている石炭量は九月から翌年二月の六カ月で四一万五〇〇〇トンから二二一万七〇〇〇トンに増大した。そして同じ六カ月間で、コークスの貯蔵量は六三万トンから三〇六万九〇〇〇トンに増大した。」

（六三―六四頁）

一九四四年五月になると主要合成油脂工場に対して準備爆撃が開始されたが、本格的な爆撃はノルマンディー上陸が実施された六月からであった。七月までに主要な工場は全部叩かれた。三月にはこれらの工場は月産三一万六〇〇〇トンであったが、六月には一〇万七〇〇〇トン、九月には一万七〇〇〇トンに減った。航空燃料については一七万五〇〇〇トンから五〇〇〇トンに減った。兵器産業や爆発物の工場も再起不能になるまで叩かれた。人工ゴムの供給は月一万二〇〇〇トンのピーク時からその約六分の一に低下した。

このようにみてくると、ドイツに対する爆撃は、それがエネルギー源及び運搬手段に指向された時、はじめて本当の意味での戦略爆撃作戦になったことがわかる。もし当初から爆撃目標がこれらだけに限定され、集中されていたら、莫大な節約となったであろう。そしてその節約分を上陸用舟艇や対潜航空機、あるいは輸送機等、戦争中、絶えず悩まされた兵器の生産にふり向けることができたであろう。

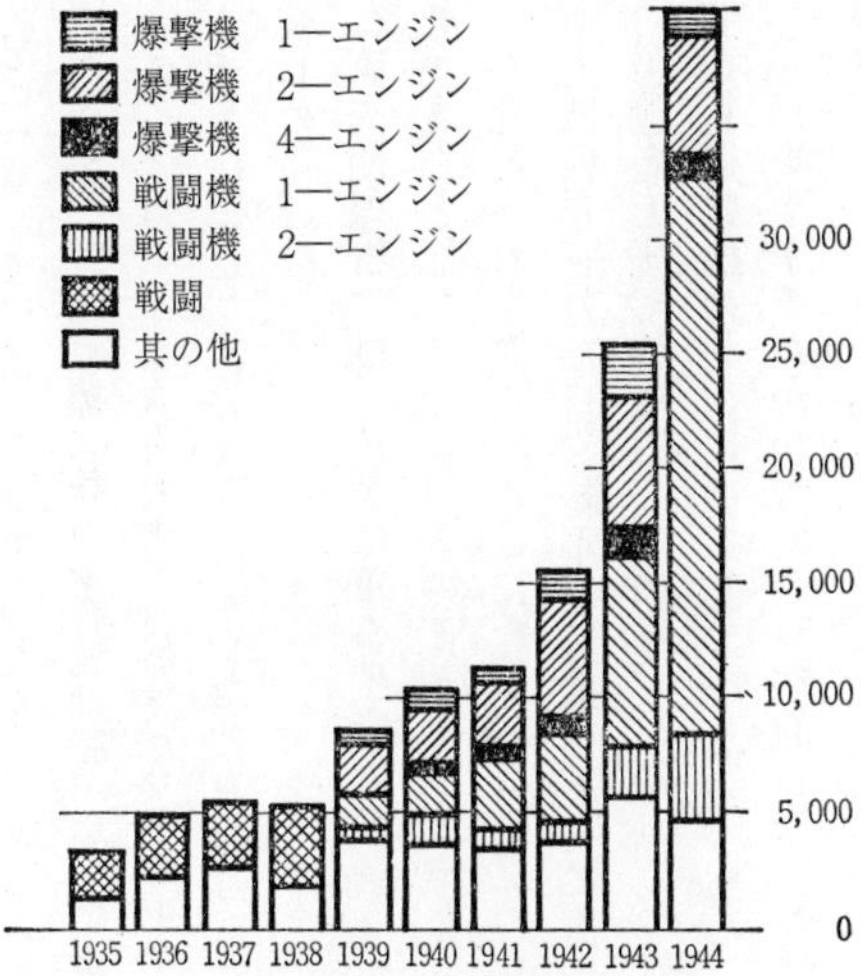

アメリカ合衆国戦略爆撃調査（団）
ドイツ飛行機生産高

『調査団報告』によれば、英米両軍の航空機によりヨーロッパ戦争に投下された総爆弾量は二七〇万トン、内三〇・五%が軍事目標に、一三・五%が工業目標に、二四%が都市目標に、そして三二%が鉄道、運河、合成油脂工場にそれぞれ投下されたことになっている（七一頁）。だから、軍事目標を除けば、第二義的目標（都市、工業目標）の方が第一義的目標（鉄道や合成油脂工場）に対する投下爆弾量より大であったことがわかる。このことはドイツ人を殺害するというチャーチルの残忍な渇望と非常に関係している。チャーチルはまた、次のようにいったとも報じられている、「あらゆる方法で敵を焼殺し、出血せしめる。」と。[*8]

『調査団報告』は、英国は軍事生産力の四〇－五〇％を空軍力に充当し、アメリカは三五％を当てたと記している。このことからすると、英国の陸海軍力にはせいぜい五〇－六〇％位しか充当されなかったことになる。この点について、サー・ジェームス・グリグ陸軍大臣は一九四四年三月二日、陸軍予算案を下院に提出した際、「英空軍計画は陸軍計画よりも多数の労働者をすでに雇用している。しかも、私はあえて言うが、事実、全陸軍計画と同数の人間が重爆撃機の製作に従事しているのである。」と述べている。[*9]その人員がどの位であるにしろ、チャーチルがかつて〝実験的恐怖〟と呼んだ作戦にその人力の多くが浪費されたのである。[*10]

＊1　「The War in the Air, Appendices」H. A. Jones（1937）, Appendix IV, p. 19.
＊2　「Parliamentary Debates」5th Series, Vol. 357, col. 924.
＊3　「The Second World War」Vol. I, p. 14.
＊4　「Bombing Vindicated（1944）」p. 68. これは民間目標について言及しているのである。スパイ

トは航空省、主席次官補であった。

＊5「The Second World War」Vol. II, pp. 405-6.

＊6　同右　Vol. IV, pp. 494-5.

＊7「Strategic Bombing Survey」

＊8「The Times (London)」2nd February 1943.

＊9「Parliamentary Debates」5th Series, Vol. 397, col. 1602.

＊10「The Second World War」Vol. I, p. 168.

災厄の設計者達

一九四三年五月六日から一二日にかけてのチュニスの戦いにおける枢軸軍の瓦解はスターリングラードにおけるドイツ軍の敗北に次ぐ重大事であった。それは北阿における戦争に終止符をうち、シチリア島への道を開いた。かくして七月一〇日、英米両軍は同島に上陸するところとなった。それから一五日後、ムッソリーニは王宮の反乱により倒れ、以後九月二日まで、ムッソリーニの後継者であるピエトロ・バドリオ元帥と西側連合国との間で〝無条件降服〟の意味について論議された。ヒトラーはこの間を利用してイタリアに一三個師団を投入したため、チャーチルのいわゆる枢軸側の〝柔らかい下腹〟は変じてワニの硬い背中になってしまった。[＊1]

八月一七日、第一回ケベック会談が開催され、この議論は最高点に達した。この会議で

〝オーバーロード作戦〟の優先的実施が決定されるとともに、北フランス上陸日を一九四四年五月一日にするという合意をみた。また英国の反対にあったが、次のようなアメリカ提案が暫定的に承認された。すなわち、北フランス上陸と並行してフランス側のリビエラ[#]において上陸作戦を実施させる。それに必要な部隊はイタリア戦線に投入している部隊から抽出し、転用する。この作戦の略号は〝アンヴィル（かなとこ）〟と命名された。

リビエラ（Riviera）イタリア北西部からフランス南東部。地中海沿岸の観光、保養地。

ここに『アメリカ最高軍事戦略見積』から引用された『ロシアの地位』と題する文書がある。チャーチルもアランブルック元帥もその内容についてふれていないが、シャーウッドの会議報告にははっきりと記載されている。その文書は、ケベック会談でホプキンスが作成したものであり、そのアイデアの出所については別にしても、[*2]「テヘラン及びヤルタ会談における諸決定のガイド・ラインになった理念を示している。」とシャーウッドは指摘している。

シャーウッドの報告から引用すると、

「戦後のヨーロッパにおけるロシアの地位は支配的なものになるであろう。ドイツが崩壊したことにより、ヨーロッパにおいて、ロシアの巨大な軍事力に対抗できる国はなくなってしまう。英国は地中海における対ロシア勢力としてその地位を築きつつあり、ヨーロッパのバランス・オブ・パワーに有効な役割を演じるであろうことは間違いない。しかしながら、そこにおいてさえ、英国は、なんらかの別の支援が得られなければ、ロシアに対抗できないかもしれない。」

「以上のことから導き出される結論は明白である。ロシアが戦争における決定的要素であるのなら、あらゆる援助をロシアに与えて、同国の友好を獲得すべく、あらゆる努力を尽さなければならない。同様に、ロシアが枢軸国敗北の暁に、なんなくヨーロッパを支配するであろうから、ロシアとの友好関係を最大限発展させ、かつこれを維持することが肝要である。」「最後にロシアに関してアメリカが考慮を要する最も重要な要素は太平洋における戦争の遂行である。対日戦のあらたな同盟国に、ロシアがなれば、この戦争はその逆の場合に比し、少ない日数、少ない生命・資源の損耗で終らせることができる。太平洋戦争がロシアの非友好的ないしは消極的態度のもとで遂行されなければならぬとしたら、その困難性は測り知れないほど大きなものとなり、作戦は失敗に終るかもしれない。[*3]」

　これらのアイデアがどこから出たものにせよ、それは大統領の〝予感〟とほぼ一致したものであった。それは超宥和政策を示唆している。かつてのミュンヘンでのように、戦争準備の整った国（ドイツ）と相対峙した準備不十分な二カ国（英仏）がとったような宥和政策ではない。それは、世界における二大工業国が、まさに十分な軍備を整えつつある時、二年以上にわたる猛烈な戦いで疲弊しきった国、しかも戦場で自らの軍隊を維持するのに、その工業国の援助を必要としているような国、信頼のおけないそんなパートナーと対峙してとる超宥和政策なのである。実際、一九四三年八月の時点におけるロシアの立場は、ホプキンスの文書で断定されたものとは一八〇度反対であった。

　大統領がこの柔順な政策を盲信的に受け入れたことは理解できるとして、チャーチルがなぜそれを即座に拒否しなかったのか不可解である。チャーチルは一九四二年一〇月二一日に、外相に対し、「万一ロシアの野蛮《バーバリズム》がヨーロッパの古い国々の文化と独立を圧倒することになれば、それは測り知れない災厄である。」と語ったことがある。[*4] それでも三カ月後、彼はカサブランカからアダナ#に飛び、トルコ首相サラコウル氏に対して、ロシアの意図は平和的かつ友好的なものであり、ロシアがドイツを真似るなら、私はロシアの友人でなくなる、と主張してトルコに参戦させたのである。[*5]

ケベック会談以降、チャーチルの心中にはバルカン諸国の問題が大きな部分を占めはじめている。

アダナ（Adana）トルコ南部の都市。

彼は、バルカン諸国に軍隊を送り込むことは彼の望むところではなかった、といっているし、[*6] 最終的にロシアの占領を許さぬようなんらかの先手をうつというのが彼の意図であったようでもない。なぜなら、九月にフィッツロイ・マクリーン議員を長とする使節団をユーゴスラビアに派遣した際、チャーチルは同議員に、「西側諸国の文明すべてがナチに脅威されている限り、われわれは目の前の問題から目を移し、長期政策上の考慮事項に注意を向けるような余裕を持つことはできない。われわれはソ連の同盟諸国に、われわれに対して忠誠をつくしてほしいと願った。同様に、われわれもまた彼らに忠誠をつくした……。政略は二次的考慮事項でなければならない。[*7]」と述べているからである。にもかかわらず、チャーチルがたえまなくバルカン問題に言及していたことが、アメリカの参謀本部を懸念させた。シャーウッドによれば、一九四三年一一月下旬にテヘランで行なわれた最初の三巨頭会談に先立ち、「アメリカ参謀本部は、米ソが統一戦線を組んで、（チャーチルのバルカン兵力投入策と）戦う準備をした。」といわれる。[*8] したがって、ヨーロッパをソ連に売るような背信行為をおこなった責任の多くは大統領とその側近達にもあるとされねばならない。[*9]

その他に討議された重要事項は次のとおりである。

㈠ **〝オーバーロード作戦〟ならびに〝アンヴィル作戦〟**　スターリンは、あらゆる軍事問題の中で〝オーバーロード作戦〟が一番重要であり、決定的なものであること、及び〝アンヴィル〟作戦は〝オーバーロード作戦〟に先だって行なうか、ないしは同時並行的に行なうべきであると主張した。さらに彼は、チャーチルのリューブリアナ峡谷を経てウィーンに向うという提案、及び、バルカン諸国やトルコにおけるいかなる冒険的行動に対してもがんこに反対した。

㈡ **ポーランドの問題**「ロシア西方国境の安全保障がなによりも重要である。」とチャーチルは言明した。したがってチャーチルはいっている。「ポーランドはカーゾン・ライン以東の領土を放棄するが、それだけ西方にずらしてドイツ領内に入るべきである。ポーランドがドイツのつま先をふむことになるとしても、それはいたしかたない。」と。[*10] またチャーチルはドイツの割譲についてあまり心を痛めていなかった。割譲は九〇〇－一〇〇〇万の住民の移転を意味するにもかかわらずである。なお、これらのポーランドに関する諸提案は大西洋憲章ならびに一九三九年の英＝ポーランド安全保障協定を廃棄したことになるのである。

㈢バルカン問題　チャーチルはバルカン諸国の重要性を強調した。そして彼は、ユーゴスラヴィアにあるチトーのパルチザンを支援し、反ボルシェヴィキであるミハイロヴィッチのパルチザンに対する支援を中止すると主張した。これは三者間の同意をみて、一二月初旬には実施された[*11]。

㈣フィンランド問題　チャーチルは、「ロシアはレニングラード及びこれに至る接近経路一帯の安全を確保しなければならない。」と主張し、さらに「ソ連はバルト海における恒久的海・空軍国としての地位を確保せねばならない。」と言明した[*12]。ポーランド同様、一九三九年のフィンランドに対するロシアの一方的攻撃について、チャーチルはなんらふれていなかった。しかもスターリンは一九四〇年の条約を復活させるよう要求するとともに、ハンコならびに、ペッツァモの割譲、それに戦争損害の五〇％を物品で賠償するよう要求した。

㈤ドイツ問題　ドイツ問題に関しては相当突込んだ検討がなされた。スターリンはドイツの分割を望み、大統領はこれに同意を表明した。スターリンはドイツを五つの自治地区に分割するも、キール、キール運河、ハンブルク、ルール地方、ザール地方については国連の管理下におくという提案をした。チャーチルは、罪悪の根源がプロシアとプロシア陸軍、それに参謀本部にあると考えており、参謀本部がヒトラー政権に対し終始、敵対的であったという事実に気づかなかったようである。チャーチルはプロシアを孤立させ、バイエルン、ビュルテンベルク、プファルツ、ザクセン、バーデンを分離させ、バイエルン、オーストリア、ハンガリーをもって非侵略連邦を創設させることを望んだ。スターリンはダニューブ連合に反対し、アメリカ大統領もスターリンに全面的同意を与えた。

㈥日本問題　スターリンはアメリカ大統領に対して、ヒトラーが敗北ししだい、ソ連は日本に宣戦するから、アメリカは太平洋方面について何らの心配も不要であると確約した。この確約は大統領ならびに参謀本部を小躍りさせた。その喜びたるや、大統領が感謝の印として対英共同戦線の問題を、スターリンと論じ、自分とスターリンは香港・上海両問題で蔣介石案支持、チャーチル案反対の態度をとるべきであると提案したほどであった。さらに、彼はスターリンに「満州にある大連港をロシアがものにしうる可能性」にまでふれたのである。[13]最終的に同意をみたものはほとんどなかった。にもかかわらず、ヨーロッパを破滅させる種子はまかれたのである。

チェスター・ウィルモットは書いている。「ロシアに押しまくられ、アメリカに引きずられた西側諸国の全戦略はソ連の野望に対しまったく何の配慮もないものであった。テヘラン会談以前でさえも、ドイツに〝無条件降服〟を強要することは、必然的にソ連をして、東部ヨーロッパにおける支配勢力ならしめることであった。しかしロシアの勢力が中央ヨーロッパやバルカン諸国にまで拡大する、といった事態は避け得たはずである。テヘラン会談はこのような事態の生起をほぼ確実なものとしてしまった。それ故に、テヘラン会談は単に一九四四年の軍事戦略を決定したことにとどまらない。それは戦後ヨーロッパの政治的バランスをソ連に都合の良いように調整したことにもなるのである。」と。[14]

＊1　カサブランカ会談において、チャーチルは〝無条件降服〟を、「完璧だ」と喝采した。しかし八月九日、彼は考えを変えたらしく、外相に次のような電文を送っている。「わずかの慈悲もなく、〝無条件降服だ〟〝無条件降服だ〟とくり返すだけでは、……降服させることは全くできないだろう。」(「The Second World War」Vol. V, p. 91)

＊2　その中に述べられているアイデアは、ジェームス・H・バーンズ将軍がホプキンスのために、ずっと以前に準備した覚書の中にあるものと、うり二つである。シャーウッドは、この覚書を「対ソ関係に関するホプキンス自身の見解を明らかにしたすぐれたステートメントであった。」とみている。(「The White House Papers」Vol. II, pp. 639-42) もしそうであるなら、つまりホプキンスが書いたものでないなら、彼はその文書をあたかも示唆したように思える。

＊3　同右　Vol. II, pp. 744-5.

＊4　「The Second World War」Vol. IV, p. 504.

＊5　同右　Vol. IV, pp. 635-6.

＊6　同右　Vol. V, pp. 114, 187 and 324.

＊7　「Eastern Approaches」Fitzroy Maclean 1950, p. 281.

＊8　「White House Papers」Vol. II, p. 770.

＊9　コーデル・ハルは国務長官であったが、彼はロシア嫌いだと考えられていたので、実際には、ホプキンスが担当し、ホプキンスがテヘラン会議に出席した。

＊10　「The Second World War」Vol. V, p. 319.

＊11　四カ月後、外相に宛てた手紙で、チャーチルは次のように述べている。「われわれが、これら

の問題をカイロで討議して以来（一九四三年一二月四日以来）、われわれは、ロシアの大派遣団がチトー司令部にくりこんだのをみてきたし、ロシアが共産主義チトー治下のユーゴスラビアをめざして真っ直ぐに進み、それに反することは「反民主主義的」として、すべて否定するであろうことは、ほとんど疑いのないところである。」（「The Second World War」Vol. V, p. 422）

＊12　同右　Vol. V, p. 352.

＊13　Sherwood, Vol. II, p. 786.

＊14　「The Struggle for Europe（1952）」pp. 141–2.

ロシアへの降服

一九四三年九月三日、連合軍はイタリア半島の先端に上陸した。事後、半島を北進せんとしたが、戦況は遅々として進展せず、翌四四年六月六日に開始されたノルマンディー上陸の二日前までローマを占領することができなかった。南部フランス侵攻作戦（アンヴィル作戦）も上陸用舟艇の欠如から八月一五日まで延期せざるをえなかった。そして、実際、その日に作戦が開始されたが、すでにその時は、主作戦である〝オーバーロード作戦〟になんら寄与するところがなかったのである。というのはその頃に、ノルマンディーのドイツ軍はファーレーズの戦闘で完膚無きまでに撃破されつつあったのである。南仏上陸兵力をイタリア方面から転用したため、イタリアにおける、サー・ハロルド・アレキサンダー大将の作戦指導は暗礁に乗り上げてしまったが、それでもアイゼンハワーやアメリカ軍参謀本部はこの作戦の断行を主張していた。そして一九四四年六月二九日、チャーチルとイタリアで戦う英国の将軍達が南仏上陸作戦の無益さを訴えた際に、大統領は次のように断言して、上陸作戦決行案を支持した。

「〝アンヴィル作戦〟はテヘラン会談で合意された事項であるから、これを断念するような行動方針はいかなるものといえどもスターリンとの協議を必要とする……。最後に、ここアメリカ国内での純然たる政治的考慮（大統領選挙）のためだが、もしかなり多数の兵力がバルカン半島に転用されたということが知られたら、〝オーバーロード作戦〟における若干のつまずきといえども、決して私を生かしてはおくまい。」と。[*1]

かくしてチャーチルの提案、すなわち、イタリア戦線の部隊を「リュブリャナ峡谷の方向からウィーンに突進させる」[*2]方が現戦線から大部隊を抽出、転用して南フランスに投入するより良策であるという提案――これはバルカン政策と直接の関係はないが――は日の目を見ないことになったのである。と同時に、ロシア軍がドイツ東部国境を越えて流れ込まない内に、ドイツを打倒しうる最後の好機もここに去ったのであった。

「六月の時点では強力であった西部戦線の敵戦力も、九月初めまでには減殺され、混乱した守備隊になっていた。」とブラッドレー大将は記している。[*3]にもかかわらず、追撃は問題外であった。それはアイゼンハワーが追撃部隊を保有していなかったからではなく、彼の有する大部隊を機動させるに足るだけの燃料がなかったからである。モントゴメリーは戦線の縮小を力説したが、アイゼンハワーはこれを聞きいれず、逆に、前進速度を落し、いま一つの大会戦を全正面にわたり準備するに決したのである。この遅延によりドイツ軍は息を継ぎ、再編成を実施できたのであった。

九月一〇〔一一〕日に開かれた第二次ケベック会談において、アメリカの財務長官ヘンリー・モーゲンソーは戦後ドイツの再軍備を予防するための一案を提示したが、これにより連合国の戦略はますます無能なものとなってしまった。その計画は当時モーゲンソーの次官補で、後の一九五一年八月、上院安全保障小委員会に召喚され、ソ連の手先であったことが判明した人物、[*4]ハリー・デクスター・ホワイトにより起草されたものであった。そのねらいとするところは、軍事行動による破壊からまぬがれたすべての産業施設を解体または破壊するとともに、ルール地方ならびにザール地方の鉱山を破壊して、ドイツを工業国から農業国あるいは牧畜国に転換させる、というものであった。この計画は大統領とチャーチル氏により承認され、九月二四日発表された。[*5]それは無条件降服とは何を意味するのかを詳細に定義するもののように思えたので、ナチ政権に反対していた幾百万のドイツ人に対し、カルタゴの平和を受諾する位なら、ヒトラーの下で戦って滅びる方がずっとましだと信じさせることになった。

この無償の精神的輸血は、アイゼンハワーの広正面戦略と結びつき、ナイメーヘンからコルマル[#]に至る三五〇マイル正面にわたって一連の激戦を生起させた。そして折しも、一二月中旬、アルデンヌにおけるヒトラーの奇襲的反撃が開始され、これによってアイゼンハワーの統帥の貧困さが暴露されたのである。この反撃は失敗に終ったけれども、連合軍は七万七〇〇〇人の犠牲を出すとともに、その威信を大きく失墜したのである。そこでスターリンは好機きたれりと判断し、大統領が再選以来しきりに提唱していた新たな三巨頭会談に同意する旨を発表したのである。当然のことながら、この発表は米英側を当惑させた。と同時にスターリンは、ヒトラーがアルデンヌの攻勢に全戦略予備を投入したことから、一月中旬にもロシア軍の冬季攻勢を開始すべく決意した。彼は三巨頭会談前に全ポーランドを蹂りんしてしまい、その既成事実をひっさげて会談に臨みたいと考えた。これはまんまと成功した。一九四五年二月四日、三巨頭がクリミアのヤルタで会談した日、ロシアの将軍達はオーデル河の線まで自軍を進出させていたのである。

ナイメーヘンからコルマル。ナイメーヘンはオランダ東部、ワール川に臨む都市。コルマルはフランス北東部オー・ラン県の県都。

大統領は大きな希望を抱いて、クリミアに向ったが、会談に臨む準備はほとんどなされていなかった。[*6]すなわち、戦争は終末に近づきつつある、そして国連機構に対するスターリンの衷心からの協力を確認する時がいまや到来した、と大統領はみていたのである。この問題はわけのないことのように思えた。なぜなら、米ソの間にはなんら基本的利害の衝突となりそうな問題はないと判断したからである。また大統領は愚かにも、チャーチルは根っからの帝国主義者であるが、スターリンは違うと考えていたし、英仏蘭三カ国のアジア支配を一掃するためにも、彼はスターリンの支援を必要とするとみていた。大統領はまた日本を屈服させる上からもスターリンの援助を必要としたのである。というのも、参謀本部は彼に、ロシアの参戦がなければ、日本を征服するのに〝一〇〇万人以上の損害〟を出すことになろうと警告していたからである。[*7] したがって、会談前から、代償としてスターリンに、ヨーロッパにおけるフリー・ハンドを認めようと決していたのである。

スターリンの現実主義と大統領の理想主義——彼はハリー・ホプキンスや、国務省に勤務するソ連の地下工作員アルジャー・ヒス等からアドバイスを受けた——のため、ヤルタ会談は超ミュンヘン会談ともいうべきものとなった。

この会議で、ドイツは数地区に区分され、各地区はいずれかの連合軍により占領されること、[*8]無条件降服を強いること、強制労働を賦課すること、賠償金は二〇〇億ドルとすること（但し、ロシアがその半分を受け取るものとする）を検討すべきであるといった事項が合意をみた。

スターリンが四月に開催される反枢軸連合国サンフランシスコ会議に参加することに同意した時、ポーランドはロシアという狼の眼前に投げ出されるはめになった——ポーランドの領土保全こそが英国の参戦原因であったにもかかわらずである。同国の東部国境は概ね、カーゾン・ラインに定められ、西部国境は暫定的にオーデル河＝西ナイセ河の線まで押し出された。そしてソ連の傀儡であるルブリン委員会——これはクレムリンにそそのかされて一九四四年一二月三一日に〝解放民主主義ポーランド臨時政府〟と自称した——は、亡命政府の若干名を加え、自由選挙を行なうという条件（但し中立国のオブザーバーによる監視はポーランド人の侮辱感情を考慮して、これを実施しない）で承認されるところとなった。

次に、チャーチルを除外した秘密会議で大統領は対日戦への支援をスターリンに確約させた。その交換条件として、外蒙古の現状維持、一九〇四－一九〇五年の間にロシアが失った全領土の復帰（すなわち南樺太並びに千島列島の返還）を認めることに彼は同意した。また、東支鉄道と南満州鉄道をロシアと中国が共同して管理することにも同意した。これらの領土はほとんど中国の領土であり、大統領は帝国主義や大西洋憲章のことについて忘れてしまっていたようである。

　この会議が開かれている間に、アイゼンハワー麾下の連合軍はライン河に向い進撃していた。しかしジョージ・S・パットン将軍の指揮するアメリカ第三軍が同河をオッペンハイムで渡河したのは三月二三日であり、モントゴメリー元帥麾下の英第二一軍集団並びにアメリカ第九軍がウェーゼルで同河を渡河したのもその翌日の二四日である。

　四月一三日、モーデル元帥以下三二万五〇〇〇の将兵がルール地方で降服したことにより、ベルリンに至る道は打通された。その頃、ジューコフ元帥とコーネフ元帥#とはなお、オーデル・ナイセ河の線にあったが、ウィーンはマリノフスキーの手に帰していた。アイゼンハワーにとって全速力で突進することが絶対必要であった。というのは、ロシアはこれまでにもヤルタ協定のあらゆる重要事項を無視、ないしは違反してきており、これはいまさら証明する必要がないこと、しかも英米軍は、ベルリンとプラハを掌中に入れることによって、ロシア側に協定事項を尊重するよう強要する強い立場をとれるであろうからである。チャーチルは書いている。「もしわれわれが事態を正しくつかまないならば、世界はやがてルーズベルト氏と私とがクリミアの決定に署名したとき、詐欺的な趣意書に署名した、とみることであろう。」と。[*9]

コーネフ（Konev, Ivan Stepanovich）一八九七－一九七三。第二次大戦中、ウクライナ第一、第二戦線を指揮。四六年陸軍部隊総司令官。五二年中央委員。

まったくクラウゼヴィッツ型の軍人とはいえないアイゼンハワーは別の考えを持っていた。彼は自分の報告書に次のように記している。

「敵を最終的敗北寸前に追いつめた時には、軍事的要素の方が、連合軍の首都占領という政治的考慮よりも重要である、と私には思えた。わが軍の任務は、荒廃し、抜けがら同然の都市を占領するため兵力の分散をきたすよりも、ドイツ軍を破砕することでなければならない。[*10]」

最終的には、ルーズベルト逝去の二日後、四月一四日、新大統領ハリー・S・トルーマンがアイゼンハワーに、連合軍をエルベ河の線で停止させ、ベルリンとプラハはロシア軍の手にゆだねるよう訓令した。ベルリンは五月二日、プラハは五月八日夜から九日の朝にかけて、すなわち、敵対行為が中止された翌日にかけて、それぞれロシア軍が占領した。

「英米両国にとって、ノルマンディーの戦いの成果は、それを採るとすぐ灰になったソドムのリンゴと同じであった。ヒトラーとドイツ軍は壊滅したが、これらに代ってスターリンとロシア軍が立ちはだかった。超現実主義者として、終始、政策と歩調をそろえた戦略をとってきたスターリンはエストニア、ラトヴィア、リトアニア、フィンランドの一部、ポーランド、東部及び中央ドイツ、オーストリアの三分の一、ユーゴスラビア、ハンガリー、ルーマニア、ブルガリアに対して、『自分を救世主とみなし、礼拝せよ』と強制することができるようになった。それは、西側諸国が第一に、〝勝利、どんな犠牲を払っても勝利を〟というスローガンをそのまま戦争目的にしてしまったからであり、第二に『ヒトラーを打倒し、破滅させ、虐殺することのみに固執し、その他の目的や忠節、あるいは企図を除外してしまった』ためであった。ヨーロッパの脊椎であるウィーン、プラハ、ベルリンはスターリンのものとなった。そしてまた、アテネを除く、東部ヨーロッパの全首都が彼の手中に帰した。ロシアの西方国境はかつてのプリピャチ沼沢地の線からチューリンガーワルトの線まで約七五〇マイルも張り出た。カール大帝の時代のように、スラブ民族はエルベ河畔とベーマーワルト河畔にまで押し寄せた。まさにヨーロッパの歴史を一千年前にさか上ったのである。[*11]」

＊1　「The Second World War」Vol. VI, p. 57 and Appendix D.

＊2　同右　Vol. VI, p. 57.

＊3　「A Soldier's Story」Omar Bradley（English edition, 1951）, p. 411.

＊4　「The Twenty-Year Revolution」Chesly Manly, pp. 102-3.

＊5　それは非常な非難を受け、後に修正された。アメリカ陸軍長官スチムソンがドイツを農牧国に転化させるというくだりを大統領に読んで聞かせたところ、「彼はこれに肝をつぶし、これにサインをしたかどうかはっきりしないと言った。つまり彼はあまり深く考えないでサインしたふし

がある」（「On Active Service in Peace and War」Henry L. Stimson and McGeorge Bundy（English edition, 1949), p. 336. チャーチルも自分自身について大体同じようなことを言っている。（「The Second World War」Vol. VI, p. 138.

＊6「Speaking Frankly」James F. Byrnes（English edition, n, d), p. 23.

＊7「On Active Service in Peace and War」p. 365.

＊8 ベルリンはソビエト地区の奥深いところにあったので、「各地区の総司令官によって任命された司令官から成る Kamendaturaによって合同管理されることになった。」そこで、英米仏軍はベルリン市に妨害されないで入れる十分な交通路を必要とした。「しかし、陸軍省（又は少くともその出先機関）はその交通路を指定する必要などないと考えた……。（そして）地区司令官達が道路・鉄道等の状況を良く把握した上で、適切な処置をとれば良いというのであった。この問題は未決定のままであった。」（「Churchill, Roosevelt and Stalin」Herbert Feis（1957), p. 533.)

＊9「The Second World War」Vol. VI, p. 370.

＊10「Report of the Supreme Commander to the Combined Chief of Staff on the Operations in Europe of the Allied Expeditionary Force, 6 June 1944 to 8 May 1945（1946)」p. 131.

＊11「The Decisive Battles of the Western World（1956)」Vol. III, p. 589 から引用。

戦術的大厄年

一九四四年一〇月二三日から二六日にかけて戦われたレイテ湾の大海戦で、アメリカ第三、第七艦隊は日本海軍を破り、ここに日本の運命は事実上決せられた。若干数の補助艦を除いて、日本海軍は消滅してしまった。小磯内閣の海軍大臣米内光政海軍大将は「この海戦での敗北は『フィリピンの喪失と同一である』と認識していた。海相はさらにこの海戦が有している意義の重大さにふれ、『自分は戦争は終ったと感じた』と述べた。[*1]」

この海戦の意義の重大さについて、ルーズベルト大統領、及びその顧問達は見抜けなかった。いまや問題は、日本を如何にして撃破するかではなく、如何にして日本の敗北から最高の政治利益を吸いあげるかということであった。それは、大統領達がヨーロッパで直面したよりもずっと簡単なことであった。ヨーロッパ戦域では、同盟諸国のことを考慮にいれなければならなかったが、対日戦は九五%までアメリカの戦争であった。しかも、戦争の複雑化を避けるために、アメリカが単独で勝利をものにすることが必要不可欠であった。もしこのことをアメリカが理解していたなら、対日戦をドイツ崩壊前か、ないしはその直後に終結させることが極めて望ましいと判断したであろう。なぜなら、対日戦を複雑なものにする国はただロシアのみであり、ロシアがいまだヨーロッパにかかわりあっている間に戦争を終結させれば単独で勝利できたであろうからである。このことは可能であっただろうか。その答は、その問題に関する戦略的・政治的重心について着意がなされているなら、まちがいなく〝イエス〟である。

もともと、日本は戦略的にもろい立場にあった。なぜなら、その経済的潜在力はアメリカの約一〇%に過ぎず、その耕地面積は三%にみたない、しかもアメリカ人口の半分以上を扶養しなければならなかったからである。日本はその原料と穀物をほとんど満州や朝鮮に依存しており、日本海や黄海を経て本土に輸送していた。そこで日本の船舶はアメリカ潜水艦の好目標となった。沈没した日本船舶の総合計八九〇万トンの内、五四・七％以上が潜水艦攻撃によるものであったことからしても、アメリカ潜水艦が日本の敗北に演じた役割は過大評価になるようなことは決してない。[*2]

しかるにアメリカは日本の船舶撃沈に全努力を集中し、経済的崩壊により日本に降服を強制しようとせず、これに代って、日本本土侵攻戦略を統合参謀本部は採用した。そこでこのための準備として、レイテ湾の海戦直後、マリアナ諸島からの遠距離爆撃を開始した。総計一〇万四〇〇〇トンの爆弾が六六都市に、四万二九〇〇トンが工業地帯に投下された。[*3]この爆撃は日本の生産活動を低下させはしたが、船舶の損失が依然、日本の経済の衰退要因として支配的なものであった。というのは、日本経済に対し致命的打撃を与えた最大のものは穀物とならんで石炭、石油等の原料の停止であって、工場や都市の破壊ではなかったからである。

『調査団報告』は次のように指摘している。日本の工場、精油所、製鋼所、軍需工場はそのほとんどが原料の欠乏により破壊されたも同然であったが、爆撃は再度それを破壊しなおした。このため日本経済の大部分が二重に破壊されることになった。一度は輸入の断絶により、二度目は空襲によりである。さらにその『報告』は、日本の鉄道網は極めてぜい弱であったから、これに対する爆撃は既に実施された船舶攻撃の成果を大いに拡大し、累積したと記している。『報告』の述べるところによると、「調査団はそのような攻撃（定期鉄道連絡船、トンネル、橋梁等に対する爆撃）は、あらかじめ十分計画されていたならば、一九四四年八月には開始できたものと信じる。……調査団は、鉄道機能を完全に停止させるにはB29、六五〇有視界出撃による高性能爆弾五二〇〇トンの投下を要したであろうと見積った。」としている。[*4]

　これだけの所要見積と実際の数量、すなわち一万五〇〇〇出撃により六六都市に投下した一〇万四〇〇〇トンの爆弾量とを比較検討してみるなら、その余剰は、とりもなおさず統合参謀本部が犯した戦略的過失を物語っているのである。

　政治的重心についても同様で、大統領やその顧問達はこれに努力を指向しなかった。日本の政治的重心は天皇に置かれていた。その理由は、天皇は軍隊の長であり、国民の目には神として映っていたからである。しかし天皇が一つだけできなかったことがあった。それは国民に無条件降服を命ずることである。これにより自分が戦犯として裁判にかけられ、直ちに銃殺されることを黙って受け入れるように天皇は命令できなかったのである。[*5]

　日本海軍軍令部の高木惣吉少将は、一九四四年初めに、戦争終結のため、日本は妥協による講和を求めなければならないという結論に達していた。そして一九四五年四月一五（七）日、鈴木貫太郎海軍大将は妥協による講和を実行に移すため小磯国昭大将から政権を引き継いだが、彼は天皇の地位が無条件降服により危険にさらされる限り、これを履行しようとは考えなかった。天皇は同年一月頃から、戦争を終らせなければならないという確信を深めていた。かくして六月、天皇は近衛文麿公爵をモスクワに派遣し、ソ連に仲裁の労をとってくれるよう求めることに決した。と同時に、モスクワ駐在大使佐藤尚武に対して、如何なる状況においても、日本は無条件降服は受諾できないことをソ連政府に通告するよう訓令した。つまり、大使は条件つきで和平をもたらすようクレムリンを説得することになったのである。

一方ワシントンもまた戦争終結の方策を模索していた。陸軍省は本土侵攻と空軍の大量爆撃を主張したが、その他の人々は、無条件降服の〝合理的説明〟さえなされれば、日本は折れるであろう、そして、「決断をためらっている唯一の事項は天皇の将来の地位である」という意見であった。[*6] 捕虜となった日本軍高級将校達の尋問から得た情報に基づく意見として、「日本国民はまさに降服寸前にあるが、皇室制度が廃止され、天皇が戦犯として罰せられるであろう、という心配から降服をためらっている。」というものもあった。[*7]

これらの諸提案が検討されている間に、原子爆弾の開発は著しい進歩をとげ、その成功は間違いない、という域にまで達していた。[*8] 一九四五年四月、スチムソンは原子爆弾の使用に関する諮問委員会を設置し、六月二日、大統領に対し一つの覚書を送った。その中で彼は、日本本土侵攻の代替案として、もし原爆の最終実験――当時実験準備中であった――が成功すれば、これを使用するよう提案した。その際、彼は次のような警告を事前に発するようつけ加えた。それは、「日本本土に指向しようとしている強大な力の特質と、この力を全面的に使用した場合に起る破壊の完全性及び不可避性について」指摘した警告であった。さらに彼は個人的ではあるが、「もしわれわれが日本の現天皇のもとで立憲君主政体を認めることを付け加えるなら、受諾の可能性は本質的に高くなる。」と考えていた。[*9]

七月一七日、ポツダム会議が開かれた。そして同日に、スチムソンは大統領に、原爆の最終実験が前日一六日、完全に成功した旨報告した。そこでトルーマンとチャーチルは、日本本土侵攻のもたらす損害を回避するために、同爆弾を使用するに決したのである。「いまやこの悪夢のような情景は消滅した。それに代って新しい幻影、一回ないし二回の激烈な衝撃のうちに全戦争が終るという快く、輝かしい光影が浮んだ……。もはや、われわれはロシアを必要としなくなった。」とチャーチルは書いている。[*10]

しかしながら、チャーチルは次のような理由から、誤った行動をとらざるを得なかった。ステティニアス氏[#]はその理由を説く。「ポツダム会議の頃まで、いや最初の原爆が投下された以降においても……、軍部はソ連の極東戦争参加を主張した。ヤルタ会議とポツダム会議において、軍部は在満日本軍に特に関心を寄せていた。日本陸軍の精華と見なされていたこの部隊は独立戦闘能力を有し、日本本土降服後も、ロシアの参戦がない限り、戦争継続能力を有するものと信じられていた。[*11]」

ステティニアス（Stettinius, Edward Reilly Jr.）一九〇〇－四九。USスチール会社社長を経て、アメリカ大統領特別補佐官。終戦時国務長官であった。

ポツダム会議開催前に、モスクワの佐藤と東京の間にかわされたあらゆる通信文を、ワシントンは解読していた。[*12] 七月一三日〔日本の日付では12日〕、日本の外相から佐藤宛の次のような電文が入ってきた。

「ポツダムへ出発する前にモロトフに会われたし……。戦争終結に対する陛下の強いご要望を伝達されたし……。無条件降服のみが和平への障害なり……。[13]」

これは日本の絶望的立場を明白に示しており、早期終戦の道を開くものであるが、七月二六日に発せられた最後通牒は「われわれは日本政府が全日本軍に対し無条件降服を直ちに布告するよう要求する……。さもなくば、日本は完全かつ徹底的に破壊されよう。」となっており、天皇については一言も触れていなかった。[14]

二日後、鈴木首相は最後通牒を拒絶した。彼はそれを「公表するには値しない」と発表した。[15]かくして八月八日予定のロシアの参戦を掩護するため、二個の原爆を投下する決定が下された。それは八月六日広島へ、八月九日長崎に、それぞれ投下されることになったのである。やがて八月六日月曜日、午前八時一五分、一つの巨大な火の玉が広島の北西中心部上空に出現した。その爆発力はTNTに換算して二万トンであった。その中心温度は約一億五〇〇〇万度（摂氏）――太陽中心部の温度の約一〇倍――であり、[16]その圧力は一平方インチあたり数十万トンと見積られた。熱線により同時数百個所で火災が発生した。それは最も遠い所でも、爆心地から四六〇〇ヤードはなれたところであった。広島市の四・五平方マイルは完全に焼失した。そして七万－八万の市民が死亡し、五万人（死者約一四万人、負傷者約八万人）が負傷した。にもかかわらず、同市周辺の諸工場は「ほとんど無傷で、戦争を継続するなら、三〇日以内に通常の生産活動を実質的に再開させえた、と見積られている。[17]」

八月九日、日本の最高戦争指導会議は無条件降服の問題を天皇に一任することで意見の一致をみた。陛下は和平を決意され、一〇日、放送を通じて次のような発表がなされた。日本政府は七月二六日の連合国ポツダム宣言に示された条件を、「同宣言は天皇の国家統治者としての大権に変更を加えるいかなる要求も含まれていないとの諒解の下に」受諾する用意がある、と。[*18]

天皇の権威以外、どんな権威も承認しない多くの日本軍が集結決起するのを避けるため、八月一一日、連合国は次のような文章を含んだ回答を明らかにした。「降服の時より、天皇及び日本国政府の国家統治権は連合軍最高司令官に隷属するものとす。[*19]」一四日、陛下はこれを受諾され、停戦がなされた。そして九月二日、日本の使節団は降服文書に調印したのである。

スチムソンは論評する。「本当の問題は、原爆を使用することなしに降服させえたかどうかではなく、早期降服をもたらすため、外交上、軍事上、別な方法があったかどうかである。ここで情報の問題が重要になった。戦後おこなわれたインタビューで明らかになったことであるが、日本の大部分の閣僚達は、最終的に同意した条件と実質的に同じ条件をその年の春にすでに受諾する用意があったのである。このような日本の一般的態度に関する情報資料をアメリカ政府は活用できたはずである……。最後に降服した時の状況からすれば、天皇を存続させる意志あり、というアメリカの態度をもっと早期に、しかも明確にしておけば、戦争をもっと早く終らせることができたであろう。この行動方針は一九四五年五月の時点で、グルー臨時国務長官やその側近達が主唱していたことなのである。」と。[*20]

無条件降服の政策によって生じた政治的・戦略的近視がなかったら、戦争は一九四五年五月に終らすことが間違いなくできた。しかも、連合国に益するような極東の平和を獲得するためには、五月の時点で戦争を終結させることが極めて重要であった。もしその時点で戦争を終結させえたなら、ロシアは極東に介入できなかっただろう。それ故に、ロシアの介入により生じた破壊的結末は回避されえたことなのである。さらに、そうしていれば、二個の原爆を投下する必要もなくなったであろう。ハンソン・ボールドウィンがいったように、原爆はただ一つの目的、すなわち「もっと安定した平和を確保するためではなく、ただ勝利を急ぐため」に使用されたのである[*21]。

とはいえ、現実に、原爆は投下され、人類を驚かし、狼狽させた。この事実をぬぐいさることはできない。創造力の源泉が開かれ、そしてそれは破局への力に変った。産業革命がもたらした究極の軍事的結晶、それがここに完成した。爆発物としての核エネルギーは人類の闘争における戦術的大厄年をもたらした。核エネルギーは政治の有効な手段としての物理的戦争を、消滅させてしまったのである。

＊1　「The Battle of Leyte Gulf (1947)」p. 231 C. Vann Woodwardに引用されている。
＊2　「United States Strategic Bombing Survey, Summary Report (Pacific War) p. 11.
＊3　同右　p. 17.
＊4　同右　p. 19.
＊5　モーゲンソー計画によれば、主要戦犯に指定されている者は全員銃殺されることになっていた。

しかも大統領は「裁判をせずに処刑することにきっぱりと賛成の意を表した。」(「On Active Service in Peace and War」pp. 338-9)

＊6 「United States Army in World War II」Ray S. Cline (1951), pp. 333-47.

＊7 「Secretary Stimson : A Study in Statecraft」N. Current (1954), p. 224.

＊8 チャーチル氏がこの爆弾について初めてふれたのは一九四一年八月三〇日である。(「The Second World War」Vol. III, p. 730) 一方、ゲッベルス博士(ドイツ宣伝相)は一九四二年三月二一日に、それについて語っている。(「The Goebbels Diaries」p. 96)

＊9 「On Active Service in Peace and War」p. 368.

＊10 「The Second World War」Vol. VI, pp. 552-3. 五五三頁にチャーチルは、トルーマンの原爆使用が誤りであるとは決して思っていなかったと述べている。そしてその六頁先に「日本の敗北は最初の原爆が投下される以前に確実であった。」とも記している。

＊11 「Roosevelt and the Russians : The Yalta Conference」Edward R. Stettinius (English edition, 1950), p. 96. 当時関東軍はすでに精強さを欠いていた。精華《クリーム》とはいえクリームの一番よいところを取り除いたスキムミルクからできていたのである。きたえあげられた精鋭部隊はずっと以前に関東軍から南方に抽出・転用されており、同軍の石油は底をついていた。

＊12 日本の暗号文は真珠湾奇襲前に解読されていた。なおこれは戦争の全期間を通じ維持された。

＊13 「Japan's Decision to Surrender」Robert J. C. Butow (1954), p. 130.

＊14 「ポツダム宣言」同右 Appendix C, pp. 243-4.

＊15 「On Active Service in Peace and War」p. 369.

＊16 「The Nature of the Universe」Fred Hoyle (1960), p. 36.
＊17 「U. S. Strategic Bombing Survey (Pacific War)」p. 24.
＊18 Butow, Appendix D, p. 244.
＊19 同右　Appendix E, p. 245.
＊20 「On Active Service in Peace and War」pp. 371-2.
＊21 「Great Mistakes of the War (1950)」p. 101.

勝利による敗北

第一次ケベック会談以後、チャーチルはヨーロッパに対するロシアの脅威をますます肌に感じるようになった。しかし、その頃すでに強力な国家にのし上がっていたアメリカは、武器貸与法への英国の経済的依存とあいまって、チャーチルを完全に束縛し、ノルマンディー上陸まではアメリカ大統領と統合参謀本部が戦争指導のほとんどを御していた。やがてドイツの降服する日がやってきた。「私の目には、ナチにかわってソ連の脅威がわれわれの敵として浮び上っていた……。私はソ連の大々的な力の顕示とロシア帝国主義の無力な地域の席捲を感じた。」とチャーチルは書いている。[*1] 一九四五年五月一二日、すなわちドイツ降服の四日後、チャーチルはトルーマンに次のように打電した。

「私はヨーロッパ情勢について非常に懸念しております……。ロシアはどうでてくるでしょうか。鉄のカーテンがその国境におろされています。われわれはその背後でどんなことが起っているのかわかりません。まもなく、リューベック＝トリエステ＝コルフの線以東の全地域が完全にソ連の手中に帰してしまうであろうことは疑問の余地がないものと思われます。一方、われわれの国民は、荒廃し、打ちのめされたドイツに酷烈な要求をつきつけることに熱中するでしょう。しかもロシアは、もし北海及び大西洋へ進出する道を選ぶならば、短時間で前進することができるのです……。要するに、われわれの力がなくならない内に、ロシアと決着をつけておくことがいかなる問題より緊要であると考えるのです。[*2]」

このようなチャーチルの見解は疑いもなく正しかった。しかしながら、彼はこの不幸な状況をもたらすに至った、自らの責任について気付いていない。彼が自由に戦争を指導できた頃には、彼は「如何なる犠牲を払っても勝利が自分の目的である。」と宣言したのである。第一次世界大戦で、あれほどまでに卓越した判断を下したチャーチルが、第二次大戦ではこんな失敗をやらかしてしまうとは、まことに不可解といわざるをえない。第一次大戦について、チャーチルは記している。

「政府及び国民一人一人がこの悲劇のくり返しを阻止しようとせず、手をつけようもない暴力に直面して動揺し、ぼう然となった。そして一世紀かかっても治ゆしないような傷害を人間社会の構造にもたらすまで、大規模な殺戮と浪費をおこなった……。勝利といえども、敗北とほとんど区別できないほど高い犠牲を強いられるところとなった。勝利は勝者に対して、安全さえも与えてくれなかった……。武力により得られた完全な勝利により、ヨーロッパの問題を解決すること、あるいは戦争生起の要因を除去することはできなかったのである。」

と。[*3]

いまや勝利はあらゆる犠牲を払って、ここに獲得された。問題は如何にして〝ソ連の大々的な力の顕示〟をくい止めるかということであった。しかしアメリカはそれをくい止める意図などなかった。ルーズベルト時代の特色だった〝戦争とドイツ撃破〟の決意は、つづくトルーマン時代、すなわち終戦後も、世論を和らげるため、引き続き実践された。それは将来について何等の顧慮もなされていないものであった。依然として、ミリタリズムがアメリカの政策を支配しつづけた。そこには政治的手腕の発揮などはありえなかったのである。

一八七〇年におけるビスマルクと、なんと違うことだろう。その年の九月、『ナショナル・ツァイツング紙』が、捕えられたフランス皇帝に対する処遇が寛大すぎると批判した。その際、ビスマルクは次のように述べて、これに反論した。

「国民感情、ないしは世論というものは常にそんな批判をする。国民は、国家間の争いにおいて、征服者が被征服者を被告席にすわらせ、道徳律を手にして判断を下し、被告のおこなった行為に対し懲罰を科すべきである、と主張する。……これは全く非合理な要求である。懲罰や復讐というものは政治となんら関係がない。政治はネミシス[#]を呼びだすのに手出しをしたり、裁判を開催するように願ったりしてはならない。政治の上からみるならば、問題は『虐待をうけたナポレオンと、歓待をうけたナポレオンと、どちらがわれわれにとって有益であるか』ということである。ナポレオンがいつの日にか、また浮上してくることだってありうるのである。」と。[*4]

ネミシス。ギリシャ神話にでてくる懲罰と復讐の神。

無条件降服だけでは足りなかったとみえて、ドイツ経済までも、すっかり破壊されるところとなった。そしてモーゲンソー計画のほとんどが終戦後も実行に移されたのである。ヨーロッパの平和と繁栄を築き上げるといっても、その中心が廃墟と化し、飢餓と疾病、それに無秩序の蔓延している状態で、いったいどうして築き上げるのか。こんな疑問がトルーマンの頭には浮んでこなかったものと思われる。

終戦前に二つの施策がとられた。一つは『工業水準化計画』であり、もう一つは『占領指令』である。両方とも詳細に引用するには余りにも長すぎるが、次の条項を読めば、その意図するところがわかるであろう。

『工業水準化計画』。その目的とするところはドイツの主要工業設備を最小限度にまで縮小し、これにより解体を要する残余の工業設備を賠償の支払いにあてさせるというものである。あらゆる軍需品、あらゆる種類の航空機、あらゆる航洋船の生産が禁止された。その他、合成油脂、合成ゴム、無線送信器材等多くの物が禁止された。鉄鋼生産も年五八〇万トンを超えてはならず、非鉄金属、基礎化学製品、工作機械、電気器具、自動車、機関車、貨車等徹底的に削減されることになった。以上のことからわかるように、「この計画が一般的に意味していることは、工業水準を全般に、一九三八年当時の五〇－五五%程度に減ずることにある。[*5]」

これは数百万のドイツ人に餓死せよというにひとしい。最も寛大な国だといわれるアメリカは、文明世界は決してこのようなことを無期限に黙認しないであろう、と洞察してしかるべきであった。

『占領軍指令（JCS一〇六七／六）』の方は、アイゼンハワー大将が従う政策を概説したものである。彼は、〝連合国管理理事会〟の一員として、アメリカ以外の全占領国がこの指令を採択するように主張した。ドイツの政治及び行政機構は分権化された。敵国民であるドイツ人との交際は禁じられた。ナチズムの支持者及びナチ党員は公職及び私企業から追放されることになった。ドイツ将校団を含め、ドイツの全軍事組織が解体されることになった。ナチ党の全役員、政治警察員、ナチス親衛隊員、参謀本部部員、主要官吏、都市及び地方の市長、ナチ同調者達はみな逮捕されることになった。如何なる政治活動も許可されず、すべての刑事・民事両裁判所、それに教育機関が閉鎖されることになった。軍人恩給や民間の年金は禁止された。すべての金、銀、通貨、有価証券が没収され、ドイツの経済的回復になるようないかなる処置をもとらない計画であった。そしてドイツの基本的生活水準をどの隣接諸国よりも高くするような施策は拒否されるところとなったのである。[*6] 簡単にいえば、ドイツを一大収容所に変えてしまう計画であったといえよう。

　これらのことは、すべて七月一七日に、ツェツィーリエンホーフ宮殿で開催されたポツダム会議で同意され、署名、調印された。当時、すでにスターリンは確固たる勢力を占めており、各国代表は彼の要求をのむだけであった。

　議題として、ドイツ問題とポーランド問題がとりあげられた。ドイツ問題については、ヤルタ会談の決定と、前述した『工業水準化計画』及び『占領軍指令』が再確認された。賠償も配分され——それは主としてロシアに有利なように配分された——主要戦犯の裁判方法についても同意をみた。その他、ケニヒスベルクならびにその隣接地域がソ連に譲渡されることも同意された。

ポーランド問題に関しては、その西方国境が論議され、意見の一致をみたが、その最終的決定は自由な選挙を待つべきであるということになった。それまでの間、ドイツ領であるオーデル・西ナイセ両河の東岸地域と東プロシアの大部分、それに旧ポーランド回廊はポーランド国の行政下におかれることになった。[*7]

この他、同会議はドイツ人を〝人道的かつ規律正しい方法により〟[*8]ポーランド、チェコスロバキア、ハンガリーから西ドイツに移住させることで一致した。以後二カ年というものはヨーロッパは混乱の泥沼へはまり込んでしまい、ソ連にとってこの上ない大儲けのチャンスとなった。まさに情勢は険悪であった。そこでトルーマン大統領は、ハーバート・フーヴァー元大統領に経済使節団を委託し、アメリカは何をすべきか、について答申をこうた。フーヴァー団長は、一九四七年三月一八日、次のような答申をおこなった。

「現在、米英両国の納税者達は、アメリカ地区及びイギリス地区だけのドイツ人を餓死から救うため、年約六億ドル出している……。ヨーロッパ再建の道はただ一つ、それは生産である。ヨーロッパ全体がドイツ経済と連結されている……。ヨーロッパが生産力を回復するには必らずドイツの再興が必要である……。領土併合下に置かれた新ドイツは〝牧農国家〟になり下がるであろうというのは幻想にすぎない。そんなことはドイツ民族の内、二五〇〇万人を根絶するか、別の地に移住させるかしなければ達成不可能である……。〝戦争潜在力〟という言葉も幻想である。地球上、ほとんどすべての産業が、近代戦においては〝戦争潜在力〟である……。ドイツはいつの日にか、『工業水準化計画』のもとで、現在考えられているドイツ領内での自給自足が可能になるであろうというのはまったくの幻想である。さらに加えて、ドイツの経済復興がなくても、ヨーロッパは全体として再建できるというのも幻想である……。われわれはドイツをこれらの経済的鎖につないでおくことはできる。しかしそれはまたヨーロッパにボロ服を着せたままにしておくことになるのである。[*9]」

これがアメリカの信頼すべき筋の声であった。しかし、すべての幻想の中で最大のものはルーズベルト大統領の〝予感〟であった。

ヨーロッパの悲劇を回顧する時、一九一七年四月六日、アメリカ合衆国が第一次世界大戦に巻き込まれることになった時がヨーロッパ史における真の暗黒日であった、と確信をもっていえるであろう。それはまぎれもないパンドラの箱[#]である、〝ヴェルサイユの書き取らされた平和条約〟を生んだ。そしてこのパンドラの箱から、いま一つの世界大戦が現出した。アメリカがやった二回目の干渉はもっと破壊的なものであった。それは全く平和をもたらすことなく、代りに、ホッブズ哲学が恐れた〝永久的戦争状態〟に導いた。

パンドラの箱。ギリシャ神話にでてくる人類最初の女性パンドラがゼウスの神から与えられた箱。パンドラが禁を犯してあけると中から人類の諸悪が逃げ出して世に広がり、希望だけが残った。

こうなった理由は、かつてヨーロッパに多くの戦争をもたらした〝どん欲さ〟とは少しも関係がない。なぜなら、アメリカ人は一エーカーたりとも、ヨーロッパに土地を欲するようなことはなかったからである。こうなってしまった本当の理由は、戦争が政治の一手段であることをアメリカ人が理解できなかったことにある。彼らは戦争のやり方を知らなかった。そしてその結果、平和をつくり出す方法を知っていなかったのである。彼らは、戦争とは死をかけたゲームであり、そのトロフィーは勝利であると考えていた。

致命的な第一歩はアルカディア会議で印された。この会議でルーズベルト大統領の〝大構想〟である〝理想の国〟が登場し、合理性のある大戦略は影の薄いものとなった。それでも、同じ頃、エール大学教授のニコラス・J・スパイクマンはあるべき政策について、次のように書いている。

「一国の外交政策が実際的なものであるためには、パワー・ポリティクスの見地から国際政治の現実をとらえ、その現実に立脚した外交政策を立案すべきであって、なにか夢のような世界を描き、それに立脚するようなことがあってはならない。[*10]」

彼はアメリカ政策の目標を〝新世界〟における支配力の確立と、〝旧世界〟におけるバランス・オブ・パワーの二つに置くべきであると主張した。そして彼は、このバランス・オブ・パワーが大西洋と太平洋の彼岸で崩れたからには、アメリカの戦争目的はその回復であるべきだ、と論ずる。このことはドイツや日本の殲滅を求めているのではなく、ヨーロッパや極東がロシアの支配下に入らないようにすることだと書いた。彼はいった。「ウラル山脈から北海に至るロシアは、北海からウラル山脈に至るドイツよりも情勢の大きな改善である、といった論がまかりとおるはずがない。」と。同じような論理を極東にも適用し、彼は続ける。「日本による新たなアジア征服の危険は排除されなければならない。しかしそのことは必然的に、日本の軍事力を削除し、西太平洋を中国やロシアの手に渡すことを意味するのではない[*11]。」

英国が犯した二つの重大な過失がある。それはタイミングと目的である。ケンブリッジ大学のハーバード・バタフィールド教授はこれらについて極めて明確に記している。

「良き時代における外交上の慣習で、最良の論題といえる次のような事項には歴史的好前例がある。それは、もしライバル関係にある二人の巨人がヨーロッパ大陸で既存の秩序に対して交互に脅威を及ぼしており、しかも、もしあなたがその巨人達に雌雄を決するまで争わせたくないなら、その争いへのあなたの介入の時期を注意深く選ぶとともに、二人のうち、どちらにせよ、他方により撃破されることから一方の巨人を救うためにのみ介入するのだ、ということを理解せよ。というのは、大陸にこれら二人の巨人がいる限り、全世界は休息できるからである。しかし、もしあなたが二人の巨人のうち、一人だけを撃破することをねらって、正義の戦争にまい進するなら、あなたは、もう一方の巨人を以前よりももっと大きな怪物に作り上げるために、自分の血と資財を消費することになる。そしてあなたはその物語の次の幕場で、怪物となったその巨人と確実に対決しなければならなくなるだろう。換言すれば、正義のための戦争と唱して、総力戦により侵略の世界を乗り切ろうとする政策は、ちょうど悪魔を追い出すのに悪魔を使うようなものであって、とても現実的な政治であるというメリットなど有していない。[*12]」

もし政治家達が学者達のように、戦争は政治の一手段である、ということを良く理解していたなら、われわれは今日、まったく違った世界に生きていたかもしれないのである。

＊1　「The Second World War」Vol. VI, pp. 495-6.

＊2　彼はそれを〝鉄のカーテン〟電報と呼んでいる。そして「この問題について私が書いたすべての公文書の中でも、私はむしろこの電報によって判断してもらいたい。」と述べている。（同右 Vol. VI, pp. 498-9）

＊3　「The World Crisis, 1915（1923）」pp. 17-18.

＊4　「Our Chancellor」Moritz Busch（English edition, 1884）, Vol. I, pp. 98-9.

＊5　「German Realities」Gustav Stolper 1948, Appendix D, pp. 294-99.

＊6　同右　Appendix C, pp. 273-93.

＊7　これらの領土併合問題についてチャーチルは次のような論評をくわえている。「将来のヨーロッパの平和にとって、ここに一つの誤りがあった。これに比較したら、アルザス・ロレーヌ及びダンチヒ回廊の如きはささいな事であった。」（Vol. VI, p. 561）テヘラン会談で彼は言ったことがある。「もしポーランドがドイツのつま先をふむことになるとしても、それはいたしかたないことである。」と。そして彼はドイツの一部をポーランドへ割譲することについては少しも胸を痛めようとしなかったのである。（Vol. V, pp. 319, 351）

＊8　これは約一五〇〇万の人々を路頭に迷わせることになった。ポツダム会議がおこなわれているその時にも、その人々は狩り立てられていた。それは、約六〇〇万人に対して、弁明の余地のないほどの乱暴きわまりない方法でおこなわれた、とストルプル（二六頁）は書いている。

＊9　Stolper, Appendix E, p. 300-11.

＊10　「America's Stragy in World Politics : The United States and the Balance of Power（1942）」p. 446.

＊11　同右　p. 450.

＊12　「Christianity and History（1950）」p. 141.

第十四章　平和の問題

回顧

第二次世界大戦の余波を討議するに先立って、まずわれわれがこれまで検討してきた時代の顕著な特徴のいくつかを一べつしてみよう。そうすれば、読者にとって思考の焦点を合せるための一助となるかもしれない。

まず、われわれは、〝一般意志〟というルソーの観念と、ワットの蒸気機関によるエネルギーとの結合の産物である新しい形の文明の出現を見た。その制度は依然として、古い農業社会秩序のそれであり、その活動は、新しい産業社会秩序の制度を求めて暗中模索した。この二つの間の緊張は暴力的振動を引き起した。すなわち、国内にあっては、その緊張は社会的変動をもたらし、諸国家間にあっては、それらは増大する憎悪をもたらした。その萌芽はナポレオン戦争の中に見出され、その将来は、二つの絶対的な理論、すなわち、一つはクラウゼヴィッツによって説明される戦争に関する理論、もう一つはマルクスによって説明される経済に関する理論の中に予言されていた。両者ともユートピア主義者であり、しかも彼らの前提は正しいが、結論は誤まっていた。戦争は一つの政治的手段であるとするクラウゼヴィッツの主張は、あらゆる軍事政策の第一原則である。しかし、敵を完全に打倒せよという彼の同じ主張は、大戦略の目的を達成できないものにした。なぜなら、大戦略の目的は真の平和の達成であり、そのためには敵の殲滅ではなく、戦争原因の除去又は戦争目的の緩和を必要とするからである。人間は道具を使用する動物であるが故に、人間が作る道具は必然的に社会の発展に、そして社会がとる形態に影響しなければならない、とマルクスは主張した。このこと自体は全く正しかった。しかし、このことから、社会の形態は階級闘争の手段によってのみ変革し得る、という誤まった結論をマルクスは導き出した。クラウゼヴィッツは、平和が戦争の究極的目的であることを理解できなかった。一方、マルクスは、蒸気時代における経済的・社会的究極目的は革命的過程ではなく、発展的過程を通じて産業社会を創設することにある、ということを理解できなかった。それというのは、雇用者（支配人、管理人等）と労働者は、男女を問わず補完的関係にあって、敵対関係にはないからである。クラウゼヴィッツもマルクスも、暴力をあまりに強調し過ぎた。暴力というものは、強制することはできても、創造することはできないものである。

発展する産業文明の最初の戦争は、アメリカの南北戦争であった。われわれがすでに見てきたように、その勃発の大きな原因は経済的なものであった。そしてこの戦争は、兵器の産業への依存がますます大きくなっていること、及び物質主義の不道徳性が古い文化的きずなをゆるめるため、道徳が衰退することを明示した。戦争は工場対農場――都市対農村――の抗争として始まり、〝大商業《ビッグ・ビジネス》〟の勝利に終った。

アメリカ南北戦争の終結から十九世紀末にかけて、アメリカと西ヨーロッパの両方で、産業の大発展がみられた。各国が次々に工業化され、そのために、ますます激しくなる各国の競争は空前の規模の植民地化と、それによる国際的な暴力抗争を引き起した。産業の著しい進歩に比し、社会制度の変革は遅々として進まず、国内的平和を害するに至った。また、産業が生み出すますます致死的な武器の出現にもかかわらず、軍事理論は口装銃の頃とほとんど変らなかった。政治家と軍人は、銃剣とサーベルでものを考え続けた。つまり、彼らは、農業時代においては農民が戦闘力の主要な源泉であった如く、産業時代においては工場が兵営の動力室である、ということに考えが及ばなかったのである。十九世紀の終り頃になって、新しい動力源としての石油と、電気科学における各種の開発が産業革命の第二段階を到来させた。しかしながら、それらが契機となって変革するであろう戦争術についてはほとんど関心が払われなかったのである。

　それ故に、第一次世界大戦の主たる目的が産業上及び商業上のものであったにもかかわらず、一九一四年において、すべての交戦国の軍隊は、その戦争の性格についていかなる明確な観念も持たずに、参戦し、そして、完全な膠着状態になってから初めて、彼らは、その塹壕の泥ねいから自らを引き出すために、産業と科学に訴えた。にもかかわらず、ドイツが封鎖によりその工業力と農業生産物を消耗してしまったことから、戦争が衰態に至った時、勝者は一九一三年の〝大商業《ビッグ・ビジネス》〟路線に復帰してしまい、戦争の経済的諸原因を除去して、平和を求めようとはしなかったのである。しかも、その必然的結果として、彼らは当初の膠着状態をもたらした軍事機構にほぼ全面的に復帰してしまったのである。

〝大商業〟への復帰によって、第一次世界大戦をもたらしたかつての振動が再び繰り返され始めた。ヨーロッパ諸国が革命騒ぎのさなかにある頃、アメリカにおいては、産業の集中化が急激に進展し、その結果、アメリカの富の半分は約二〇〇の巨大企業の手中に移った。この富の集中化は、一方において生産を増大させたが、他方においてそれを消費する国民の購売力の育成に失敗し、一九二九年の金融破産で瓦解した。そして、そのガラクタの中から、〝大商業〟は〝大政府《ビッグ・ガバメント》〟に移行し始めた。

ロシアにおいては、このことは、レーニンがマルクス主義を実験した時にすでに発生していた。マルクス主義の実験は生産を破滅させ、彼は国家社会主義とNEP政策（新経済政策）の導入を余儀なくされた。イタリアにおいては、ムッソリーニは、彼の〝組合国家〟において国民の購売力を築き上げようと努力してきた。一九三三年には、アメリカのルーズベルトとドイツのヒトラーはともに、全く同じ問題の解決に、一方は〝ニューディール〟という手段を以って、他方は〝新秩序〟という手段を以って、取り組んだ。しかし、これらの自称経済的救世主達はいずれも、いかにすれば消費と生産を均衡させられるかを発見できなかったので、彼らは戦争への道を進むことになった。それというのは、ルイス・マンフォードが指摘するように、「軍隊というものは純然たる消費者であり、……それは生産と消費との差を結局はゼロに近づけてしまう傾向を持つものである。……大量生産は、大量消費にその成否を賭けなければならない。したがって、組織的破壊以外のなにものも、消費を保証しない。[*1]」からである。

ついに、一九三九年に、第二次世界大戦が勃発した。そこでは、多くの死者が出たが、失業者はなかった。消費は生産に過酷な要求を課した。そして、破壊への衝動は奔流のような致死的な技術革新をもたらした。その最も顕著なものは、新しい力の源泉としての原子力の開発と、オートメーション技術を生み出した電子制御装置の登場であった。後者の目的は、ワットの蒸気機関とダイムラーの内燃機関の目的が人間と動物の筋肉を機械に替えようとしたことにあったように、次第に機械を以って人間の頭脳に替えようとするものである。オートメーションと核エネルギーによって、産業革命は第三段階に突入したのである。

一九四五年に、最初の原子爆弾が爆発し、戦争が終了した。それにもかかわらず、平和の問題は未解決のままであり、戦時状態が続いたのである。それ故に、今日の産業的戦争社会が明日の産業的平和社会をもたらすであろうか、という疑問が起るのである。

＊1　Technics and Civilization, p. 93–94.

戦争に対する核エネルギーの衝撃

核エネルギーの爆発物への転換は火薬の発見と比較されてきた。そして、その比較から得られた結論は、火薬は、それが発見された当時、激しく憎悪されはした——今日においては核爆発物もそうである——が、否認されたわけではないということ、それ故に、核爆発物は永久的なものとなるであろうということである。新しい科学的工程における〝ノウ・ハウ〟

というものを抹殺することはできないから、このことは論理的である。しかしわれわれは、それを、一つの重大な条件付で受け入れなければならない。最も原始的な種類の戦争を除いて、あらゆる戦争に政治的要素がひとたび持ち込まれれば、目的を達成するために使用される破壊手段は、制限されなければならないのである。例えば、封建時代において、ある国王の目的がどう猛な貴族どもを服従させることにある場合、当時の初歩的な大砲は彼らの抵抗力、すなわちその城を奪取するには重宝なものであった。しかし、もしその破壊力が彼らの城ばかりでなく、半径数マイル以内の彼らの家来、農奴、果樹園、及び家畜が抹殺されるほどに大きなものであったとすれば、国王に従うものは誰ひとりとして残らなかったであろう。手段が目的をのみ込んでしまったのである。

　同じことがあらゆる文明化された戦争についても言える。というのは、力と目的との間に常に関連があるからである。力は目的を達成するに足りるものでなければならない。しかし、目的を帳消しにするほど大き過ぎてはならない。このことは、核戦争における要訣である。広島に原子爆弾――ＴＮＴ二万トン相当、二〇キロトンの爆発力――が投下されて以来、ＴＮＴ二〇〇〇万トン相当、二〇メガトンの爆発力を持つ水素爆弾のような熱核装置が開発されてきた。しかも、その力の増強にはいかなる上限もないのである。更に、いわゆる〝戦術〟核発射体、ＴＮＴ一〇〇トン相当程度の小さな爆発力を持つものが開発されてきた。[*1]そしてこれが問題を混乱させている。というのは、核ミサイルの高威力と低威力とは、どこにその線を引くかという問題が生じるからである。常識からすれば、目的に手段を適合させるべきである。しかし、不幸なことに、戦争においては、常識は最もまれな感覚である。たとえ最も爆発力の低いものであっても、ひとたび核兵器が投入されれば、メガトン規模に到達するまで、破壊力の増大を阻止し得る何ものもないのである。メガトン規模の核戦争になれば、水素爆弾による「約三〇時間の連続攻撃によって、アメリカの人口の三〇％が死亡するか又はひどい被害を被るであろう」と見積られてきた。[*2]いかなる健全な政治的目的からしても、全面核戦争は無意味である。

それにもかかわらず、アメリカの戦略の基本的想定は、次の戦争は真珠湾攻撃のような奇襲的核攻撃で始まるであろう、したがって、アメリカは、ソ連がアメリカを全滅させ得る前にソ連を全滅させる態勢になければならない、というものである。核奇襲攻撃に訴えるのがアメリカの政策目的であるとすれば、このことは論理的であろう。しかし、実際は逆である。それというのは、アメリカ政府は最初に全面的に核兵器を決して使用しないであろう、と公けに宣言してきたからである。この戦略的見解における誤りは、今日の戦争が絶対的なものであり、戦争に勝つためには、敵を政治的に殲滅しなければならない、そしてそのことを効果的に行うには敵国の占領が必要となる、という前提に立っていることである。このような理論は復古的なものである。それは、第一次世界大戦の大砲兵戦への復帰以外の何ものでもない。そこでは、一つの障害を除くために、別の障害、すなわち弾孔地帯を創ってきた。この核戦略理論では、敵陣地占領に先立ち克服しなければならないその弾孔地帯に代って、敵の全領土を占領し、名状し難い混乱状態にあるその敵国を管理しなければならない。悪いことに、この旧式の戦略は、あらゆる政治的・社会的・経済的・道徳的考慮がなされていないので、それらの分野を利用するようソ連に門戸を広く開いていることになる。しかも、「多分、ロシア人ほど核戦争の大きな恐怖の中で生きている国民は他にない。[*3]」とアイザック・ドイッチャー#は指摘しているのである——この指摘は、核戦争が、ロシア戦略の精髄である戦争の政治的意義を戦争から奪い去るものであるという理由からなら、疑いもない真実である。

ドイッチャー（Deutscher, Isaac）。一九〇七－一九六七。ポーランド生まれのアメリカのソ連問題専門家。

このことは、フルシチョフとその同志が、全面核戦争により共産主義の最終目標が無意味なものとなるのを恐れている、というのではない。というのは、彼らは、マルクスとともに、いかなる技術的発見も、たとえそれがいかに強力なものであっても、歴史の諸法則を破棄し得ない、と主張しているからである。彼らが恐れているのは、核戦争は共産主義者の地上の楽園という全体概念が依って立つ産業基盤を破壊してしまうので、その実現が当分の間、遅れるであろうということである。一九五五年〝平和攻勢〟が最高潮に達した時、フルシチョフの胸中にあったものは、核戦争であろうと非核戦争であろうと、〝マルクス革命〟に対する確信である。フルシチョフは、「……もし誰かが、われわれがマルクス、エンゲルス、レーニンを忘れるであろうと考えるならば、その人は誤りを犯すことになる。このことは、万に一つも起らないであろう。[*4]」と語った。一九五六年の在モスクワ・ポーランド大使館でのレセプションにおいて、フルシチョフは民主主義を攻撃し、「われわれは諸君を埋葬するであろう。[*5]」と豪語したが、この時にも彼はマルクス革命を心に抱いていたにちがいない。彼はしばしばロケットをチラつかせるが、誰もこれにより惑わされることがあってはならない。それは消火器を振り回しているのと大差ない。つまり、彼の〝瀬戸際政策〟は、こけ脅しであり、政治的ゆすりなのである。ドイッチャーは確かに正しい。誰もフルシチョフほど全面核戦争を恐れている者はいないのである。

かつての塹壕戦当時のように、どちらの側もあえて越えようとしない無人地帯によって、世界が今や二つの大きな陣営に分割されている。そして、両陣営は、それが破れることを恐れており、膠着状態になっている。そして、他方があえてこの状態を破るかもしれないという恐怖から、〝最後の審判の日〟を永久に延期させようと、両陣営はそれぞれ核軍備を狂ったように増強しているのである。

全面核戦争がほとんど起りえないものであるが故に、通常戦争——すなわち、核兵器を使用しない戦争——に復帰するであろうか。もしそうだとして、前回の大戦のように戦闘が無制限のままであるとすれば、そのような戦争から得るものは何もないであろう。したがって、問題の核心は、兵器の種類に求められるべきではなく、その使用を左右する目的に求められるべきである。本書を通じて主張してきたことを再び繰り返すが、制限戦争というものは明確に規定された限定的政治目的のために戦われる戦争であり、したがって兵力の投入はその目的に合致したものとなる、ということを銘記してほしい。故に、戦略というものは政策に従属されなければならないのである。キッシンジャー博士は、アメリカ国民のために、次のように書いた。

「制限戦争政策の要件は、われわれの戦争に関する概念に政治的要素を再導入することであり、更に、戦争が始まれば政策は終ったとか、あるいは戦争というものは国家政策の目標とは別の目標を持ち得るとかいった考えを捨てることである。[6]」と。

　これこそきっすいのクラウゼヴィッツである。

　この節の初めにおいて、核兵器を戦術分野に導入することの危険性についてふれた。しかし、このことは、圧倒的に優勢なソ連の通常軍事力に対して埋め合せるためにＮＡＴＯ軍において実際に行われてきたことである。サー・ジョン・カウリー将軍は、すでに導入された戦術核兵器は「広島、長崎を破壊した爆弾よりもはるかに威力のある弾頭を搭載することができる。」と述べた。[7] それ故に、その心の奥の動機は何であれ、制限核戦争というものはあり得ず、戦術核兵器の使用は必然的に全面核攻撃を導くであろう、というロシアの主張は論理的である。[8] したがって、双方が戦術核兵器を装備する時、それらは戦術レベルにおいて、制限核戦争を戦うという考えを不合理なものにしてしまう抑止力になるであろう。かくして、膠着状態は二重に保証されることになる。代理戦争や警察行動といったものは別として、二大核陣営を直接巻き込むような物理的戦争は、政策の道具としても、また殲滅の道具としても急速に廃物化しており、魔女狩りや野蛮な風習等古びた社会制度と同じ運命をたどろうとしている。

第七章において、われわれは、前世紀末頃に、ワルシャワの銀行家ブロッホがこのことをおぼろげながら指摘したことを見てきた。彼は、当時導入された連発銃が、その致死的威力のために、戦争を、それをもくろむことができないほど無益なものにするであろうと予言した。このことは、もし人間が理性的創造物であったなら、本当になっていたかもしれない。核兵器の導入は、いまやっと人間を理性的にしつつある。[*9] したがって、もし人間は戦い続けなければならないとしたら、人間は自らの戦場を物理的な戦いの場以外の闘争領域に求めなければならないであろう。これに関連して、読者は、第一次世界大戦の膠着状態が最終的には物理的手段によってではなく、経済的手段すなわち中欧諸国の封鎖によって解決されたことを思い起すであろう。

＊1 「Nuclear Weapons and Foreign Policy」Henry A. Kissinger（1957）p. 13.
＊2 「The Military and Industrial Revolution of our Time」Fritz Sternberg（1959）p. 6.
＊3 「The Great Contest : Russia and the West」（1960）p. 43.
＊4 「When Shrimps Learn to Whistlé」Denis Healey,「International Affairs」（January 1956）, Vol. 32, p. 2.
＊5 前掲 p. 6. Kissingerにより引用。
＊6 同右 p. 141.
＊7 「Future Trends in Warfare」, Journal of the Royal United Service Institution（February 1960）, Vol. CV. p. 8.

＊8　キッシンジャー博士は、対航空機用ミサイルの原子弾頭のように廃止することが困難な種類の核兵器もある、と指摘している。

＊9　最も顕著な例外は、平和主義者である。彼らは戦争を否認するという簡単な方法によって戦争を排除できるという不合理な信念を持っている。しかしこの信念は、核兵器の導入によって合理化されてきた。誰よりも彼らがその抑止力を歓迎してよいはずである。ところが、彼らは気がふれたようにそれに反対しているのである。

諸政策と冷戦

〝冷戦〟とは何を意味するか。その答えをわれわれは一六五一年、トマス・ホッブズが書いた『リヴァイアサン』第十三章に見出すことができる。

「戦争は戦闘や闘争行為のみに存するのではなく、戦闘によって争そおうとする意志が十分あるとみなされる期間に、存するのである。したがって、戦争の性質を論ずるにあたっては、時間の概念を考察すべきである。それは天候の性質を論ずる場合と同じである。すなわち、良くない天候というのは、ひと降りやふた降りの雨にあるのではなく、多くの日を一緒にした天候の傾向をいうのである。同様に、戦争の性質は、実際の闘争に存するのではなく、戦争と反対の方向に向うという何の保証もない時の全期間における戦争への明らかな志向に存するのである。その他の全ての時間は平和である。」

今日、唯一の相違は、彼の時代以来、戦いの性質が道徳的闘争や経済的闘争の領域に一層深く拡大されてきたことである。これらの領域は、ホッブズも気づいていたに違いないが、常に物理的闘争の基礎であった。冷戦においては、たしかに物理的闘争は排除されるというよりもむしろ制限される。しかし冷戦の主目的は、物理的闘争の基礎となるものを侵食することである。そして、それらが侵食されればされるほど、それらが支えている建造物を打ちこわす必要性が少なくなるのである。この点では、何も新しいものではない。簡単な例がそれを明らかにしてくれる。城壁で囲まれた都市は、その城壁を打ちこわすことによって物理的に、その守備隊を飢えさせることによって経済的に、そしてその守備隊を寝返らせることによって道徳的に、攻撃し得るのである。火薬時代以前、すなわち城壁を破ることが困難な時代には、しばしば第二、第三の手法が用いられた。今日の核爆発物の時代においては、打ちこわしの過程は相互破滅をもたらすので、再び第二、第三の手法に頼ることになるのである。

　われわれが見てきたように、レーニンは、人民が飢え、同志が分裂し、そして軍隊が無力であった時、すなわちブレスト・リトフスクの和平交渉の時に、このことに気付いた。それ以来、ソ連は世界第二の産業と世界最大の軍事力を持つ大国になってきたが、核兵器によって創り出された物理的な膠着状態のために、冷戦は、険悪な政治的天候が続く限り、継続することになるであろう。東西間の衝突の本質が、アメリカの南北戦争を勃発させたものと同じような二つのイデオロギーの間に存するので、リンカーンのアメリカに対する有名な警告は現代においても全世界に適用できるかもしれない、というのが結論である。今日では、その警告を次のように言い換えることができよう。「もし世界が分かれ争うなら、世界は立ち行くことができないでしょう。半ば奴隷、半ば自由の状態で、この世界が永く続くことはできないのです。われわれは、世界が崩壊することを期待しているのではありません。われわれの期待するところは、この世界が分かれ争うことをやめることです。それは世界が一つになるか、分裂するかです。」と。どちらになるか。その答えは、抗争者達の政策にかかっている。

民主主義陣営とソ連の政策上の基本的差異は、平和に対する相互の見解にある。一方にとっては、平和とは戦争が終った時に始まるものであり、他方にとっては、それは実際の戦闘以外のあらゆる手段を以てする戦争の継続なのである。民主主義陣営にとっては、平時における国際的な相違は論議によって解決されるものであり、ソ連にとっては、それらは論議によって一層対立を激化させるものなのである。民主主義諸国においては、政府は大衆の投票と意見に基づく集団主義を基盤としているが、ソ連政府は一人の人間又は少数の為政者の権威に基づく個人主義を基盤としている。その結果、後者にとっては永久的な戦時体制をとることは容易である。その体制の中で、指導部は最高権威を持つものとなり、政策は世論にほとんど影響されず、規律は厳格となり、秘密は保全される。他方、民主主義陣営にとっては、こういったことは、戦時以外にはほとんど不可能なことである。烏合の衆が規律ある軍隊と対決した時のように、民主主義陣営は、ソ連の力の前にしりごみし、ソ連の弱点に乗ずるといった積極主動性がなくなっている。民主主義陣営は、独裁国マケドニアのフィリッポス#によっておびやかされた時の民主主義国アテネのように、行動しているといえよう。

フィリッポス（Philippos II）紀元前三八二―三三六。マケドニアを統一し、発展させた王。軍事的外交的政治的力量が高く、マケドニアに宣戦したアテネはどうすることもできなかった。

デモステネスはいっている。「だから、フィリッポスがガリポリ島にあらわれたと聞くと、諸君はそこに遠征する。テルモピレでの戦いを求めてくれれば、諸君はそこへでかけていって戦う。どこか他のところでやろうとすれば、諸君はフィリッポスに従って、あちこちとでかけていく。諸君はフィリッポスから行進命令を受けているようなものである。つまり諸君は将来の事態を洞察して、自分自身のための作戦計画を立案したことがない。何が起ったか、何が起っているかを知って初めて動きだす……。いいたいことは、もし諸君が事実を直視し、諸君の任務をはたす意志がないなら、将来、悲惨な事態を確実に招くということであって、将来、何が起るかを推測せよというのではない。[*1]」

キッシンジャーが述べているように、「……〝通常〟の外交手段によって、革命勢力と交渉しようとするのは無駄である。[*2]」したがって、民主主義陣営は、クラウゼヴィッツが主張するように、政治家が行い得る最も決定的な判断行為は「彼が巻き込まれている戦争を……正しく理解することである」ことに気付かなければならない。われわれの生きている時代が一種の永続的な非常事態であるが故に、このことは平和についても等しく当てはめることができるのである。政治家は「種々の事情から、その戦争に求め得ないようなものを望んだり、おしつけたりしてはならない。」とクラウゼヴィッツは続けている。[*3] 自由世界にとって不幸にも、このことは、自由世界の政治家が一九四五年以来、常におかしてきたことなのである。自由世界の政治家達は、ソ連とのいかなる妥協も、ソ連が世界革命というものは歴史によって運命づけられているという考えを持ち続ける限り、不可能であることを認識すべきである。したがって、彼らは、疫病のようなあらゆる会議を避けるべきである。これらの会議は、常に共産主義の宣伝の場を提供するだけでなく、サルバドール・デ・マダリヤガ[#]が指摘してきたように、「われわれが自由に反対する者達との会談に同意する時、われわれは平和でない〝平和〟と引き換えに、われわれの第一線である東欧の人民を裏切りつつある。[*4]」といえるのである。

＃　マダリヤガ（Madariaga, Salvador de）一八八六－一九七八。スペインの評論家。外交官。アメリカ、フランス駐在大使を歴任した。

ソ連支配のアキレス腱は、――第一線よりは――その内部戦線にある。ソ連国民の半数が非ロシア人であり、そして彼らの多くは、民族意識が強く、モスクワの支配に敵対的である。しかもまた、鉄のカーテンの背後の人民の五％足らずしか、過酷な共産主義体制を支持していないと推測されてきた。われわれが見てきたように、ツァー時代であると共産主義の時代であるとを問わず、ロシア帝国内に危機が発生した時は、何時でも、少数民族が反乱を起してきた。そして、圧制が鉄のカーテンの背後の諸国において弱まった、と思われた時は、何時でも、混乱や反乱が続いて発生した。一九五六年のハンガリーの蜂起において、反徒側に立って戦った唯一の非ハンガリー人民はソ連軍からの脱走兵であったことを忘れてはならない。それ故に、冷戦において、ソ連帝国の心理的重心は、ソ連内部の人民、鉄のカーテンの背後に抑圧されている人民の心の中に求められるべきである。更に、この心理的〝爆弾〟は、ソ連が実際の戦争に訴えようとする時、水素爆弾と同じほどの大いなる抑止力となることを銘記しておくべきである。しかし、このことはあまり理解されていない。ソ連の弱点はわれわれの強みである。ソ連の強みはわれわれがその弱点について無知なことである。このことをニキタ・フルシチョフが一番良く認識している。では、彼の冷戦政策とはどのようなものなのか。

それは、共産主義諸国と資本主義諸国間の戦争の不可避性に関するレーニンの概念から逸脱したものであり、軍事攻撃に代えるに経済攻撃を以ってしようとするものである。一九五六年二月に開催された第二〇回党大会の主要演説では、この戦術の変化が顕著になった。彼らは全て、ソ連及び人民民主主義諸国の経済は着々と前進している、一方、資本主義諸国の経済はそれほど前進していない、したがって、もはや政治の主要な道具としての戦争に頼る必要がなくなった、と主張した。「フルシチョフが言ったように、〝武力干渉〟は不必要になった。というのは、『社会主義的生産様式は資本主義的生産様式に対して決定的な利点を持っており、共産主義の勝利は確実である。』との確信に基づいたからであった。」更に、「A・I・ミコヤンは、将来戦においていかなる勝利もあり得ないので、戦争はもはやソ連にとって利益とはなり得ないこと、したがって『成功裡に共産主義を建設する利益と生活を向上する闘争は、武力攻勢の政策、及び人間と物質を戦争目的のために使用する政策と直接的に矛盾する……』ことを指摘した。要するに、ソ連の対外関係の中心的原則として現在公式に宣言されている平和共存政策は、資本主義に対する闘争の長期的要請に合致したものであるとともに、国内的必要と現在の世界情勢に合致したものである。[*5]」

それ故に、フルシチョフと彼の同志が、資本主義がその固有の非能率性のために滅亡の運命にあると主張しているので、軍事力によって資本主義を攻撃するよりも、経済的競争によって資本主義の守備隊を包囲し、飢えさせて降服させる方がより有利であったのである。「軍人の株は下落しつつある。一方経済学者の株は上昇している。このことはまぎれもない事実である。戦争を控訴院である、ともはや見なすことができない段階にまで、人類は発展してきた……。」とブロッホは書いていた。[*6]

＊1 「First Philippic」41, 47, 50.
＊2 前掲 Kissinger p. 337.
＊3 本書第四章112頁を参照。
＊4 「The Blowing up of the Parthenon」1960, p. 91-92.
＊5 「Survey of International Affairs」1955-1956, Geoffrey Barraclough and Rachel F. Wall (1960), p. 226.
＊6 本書第七章215頁を参照。

平和共存政策に基づいて、フルシチョフは、一九五八年一一月、一九五九年から六五年までのソ連経済七カ年計画を立案した。そして、彼は、それを「一人当たりの生産高において、最も高度に発展した資本主義諸国に、史上最短期間で追いつき、追い越す、というソ連の使命を達成するための決定的な第一歩」と呼んだ。[*1] 一九五九年一月、それは第二一回党大会において採択され、更に、一九六〇年一一月、モスクワで開催された八一カ国共産党・労働者党会議において確認された。[*2] 党大会においてフルシチョフは、次の七年間は決定的なものとなるであろう、そして一九六五年までに、ソ連は英国及び西独よりも一人当たりの工業製品をより多く生産するであろう、更に、一九七〇年までには、あるいはそれ以前においても、アメリカの一人当たりの生産量を追い越すであろうと確言した。[*3]

これは一つの宣戦布告であった。その戦争においては、経済攻勢がソ連の政策の積極的道具となるものであった。全面核戦争の脅威によって引き起された恐怖のもとにおいて、軍隊は工場に、兵器は商品に道を譲り、市場は将来の戦場となってきた。形は違っているが、それは、絶対君主達の無血戦争への復帰であった。絶対君主達の目的は、相互の軍隊を破滅させることにあったというよりは、むしろ相互の国庫を破産させることにあった。もし読者が第五章の133頁をふりかえり、一八三五年にアンドリュー・ユーアが産業革命の第一段階における工場所有者間の外国市場を獲得するための抗争——彼はそれを〝新しい交戦体系〟と呼んだ――について語ったことを再読されるならば、読者は、ソ連が行おうと意図している戦争のタイプについて何らかの示唆を得られるであろう。

一九三九年以来、ソ連の工業化は、まさに驚嘆すべきものがあった。近年、その生産高は、アメリカのほぼ二倍の速度で向上してきた。そして一九五九年には、アメリカの四五％に達したと推定された。このことは、産業革命の第一段階において英国の生産高を増加させた原因――すなわち労働者と利潤を分け合う代りに重要な設備にそれを投資したこと――と概ね同じ原因によるものであった。その時の英国の労働者の貧困は工場所有者間の競争の付随的産物であったが、[*4]ソ連においては、それは計画的なものであり、〝組織された貧困〟とも言い得るものであった。それ故に、労働者にとっては限られた市場しかなく、消費物資は限られている。しかし、次の節において詳述するが、この計画された貧困――それは初期の資本主義産業の争奪がもたらした疾病であった――は、永く続くものではないであろう。

ソ連の生産高の急速な向上にもかかわらず、西側経済ブロックの立場は、中国が現在よりもはるかに工業化されるまで、危機的なものになりそうにない。そして、その時ですら、中国は、ソ連から離れて、自らのアジア経済ブロックを形成するかもしれない。中国を抜きにすれば、西側経済ブロックの主要な危険は、ソ連との競争にあるというよりも、むしろ自らの経済的統合の欠如にある。

その物質的資源は非常に大きい。そして、人口――工業生産における主要素の一つ――においては、次の数字を見れば分るように、その相手を大きく引き離している。西側ブロック：アメリカ、一億七七三九万九〇〇〇人、西ヨーロッパ、三億一九二二万五〇〇〇人、カナダ、オーストラリア、ニュージーランド、二九七〇万八〇〇〇人。ソ連ブロック：ソ連、二億八八二万六〇〇〇人、衛星諸国、八六〇七万九〇〇〇人。合計すれば、五億二六三三万二〇〇〇人対二億九四九〇万五〇〇〇人となり、二億三一四二万七〇〇〇人多いのである。[*5]

　現在において、西側に対するソ連ブロックの優位は、準軍事的なその組織にある。最高会議幹部会は参謀本部であり、党は将校団であり、そして工業及びその他の労働者は経済戦士である。軍隊におけると同様に、最高会議幹部会は、労働者にかまわずに計画することができ、そしてその命令に党が絶対的に服従することを期待できる。このことは、西側の経済体制との重大な相違点である。

　実際の戦争における場合と同じように、経済的攻勢は、攻撃手段の集中、すなわち、ソ連ブロックの経済統合を必要とする。この問題はまた、第二〇回党大会のプログラムの中でも大きく取り扱われ、フルシチョフは次のようにこの問題を概説した。

「密接な経済協力は、生産資材と原料資源の最良の活用のためまたとない機会を提供し、更に、各国の利益と社会主義陣営の利益とを首尾よく結びつけるのである。……今日では、各社会主義国においてはもはや、かつてソ連がしなければならなかったように、重工業のあらゆる部門を開発する必要はないのである。……今や、社会主義諸国の強力な共同体が存在しており、……ヨーロッパの各人民民主主義国は、それぞれの最良の自然的・経済的条件に合致した工業を開発し、製品を生産することに専念できるのである。同時に、このことは農業及び軽工業を開発し、この基礎のうえに立って人民の物資的・文化的要求をますます十分に満足させるため、かなりの資源を放出するのに必要な前提条件を作り出すのである。[*6]」

このことは、衛星諸国の経済がソ連の経済と重複しないように組織されること、そしてそれらが次第に一つの巨大な工場の諸部門に転換されることを意味している。事実上、いかなる関税も認められないので、全体を共同市場とともに共同発電所にすることを目的としている。そして、共同市場によって吸収されないあらゆる製品は、西側を砲撃する〝弾薬〟になるであろう。中国がこの経済ブロックに含まれることになれば、最終的には北アメリカの四倍ないし五倍、あるいはまた、北アメリカと西ヨーロッパの市場を合せたものより少なくとも二倍の大きさの共同市場を持つ単一の経済圏になるであろう、とアイザック・ドイッチャーは見積っている。[*7]

このような政策上の変化が資本主義諸国の経済を侵食することを目的としていることは、疑問の余地がない。それというのも、それが最終的に決定される以前でさえも、〝攻撃部隊の前衛〟は戦闘を開始していたからである。一九五五年一一月、モスクワでのレセプションにおいて、フルシチョフは英国の記者に、「諸君の体制は、共産主義との経済競争により崩壊するであろう。[*8]」と語った。同じ年、ウエルトン氏は、「……ソ連、ポーランド、ハンガリー、ルーマニア、ブルガリア、チェコスロバキア、東ドイツ、中国からの製品が西側の競争力よりも優れた条件で、中東地域に入りつつある。」と書いた。更に、彼は、これらの諸国が「自分達の必要性の有無に関係なく中東地域の製品を輸入する用意があるばかりでなく、自由貿易連合では太刀打ちできないクレジット――いかなる民主主義国政府も納税者に説明しかねるクレジット――を供与する用意を持っているのである。[9]」と述べている。

また、彼は、カナダのジョン・ディーフェンベーカー首相が一九五八年一一月四日、ロンドンでのアングロ＝カナダ大会で、この問題について語ったことを引用している。

「貿易は、共産主義の世界的攻勢の主要な兵器となってきた。市場を奪取し、その市場を通じて自由諸国国民の心をも奪取しようとしている。このため最初にソ連が、そして現在は赤色中国がアジアにおける貿易攻勢に参加してきた。共産主義者の貿易活動は自由世界の経済と力を侵食することを目的としている。[10]」と。

この攻勢にはパラドックスがある。それは、資本主義諸国の市場を奪うことによって外部から資本主義を破壊するため、〝組織された貧困〟という形で資本主義体制の矛盾を活用してきたことである。この矛盾こそが、マルクスをして、資本主義を内部から破壊するものである、と確信させたものなのである。

この経済攻勢が着々と成果を挙げてくれれば、西側諸国は、ソ連の拡大に対抗する効果的な戦線をイデオロギー的にも、物理的にもますます維持できなくなるであろう。しかも、ドイツとソ連を統合し、それによって巨大な農業と工業の統合体を創ろうとするレーニンの目的は、実現へ向って大きく一歩近づくことになろう。[11]

このことを実現するためのクサビがフルシチョフのドイツ政策にある。もし彼が独ソ統合体という怪物を創りあげることに成功すれば、残りの自由ヨーロッパはソ連の意のままになり、したがって、世界共産主義の夢は実際的なものになってくるであろう。

　これを書いている時に、ドイツ連邦共和国の国防省は、西ドイツが冷戦の主戦場となったと発表した。同省によれば、

「西ドイツにおける宣伝は、西ドイツ内に一万六〇〇〇人の工作員——その内、数百人が教師である——を持つ東ドイツ中央委員会の一部局によって指導されている。毎月国境を越えて入って来るパンフレットの数は、一九五七年の三二万部から一二〇万部に増えた。現在、東ドイツには四五カ所の無線送信所があり、また東ドイツのテレビ番組は、東ドイツの人口よりも多い西ドイツの視聴者の目に達するのである。多くの非合法の共産主義文書が西ドイツで印刷されており、その中には、一一の地方新聞、一〇〇以上の労働者新聞、二五の雑誌が含まれている。[*12]」

　更に、国防省は、西ドイツに対して年間八四億マルクの宣伝戦費が使われており、西側及び中立諸国に六三の共産党があり、それぞれ第五列となって活発な活動をしている、またコミンテルンの後継組織と見なされる十五の親共産主義世界組織——プラハの中央委員会の支配下にある——によって指導される数百の前線グループがある、と述べている。[*13]これが、フルシチョフの〝平和共存〟の実体なのである。

　ソ連の挑戦に対処するために、民主主義諸国は次のことを認識しなければならない。すなわち、民主主義諸国が対応することを求められている問題は、その目的が純粋に経済的であった前時代の国際競争とは全く違ったものであるということである。[*14]今日、民主主義諸国は

軍事的意味を持つ経済戦争に直面している。この戦争は革命をねらっており、そこでは、貿易が軍隊と同じ役割を演ずるのである。このような情勢にありながら、民主主義諸国は、経済的に不一致、不統合であり、更に関税や輸入割当によって非協力的であり、日々相互の市場を奪い合っているのである。民主主義諸国が直面している経済戦時状態において、こういった争奪や不和は、経済的内戦以外の何物でもないのである。

しかしながら、これらの国々の経済の統合は、彼らが、貿易の好調や低調、兌換性を持った通貨と持たない通貨、更には定期的に悪化する国際収支などと関係のない為替システムを採用しない限り、不可能であろう。こういった為替システムは、金本位制を廃止し、富の真の源泉である生産にその基盤を置くことによって、初めて実現し得るのである。われわれが見てきたように、このことは、一九三〇年代半ばにヒトラーが考察したところのことである。当時、彼は、一方的なバーター制に頼ることによって、ドイツ通貨の悪化にストップをかけた。

レーニンもまた、生前それを認知していた。ケインズ卿によれば、彼は「資本主義制度を破壊する最良の方法は通貨を悪化させることであると言明した。」と言われる。そして、ケインズ卿は、「レーニンは全く正しかった。通貨を悪化させること以上に、社会の現在の基礎を転覆させるいかなる巧妙な、また確実な方法もないのである。このプロセスは、経済法則のあらゆる隠れた力を、破壊する側に引き入れ、しかもそれは、百万人の中の一人といえども診断できないような方法で行われるのである。[*15]」と論評している。

レーニンは、財政家の陰謀から免がれることができ、しかも外国為替の変動に事実上全く影響されない国家資本主義を採用した。資本主義体制における明白な矛盾は、それが富者をますます富ませ、貧者をますます貧しくさせることにあるのではない。それは、資本主義がそれ自身の中に自らを悪くさせる病原菌を持っていることにあるのである。この病原菌は、定期的に国家の経済を破滅させる財政危機という熱病に各国をさいなませる。この病原菌を駆除しない限り、資本主義諸国の安定した経済的統合などあり得ないのである。したがって、結果的には、これら諸国間のいかなる強固な政治的統一も生れないということになる。もしこれが正しい診断であるとすれば、西側の救済はその自らの掌中にあるのである。もし西側が自らの救済に失敗すれば、フルシチョフが予言するように、一九七〇年までに、西側は、無意識のうちに自らの死刑執行令状に署名することになるかもしれないのである。

＊1　「The Soviet Seven Year Plan」anonymous（1960）, p. 110 に引用。
＊2　付録Ⅴを参照。
＊3　この主張は、西側の生産高が一九五八年の水準のままであろうという仮定に基づいている。
＊4　本書第五章133頁を参照。
＊5　「The World Almanac 1960」の人口統計に従った。トルコは西側ブロックに含まれているが、ユーゴスラビアは両ブロックから除外されている。
＊6　「Survey of International Affairs 1955-1956」p. 243-4.に引用。

＊7 「The Great Contest」p. 51.

＊8 「The Third World War」, Harry Welton（1959）, p. 6.

＊9 同右 p. 171. 一九五五年から一九五八年の間、ソ連ブロック以外の諸国との貿易は、七〇%近く増加した。

＊10 同右 p. 313.

＊11 ブレスト・リトフスク和平条約の時に決められたレーニンの戦争目的は、一九二四年に「Communist International」第三号に、Karl Radek によって要約された形で発表された。それには次のように書かれていた。「工業国ドイツ、オーストリア及びチェコスロバキアのプロレタリアートを、ソ連のプロレタリアートと結合させることによって、ウラジオストックからラインに至る強力な農業と工業の結合体を生み出すことができるであろう。そしてこの革命的巨人は、一方の手で東方の老衰した平穏さをかき乱し、またもう一方の手で欧米諸国の私的資本主義を撃退することによって、自らを養うことができ、しかも英国の反動的な資本主義と対抗できる能力を有するであろう。もし革命的な中部ヨーロッパと革命的なロシアとが結合すれば必らず鯨のような英国をゆさぶることができるであろう。」

＊12 付録Ⅵを参照。

＊13 「The Times」London, 7th October 1960.

＊14 ヒトラーの場合については例外である。それは第二次大戦に突入させた原因の一つとなった。本書第十二章383－384頁を参照。

＊15 「The Economic Consequences of the Peace」p. 220–1.

社会生活に及ぼす技術の衝撃

社会史に対するマルクスの貢献、すなわち〝生産関係〟は〝生産力〟の変化によって変るということは、別な表現をするなら、社会が技術の変化によって変るということである。技術の変化が起ると、その時惹起する闘争は、マルクスの主張するような社会階級間の闘争というよりも、むしろ新しい社会の発展する制度と古い社会の確立された制度との間の闘争である。

社会生活に対する産業革命の最初の衝撃が起った時、西側諸国民は成熟した農業文明と強く結びついており、その社会制度はどの国もにたりよったりであった。しかし、今日では、もはやそういうことはない。西側における社会は、社会的に自由であるが、東側においては厳しい国家統制のもとにある。西側においては、産業化の衝撃は進化の道を歩み、生産の増加は次第に生活水準を高めてきた。しかし、ソ連においては、その目ざましい生産高にもかかわらず、その革命的経済政策が〝組織された貧困〟に基礎を置いているので、ソ連人民の大多数の生活水準は、人為的に抑えられてきた。このことに加えて、中国に対する共産主義の衝撃によって、問題は更に複雑になっている。今日、中国は、ソ連が一世代前にそうであったと同じ段階にある。

今世紀の初め以来、アメリカ及び西ヨーロッパにおける産業の進歩は、マルクスの予言とは反対の方向に発展してきた。すなわち、富者をますます富ませ、貧者をますます貧しくさせる方向には進まなかったのである。特に今日では、この傾向が著しい。労働者大衆の収入は着実に増えてきたが、富者のそれは減少してきた。アメリカでは、労働者の所得は、多くの場合、中産階級のそれに到達した。しかも、富の分配が止まる徴候は何もない。予測し得る将来、まずアメリカにおいて、その後西ヨーロッパにおいて、貧困がなくなるであろう。それによって、マルクスが組み立てた仮説的経済秩序の基盤となった彼のプロレタリアートの概念は消滅するであろう。

この非マルクス的発展と同時に、国家的事業の成長が、アメリカのみならず、西ヨーロッパにおいても促進された。アメリカでは、それは、ニューディール政策の時代に顕著になった。これは、個人企業の金融能力を超えた産業領域における国家の活動が増大したためであった。しかも、西側諸政府は、その依って立つほとんどの科学調査機構や、平時における巨大な軍事機構の維持を余儀なくされている。それ故に、国家事業が多くなり、個人事業が減少するというのが今日の傾向となっているのである。これら二つの発展的変化、すなわち、貧困の排除と国家統制の拡大は、日々の技術の進歩によって、ますます促進されつつあるのである。

ソ連においては、全く反対のことが見られるようである。それは、マルクス主義の進歩的発展でもなければ、革命的発展でもない。それは、マルクス主義の大幅な衰退である。

フルシチョフがスターリンの後を継いだ時、彼は、恐怖がマルクス主義そのものの目的を破砕していることに気付いた。暴君スターリンが統治していた頃、フルシチョフ達は何時、粛清されるかもしれないという恐怖の中で生活していた。そして、この恐怖は、マルクス主義の活力と健全さを維持するために産業主義が必要とするイニシアチブを麻痺させていたのである。フルシチョフと彼の同志が、彼らの宗教であるマルクス主義を修正しようとしたのでもなければ、いわんや放棄をもくろんだのでもない。技術の進歩が、彼らをしてソ連国民に、より多くの自由を与えることによって、現存の圧制を緩和させてきたのである。

二十世紀中頃までに、ソ連における産業化は、必然的に科学者、技術者、管理者といった中産階級を生み出してきた。彼らの技能は、資本主義諸国におけると同様に、高い給与を期待することによって最も効果的に発揚されるのである。今日、これらの人々のある者は、年間一〇〇万ルーブル（二万ポンド）程度の所得を得ている。そして、かなりの者が数千ポンドの年収を得ている。これらの新しい富者は、管理者、技術者層の金権主義を構成し、必然のなりゆきとして、台頭する世代――教育を受けたロシア青年――の指導者として振舞っている。

これらの若い人々は、マルクス主義に取り巻かれており、西側の青年と違って、民主主義制度を通じて、その希望を表明するためのはけ口を全く持ち得ないでいる。『共産党宣言』によって物を考えることを訓練されてきた彼らは、今や自分の思い通りに物を考え始めている。またルーブルを多く貰えば貰うほど、彼らはもっと多く欲しがるであろう。このことは何を意味するか。共産主義に対する反乱ではない。それは、警察国家においては事実上不可能なことである。それが意味するところは、〝組織された貧困〟からの離脱であり、それによって、プロレタリアートが支配階級に発展し得るという概念を弱めることである。今や、ロシア人は教育を受けているのであり、人間の本性が頭をもたげつつある。したがって、大衆の中でより高度な教育を受けた人々は、最終的にマルクス主義をひっくり返すであろう新ブルジョアジーの苗床になるにちがいない。

このことは、アベレル・ハリマン#とフィッツロイ・マクリーンによって確認されている。ハリマンは、学士院会員、教授や教師達が「マルクス主義のいわゆる科学的ドグマのいくつかに疑問を表明し始めてきたこと」を発見した。また、大学及び高等技術学校においては、「共産主義イデオロギーに対する広範な違和感があること」をも発見した。更にハリマンは「外交問題においてさえ、〝資本主義の不可避的な崩壊〟についてのマルクス主義者のドグマと、海外の状況とを一致させることがますます困難になってきている。ソ連の学生が共産圏外の生活について知れば知るほど、彼らの懐疑は増大せざるを得ないのである。」と書いている[*1]。

ハリマン（Harriman, William Averell）一八九一－一九八六。アメリカの実業家、外交官。駐ソ・駐英大使、大統領特別顧問、相互安全保障局長官等を歴任。

一方、マクリーンは、ソ連の現状を産業革命の第一段階であったビクトリア王朝の英国と比較している。両者には、急速な産業化、突発的な経済的拡張、労働者の犠牲、そして既得利権につながった富裕なブルジョア階級の出現といった共通点が見られる。

「しかし、読者は、ソ連における富裕家達は全て共産主義者ではないか、と言うであろう。

彼ら全てが世界革命を信じていないのか。もちろん彼らは信じている。彼らは、ビクトリア王朝の人々がクリスチャンであったように、彼らは、共産主義者である。ビクトリア王朝の人々が日曜日に教会に通ったと全く同じように、彼らは、共産党の会合に出席し、定期的にマルクス・レーニン主義の学習に参加する。彼らは、ビクトリア王朝の人々がキリストの再臨を信じたと同じように、暗黙のうちに世界革命を信じている。そして、彼らは、ビクトリア王朝の人々が〝山上の垂訓〟の原則を自らに課していたのと全く同じように、マルクス主義の原則を彼らの個人生活に適用している。」とマクリーンは書いた。[*2]

これらの評価が正しいとすれば、そしてそれらを疑う理由が何もなければ、技術が革命的マルクス主義をブルジョア復活に変形させていることは明らかである。西側諸国が私企業から国家事業に移行しつつある一方で、ソ連は、国家統制からより自由な社会秩序へと移行しつつあるのである。これら二つの動きは一つに収斂されるであろうか、それとも、それらは一方を死に至らしめるまで戦うであろうか。

＊1 「Peace with Soviet Russia?（1960）」pp. 130–1.

＊2 「Back to Bokhara（1959）」pp. 62–63.

中国の問題

その回答は、恐らく、中国とソ連との将来の関係の中に求められるであろう。

中国はソ連の衛星国ではない。中国は、相違はあるが、ソ連のイデオロギー上のパートナーではある。ソ連はスターリン時代の強制的な工業化から離脱しつつあるが、中国は依然としてそれと同じ時代にあり、したがって戦闘的性向を持っている。現在、中国は経済戦争において無力であるので、毛沢東――中国革命のスターリン――はすでに、戦争を除外する平和共存政策について、彼のパートナーであるフルシチョフと衝突してきた。彼は、中国が全面核戦争の危険を全く恐れていないし、それによって一億人の国民が死んでもかまわないと声明することによって、その政策に対して軽蔑的言葉を浴びせかけた。現状では、中国は核兵器を保有していないので、このことは空いばりかもしれないが、それでも、これは、中国とソ連との根本的な相違から生起する恐ろしい生物学的必然性を示している。

すなわち、ソ連は増大する人口のために土地の不足に苦しめられてきたことはなかったが、中国は人口統計学上飽和状態の国であり、したがって〝拡張〟するか、〝爆発〟するかのいずれかをしなければならない。一方は、約八六〇〇万平方マイルの領土に二億一〇〇〇万の人口を持っている。他方は、三七六万平方マイルの領土に約六億八〇〇〇万の人口を持っている。しかも中国の人口は、年間一二〇〇万ずつ増えており、それはソ連のほぼ四倍にも相当するのである。

この根本的な生物学上の相違は、中国経済の発展とともに、フルシチョフと彼の側近にとって大きな頭痛の種となっているに違いない。それというのは、彼らは、その東方国境の向うに若い巨人の姿がぼんやり浮き出るのを見つつあり、その巨人が、すっかり成長しない内に、アジア・ロシアの人口希薄な場所に彼の希望の土地を求めるかもしれないからである。

このことについてアドレイ・スティーブンソン#も確認している。彼は、ソ連訪問から帰国して、ニューヨーク・タイムズ紙一九五八年一〇月二日号に次のように書いた。

「ある日、私はある高官に質問した。……『中国の出生率についてどう思うか』、それに付言して、中国の人口が現在の率で増え続けるとすれば、ソ連は、何時かその隣人から世界最大の人口希薄国と見られることになるのではないか、と聞いた。『そうです、それが心配ですよ。』とその高官はためらいながら答えた。……そして、私が、国連の委員会が西暦二〇〇〇年における中国の人口を一六億と見積っていると説明する度に、彼らは幾度も驚きの表情をみせた。ある機会に、ソ連の高官がウオッカの杯を挙げて、『それが米ソ関係を良くするもう一つの理由ですよ。』と答えたが、私もまた別段驚かなかった。」

#　スティーブンソン（Stevenson, Adlai Ewing）一九〇〇－一九六五。アメリカの政治家。民主党から大統領候補として立ったがアイゼンハワーに敗れた。

ソ連は二正面にはさまれているので、もしソ連が圧倒的に強力な中国によって脅やかされることになれば、ソ連は、自己保存のために、平和共存という侵食性の強い政策から西側との同盟へと変換することを余儀なくされないであろうか。もちろん、かかる同盟の成否は、もしソ連が屈服した場合、西側諸国が黄禍による脅威をどの程度自己のものとして感じるかによって、左右されるであろう。しかし、西側諸国が、例えば東ヨーロッパの解放とドイツの再統一といった条件で、かかる同盟に同意するかもしれないと推測しても、何ら不合理ではないのである。このような一見矛盾したような同盟とドンデン返しは、歴史にないことではないのである。

ソ連を敵とすることを回避しうる別の可能性がある。

中国人は、アジア・ロシアへ拡張する代りに、東南アジアとインドネシアに進出することもできるであろう。この地域は、中国よりはるかに人口希薄である。それから、ニューギニア、オーストラリア、ニュージーランドに進出することもできるであろう。これらの地域は、全部でほぼ中国と同じ大きさであるが、人口はわずか一三六〇万であり、なんと中国の五〇分の一に過ぎないのである。

（戦争の生物学上の原因となる）中国の人口過剰が支えられないものとなり、その時、中国が核兵器を所有していれば――何時かは中国は疑いもなく核兵器を所有するであろう――、中国は、東南アジアに通常戦争を引き起すことにより〝爆発〟するよりも、〝拡張〟する方が都合が良いと考えるかもしれない。このことは、西側諸国をも巻き込むことになり、ソ連をして中国のため、介入することを余儀なくさせるであろう。ついで、中国は核戦争に訴えると言明することによって、〝毛沢東の自慢〟をギャンブルにかけることができるであろう。

しかし、この可能性はまた、フルシチョフに頭痛の種を与えるに違いない。というのは、中国は一億人のあわれな国民を失って意に介さないか、ないしは中国にとってその損失は実際的に生物学上の利点になるであろうが、それに近いいかなる損失もソ連にとっては生物学上破滅的なものになるであろうからである。

付　録

Ⅰ　レーニンと農民

レーニンの農民観は、彼らを〝田舎の大馬鹿者〟として軽べつしたマルクスのそれに完全に追従していた。それは、彼が一九〇五年に書いた長文のパンフレット、『社会民主党の二つの戦術』、及び同年発行の『農民運動にたいする社会民主党の態度』と題する論文の中に明示されている。次の抜粋は後者からとったものである。

「……農民の蜂起が勝利したと仮定しよう。革命的農民委員会は……大所有地を自由に没収することができる。われわれは没収を支持する。しかし没収された土地を誰に与えよ、とわれわれは勧告するだろうか。この点についてわれわれは自分の手を縛ったことはないし、また今後も決して自分を縛ることはないであろう。……農民運動における反動的混合物はいつの場合にも存在するであろう。われわれはまえもってそれに宣戦を布告する。……誰にその没収した土地を与えるべきか、そしてどんな方法を用いるべきなのか。……われわれはこの問題をもみ消したり、平等な配分、〝社会主義化〟などを約束しはしない。われわれの言おうとするところは、われわれはその場合には、さらに戦い、改めて戦うだろうし、新しい舞台で別な同盟者とともに戦うだろうということである。またその場合、われわれは農民ブルジョアジーに対抗して、無条件に農村プロレタリアートおよびあらゆる労働者階級を支持するであろう……。」

「まず、われわれは地主に対抗する農民一般を支持する。……が他方では、農民一般に対抗するプロレタリアートを支持する。……われわれが言いうること、またいうことは、ただ一つしかない。われわれは、全農民が民主主義革命をやることに、全力をあげて援助するだろう。すなわち、それにより、プロレタリアートの党ができるだけ早く、新しい、より高度な任務——社会主義革命——に移るのを容易にするためである……。」

「……都市の工業プロレタリアートは、必然的にわが社会民主労働党の基本的中核となるだろう。だがわれわれはすべての勤労者、すべての被搾取者を、党に近づけ、啓蒙し、組織しなければならない。この点で、手職人も、貧民も、乞食も、召使も、ルンペンも、売春婦も、例外ではない。いうまでもないことだが、この場合に、どうしても欠くことのできない条件は、彼らが社会民主主義に近づくのであって、社会民主主義が彼らに近づくのではないし、また彼らがプロレタリアートの観点に移るのであって、プロレタリアートが彼らの観点に移るのではない、ということである。」

(Selected Works, Vol. I, pp. 441–3)

Ⅱ　ウィルソン大統領の十四カ条・四原則及び五項目

十四カ条〈一九一八年一月八日〉

1、平和に関する公開的条約が公然と結ばれ、その後はどのような種類の秘密の国際協定も存在してはならず、外交は常に公正に、かつ公衆の面前で行われるべきである。

2、平時、戦時を問わず、領海外の海洋航行の絶対的自由。但し国際協約を実行するための国際行動によって、海洋が全体的に或は部分的に封鎖される場合を除く。

3、平和に賛成し、その維持のために互に協同する諸国の間では、できる限りあらゆる経済的障壁を除き、通商条件の平等を確立すること。
4、各国の軍備を、国内の平和維持に必要な最低限にまで縮小するために、適当な保障が与えられるべきこと。
5、あらゆる植民地的要求に対する自由で、虚心坦懐、かつ絶対公平な調整。このような場合、主権の決定に当っては、その植民地住民の利害が、その支配者たる政府の正当な要求と平等な価値を持たねばならぬ、という原則を厳密に守らねばならぬ。
6、あらゆるロシアの領土からの撤兵及びロシアに関するあらゆる問題の解決。それは、ロシア自身の政治的発展と国家の政策を自主的に決定するための、妨げられない機会を同国に得させるために、世界の他の諸国民が最善かつ最も自由に協力することを保障し、又同国自ら選んだ制度の下で自由な国際社会にはいることを心から歓迎することを保障する。
7、全世界は、ベルギーが他の自由なる諸国民と共に享有している主権を制限されることなく、同国から撤兵し、旧状に復帰せねばならぬことに同意するであろう。
8、あらゆるフランスの領土は解放され、侵略された部分は回復されるべきである。アルザス＝ロレーヌはフランスに復帰すべきである。
9、イタリヤの国境の再調整は、明瞭に認識できる民族的区分の分界線に沿ってなされるべきである。
10、オーストリア＝ハンガリヤの人民の諸国民間における地位が保護せられ、保障されることをわれわれは欲する。そして彼らは自治的発展のために最も自由な機会が与えられるべきである。
11、ルーマニア、セルビア、モンテネグロからは撤兵し、占領された地域は旧状に復されるべきである。セルビアには海洋への自由で安全な通路が与えられ、バルカン諸国相互の関係は、友好的協議により、歴史的に確立された帰属関係と民族的区分の分界線に沿って決定せられるべきである。バルカン諸国の政治的、経済的独立と領土保全についての国際的保障がなされるべきである。

12、現在のオスマン帝国のトルコ人居住地域は、確実な主権が保障されるべきである。しかし現在トルコの支配下にある他の民族は、生命の確実な安全と自治的発展との、絶対的に妨げられない機会を保障されるべきである。ダーダネルス海峡は国際的保障の下に、あらゆる国民の船舶と通商の自由な通路として、永久に解放せられるべきである。

13、独立したポーランド人の国家が建設せられるべきであり、明白にポーランド人である住民の居住する地域を含み、海洋への自由で安全な通路が保障され、その政治的、経済的独立と領土保全が、国際的協約によって保障されるべきである。

14、大小を問わずあらゆる国家に政治的独立と領土保全との相互的保障を与える目的のために、諸国民の一般的連盟が特別の協約の下に形成されねばならない。

四原則〈一九一八年二月一一日〉

1、最終的各解決事項は、その個々の事例に関する本質的正義に基づくものでなければならない。

2、諸国民ならびに諸州を、主権から主権へと、あたかもゲームの所持品か、将棋のコマででもあるかのように、交換してはならない。

3、あらゆる領土解決は当該住民の利益にもとづくものでなければならず、決して対立諸国間の主張の、単なる調整や妥協の一部として終ってはならない。

4、明確に定義されたすべての国家要素は、不和や敵対といった、新しい要素の導入や古い要素の継続をともなうことのない、最大限の満足をもたらすものとする。

五項目〈一九一八年九月二七日〉

1、第一は友好国に対しても敵国に対しても同様の正義を主張すべきである。
2、第二はあらゆる個別的利益を非難すべきである。
3、第三は国際連盟組織体内での同盟を、認めないことを規定すべきである。
4、第四は国際連盟加盟国間でのあらゆる経済的結束を禁じるべきである。
5、第五は秘密条約の禁止を再確認すべきである。

Ⅲ　大西洋憲章

大統領及び首相の共同宣言〈一九四一年八月一二日〉

アメリカ合衆国大統領と連合王国陛下の政府を代表する首相チャーチル氏は、会見して両国が世界のよりよき未来に希望を置く基礎となる両国の政策の共通原理を周知させることを正当と考える。

1、両国は領土あるいはその他の拡張を求めない。
2、両国は、関係国民の自由に表明された希望と合致しない領土変更をみることを欲しない。
3、両国は、すべての民族に彼らがその下で生活しようとする政府の形式を選ぶ権利を尊重する。
4、両国は、現存する義務を考慮して経済的繁栄に必要な貿易と世界の原料の利用が、国の大小、勝者敗者を問わず平等の条件で行なわれることを促進するのに努力する。
5、両国は、改善された労働基準、経済向上、社会保障などを確保する目的で経済分野において、すべての国民が完全に協力することを希望する。

6、ナチス独裁の終局的破壊の後、両国はすべての国民に自国の境界内で安全に居住する手段を提供し、またすべての土地のすべての人々が恐怖と欠乏からの自由をもって生活を生き抜く保障を与えるような平和が樹立されることを欲する。

7、このような平和は外海と大洋を妨害なく通過することをすべての人々に可能ならしめるべきである。

8、両国は世界のすべての国民が現実的及び精神的理由によって武力使用の放棄に到達せねばならぬと信ずる。将来の平和は、陸海空の軍備が国境外に膨張せんと脅威し、あるいは脅威せんとする国民によって使用されつづけたならば、維持され得ないから、両国は広汎且つ恒久的な一般安全保障制度の設立されるまで、このような国民の軍備撤廃が必要不可決であると信ずる。同様に、軍備の破滅的重荷を平和愛好国民のために軽減する、すべての他の実際的措置を援助し、鼓舞しようとする。

Ⅳ　国際連合協定

アメリカ合衆国、大英帝国及び北アイルランドの連合王国、ソビエト社会主義共和国連邦、中国、オーストラリア、ベルギー、カナダ、コスタ・リカ、キューバ、チェコスロバキア、ドミニカ共和国、エル・サルヴァドル、ギリシャ、グアテマラ、ハイチ、ホンジュラス、インド、ルクセンブルク、オランダ、ニュージーランド、ニカラグア、ノルウェー、パナマ、ポーランド、南阿、及びユーゴスラヴィアによる共同宣言。

各国政府は、以下に署名した。

一九四一年八月一四日付の大西洋憲章として知られるアメリカ合衆国大統領と大英帝国及び北アイルランドの連合王国首相との共同宣言の中に盛り込まれた諸目的及び諸原則に関する共通の計画に賛同した上、

彼らの敵に対する完全な勝利は、生命・自由・独立及び宗教的自由を防衛し、かつ自国及び他国における人間の権利と正義とを保護するために欠くべからざるものであること、そして現在、世界征服を追求している野蛮で残忍な力に対して、共同の戦いに従事していることを確信し、次のことを〝宣言〟するものである。

1、当該政府は、目下交戦中の三国同盟の加盟国及びその支持者を敵として、軍事上又は経済上の十分な資源を使用することを誓う。

2、当該政府は、これに署名した各政府と協力し、かつ敵と単独休戦、あるいは単独講和をしないことを誓う。

ヒトラー主義に対する勝利のための闘争に物的援助及び貢献をなしている、又はなしているだろうその他の諸国は、上記宣言を支持しうるものである。

V　一九六〇年一一月のモスクワ共産党会議

次の引用文は一九六〇年一一月、モスクワで開催された八一カ国、共産党及び労働党会議において発表された声明であり、一九六〇年一二月六日付ロンドン・タイムズに要約されたものである。

「社会主義の完全なる勝利は必然的なものである。」

「社会発展の経過はレーニンの『勝利を得た社会主義諸国は主としてその経済建設により世界革命の

発展に影響を及ぼすであろう。』という予言の正しさを証明している。」

「社会主義の世界生産に占めるシェアーが資本主義のそれよりも大きくなる時期はそう遠くないであろう。資本主義は人間努力の決定的領域、すなわち物的生産の領域において撃破されるであろう。」

「世界資本主義制度は分裂と腐敗の激動期にある。」

「資本主義諸国における生産力と生産関係の間に、かつてない激烈な衝突がみられる。資本主義は近代科学技術の業績をますます活用しにくいものにしている。」

「資本主義生産の無秩序性が顕著になってきている。」

「資本主義の発展経過はむらがあり、これが絶えず帝国主義諸国間の勢力バランスを変えている……。市場の問題がこれまでより一段と大きくなっている。」

「アメリカ合衆国の独占資本はすべての生産力をその命令通りに駆使できない、ということが明瞭である。世界先進諸国の内、最大の金持であるこの国は慢性的失業国になっている。」

「社会主義工業化政策の成功は社会主義諸国における経済的盛り上りをもたらしており、資本主義諸国より急速に経済的発展をとげつつある。」

「ソ連は世界における指導的な工業国家になるだろう。中国は強力な工業国となるだろう。社会主義制度は世界の工業生産品の半分以上を生産することになるだろう。」

「異った制度を持つ諸国あるいは破滅的戦争をもたらす国との平和共存——これが従来にかわる今日の政策である。」

「諸国家の平和共存は階級闘争の放棄を意味するものではない……。異った社会制度を持つ諸国家との共存は社会主義と資本主義間の階級闘争の一形式である。」

「異った社会制度を持つ諸国家との平和共存は決して社会主義者とブルジョアジーのイデオロギー上の和解を意味するものではない。それどころか、それは、あらゆる共産主義諸党の労働者階級が社会主義の観念の勝利のため闘争を一層、激烈なものにすることを意味する。しかし国家間のイデオロギー及び政治上の論争を戦争により解決してはならない。」

Ⅵ　西ドイツにおける共産党の宣伝

宣伝の主要機関は、ドイツ・ソビエト地区の「自由の送り主九〇四」及び、東独陸軍省の「自治部（Selbständige Abteilung）」である。

前者は、毎夜、特に西ドイツ防衛軍向けのプログラムを放送し、聴衆者を引きつけるため熱狂的な音楽をにぎやかに流して、逃亡と不服従とを煽動している。一方、後者の任務は、破壊的な出版物を作成して流布することである。その一例は次の通りである。

「戦友（Soldatenfreund）」――下士官及び兵士向け。これは編集者宛ての架空の手紙を掲載して虐待をでっちあげたり、実際の苦情を大げさにしたりして問題をかきたて、みだらな写真や露骨なエロチズムを大々的に利用する。

「防衛政策（Wehrpolitik）」――将校及びインテリ向け。これは高級のものであって、客観的情報源に基づき、元ナチ将校達によって書かれた論文に、共産党の観点を加えて出版している。

「兵営（Kaserne）」――平和主義者及び反軍主義者向け。これは墓地、十字架、死体、棺の写真、及びエロ文学によくあるグロテスクな偽りを得意とする。

「禁制（Tabu）」――青年向けの如才ない雑誌である。これは美術的に作られており、絵入り通俗科学記事、反宗教的題目などを掲載し、又挑発的ヌード写真を載せている。

これらの宣伝機関の他に、匿名の手紙や虚偽の公式通知が大々的に使用される。それは、たとえば、防衛軍の将校や下士官の夫人のもとに女性の香水入りの手紙を送り、彼女達の夫に女性関係があるかのようにみせかけたり、あるいは、兵士達の縁者に偽の公式通知を送り、彼らの夫や息子達が致命的な事故に遭ったとか、ある種の犯罪の嫌疑がかけられていることなどを伝えるものである。

これらの破壊活動の範囲は、毎日、上記出版物の一〇〇万部から二〇〇万部が西ドイツの郵政当局の手にはいることで判断できるだろう。それらの影響は、その露骨さと粗悪さとにより大幅に効果を失っている。悪口は拙劣な宣伝である。

中公文庫版 訳者あとがき

本書は、戦争を早期に終結させるために戦争を如何に指導するかの歴史書である。この歴史書の文脈から見れば、Ｊ・Ｆ・Ｃ・フラー少将は、これまでのほとんどの戦いが物理的な破壊・殺傷によって、敵にわが意志を一方的に強制する「消耗戦」であったと見る。消耗戦は、敵の兵士や戦車、さらには生産施設を大量の火力で一つ一つ潰していき、その損耗の累計で相手の物理的交戦能力を枯渇させ、よって戦争継続意志を喪失させる戦いである。戦争継続意志を喪失した戦争指導者にとって、残された道は降伏以外にない。

フラー少将によれば、このような消耗戦はフランス民主革命とそれに続く産業革命、さらには共産革命によってもたらされた、と洞察する。しかも、これらの消耗戦は敵国の物理的交戦能力を損耗させても、枯渇させることはなかったし、その戦争継続意志を弱化させても、なかなか喪失させることはできなかった。したがって、消耗戦は戦争を長期化させ、交戦国双方を疲弊させたのだ。

さらに、少将は、消耗戦回避の軍事戦略として運動戦を提示し、その「ひな型」として絶対君主時代の傭兵軍による戦いと、ヒトラーの電撃戦を取り上げる。運動戦における軍隊の役割は、殺傷・非殺傷兵器によって相手に不安、恐怖心、疑心暗鬼を抱かせるとともに、和平への政治的・経済的・社会的条件を醸成することにある。そうすれば、政治指導者たちは相手を説得して、「妥協による和平」を促すことができるであろう。

一九八〇年代の中頃、フラー少将の“*The Conduct of War*”（邦訳『制限戦争指導論』）」は以上欧米の政治家や将軍たちの間で静かなブームを呼んだ。初版が出版されてからすでに二〇年経っていた。当時、彼らは、情報革命が物理的な破壊・殺傷をより効率的に行うための手段として、情報兵器を著しく進歩させ、消耗戦を繰り返させることになるのではないか、と考えていた。まさに二〇二二年以降のウクライナ戦争はこのことを物語っている。

このような状況下で、『制限戦争指導論』が文庫版として広く一般に普及されることは、まことに機宜を得たものと言えるのではあるまいか。本文庫版を世に送り出した中央公論新社、特に登張正史氏には、心から敬意を表したいと思う。

二〇二三年三月

中村好寿

解説――J・F・C・フラーとその思想

石津朋之

はじめに――J・F・C・フラーとその時代

ジョン・フレデリック・チャールズ・フラーは、一八七八年に生まれ、一九六六年に死去した。イギリス陸軍将校であり、戦争歴史家であり、軍事理論家であり、「機甲戦理論」の創始者の一人である。

彼は容姿がナポレオン・ボナパルトに似ており、そして、とても短気であったことがナポレオンと似ていたため、「ボーニー（Boney）」という異名で呼ばれた。また、興味深いことに彼はその生涯を通じて、いわゆるオカルト問題に強い関心を示している。

フラーは、一八九九年にイギリス陸軍に入隊、その後、南アフリカ戦争（ボーア戦争）や第一次世界大戦などに従軍している。第一次世界大戦では、一九一六年一二月からヨーロッパ西部戦線のイギリス陸軍戦車軍団参謀長として活躍し、一九一七年一一月二〇日のカンブレーの戦いで三八一両の戦車を用いた奇襲攻撃を計画した。その後彼は、敵の縦深陣地に対する機甲化部隊と航空部隊の協同による攻勢作戦「一九一九年計画」を立案したことでも広く知られる。この計画は、敵の心理的麻痺を狙ったものであった。

フラーが天才肌かつ革新的な軍人であったことは事実であるが、例えば彼がイギリス陸軍内の機甲化への動きを、予言に満ちた改革派と反動的な体制派の対立と単純化して捉えたため、陸軍内に不必要な摩擦や対立を生じる結果を招いた。彼の真の才能は、敵を論破することではなく、多くの敵を作ることであったとの皮肉交じりの評価が存在するほどである。この点については、同じく同時代のヴィジョナリーであるバジル・ヘンリー・リデルハートにも共通する特徴である。

　事実、第一次世界大戦後、彼はイギリス陸軍の近代化及び機甲化を強く唱えたものの、これが受け入れられることはなかった。フラーは一九三〇年に少将に昇進したが、その三年後には退役し、その後は基本的に執筆活動に専念した。

　第二次世界大戦に至るまでの時期、フラーがオズワルド・モズレーの「英国ファシスト連盟」に深く関与した事実は、彼の評価に対して今日に至るまで暗い影を落としている。さらに彼は、人種差別主義者、反ユダヤ主義者であった。

　フラーはまた、新聞社の特派員としてイタリアのエチオピア（アビシニア）侵攻（一九三五年）やスペイン内戦（一九三六－三九年）に接している。

　フラーが、創造力豊かで先見の明を有した戦略思想家であった事実は疑いない。彼はその生涯を通じて約四五冊の著書と、何百もの新聞記事や論文を執筆しているが、その中で最も包括的な著書は三巻にも及ぶ『西側世界の軍事史』（一九五四－五六年）であろう。

　プロイセン（ドイツ）のカール・フォン・クラウゼヴィッツやリデルハートといった戦略

思想家と同様、フラーの初期の著作は、兵器や戦術といった領域に関する論述が多かった。だがその後、彼の関心は戦略、国家戦略（大戦略）、さらには社会と戦争の関係性について思いを巡らせるまで拡がった。

実際、彼の代表的な著書の一つである『制限戦争指導論』は、社会的、政治的、経済的要因――革命――と戦争の関係性について論じたものであり、これはドイツの歴史家ハンス・デルブリュックなどと同様の研究姿勢である。

なお、フラーはダーウィンの進化論の影響を強く受けた結果、軍隊が次なる戦争に備えるためには環境の変化に適応しなければならないと考え、文明が変化すれば兵器及び戦い方が変化すると考えていた。この認識が、彼のあらゆる著作の出発点となっている。フラーは多くの新聞及び雑誌記事や論文を執筆する過程で、時代と共に自らの主張を少しずつ変えている。そのため、後年の歴史家は彼の戦略思想とその変遷を評価する上で、多くの困難に直面することになる。リデルハートと同様にフラーもまた、その著作に繰り返しの多い点が特徴として挙げられる。

もちろん、今日、彼の一連の著作を読み返してみると、第一次世界大戦で戦車が果たした役割に対する評価でさえ、全く均衡の取れたものとは言えず、自己満足に過ぎないと思える記述も多々見受けられる。また、彼は一九四五年の核兵器の登場を受けて、戦争の九九％までは技術の問題であると断言したが、こうした極端な主張が、不必要な誤解や混乱を招く結果となった。

モダニズムの時代の「非通常的な軍人」

フラーの自叙伝的な著書の表題は『非通常的な軍人の回想』（一九三六年）であるが、思えば、この表題ほど彼の生涯を的確に表現し得たものはないであろう。

フラーはナチス・ドイツの思想に強い共感を抱いていた。彼は、一九三五年にナチス政権下で最初に実施された軍事演習の見学を許された唯一の外国人ジャーナリストであった。さらには、一九三九年四月に開催されたアドルフ・ヒトラーの五〇歳の誕生日パーティーに招待された二人のイギリス人の内の一人であった。事実、『制限戦争指導論』にもヒトラーの思想や戦争指導をめぐる記述が見られる。

前述したように、彼はオカルト問題に大きな関心を示し、イギリス国内のファシズム運動に深く関与すると共に、自らの反ユダヤ主義を隠すことはなかった。

一九三九年九月の第二次世界大戦の勃発と共に、多くの「英国ファシスト連盟」のメンバーが逮捕あるいは拘束される中、フラーは自由な身のままであった。おそらく、ウィンストン・チャーチルがフラーを擁護したためである。

フラーと共にイギリスを代表するもう一人の戦略思想家リデルハートが新たな軍事及び国家戦略の構築を模索した一九二〇－三〇年代、いわゆる戦間期と呼ばれる時期は、モダニズムの時代であった。

イスラエルの歴史家アザー・ガットが鋭く指摘したように、この時期において興味深い事実は、主要諸国の革新的将校と呼ばれる軍人の思想に奇妙なまでの一致が見られたことである。「機甲戦理論」で知られるフラーとリデルハート、「制空権」といった概念で知られるイタリアの空軍戦略思想家ジウリオ・ドゥーエはその代表的存在である。

モダニズムの時代に共通する「時代精神」の第一の特徴は、機械に対する絶対的な信奉である。軍事の領域で言えば、それは、航空機や戦車といった新たな兵器に対する関心の高さとして表れる。

第二は、全体主義への傾倒である。より端的にファシズムに対する信奉と言うことも可能であり、それは、とりわけフラーとドゥーエにおいて顕著であったが、逆にリデルハートはリベラリズムの立場に留まった。そして、この事実こそが、戦略思想の系譜におけるリデルハートの重要性を一段と際立たせているのであり、近年の「リベラルな戦争観」の提唱者としての高い評価に繋がるのである。

だが確かにこの時期、人員や物資、そして情報の効率的な総動員体制をいかに構築すべきかということは、第一次世界大戦を経て総力戦の時代を迎えたあらゆる国家が直面した共通の課題であり、そして、こうした課題に応えるべく様々な政治的実験が試みられ、その代表的な事例がファシズムであった。実際、ファシズムとはモダニズムの時代の要請にモダンな形で応えるための運動とも言え、その意味では、モダニズム、ファシズム、そして機械への信奉は相互に密接に関連していたのである。

モダニズムの時代の革新的将校に共通する第三の大きな特徴として、戦争観及び国家戦略におけるヴィジョナリーの存在が挙げられる。すなわち、グランド・デザインとも呼ぶべき国家運営における明確な方向性を打ち出す知的な軍人が多数登場したことである。彼らの多くは、ただ単に航空機や戦車の発展の可能性といった軍事の次元の動向に注目したのではない。彼らは、政治、経済、そして社会全体に関する強烈なヴィジョンを抱いていたのであり、明らかにこれは、当時の総力戦に対する彼らの鋭利な認識と関係している。

第一次世界大戦と軍事史研究の始まり

次に、第一次世界大戦とその後の学問としての軍事史の発展について考えてみよう。

いわゆる戦間期に活躍した著名な軍事史家として、フラーとリデルハートの二人の名前が常に挙げられるが、たとえ第一次世界大戦をめぐる彼らの見解を好意的に評価したとしても、それは、戦争では勝利よりも敗北から多くのインプリケーションが得られるとの自らの信念からこの大戦に対して批判的な議論を展開したのであろう、となる。

また、母国のイギリス陸軍上層部がこの大戦から何も学ばず、次なる戦争でもソンムやパッシャンデールの惨劇を繰り返すに違いないという懸念から、彼らは批判的な立場に終始したのであろう。だが、それにしても第一次世界大戦をめぐる少なくともこの時期のフラーとリデルハートの論調は、あまりに批判的かつ一方的過ぎると、さらには、感情論――ある種の使命感――に立脚していると言わざるを得ない。

他方、この両者の著作が学問としての軍事史の萌芽となったことは疑いようのない事実であり、今日のイギリスにおける軍事史研究、あるいはより広義の意味での戦争史研究は、世界各国からの注目を集めている。

「一九一九年計画」

「一九一九年計画」――「決定的攻撃目標としての戦略的麻痺」――は、敵の殺戮を目標としたものではなく、敵の「頭脳」を麻痺させようとしたものである。

フラーは、第一次世界大戦中の一九一七年、戦車部隊の集中運用を中核とする独創的な奇襲作戦を立案し、カンブレーの戦いで注目を集めた後、その概念をさらに発展させて『戦争の改革』（一九二三年）という興味深い著書を出版した。

カンブレーの戦いでは、従来の長時間にわたる「準備砲撃」――現実には攻撃予告砲撃――に代わって、戦車集団を用いた迅速かつ決定的な攻撃――奇襲――が復活した。この戦いは戦争史上、戦車部隊が初めて戦略的かつ集団的に運用されたものとして評価されている。また、この大戦が終結したため実現しなかったとはいえ、フラーは約五〇〇〇両の重戦車と中戦車を急降下爆撃機による近接航空支援と共に運用し、ドイツ軍の指揮通信システムを麻痺させるために約二〇マイルの縦深にわたって進撃させるという、革新的な「一九一九年計画」の立案者としても広く知られる。

実はこの「一九一九年計画」は、一九一八年の起案の時点では存在していなかった技術や機械を基礎にした、想像力豊かで未来志向のヴィジョンであった。この大戦で実際に用いられた戦車は、その速度は遅く、性能も信頼に足るものではなかった。それ以上に、この計画で必要とされる行動距離に対して、実際にはあまりにも短い距離しか備えていなかったのである。それでもフラーは、「一九一九年計画」を立案したのである。

一九一九年一一月、彼は『第一次世界大戦における戦車』を刊行し、その最終章でこの計画について詳しく記している。また、『非通常的な軍人』や『制限戦争指導論』にも、この計画についての記述が見られる。

こうした計画にフラーは、リデルハートやフランスの戦略思想家アントワーヌ・アンリ・ジョミニと同様、「旧き良き時代」の戦争——制限戦争——への回帰を期待した。だが、社会状況の変化と戦争の様相の変化の関係性を考えると、こうした期待は幻想に過ぎなかったのである。

「カルタゴの平和」

フラーはまた、前述の『戦争の改革』で、第一次世界大戦の終わらせ方——戦争終結論——をめぐってイギリスの経済学者ジョン・メイナード・ケインズとほぼ同様の厳しい評価を下している。

ケインズが、この大戦の結末についてドイツにとっての「カルタゴの平和」と厳しく批判した事実は広く知られるが、フラーもこれを、「戦争の真の目的に対する大きな誤解を基礎にしている。戦争の目的とは敵・味方を問わず最小限の犠牲である一つの国家の政策を強要することであり、さらに結果的には世界中に強要することであるが、文明国家の試練はあまりにも強く相互に結び付いているため、ある一国を破壊することは、同時にそれ以外の全ての諸国を傷付けることになるのである」と批判した。

「書き取らされた平和」

第一次世界大戦の休戦後、ヴェルサイユ条約が調印されるまでの間、連合国側によるドイツに対する経済封鎖は一九一九年七月まで継続されたが、フラーはこれを『制限戦争指導論』で「拳銃のように敗者の背中に突き付けられてきた」（石津訳）と強く批判する（355頁）。

また彼は同書で、ヴェルサイユ条約をドイツにとって「書き取らされた平和（dictated peace）」と表現する。すなわち、この条約は勝者と敗者の交渉を通じて決められたものでなく、勝者が敗者に一方的に強制したものに過ぎない、と。

確かに、同意なき平和は圧政に過ぎず、これを無効にする手段を持たない間、人々は圧政に耐えるしかないものの、時が来れば勇気ある者が圧政に対して立ち上がるものである。

パリ講和会議に際してフランスの首相ジョルジュ・クレマンソーは、「戦争は終わったが、戦争は続く」と、将来のヨーロッパの国際情勢を予測し得ていたかのような発言を繰り返していた。その理由の一端としてフラーは、「戦争に狂気した民衆こそが、クレマンソーをカトー（古代ローマの政治家）にせしめてしまった」（石津訳）としている。カルタゴの復興がローマの脅威となるように、ドイツの復興がフランスの脅威になると考えたからである（360

頁)。

講和会議の席でフランスやイギリスの指導者の態度を強硬にしたのは、「戦時中に盛り上がったヒステリックかつ無責任な大衆デモクラシーであった」というのがフラーの評価である。総じて彼は民主主義に対して懐疑的であり、それがこうした評価や後年のファシズムへの傾倒へと繋がったのであろう。

より広い観点から戦争の将来像についてフラーは、「内燃機関の時代においては、技術の発展及びその完全さと比較した時、人間の数などあまり重要ではない。身体的な時代は終わりを告げ、道義的な時代が始まろうとしている。もはや、文字通り敵を野戦で撃滅する必要は全くないのである。だが、これこそ第一次世界大戦中に連合国側が試みたことである。今日においては、毒ガスを積載した航空機によって装甲化されていない陸軍、水上艦艇、そして、一般国民やインフラストラクチャーを同様に活動不能にし、士気を低下させ、あるいは麻痺させることが可能なのである」と記している。

機甲化戦力を用いることさえできれば、「一九一九年計画」に象徴される方策で後方の指揮通信システムを攻撃することによって、敵の軍隊を麻痺させ、士気を低下させ、さらには解体させることも可能である、とフラーは考えたのである。

また国家戦略の次元でフラーは、殺戮行為や破壊行為の減少と共に、戦争は人道的かつ合理的なものに変化すると期待した。彼によれば、「ある国家を破壊することは平和の真の目的を破壊することになる。逆に、破壊が少なければ少ないほど、勝者にとっての勝利はより完全なものになる」のである。「将来においては、戦争はより良い平和を構築する方法として見なされるであろうし、逆に、消耗し尽くした平和を生む方法として考えられることはないであろう」。

「機甲戦理論」の誕生とその発展

一般にリデルハートが最初に提唱したと認識されている軍事戦略思想、とりわけ「機甲戦理論」をめぐっては多くの実証的な著作が出版されているが、最近の研究が示すところは、リデルハートが創出したとされる思想や概念の背後には、ほぼ例外なくフラーの姿が見え隠れしているという事実である。そこで、以下では、フラーとリデルハートの思想の関係性あるいは類似性について考えてみよう。

基本的には前述した戦間期には航空機や戦車、さらには航空母艦や潜水艦に代表される兵器の発展が目覚しかったが、ヴィジョナリーの一人であるドゥーエの関心は、空の戦い――航空機の発展――に集中していた。また、航空機及び空軍力の潜在能力を過度に強調するという点では、同時代のアメリカの空軍戦略思想家ウィリアム・ミッチェルやアレグザンダー・セヴァースキーも同様である。空の時代あるいは三次元の戦争の萌芽である。

だが、これとは対照的に、航空機の可能性は認めつつも軍事力全体の中でのその位置付けを探求したのが、フラーとリデルハートであった。空地協同を旨とする彼らの「機甲戦理論」は、やがて、第二次世界大戦において電撃戦として結実する。

イギリスの伝統的な国家戦略、島嶼国家という地理的条件、限られた国防資源、そして何よりも、戦争の準備には長い時間を要するなどの理由により、イギリス陸軍は機甲戦に殆ど関心を示すことはなかった。端的に言えば、フラーはリデルハートと共に「機甲戦理論」を発展させ続けたが、イギリス政府や陸軍は、彼らの思想の重要な部分を削ぎ落とすことに努めたのである。そして、辛くも生き残った彼らの思想は、ドイツ陸軍によって開花することになった。これが、電撃戦である。

「機甲戦理論」をめぐって、リデルハートが常にフラーの革新的な議論を意識していたことは事実であるが、戦車の運用をめぐる両者の相違を敢えて挙げれば、それは、総じて後者が歩兵部隊を後方連絡線と固定基地の防衛という副次的な役割に位置付けたのとは対照的に、前者は、戦車の果たす役割を重要視したとは言え、常に機甲化部隊に不可欠な要素の一つとして歩兵の必要性を主張した点である。すなわち、戦車部隊と歩兵部隊が一体化した「タンク・マリーン」の概念である。

また、リデルハートはフラーが戦車部隊の機動目標を敵の司令部、通信中枢、補給部隊など前線からあまり遠く離れていない敵の施設の攻撃に置いていたと指摘し、これは戦車部隊の「戦術的」運用に過ぎないと批判する。これに対してリデルハートは、自らが敵の縦深をより深く侵攻することを旨とする戦車の「戦略的」運用を唱えたと述べている。

確かに、フラーは一九二九年、リデルハートに対して「間接アプローチ戦略」は必要悪であると述べており、必ずしも間接的な方策を求めたわけではない。どちらかと言えば、フラーが敵を麻痺させるためには戦闘が必要であると考えた一方、リデルハートは機動によってそれを回避すべきと主張したのであり、両者のこの見解の違いは決定的であるように思われる。

実際、第二次世界大戦前のドイツ陸軍機甲化部隊の創設者の一人とされるハインツ・グデーリアンは、自らの回顧録の中で戦車の戦略的運用についてリデルハートから多大な影響を受けたと述べており、また、リデルハートが主唱した機動、速度、そして「間接アプローチ戦略」を組み合わせるという思想あるいは概念は、第二次世界大戦での電撃戦の成功に大きく貢献したとしている。他方、グデーリアンは後年、電撃戦の発展とフラーの著作の関係性についても高く評価したものの、歴史家はその真偽について今日でも論争を続けている。加えて、フラーがリデルハートと比べて将来における航空機及び空軍力の可能性をやや過小に評価していたことは事実である。

「機甲戦理論」と二〇世紀の時代状況

フラーは、古代マケドニアのアレクサンドロス大王の戦争から機動戦争理論、さらには「機甲戦理論」の着想を得た（『アレクサンドロス大王の将帥術』（一九五八年））。そして彼は、二〇世紀の「産業化戦争」の時代においては、機甲化部隊を迅速かつ集中的に運用することが勝利への鍵であると考えた。第一次世界大戦の様相を目の当たりにしたフラーは、敵の破壊ではなく、敵の士気の低下こそが戦争の重要な目標になりつつあると認識したのである。

またフラーは、決定的な勝利とは、攻撃によってではなくその後の追撃によって得られると――おそらくナポレオンの戦争から――確信しており、だからこそ彼は、騎兵に代わって戦車がその役割に最適であると考えたのである。加えて、彼は機甲戦の実施には現地司令官の主導性及び自由裁量が不可欠であると認識していたため、グデーリアンやエルウィン・ロンメルに代表される「積極的」な軍人を高く評価したのである。

他方、フラーは、自らの「機甲戦理論」に敵がその対抗策を講じる可能性については過小に評価していた。結局のところ、第二次世界大戦の緒戦でのドイツ軍による電撃戦の成功は、敵が機甲化されていなかったとの単純な事実にその原因が求められるのである。また、この大戦を通じて彼が、敵の司令官の心理に対する機甲戦がもたらす効果を過大評価したことや、そこでの歩兵の重要性を過小に評価したことも事実である。

前述したように、フラーは「機甲戦理論」によって、戦争を総力戦――消耗戦争――的な様相から制限戦争へ回帰させようとした。

だが、どれほどフラーが制限戦争への回帰を唱えたにせよ、第二次世界大戦はその後、総力戦の様相を益々強め、迅速かつ決定的な軍事的勝利によって戦争の早期の終結を唱えた彼の期待は、いわば裏切られた形に終わったのである。

例えば、マイケル・ハワード卿が『ヨーロッパ史における戦争』（一九七六年）で鋭く指摘したように、機甲化部隊、それも大規模な機甲化部隊は長大な「尾《テイル》」を伴うものであり、この部隊が敵の上空からの攻撃に対して脆弱であることに加え、機甲化部隊を動かし続けるためにはかなりの兵站面での能力が求められたのである。事実、第二次世界大戦は、戦闘員よりもそれを支える人々の規模の方が遥かに大きくなったのである。

二人のヴィジョナリー

一九二〇年五月末あるいは六月初旬、リデルハートは、同志でありライバルでもある同時代のフラーと初めて出会っている。そして疑いなくフラーは、リデルハートの戦略思想の源泉の一つであった。彼はフラーを尊敬し、クラウゼヴィッツよりも偉大な戦略思想家であると高く評価して、その発言に注目していた。

リデルハートは、第一次世界大戦では中隊レベルの将校であったため、彼の当初の主要な関心が小規模な部隊での戦術次元の運用などに限定されていたとしても不思議でないが、その後、フラーの影響を受けた彼の関心は、高次の軍事戦略、さらには、国家戦略の次元へと拡大していく。

そうした過程で、歴史上の全ての偉大な芸術家と同様、彼の最良のアイデアはフラーに代表される他者から援用したものであったが、他方で、リデルハートがそれを巧みに自らのものへと取り込む能力に長けていた事実は否定できない。実際、彼は人々の注目を集めるキャッチ・フレーズ作りに長けており、戦争における「暗闇の中の人間理論」や「拡大する急流」、さらには「電撃戦」といった表現を多用して人々の注目を集め得たことは彼の恵まれた才能と言えよう。

フラーの及ぼした影響

「従来、戦争というものは敵国の政策を変えるために実施されるのであり、政策立案者たる政府を変えるためではなかった」。「戦争の目的は敵国政府の意思を変えることであり、その政府が倒れると講和を交渉するための安定した権威が存在しなくなる〔石津訳〕(295頁)」。さらにフラーは、戦争の目的は勝利ではなく平和であると主張した。

実は、これらの記述は『制限戦争指導論』でのフラーのものである。だが、一般的に戦争と平和をめぐるこうした視座は、フラーではなく、リデルハートの戦争観及び平和観として理解されているものである。

リデルハートはかつて、フラーの『戦争の改革』を「二〇世紀を代表する文献」と称賛したが、この評価は必ずしも誇張でなく、実際にこの著書は、リデルハートの戦略思想形成に対して最も重要な影響を及ぼした。フラーの『戦争の改革』は、リデルハートの生涯を通じてその戦争観を形成した著書であり、そこでのフラーの思想や概念を彼が自分なりにまとめ直した著書が、『パリス、または戦争の将来』(一九二五年)であった。

確認するが、フラーに対する初期のリデルハートの評価はまさに称賛の一言であった。彼にとってフラーは、「私が接した人物の中で知的能力の最も高い者」であった。彼はまた、フラーを評して「軍事思想における新たな時代の幕開け」とも述べている。

後年、リデルハートはフラーと決別したが、疑いなくフラーこそ、リデルハートの戦略思想の大きな源泉の一つであり、次の三つの領域で彼に決定的な影響を及ぼしている。

第一は、戦争の原理及び科学についてであり、第二は軍隊の機械化及び機甲化について、第三は、総力戦と破壊（殲滅）戦略を拒絶する姿勢であった。

フラーとリデルハートの両者の戦略思想の関係性を改めて整理すると、一九二〇年代初頭までにフラーが発展させた様々な思想や概念、例えば、軍事戦略の次元での「機甲戦理論」、平和を視野に入れた戦争の目的及び遂行といった国家戦略の次元での認識、は感受性豊かな若きリデルハートにとってまさに衝撃であった。

事実、ガットは、フラーをリデルハートの戦略思想の源泉の一つと評価した上で、それ以外に、フランスの「新ナポレオン学派」、イギリスの海軍戦略思想家ジュリアン・コルベット、「アラビアのロレンス」の異名で知られるトーマス・エドワード・ロレンス、の名前を挙げている。「新ナポレオン学派」では、とりわけジャン・コランとフェルディナン・フォッシュの影響が大きいとされるが、実際にフラーは『制限戦争指導論』で、フォッシュとアルダン・ド・ピクの戦略思想に強い関心を示している。

戦争の「人道化」

イギリスの歴史家ブライアン・ホールデン・リードの『イギリス軍事思想の研究――フラーとリデルハートをめぐる論争』は、フラー研究の世界的権威によるこの二人の戦略思想家の比較考察である。

同書は、フラーとリデルハートの軍事戦略と国家戦略を思想史の観点から考察した力作である。とりわけ、この両者の思想の比較がまとめられている同書の第一〇章は、戦略思想の系譜の中でのフラーとリデルハートの位置付けを知る上で有益である。

また、この著書には戦争を少しでも「人道化」する目的で毒ガスを積極的に使用するよう提唱した両者の独創的な見解が紹介されており、今日とは異なった戦間期の戦争観の一端がうかがわれて興味深い。フラーとリデルハートは共に、毒ガスこそが第一次世界大戦での無益な殺戮を繰り返さないための一つの有用な兵器であると考えたのである。

二〇世紀という文脈の中の戦略思想家

ホールデン・リードが同書で強調した点は、例えば、フラーとリデルハートの戦争の将来像をめぐる予測が的中したか否かといった視点からこの両者を比較する従来の研究手法は無意味であり、両者が構築した軍事戦略と国家戦略をめぐる概念及び理論の根底を流れる「思想」に注目することが不可欠である、というものであった。

すなわち、ホールデン・リードは、二〇世紀という文脈の中でいかに両者の思想が形成され、これを基礎としていかなる軍事戦略と国家戦略が構築されたかを検討することが重要であると考えたのである。

確かに、従来のようにフラーとリデルハートが提唱した多くの軍事戦略と国家戦略に対して、個別に評価を下すという手法にこだわるのであれば、例えば、クラウゼヴィッツの『戦争論』でさえ間違いだらけの著書であるとの評価になる。実際、クラウゼヴィッツはフラーやリデルハートと同様、自らが生きた時代の戦争に対するある種の「解毒剤」の処方箋の提示を模索したのであり、その過程で、自説を強調するあまり史実を歪曲する傾向が認められるのである。

それにもかかわらず、クラウゼヴィッツの『戦争論』は今日でも戦争の本質を理解するための大きな手掛りを提供してくれる。その意味では、フラーとリデルハートの著作も大局的な視点から評価されるべきであろう。

リデルハートの戦略思想の大きな源泉

この解説で紹介したいもう一つの著書はガットの『ファシスト及びリベラルな戦争観――フラー、リデルハート、ドゥーエ、そしてその他のモダニスト』であり、同書は近代ヨーロッパ戦略思想史に関する彼の「三部作」の最後を飾る著書である。同書はその副題が示す通り、論述の対象がフラーとリデルハートに限定されているわけではないが、彼らの軍事戦略と国家戦略を二〇世紀思想史という大きな文脈の中で評価した点で特筆に価する。

また同書は、「機甲戦理論」の発展へのリデルハートの影響について、アメリカの国際政治学者ジョン・ミアシャイマーに代表される修正主義的な解釈に対して新たな評価を提示することになった。ガットの要点は以下の通りである。

第一に、ガットによれば、リデルハートは第二次世界大戦以前に、既に機甲戦に関する包括的かつ首尾一貫した見解を有していた。これを実証するために、彼はリデルハートがイギリスの新聞「デイリー・テレグラフ」紙や「タイムズ」紙に機甲化戦力の核心について寄稿した洞察力に富む記事を引用している。つまり、ガットによれば、従来の歴史家がリデルハートの著書や学術雑誌への寄稿論文だけを史資料として「機甲戦理論」に対する彼の影響を検討し、逆に彼の新聞紙上での論評を参考にしなかったため、ミアシャイマーのような誤った結論に到達してしまったのである。

第二に、ガットは戦間期と第二次世界大戦におけるドイツ側の史資料、とりわけ、ドイツ語の軍事問題専門雑誌を詳細に検討した後、リデルハートが当時のドイツ軍人に対して、そして、ドイツの電撃戦理論の構築に対して多大な影響を及ぼしていた事実を実証した。彼らはイギリスの新聞紙上で展開されるリデルハートの議論に注目していたのである。これにより、「機甲戦理論」の革新的かつ影響力のある理論家としてのリデルハートの名声が、再び回復されることになった。

さらに前述したように同書で、リデルハートの戦略思想の源泉を、フラー、コランに代表されるフランスの「新ナポレオン学派」、コルベット、「アラビアのロレンス」、の四つに特定したのもガットであった。

併せて、その過程で彼は、フラーこそイギリス国内で陸軍の機甲化を最初に提唱した人物であり、リデルハートが常にフラーを参考にして自らの議論を展開していた事実を実証したのである。

ファシズム対リベラルな戦争観

だが、何といってもガットの著書の最大の特徴は、二〇世紀思想史という文脈の中にリベラル民主主義を信じるリデルハートの軍事戦略と国家戦略を位置付けていることである。リデルハートが「リベラルな戦争観」の提唱者と評価される理由は、フラーがファシズムへと傾倒し、実際にイギリス国内でのファシスト運動に参加していく中で、リデルハートは最後までリベラル民主主義の立場を崩さず、その枠組みの中で最適と思える軍事戦略と国家戦略を模索し続けたからである。

思えば、フラーとリデルハートの両者を研究対象としたホールデン・リードとガットの著書のいずれもが、軍事戦略の次元ではフラーを高く評価したのは興味深い事実である。歴史は、他人の評価に対して殆ど無頓着であったフラーと、それに異常なまでの関心を示したリデルハートに対して、皮肉な評価を下しているのである。

他方で、国家戦略の次元では、「リベラルな戦争観」及び「西側流の戦争方法」の提唱者としてのリデルハートの評価が高まる反面、ファシズムに関心を示したフラーに対する評価は低調なままである。

そうしてみると、やはりフラーは軍事戦略の次元での独創的なヴィジョナリーとして位置付けられるのであろう。

「戦いの九原則」

フラーと聞くと直ちに「戦いの原則」を思い浮かべる読者も多いであろう。実際、彼は第一次世界大戦前には既に、六個の「戦いの原則」を提示しており、大戦中にさらに二個の原則を加えている。

フラーは一九二六年、『戦争の科学の基礎』を刊行したが、その序言で自らの「戦いの原則」がどのように生まれてきたかについて記している。それによれば、基本的にはナポレオンの戦争指導から着想を得たものであり、当初は、①目標、②集中、③攻勢、④保全、⑤奇襲、⑥機動、であった。その後、この六個の原則に加えて新たに二個——⑦兵力節約、⑧協同——を加えたようである。

また、こうした八個の「戦いの原則」をさらに洗練させた形で、一九二四年版のいわゆる「野外要務令（FSR）」——フラーの最も著名なものは「FSRⅢ」（一九三七年）——では、①目標維持、②攻勢的行動、③奇襲、④集中、⑤兵力節約、⑥保全、⑦機動、⑧協同、としている。

最終的にフラーは、「戦いの九原則」を定めたとされ、これは、基本的には今日に至るまで世界各国の軍隊に受け継がれている。それらは、①目標（Direction）、②集中（Concentration）、③配置（Distribution）、④決意（Determination）、⑤奇襲（Surprise）（＝敵の士気の低下）、⑥忍耐（Endurance）、⑦機動（Mobility）、⑧攻勢的行動（Offensive Action）（＝

敵軍の組織崩壊）、⑨保全（Security）、となっている。

この九個の原則はさらに三つに分類され、それらは、①統制（Control）、②圧力（Pressure）、③抵抗（Resistance）、とされる。

革命と戦争

『制限戦争指導論』でフラーは、フランス革命の影響、一九世紀後半ヨーロッパの産業革命の影響、第一次世界大戦中に勃発したロシア共産主義革命の影響、そしてヒトラー率いる「ドイツ国家社会主義革命」――一九一八年のドイツ革命ではなく――とそれらが戦争に及ぼした効果について批判的に考察している。そこでは、イデオロギー闘争としての戦争の様相が強調される。

彼によれば、フランス革命以降の民主主義の拡大は理論上、全ての人間を平等にしたが、これを現実に推進したものは徴兵制である。そこからフラーの有名な言葉とされる「小銃が歩兵を生み出し、歩兵が民主主義を作った」が出てきたのであり、そうした小銃や銃剣の先では人間は全て平等であり、一挺の小銃を持った人間は一票の価値を持つことになったと考えるに至った〔石津訳〕（53頁）。

『制限戦争指導論』でのフラーの論述には、ナポレオンの影響が強くうかがわれるが、併せて、彼はクラウゼヴィッツも高く評価しており、とりわけ政治と戦争の関係性についてはほぼそのままクラウゼヴィッツの戦争観を継承している。

他方、フラーはクラウゼヴィッツの『戦争論』に「平和」という言葉が五、六回しか出てこないことを論拠として、クラウゼヴィッツは戦争の真の目的が平和であって勝利ではない事実を最後まで理解できなかった、と批判する（126頁）。彼によれば、平和こそが政治を支配する概念であり、勝利は平和を達成する一つの手段に過ぎないからである。

こうしたフラーのクラウゼヴィッツ批判は、リデルハートのクラウゼヴィッツ批判と類似しているが、おそらくこれは、両者ともクラウゼヴィッツが『戦争論』の草稿執筆の最終段階で、戦争の政治性に気付いた事実を知らなかったからであろう。

但し、クラウゼヴィッツの戦争観についてより正確を期すれば、ガットが『啓蒙主義時代からクラウゼヴィッツまでの軍事思想の発展』（一九八九年）及び『軍事思想の発展――一九世紀』（一九九二年）で鋭く指摘したように、彼は戦争の政治性を渋々ながら――不承不承――認めたに過ぎない。

またフラーは、とりわけカール・マルクスとフリードリヒ・エンゲルスの著作から、フランス革命後、戦争でいわゆる「内部戦線」（123、139頁）がいかに重要になってきたかについても理解していた。だからこそ、アメリカ南北戦争において北軍のユリシーズ・グラントやウィリアム・シャーマンに代表される軍人は、その兵力を「外部戦線」（南部の軍隊）に対してだけでなく、「内部戦線」（南部地域の一般の人々）に対しても指向したのである（178－183頁）。

同書でフラーは、シャーマンを「野蛮への復帰を象徴する人物」と評価しているが、これは、あたかもフラーが社会あるいは時代状況の変化と戦争の様相の変化の関係性を理解していないかのような記述である。さらに彼は、フランス革命後のナポレオン戦争とアメリカ南北戦争は、人民あるいは国民という「内部戦線」が構築された結果、戦争の野蛮化が進展したと評価しているが、残念ながら、この事実こそが社会あるいは時代状況の変化に伴う戦争の様相の変化を象徴する事例なのであった。

共産主義革命と戦争

共産党あるいはマルクス主義者の戦争は、「総合戦争」——あらゆる次元で戦う戦争——であり、これは、戦争は社会生活の範疇に属するとのクラウゼヴィッツの戦争観と同じである、とフラーは『制限戦争指導論』で論じている（332－333頁）。これは今日、「ハイブリッド戦争」として注目を集める戦いの様相であるが、実は、こうした戦い方は歴史を通じて繰り返されてきたものなのである。

共産主義革命の指導者ウラジーミル・レーニンも、マルクスやエンゲルスと同様、クラウゼヴィッツの『戦争論』から大きな影響を受けているが、その中でレーニンが鋭く指摘したように、戦争は死傷者の数で評価されるものでなく、政治的な効果によって評価されるべきものである。だが、残念ながらこうした考え方は、総力戦の時代においては妥当でなくなった（335頁）。

フラーはまた、平和の意味するところについて、非共産主義諸国では国際的調和の状態を指す一方、共産主義諸国では国際的不和の状態〔石津訳〕を示唆する、と洞察力に富む見解を記している（347頁）。

フラーの戦略思想の源泉

加えて、フラーはこの著書で、フランスの戦略思想の系譜、とりわけフォッシュとド・ピクを詳細に考察しているが、おそらく彼は、こうした考察から前述の「戦いの原則」への着想を得たのであろう。

併せて、ドイツ軍人のコルマール・フォン・デア・ゴルツやポーランド人銀行家のイヴァン・ブロッホなどの思想にも強い関心を示しており、こうしたことから、フラーがかなりの読書家であった事実がうかがわれる。

もちろんフラーは『制限戦争指導論』で、自らが実体験した第一次世界大戦についても深く思索を巡らせ、その負の側面を浮き彫りにすると共に、「機甲戦理論」への着想も得ている。

興味深いことに、フラーはこの大戦における「戦略論争」をめぐって、いわゆる「東方派」に否定的であると同時に、「西方派」、すなわち、ヨーロッパ西部戦線での直接的な軍事対決を支持する考え方にも否定的であった（269－272頁）。この点については、無批判に「東方派」を擁護したリデルハートの姿勢とは、大きく異なるようである。

おわりに

フラーは、「大規模な大衆的な軍隊から少数精鋭の職業軍人による軍隊」への転換を求め、「ヒトが中心の軍隊から機械を中心とした軍隊」への転換を唱えたが、残念ながらこうした主張は、やはり総力戦という社会あるいは時代状況とそれに伴う戦争の様相の変化に、いわば逆行するものであった。

なるほどフランス革命、産業革命、共産主義革命が、二つの世界大戦に象徴される総力戦――消耗戦争――へと導いたことは事実であるものの、これは、一九世紀後半から二〇世紀初頭にかけての社会あるいは時代状況の変化が、戦争の様相の変化をもたらした結果に過ぎないのである。

つまり、フラーが提唱した軍事戦略をもってしても、二〇世紀のその後の戦争を、彼が目標とした制限戦争と妥協的平和に象徴される「一八世紀の戦争」へと回帰させることなど不可能であった。繰り返しになるが、戦争とは優れて社会的な事象である。二〇世紀の戦争は、政治的、経済的、そして文化的要因を含めた二〇世紀固有の社会的文脈――時代状況――の中で生起するものであることを考えると、総力戦といった言葉に象徴される二〇世紀の戦争の趨勢を、一つの軍事戦略をもって逆行させることが可能であると期待したフラーとリデルハートは、結局のところ、戦争と社会の関係性について十分に理解していなかったのかもしれない。

（戦争歴史家　防衛研究所戦史研究センター主任研究官）

解説の主要参考文献

- Michael Howard, "The British Way in Warfare: A Reappraisal," "Three People: Liddell Hart, Montgomery, Kissinger," in *The Causes of Wars and Other Essays* (London: Temple Smith, 1983)
- Brian Bond, *Liddell Hart: A Study of His Military Thought* (London: Cassell, 1977)
- *idem*, *British Military Policy between the Two World Wars* (Oxford: Clarendon, 1980)
- *idem*, "Further Reflections on the Indirect Approach," *RUSI Journal*, No. 661 (March, 1971)
- Azar Gat, *The Origins of Military Thought: From the Enlightenment to Clausewitz* (Oxford: Clarendon Press,1989)
- *idem*, *The Development of Military Thought: The Nineteenth Century* (Oxford: Clarendon Press, 1992)
- *idem*, *Fascist and Liberal Visions of War: Fuller, Liddell Hart, Douhet, and Other Modernists* (Oxford: Clarendon Press, 1998)
- *idem*, "The Hidden Sources of Liddell Hart's Strategic Ideas," *War in History*, Vol. 3, No. 3 (July, 1996)
- *idem*, "British Influence and the Evolution of the Panzer Arm: Myth or Reality? " (Part I), *War in History*, Vol. 4, No. 2 (April, 1997)
- *idem*, "British Influence and the Evolution of the Panzer Arm: Myth or Reality? " (Part II), *War in History*, Vol.4, No. 3 (July, 1997)

・*idem*, "Liddell Hart's Theory of Armoured Warfare: Revising the Revisionists," *Journal of Strategic Studies*, Vol. 19, No.1 (March, 1996)

・Brian Holden Reid, *J.F.C. Fuller: Military Thinker* (London: Macmillan, 1987)

・*idem, Studies in British Military Thought: Debates with Fuller & Liddell Hart* (London: Greenhill, 1998)

・*idem*, "J. F. C. Fuller's Theory of Mechanized Warfare," *Journal of Strategic Studies*, Vol. 1 (1978)

・Hew Strachan, "The British Way in Warfare Revisited," *The Historical Journal*, 26 (1983)

・*idem*, "The British Way in Warfare," in Chandler, D., ed., *The Oxford Illustrated History of The British Army* (Oxford: Oxford University Press,1997)

・John J. Mearsheimer, *Liddell Hart and the Weight of History* (Cornell: Brassey's, 1988)

・W. B. Gallie, *Philosophers of Peace and War: Kant, Clausewitz, Marx, Engels and Tolstoy* (Cambridge: Cambridge University Press, 1978)

・J. P. Harris, *Men, Ideas and Tanks: British Military Thought and Armoured Forces*, 1903-1939 (Manchester: Manchester University Press, 1995)

・David French, *The British Way in Warfare 1688-2000* (London: Unwin Hyman, 1990)

・Alaric Searle, "Fuller and Liddell Hart: The Continuing Debate," *War in History*, Vol.8, No.3 (2001)

・J. Luvaas, "Clausewitz, Fuller and Liddell Hart," *Journal of Strategic Studies*, Vol. 9, No.4 (December 1986)

・K. Macksey, *Armoured Crusader: Major General Sir Percy Hobart* (London: Hutchinson, 1967)

・A. J. Trythall, *'Boney' Fuller: The intellectual General* (London: Littlehampton Book Services, 1977)

ワ行

ヤ行

ラ行

マ行

ナ行

ハ行

タ行

サ行

カ行

索　引

ア行

刊記

一、本書は一九七五年に原書房から刊行されたJ・F・Cフラー著、中村好寿訳『制限戦争指導論』を文庫化した。

二、二〇〇九年に同社から改版された『フラー制限戦争指導論』を底本とした。

三、文庫化にあたり、原注は*、訳注は♯にて示し、注釈は当該語句が登場する段落の後続に施した。

四、地名・人名は現在多用される形に修正した。本文中の引用箇所は算用数字で示した。

五、年月日は原書のママとし、後続する亀甲括弧〔 〕にて正しい年月日を示した。

編集部

中公文庫

制限戦争《せいげんせんそう》指《し》導論《どうろん》

2023年5月25日　初版発行

著　者　J・F・C・フラー

訳　者　中村《なかむら》　好寿《よしひさ》

発行者　安部　順一

発行所　中央公論新社

〒100-8152　東京都千代田区大手町1-7-1

電話　販売 03-5299-1730　編集 03-5299-1890

URL https://www.chuko.co.jp/

DTP　嵐下英治

印　刷　三晃印刷

製　本　小泉製本

Published by CHUOKORON-SHINSHA, INC.

Printed in Japan　ISBN978-4-12-207372-2 C1120

定価はカバーに表示してあります。落丁本・乱丁本はお手数ですが小社販売部宛お送り下さい。送料小社負担にてお取り替えいたします。